智能算法导论

尚荣华 焦李成 刘芳 李阳阳 编著

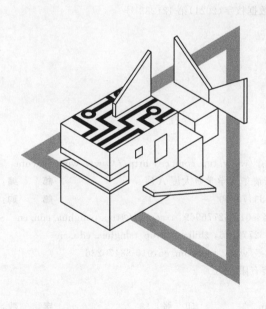

清华大学出版社

北京

内 容 简 介

智能算法是在进化计算、模糊逻辑、神经网络三个分支发展相对成熟的基础上,通过相互之间的有机融合进而形成的新的科学方法,也是智能理论和技术发展的崭新阶段。本书对智能算法的前沿领域进行了详细论述,主要内容包括遗传算法、免疫算法、Memetic 算法、粒子群算法、蚁群算法、狼群算法、人工蜂群算法、细菌觅食优化算法、分布估计算法、差分进化算法、模拟退火算法、贪心算法、雨滴算法、禁忌搜索算法、量子算法、最小二乘法、A^* 算法、神经网络算法、深度学习算法、强化学习及混合智能算法。

本书着重对上述领域的国内外发展现状进行总结,阐述编者对相关领域未来发展的思考。本书可以为计算机科学、信息科学、人工智能自动化技术等领域从事自然计算、机器学习、图像处理研究的相关专业技术人员提供参考,也可以作为相关专业研究生和高年级本科生教材。

图书在版编目(CIP)数据

智能算法导论/尚荣华等编著. —北京:清华大学出版社,2021.8(2022.9重印)
ISBN 978-7-302-58465-0

Ⅰ.①智… Ⅱ.①尚… Ⅲ.①人工智能－算法 Ⅳ.①TP18

中国版本图书馆 CIP 数据核字(2021)第 121288 号

责任编辑:王 芳
封面设计:刘 键
责任校对:焦丽丽
责任印制:曹婉颖

出版发行:清华大学出版社
　　　　网　　　址:http://www.tup.com.cn,http://www.wqbook.com
　　　　地　　　址:北京清华大学学研大厦 A 座　　　　邮　　编:100084
　　　　社 总 机:010-83470000　　　　邮　　购:010-62786544
　　　　投稿与读者服务:010-62776969,c-service@tup.tsinghua.edu.cn
　　　　质量反馈:010-62772015,zhiliang@tup.tsinghua.edu.cn
　　　　课件下载:http://www.tup.com.cn,010-83470236
印 装 者:三河市龙大印装有限公司
经　　销:全国新华书店
开　　本:185mm×260mm　　　　印　张:18　　　　字　　数:441 千字
版　　次:2021 年 9 月第 1 版　　　　印　　次:2022 年 9 月第 2 次印刷
印　　数:1501~2300
定　　价:75.00 元

产品编号:089405-01

前 言
PREFACE

人工智能发展历史是短暂而曲折的，它点滴的进步都有效推动了社会的发展。1956年，在达特茅斯学院举行的一次会议上，计算机科学家约翰·麦卡锡说服与会者接受"人工智能"一词作为本领域的名称，这次会议也被大家看作人工智能正式诞生的标志。此后的十几年是人工智能发展的黄金年代，无数科学家前赴后继对此进行研究，为机器智能化和人性化不断努力奋斗，获得了许多成果，得到了广泛赞赏，同时也让研究者对人工智能领域的发展信心倍增。到了20世纪70年代，由于计算复杂性呈指数级增长，而计算机性能遇到瓶颈，同时出现数据量缺失等问题，一些难题看上去好像完全找不到答案，人工智能开始遭受批评。1977年，费根鲍姆在第五届国际人工智能大会上提出了"知识工程"的概念，标志着人工智能研究从传统的以推理为中心的阶段进入以知识为中心的新阶段。人工智能重新获得人们的普遍重视，逐步跨进了复兴期。随着人工智能的深入研究，模式识别的兴起，机器思维可以代替人脑进行各种计算、决策和分析，有效解放了人们双手，智能技术越来越受到人们的欢迎。越来越多的科学家坚信，人工智能将为人类社会带来第三次技术革命。作为人工智能的新生领域，智能算法是在自然计算、启发式方法、量子、神经网络等分支发展相对成熟的基础上，通过相互之间的有机融合形成的新的科学方法，也是智能理论和技术发展的崭新阶段。

自然计算方法主要通过模仿自然界中的群体智能等特点，建立具有自适应、自组织、自学习能力的模型与算法，用于解决传统计算方法解决复杂问题时的限制问题。本书涵盖遗传算法、免疫算法、Memetic算法、粒子群算法、人工蚁群算法等多种自然计算方法，从算法起源、算法实现和算法应用等方面进行总结和介绍，涉及经典组合优化、图像处理等问题。

启发式方法相对于最优化算法提出，基于经验建立模型，获得可行解。启发式优化算法也属于自然计算方法的范畴，主要包模拟退火算法、雨滴算法等。本书通过介绍启发式算法的基础原理，对包括多目标优化问题、调度问题、图像处理等应用进行了讨论。

量子计算的并行性、指数级存储容量和指数加速特征展示了其强大的运算能力。计算智能的研究也可以建立在物理基础上，有效利用量子理论的原理和概念，在人工智能领域的应用中取得明显优于传统智能计算模型的结果，因此量子计算智能具有很高的理论价值和发展潜力。本书对量子计算智能的几种模型及协同量子粒子群优化等方法进行了详细介绍。

神经网络作为一种模仿动物神经网络行为特征的方法，通过分布式并行信息处理调整内部"神经元"之间的连接关系，进行信息处理。随着计算机处理速度和存储能力的提高，深层神经网络的设计和实现也逐渐成为可能。链式结构便是神经网络中最为常见的结构，链的全长被称为模型深度，深度学习由此产生。本书对神经网络和深度学习进行介绍，并讨论它们在计算机视觉、语音处理等方面的应用。

此外，本书还对最小二乘法、A^*算法、强化学习方法和几种混合智能算法进行了介绍，并对其数学基础、算法流程及机器学习领域中的简单案例进行了讨论。

经过近十几年对人工智能领域和智能算法的研究,对相关知识和方法进行了系统的梳理,总结了一套较为完整的体系,最终形成此书。

本书特色

(1) 紧跟学术前沿

编著者查阅大量的相关资料,结合近年来智能算法的研究成果,紧跟国内外相关研究机构的最新研究动态,积极与国内外学者和企业人员进行交流,力图将最新动态与各位读者分享。

(2) 论述清晰,知识完整

本书内容丰富,阐述严谨,对若干智能算法的起源、理论基础、基本框架和典型应用进行了详细论述,适合在人工智能领域以及相关交叉领域的教师教学和学生学习。

(3) 学科交叉

智能算法应用广泛,与生物学、计算机科学、神经科学、语言学等学科交叉发展,互相影响。本书充分体现了学科交叉,很好地将这些知识进行了结合。

(4) 重视应用

本书不仅论述了智能算法的起源、理论基础和基本框架,还在此基础上针对相关领域中的典型问题给出智能算法的应用示例,使读者可以在理解理论知识的同时,对人工智能学科产生兴趣,培养动手能力。

致　谢

本书是西安电子科技大学人工智能学院——"智能感知与图像理解"教育部重点实验室、"智能感知与计算"教育部国际联合实验室、国家"111"计划创新引智基地、国家"2011"信息感知协同创新中心、"大数据智能感知与计算"陕西省 2011 协同创新中心、智能信息处理研究所集体智慧的结晶,感谢集体中的每一位同仁的奉献。特别感谢保铮院士多年来的悉心培养和指导;感谢中国科学技术大学陈国良院士和 IEEE 计算智能学会副主席、英国伯明翰大学姚新教授,英国埃塞克斯大学张青富教授,英国萨里大学金耀初教授,英国诺丁汉大学屈嵘教授的指导和帮助;感谢国家自然科学基金委信息科学部的大力支持;感谢田捷教授、高新波教授、石光明教授、梁继民教授的帮助;感谢张玮桐、孟洋、张静雯、路梦瑶、王路娟、何江海、张雨萌等智能感知与图像理解教育部重点实验室研究生所付出的辛勤劳动。在此特别感谢以下支持:国家自然科学基金 61773304、U1701267、61871310、61773300、61772399、61672405、61473215、61876141、61806156、61806154、61802295、61801351;国家自然科学基金重点项目 61836009;国家自然科学基金创新研究群体科学基金 61621005;优秀青年科学基金项目 61522311;高等学校学科创新引智计划(111 计划)B07048;重大研究计划 91438201 和 91438103;教育部指导高校科技创新规划项目;教育部"长江学者和创新团队发展计划"IRT_15R53。

感谢编著者家人的大力支持和理解。

由于编著者水平有限,书中不妥或疏漏之处在所难免,敬请各位专家及广大读者批评指正。

编著者

2021 年 6 月

目录
CONTENTS

遗 传 算 法

1.1 遗传算法起源

1.1.1 遗传算法生物学基础

生物在自然界的生存繁衍,经历了一代又一代的更替,新旧物种的淘汰或进化展示了生物在自然界的自适应能力。受此启发,遗传算法模拟生物遗传和进化过程,成为求解极值问题的一类自组织、自适应的人工智能技术。其理论来源包括拉马克进化学说(Lamarckism)、达尔文进化学说和孟德尔遗传学(Mendelian inheritance),主要借鉴的生物学基础是生物的遗传、变异和进化。

1809 年,拉马克出版了《动物哲学》一书。此书首次提出并系统阐述了生物进化学说。其重要内容包括:①物种都是由其他物种演变和进化而来的,而生物的演变和进化是一个缓慢而连续的过程;②环境的变化能够引起生物的变异,环境的变化迫使生物发生适应性的进化。生物对环境的适应是发生变异的结果,环境变了,生物会发生相应的变异,以适应新的环境。

达尔文于 1859 年完成了《物种起源》一书。与此同时,Wallace 发表了题为《论变种无限地离开其原始模式的倾向》的论文。他们提出的观点被统称为达尔文进化学说,其要点是适者生存原理。该学说认为每一物种在发展中越来越适应环境;物种内每个个体的基本特征由后代继承,但后代又会产生一些异于父代的新变化。

拉马克和达尔文的观点有许多相似之处,他们都认为物竞天择,适者生存。这一理论是遗传算法(Genetic Algorithm,GA)能够成功实现函数优化的重要内容。

孟德尔则通过豌豆杂交实验,总结了以下两条定律(孟德尔定律)。

(1)分离定律:基因作为独特的独立单位而代代相传。细胞中有成对的基本遗传单位,在杂种的生殖细胞中,一个来自雄体亲本,另一个来自雌体亲本。

(2)自由组合定律(又称独立分配定律):一对染色体上的基因对中的等位基因能够独立遗传。

基于上述理论基础,对比生物遗传过程中的群体、种群、染色体、基因及适应能力,遗传算法也相应地创造了搜索空间,选择得到新群体、可行解、解的编码单元、解的适应度函数。解的适应度函数相当于环境,当适应度值达到要求,即生物性状达到对环境的适应能力时,即可停止进化,此时遗传算法也就求出了目标极值。

有了上述定义,遗传算法便可以模拟生物的遗传方式——复制、交叉和变异——来实现对数据的"进化"。顾名思义,复制就是将父代基因复制给子代。交叉即是两个染色体在某一位置处被剪断后的重新组合。变异是染色体上的某一基因发生了突变,变异的概率很小,它可以使染色体表现出新的性状。

1.1.2　遗传算法发展历程

早在20世纪50年代后期,一些生物学家就着手采用电子计算机模拟生物的遗传系统,尽管这些工作纯粹是为了研究生物现象,但其中已使用现代遗传算法的一些标识。

20世纪50年代末期,Holland教授开始研究自然界的自适应现象,并希望能够将自然界的进化方法用于实现求解复杂问题的自动程序设计。Holland教授认为:可以用一组二进制数来模拟一组计算机程序,并且定义了一个衡量每个"程序"正确性的度量——适应度值。Holland教授模拟自然选择机制对这组"程序"进行"进化",直到最终得到一个正确的"程序",Holland教授也成为遗传算法的创始人。

1967年,Bagley发表了关于遗传算法应用的论文,在其论文中首次使用了"遗传算法"来命名Holland教授所提出的"进化"方法。

20世纪70年代初,Holland教授提出了遗传算法的基本定理——模式定理,从而奠定了遗传算法的理论基础。模式定理揭示出群体中的优良个体的样本数呈指数级增长的规律。

1975年是遗传算法研究史上十分重要的一年,Holland教授总结了自己的研究成果,发表了在遗传算法领域具有里程碑意义的著作——《自然系统和人工系统的适应性》。在这本书中,Holland教授为所有的适应系统建立了一种通用理论框架,并展示了如何将自然界的进化过程应用到人工系统。Holland教授认为,所有的适应问题都可以表示为"遗传"问题,并用"进化"方法来解决。

80年代,Holland教授实现了第一个基于遗传算法的机器学习系统——分类器系统,开创了遗传算法机器学习的新概念。

1975年,De Jong在其博士论文中结合模式定理进行了大量纯数值函数优化计算实验,建立了遗传算法的工作框架,得到了一些重要且具有指导意义的结论。它还构造了5个著名的De Jong测试函数。

1989年,Goldberg出版了专著《搜索、优化和机器学习中的遗传算法》。该书系统总结了遗传算法的主要研究成果,全面而完整地论述了遗传算法的基本原理及应用,奠定了现代遗传算法的科学基础。

1991年,Davis编辑出版了《遗传算法手册》一书,书中包括了遗传算法科学计算、工程技术和社会经济中的大量应用实例,对推广和普及遗传算法起到了重要的作用。

1.2　遗传算法实现

遗传算法的实现在于遗传算法的算法流程和参数设置。算法流程可以帮助我们理解算法思想和实现过程,同时,参数设置也很重要,差的参数会使算法陷入局部最优或无法收敛等情况。

1.2.1 遗传算法流程

遗传算法流程图如图 1.1 所示。具体可以表述为,遗传算法的输入和执行对象是一群个体组成的种群,t 代表算法执行代数,种群中的每个个体代表问题的一种解。首先根据某种机制创建初始种群,对初始种群进行适应度评估,保留初始种群中最优适应度解作为当前最优解。然后对种群中的个体进行选择(selction)、交叉(crossover)和变异(mutation),得到新的种群,若新种群中的最优解优于父代的最优解(Best 中的个体),则替换。重复上述操作,直到满足算法终止条件。

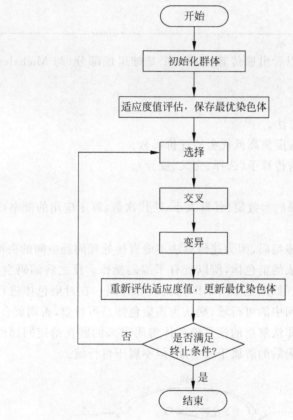

图 1.1 遗传算法流程图

遗传算法对应伪代码如表 1.1 所示。

表 1.1 遗传算法伪代码

注:$P(t)$ 代表某一代群体,t 为当前代数
Best 表示目前找到的最优解

```
begin
    t←0;
    initialize (P(t));
    evaluate (P(t));
    Best (P(t));
```

```
while(不满足终止条件)do
    P(t+1)←selection (P(t));
    P(t+1)←crossover (P(t));
    P(t+1)←mutation (P(t));
    t←t+1;
    P(t)←P(t+1);
    Evaluate(P(t));
    if(P(t)的最优适应度值大于 Best 的适应度值)
        Replace(Best);
    end if
end
end
```

由流程图和伪代码可以看出遗传算法有 6 个基础组成部分(与 Michalewicz 归纳的相一致):

(1) 问题解的遗传表示。

(2) 创建初始种群的方法。

(3) 用来评估个体适应度值高低优劣的评价函数。

(4) 改变后代基因的遗传算子(选择、交叉、变异)。

(5) 算法终止条件。

(6) 影响遗传算法效果的参数值(种群大小、迭代次数、算子应用的概率)。

1. 遗传编码

解的遗传表示称为遗传编码,因为遗传算法不能直接处理问题空间的决策变量,必须转换成由基因按一定结构组成的染色体,所以就有了编码操作。反之将编码空间向问题空间的映射称为译码(或解码)。如图 1.2 所示即为编码和译码。在对染色体进行译码时,若译码后得到的解映射到解空间中的可行域,则认为该染色体是可行解,否则就会出现非法解和不可行解。如图 1.2 所示非法解指的就是染色体解码出来的解在给定问题的解空间之外,不可行解指的是染色体译码后的解属于解空间,但不属于可行域。

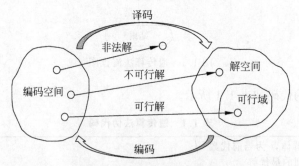

图 1.2　编码和译码解析图

编码的方式有很多种。根据采用的符号,可以分为二进制编码、实数编码和整数编码等;根据编码采用的结构,可以分为一维编码和多维编码;根据编码采用的长度,可以分为固定长度的编码和可变长度的编码;根据编码内容,可以分为仅包含解的编码和包含解和参数的编码。

对于不同的优化问题,要选择合适的编码方式,其评价原则有以下几个性质。

(1)不冗余:从编码到解码的映射是 1 对 1 的。n 对 1 的映射会导致资源的浪费和算法的提前收敛,1 对 n 的映射则还需要另外的设计方法,在解空间中的许多可能解中确定一个。

(2)合法性:对编码的任意排列都对应着一个解。该性质确保大多数的遗传操作可以应用到该编码上。

(3)完备性:任意解都对应着一个编码。该性质确保解空间中的任意解在算法搜索过程中都是可达的。

(4)Lamarckian 性质:某个基因的等位基因的含义不依赖于其他基因,该性质考虑了一个染色体能否将其价值通过常用的遗传操作传到种群中。

(5)因果性:变异带来的基因型空间中的小扰动对应到表现型空间中也是小扰动。该性质确保了解中的有用信息的保留。

2. 种群初始化

产生初始种群的方法通常有两种:一种是由完全随机的方法产生的,它适合于对问题的解无任何先验知识的情况;另一种是将某些先验知识转变为必须满足的一组要求,然后在满足这些要求的解中再随机地选取样本。

3. 评价函数

评价函数也称适应度函数(fitness function),用来评价个体的适应度值,适应度值越大的个体越符合算法对解的要求,所以评价函数至关重要,指引解进化的方向。同时,适应度函数的选择会直接影响遗传算法的收敛速度以及能否找到全局最优解。

4. 选择

选择操作的原理本质上是基于达尔文的自然选择学说,它的作用是将遗传搜索引导到搜索空间中有前途的区域。通常采用的选择方法有轮盘赌选择(roulette wheel selection)、随机采样(stochastic sampling)、确定性选择(deterministic selection)、混合选择(mixed selection)和锦标赛选择(tournament selection)。

5. 交叉算子

所谓交叉是指把两个父代个体的部分结构加以替换生成新个体的操作,这样可以提高搜索力。在交叉运算之前必须对群体中的个体进行配对。目前常用的配对策略是随机配对,即将群体中的个体以随机方式两两配对,交叉操作是在配对个体之间进行的。

交叉算子主要有 1-断点交叉(不易破坏好的模型)、双断点交叉、多断点交叉(又称广义交叉,一般不使用,随着交叉点的增多,个体结构被破坏的可能性逐渐增大,影响算法的性能)、算术交叉、模拟二进制交叉、单峰正态交叉等。目前各种交叉操作形式上的区别是交叉位置的选取方式。

6. 变异算子

变异就是将染色体编码串中的某些基因用其他的基因来替换。它是遗传算法中不可缺少的部分,目的就是改善遗传算法的局部搜索能力,维持群体的多样性,防止出现早熟现象。

设计变异算子需要确定变异点的位置和基因值的替换,最常用的是基本位变异,它只改变编码串中个别位的基因值,变异发生的概率也小,发挥作用比较慢,效果不明显。变异算子主要包括 4 种。

（1）均匀变异，它特别适于算法的初期阶段，增加群体的多样性。

（2）非均匀变异，随着算法的运行，它使搜索过程更集中在某一个重点区域。

（3）边界变异，适用于最优点位于或接近可行解边界的问题。

（4）高斯变异，改进了算法对重点搜索区域的局部搜索性能。

7. 算法终止条件

遗传算法终止条件通常有两种：一是设定迭代次数，当算法迭代次数达到设定值时，算法停止；二是当解的变化小于某一设定的较小值时，认为结果收敛，算法停止。

1.2.2 重要参数

遗传算法的实现除了要有一个详细的算法流程，还需要对参数进行设定。参数大小的选择对遗传算法执行的结果有很大影响，好的参数设置会加速算法收敛到全局最优解，反之，差的参数选择将会使结果得到局部最优解，甚至会导致结果无法收敛。一般地，需要设置的参数有以下几种。

（1）种群规模 N 影响算法的搜索能力和运行效率，一般设置为 $20\sim100$。N 设置较大时，一次所覆盖的模式较多，增大了种群多样性和算法搜索能力，但也增加了计算量，降低了算法运行效率。N 设置较小时（群体内个体的多样性减小），容易造成局部收敛。

（2）染色体长度 L 影响算法的计算量和交叉变异操作的效果。L 的设置一般由问题定义的解的形式和选择的编码方式决定。例如，在二进制编码方法中，L 就根据解的取值范围和规定精度计算得到；在浮点数编码方法中，L 与问题定义的解的维数相同。此外 L 还可以是可变的，即染色体长度在算法执行中是不固定的，如 Goldberg 等提出的一种变长度染色体遗传算法 Messy GA。

（3）基因取值范围 R 由采用的染色体编码方式而定。对于二进制编码方法，$R=\{0,1\}$；对于浮点数编码方法，R 与优化问题定义的解在每一维上的取值范围相同。

（4）交叉概率 P_c 决定了进化过程中种群内参加交叉的染色体的平均数目，取值一般为 $0.4\sim0.99$，也可以使用自适应方法在算法运行过程中调整交叉概率。

（5）变异概率 P_m 决定了进化过程中种群发生变异的基因的平均个数，取值一般为 $0.001\sim0.1$。变异操作增加了群体进化的多样性。但 P_m 值不宜过大，否则会对已找到的较优解有一定的破坏作用，使搜索状态倒退回原来较差的情况。

在终止条件中，需要设定的有最大进化代数和收敛误差值。最大进化代数一般可设为 $100\sim1000$，需要根据实际问题来设定，合理的进化代数可以防止算法因不收敛而一直运行。

在以上参数中，有部分参数在算法运行中可以是动态设定的，这更符合算法本身对动态和适应性的追求。动态参数的实现方法有：采用一种规则；获取当前搜索的状态信息进行反馈；采用自适应机制。Hinterding、Michalewicz 和 Eiben 将适应性分为 3 类：确定性的、有适应能力的、自适应的。

1.3 基于遗传算法的组合优化

组合优化问题指的是对离散变量最优化的一类问题，即在一定条件下，求解目标函数的最大解或最小解，解的形式可能是一个整数，也可能是一个集合或排列。解决这类问题的方法有遗传算法、线性和非线性规划、退火算法、神经网络等。遗传算法因其算法设计简单,功能强,不需要额外地处理目标函数等优点,被广泛地应用在组合优化问题的处理上。常见的组合优化问题有时间表问题(Time Table Problem,TTP)、旅行商问题(Traveling Saleman Problem,TSP)问题和 0-1 规划问题等,本节将从这三类问题入手,介绍遗传算法在组合优化问题上的具体方法。

1.3.1 基于遗传算法的 TTP 问题

TTP 实际是一种调度问题,如在工厂中,如何合理设定机器的运行时间使得工厂效率最高;在医院中,如何调度护士排班问题;在学校中,如何安排教师和教室资源,以避免课程、教室冲突等。本节将以大学考试时间表调度问题为例详述遗传算法在 TTP 问题上的应用。

1. 约束条件

没有座位容量约束的考试时间表问题,是假设学校教室所拥有的座位数量是无限多的,也就是在同时间段的考试中,只要各考试科目不冲突,就都可以安排在这个时间段中,不受座位数量的限制。该问题的约束条件包含硬约束条件和软约束条件。硬约束条件是该时间表必须满足的条件,软约束条件是指一些为了提高时间表质量需要尽量满足但非必须满足的条件。常见的硬约束条件有:

(1)同一个考生在同一时间段内不能同时参加多门考试;

(2)各门考试只能被安排一次;

(3)所有的考试都应被安排进时间表中。

软约束条件有:

(1)同一个考生尽量不连续地参加考试,即考生的各门考试时间间隔尽可能大;

(2)考生的所有考试在整个表中的分布尽量均匀;

(3)对于某些考试最好有固定的教室;

(4)为了获得较高的利用率,教室容量应尽量接近参考学生人数;

(5)某些考试需在同一天被安排;

(6)某些考试需被排在某特定时间段内;

(7)某些参考人数多的考试尽量早考(通常指公共课);

(8)同一门考试,尽量将同系考生排在一起。

大学考试时间表问题研究的就是如何在满足硬约束条件的情况下,尽可能满足多的软约束条件。时间表质量的好坏就是由满足软约束条件程度的高低决定的,软约束条件的违反值越小,时间表的质量越高,反之则时间表的质量越低。

2. 数学模型

大学时间表问题是一个离散优化问题,这里采用的数学模型是由 Carter M. W.、Laporte G. 和 Lee S. Y. 提出的。假设共有 E 门考试,分别表示为 $E=\{e_1,e_2,\cdots,e_{|E|}\}$,$|E|$ 表示考试门数,要将它们安排到 P 个时间段中,则符合硬约束条件的数学模型为:

$$\min \sum_{i=1}^{|E|-1}\sum_{j=1}^{|E|}\sum_{p=1}^{|P|-1} a_{ip}a_{j(p+1)}c_{ij} \tag{1-1}$$

$$\text{s. t.} \sum_{i=1}^{|E|-1}\sum_{j=1}^{|E|}\sum_{p=1}^{|P|-1} a_{ip}a_{j(p+1)}c_{ij}=0 \tag{1-2}$$

$$\sum_{p=1}^{P} a_{ip} = 1, \ \forall i \in \{1,2,\cdots, \mid E \mid\} \tag{1-3}$$

其中,若 e_i 被分到时间段 p,则 a_{ip} 为 1,否则 a_{ip} 为 0；c_{ij} 表示同时要参加考试科目 e_i 和 e_j 的学生人数。式(1-2)和式(1-3)是两个硬约束条件,式(1-1)表示连续参加两门考试的学生人数,是一个需要优化的目标,称为冲突数。

式(1-1)只能评价相邻时间段内的目标质量,不能全面地描述时间表的好坏,为此,Carter 发表了新的测度方法,简称为"平均冲突数"。该方法作用于每个学生,其规则为,对每个需要参加考试的学生,若连续参加两门考试,则对他设定一个惩罚值,该值表示为 $W_1=16$；若中间间隔一个时间段,则惩罚值为 $W_2=8$；若中间间隔两个时间段,则惩罚值为 $W_3=4$；若中间间隔 3 个时间段,则惩罚值为 $W_4=2$；若中间间隔 4 个时间段,则惩罚值为 $W_5=1$；其余的大于 4 个时间段间隔的惩罚值都为 0。优化惩罚值使其变小就可以使科目分布得更均匀。假设 N_s 是每个惩罚值所对应的考生人数,总人数是 S,则依然满足式(1-2)和式(1-3)的约束条件下的新优化目标为:

$$f = \text{fitness} = \frac{\left(\sum_{s=0}^{4} W_s \times N_s\right)}{S} \tag{1-4}$$

3. 常用数据集

Toronto 标准测试数据集是考试时间表问题的常用数据集,是由 Carter 统计美国、加拿大、英国、沙特阿拉伯等国家的大学的学生课表分布情况,得到实际应用的 11 个测试数据集,这些数据集是没有座位容量约束的。后来的研究者又对其进行了补充。

1.3.2　基于遗传算法的旅行商问题

TSP 是受到广泛研究的一类组合优化问题,具体研究的是对于 n 个给定的城市,找到一个访问顺序使得路径最短,要求每个城市只能访问一遍。该问题是一个 NP-hard 问题,目前还没有一个精确求解的有效算法,所以经常使用遗传算法来找出一个相对较好的解,当城市规模较小的时候可以求得真实最优解。采用遗传算法求解 TSP 的思想是由 Grefenstette J. 提出的,在此之后,有学者陆陆续续提出了各种改进算法,并成功将其逐步应用到更大城市规模中。

根据 TSP 求解要求,一般可表述为如下形式:

$$\min f = \sum_{i=1}^{n} \sum_{j=1}^{n} (d_{ij} x_{ij} + d_{n1} x_{n1}) \tag{1-5}$$

$$x_{ij} = \begin{cases} 1, & \text{选择路径}(i,j) \\ 0, & \text{其他} \end{cases} \tag{1-6}$$

其中,f 为目标函数,d_{ij} 为城市 i 到城市 j 的距离,若城市 i 到城市 j 的路径被选择,则 $x_{ij}=1$。

1. 遗传算法求解 TSP 的算法步骤

表 1.2 给出了遗传算法求解 TSP 的算法步骤,参考该步骤,后面将详细介绍具体的编码方式、交叉算子以及变异算子。

表 1.2 遗传算法求解 TSP 步骤

Procedure：遗传算法用于 TSP
Input：问题数据集，GA 参数
begin
$t \leftarrow 0$;
编码产生初始种群 $P(t)$;
解码计算适应度值 evaluate($P(t)$);
while(不满足终止条件)**do**
对 $P(t)$实施交叉操作产生 $C(t)$;
对 $P(t)$实施变异操作产生 $C(t)$;
解码计算适应度值 evaluate($C(t)$);
从 $P(t)$和 $C(t)$中选出 $P(t+1)$;
end
Output：最短城市遍历路径

2. 编码方式

1）直接表示法

直接表示法是将城市按照它们被访问的顺序列出，所以基因的取值范围即为城市的编码范围，染色体长度为城市的个数。需要注意的是，因为每一个城市只能经过一次，所以不同基因位上的城市编号是不重复的。例如，解决一个 9 城市的 TSP，将城市依次编号为 1～9，则染色体表示如图 1.3 所示。

	1	2	3	4	5	6	7	8	9
chromosome	3	2	5	4	7	1	6	9	8

图 1.3 染色体表示

该染色体代表的访问城市序列为 3-2-5-4-7-1-6-9-8，表 1.3 给出直接表示法编码和解码的一般过程。

表 1.3 直接表示法的编码和解码过程

Procedure：序列编码	Procedure：序列解码
Input：城市集合，城市总数 N	Input：染色体 v，城市总数 N
Output：染色体 v	Output：访问列表 L
begin	**begin**
for $j=1$ **to** N	$L \leftarrow \phi$;
$v[j] \leftarrow j$;	**for** $i=1$ **to** N
for $i=1$ **to** $\lceil N/2 \rceil$	$L \leftarrow L \cup v[i]$;
重复如下操作	**output** 访问列表 L;
$j \leftarrow \text{random}[1, N]$;	**end**
$l \leftarrow \text{random}[1, N]$;	
直到 $l \neq j$	
交换 $v[j]$和 $v[l]$;	
output 染色体 v;	
end	

2) 随机数表示法

随机数表示法的基因位取值为 $(0,1)$ 间的一个随机数，染色体长度依然为城市规模，解码时将每位上的随机数按从大到小排序，排序后的名次即代表城市的序号。随机生成的一个染色体如图 1.4 所示。

	1	2	3	4	5	6	7	8	9
chromosome	0.23	0.82	0.45	0.74	0.87	0.11	0.56	0.69	0.78

图 1.4　随机生成染色体

如第一位基因值 0.23 在排序后的名次为第 8，则解码后代表编号为 8 的城市，依次解码可以得到该染色体对应的城市访问顺序为 8-2-7-4-1-9-6-5-3。表 1.4 给出随机数表示法编码和解码的一般过程。

表 1.4　随机数表示法的编码和解码过程

Procedure：随机数编码	Procedure：随机数解码
Input：城市集合，城市总数 N Output：染色体 v begin 　for $i=1$ to N 　　$v[i] \leftarrow$ random$[0,1]$; output 染色体 v; end	Input：染色体 v，城市总数 N Output：访问列表 L begin 　$L \leftarrow \phi$; 　for $i=1$ to N 　　$L \leftarrow L \cup i$; 　根据 $v[i]$ 对 L 排序; 　output 访问列表 L; end

3. 交叉算子

至今已经提出了很多适用于序列表示法的交叉算子，其中常见的算子有部分映射交叉（PMX）、顺序交叉（OX）、循环交叉（CX）、基于位置的交叉（PBX）和启发式的交叉。

这些算子可以分为两类：一类是规范方法，可以看作是二进制字符串的两点或多点交叉到序列表示的扩展；另一类是启发式方法，旨在产生性能提升的子代。

下面对上述提到的常见交叉算子分别作详细的介绍。

1) 部分映射交叉

表 1.5 为部分映射交叉的运算过程。其中，v_1、v_2 代表两个父代染色体 1 和 2，v_1'、v_2' 代表产生的两个子代染色体，l 是染色体的长度，R 为两个父代染色体之间的映射关系，s 是交叉操作在染色体上的起始位置，t 是交叉操作的终止位置，relation(v_1,v_2) 表示搜索 v_1 和 v_2 之间的关系，legalize(v_1,v_2,R) 表示基于关系 R 改变 v_1 和 v_2 的基因值。

表 1.5　部分映射交叉的伪代码

Procedure：PMX 交叉
Input：染色体 v_1,v_2，染色体长度 l Output：子代染色体 v_1',v_2' begin 　　$R \leftarrow \phi$;

续表

$s \leftarrow \text{random}[1: l-1];$
$t \leftarrow \text{random}[s+1: l];$
$v_1' \leftarrow v_1[1: s-1] // v_2[s: t] // v_1[t+1, l];$
$v_2' \leftarrow v_2[1: s-1] // v_1[s: t] // v_2[t+1, l];$
$R \leftarrow \text{relation}(v_1[s: t], v_2[s: t]);$
$\text{legalize}(v_1', v_2', R);$
output 子代 $v_1', v_2';$

end

PMX 交叉算子运算中主要涉及了 4 个运算步骤,举例详述如下:

(1) 从给定的染色体中随机选取两个位置,给定如图 1.5 所示的两个父代染色体,染色体长度为 9,选取交叉位置如下,分别是位置 2 和 6。

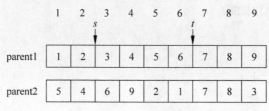

图 1.5 两个父代染色体

(2) 交换两个子字符串。选取交叉位置后,交换两个父代染色体交叉位置之间的子字符串,得到如图 1.6 所示子代染色体。

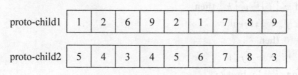

图 1.6 交叉后的子代染色体

(3) 产生映射关系。上述交叉操作产生的子代染色体并不是合法的,因此需要产生映射关系以使子代染色体合法化,具体如图 1.7(a)所示。由此得到映射关系见图 1.7(b),表示基因 1 和 3 相互映射,2 和 5 相互映射,9 和 4 相互映射。

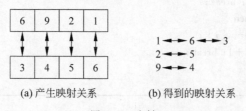

(a) 产生映射关系　　　　(b) 得到的映射关系

图 1.7 映射

(4) 根据映射关系使子代合法化。由第(2)步得到的子代染色体可以看出,当前得到的染色体是不合法的,即不符合 TSP 中一个城市不能遍历多次的要求,由此需要根据第(3)步得到的映射关系对子代染色体进行调整,使其合法化。合法化后的子代染色体如图 1.8 所示。

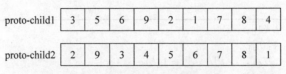

proto-child1	3	5	6	9	2	1	7	8	4

proto-child2	2	9	3	4	5	6	7	8	1

图 1.8　合法化后的子代染色体

2）顺序交叉

表 1.6 给出顺序交叉算子的运算过程。其中，v_1、v_2 代表两个父代染色体 1 和 $2,v'$ 是交叉后得到的子代染色体，l 是染色体长度，w 为工作数据，f_g 为标签，s 是交叉操作用于染色体上的起始位置，t 为终止位置。

表 1.6　顺序交叉伪代码

Procedure：OX 交叉

Input：染色体 v_1,v_2，染色体长度 l
Output：子代染色体 v'
begin

    $w \leftarrow 1$；
    $s \leftarrow \text{random}[1：l-1]$；
    $t \leftarrow \text{random}[s+1：l]$；
    $v' \leftarrow v_1[s：t]$；
    for $i = 1$ **to** $s-1$
        for $j = w$ **to** l
            $f_g \leftarrow 0$；
            for $k = s$ **to** t
                if $v_2[j] = v_1[k]$ **then**
                    $f_g \leftarrow 1$；break；
            if $f_g = 0$ **then**
                $v'[i] \leftarrow v_2[j]$；
                $w \leftarrow j+1$；break；
    for $i = t+1$ **to** l
        for $j = w$ **to** l
            $f_g \leftarrow 0$；
            for $k = s$ **to** t
                if $v_2[j] = v_1[k]$ **then**
                $f_g \leftarrow 1$；break；
            if $f_g = 0$ **then**
              $v'[i] \leftarrow v_2[j]$；
              $w \leftarrow j+1$；break；
    output 子代染色体 v'；
end

OX 交叉算子中主要涉及了 3 个步骤。

（1）选择两个父代个体，如图 1.9 所示，在父代个体 1 中选出 s 和 t 之间的字符串，也就是 3 4 5 6。

（2）复制步骤（1）中得到的部分染色体产生子代 v'，如图 1.10 所示。

图 1.9　选择父代个体

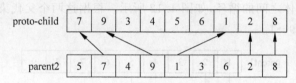

图 1.10　产生子代 v'

（3）用 parent2 中未选择的子字符串基因填充 proto-child 以产生合法的子代个体，即用 7 9 1 2 8 基因依次填充，具体见图 1.11。

图 1.11　parent2 中未选择的子字符串基因填充 proto-child

3）循环交叉

循环交叉算子的运算过程见表 1.7。其中，v_1、v_2 代表两个父代染色体 1 和 2，v' 是交叉后得到的子代染色体，l 是染色体长度，w 为工作数据，N 为循环中值的数量。$T = \{t[n]\}$，$n = 1, 2, \cdots, N-1$ 为 proto-child 中 S 的位置集合，$S = \{s[k]\}$，$k = 1, 2, \cdots, N-1$ 是循环中 proto-child 基因值的集合。$C = \{c[j]\}$，$j = 1, 2, \cdots, N-1$ 是循环值集合。f_{g1} 为标签 1，f_{g2} 为标签 2，$cy(v_1, v_2)$ 表示搜索 v_1、v_2 之间的循环。

表 1.7　循环交叉伪代码

Procedure：CX 交叉

Input：染色体 v_1, v_2，染色体长度 l
Output：子代染色体 v'
begin
　　$S \leftarrow \varphi, T \leftarrow \varphi, w \leftarrow 1$；
　　$C \leftarrow cy(v_1, v_2)$；
　　for $i = 1$ to l
　　　　for $j = 1$ to $N-1$
　　　　　　if $v_1[i] = c[j]$ then
　　　　　　　　$v'[i] \leftarrow v_1[i]$；
　　　　　　　　$T \leftarrow T \cup i$；
　　　　　　　　$S \leftarrow S \cup v_1[i]$；
　　for $i = 1$ to l　//和前面的 for $i = 1$ to l 并列
　　　　$f_{g1} \leftarrow 0$；
　　　　for $n = 1$ to $|T|$
　　　　　　if $i = t[n]$ then $f_{g1} \leftarrow 1$；

```
            if f_{g1}=1 then continue;//和前面的 for n=1 to |T|并列
        for j=w to l
            f_{g2}←0;
            for k=1 to |S|
                if v_2[j]=s[k] then
                    f_{g2}← 1；break;
            if f_{g2}=0 then
                v'[i]←v_2[j]；
                w←j +1；break;
        output 子代染色体 v'；
end
```

CX 交叉算子中主要涉及 3 个步骤。

（1）寻找父代个体之间的循环，如图 1.12 所示。根据这两个父代染色体可以找到循环关系：$1→5→2→4→9→1$。

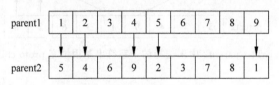

图 1.12 两个父代染色体的循环

（2）复制从 parent1 中找到的循环基因，产生 proto-child，如图 1.13 所示。

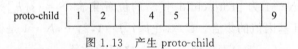

图 1.13 产生 proto-child

（3）用 parent2 填充 proto-child 的空白区域以产生子代。

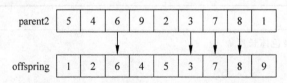

图 1.14 parent2 填充 proto-child 的空白区域

4）基于位置的交叉 PBX

PBX 交叉的运算过程如表 1.8 所示。其中，v_1、v_2 代表两个父代染色体 1 和 2；v' 是交叉后得到的子代染色体；l 是染色体长度；w 为工作数据；N 为选择的位置总数；$T=\{t[j]\}$，$j=1,2,\cdots,N$ 为选择的位置集合；$S=\{s[m]\}$，$m=1,2,\cdots,N$ 为选择位置的基因值集合；f_{g1} 为标签 1；f_{g2} 为标签 2。

表 1.8 基于位置的交叉伪代码

Procedure：PBX 交叉

Input：染色体 v_1, v_2，染色体长度 l
Output：子代染色体 v'
begin

        $S \leftarrow \varphi, T \leftarrow \varphi, w \leftarrow 1$;
        $N \leftarrow \text{random}[1: l]$;
        for $i = 1$ **to** N
            $j \leftarrow \text{random}[1: l]$;
            $v'[j] \leftarrow v_1[j]$;
            $T \leftarrow T \cup j$;
            $S \leftarrow S \cup v_1[j]$;
        for $i = 1$ **to** l
            $f_{g1} \leftarrow 0$;
            for $j = 1$ **to** N
                if $i = t[j]$ **then** $f_{g1} \leftarrow 1$;
            if $f_{g1} = 1$ **then** continue;
            for $k = w$ **to** l
                $f_{g2} \leftarrow 0$;
                for $m = 1$ **to** N
                    if $v_2[k] = s[m]$ **then**
                        $f_{g2} \leftarrow 1$; break;
                if $f_{g2} = 0$ **then**
                    $v'[i] \leftarrow v_2[k]$;
                    $w \leftarrow k + 1$; break;
    output 子代染色体 v';
end

PBX 交叉算子中主要涉及 3 个步骤。

（1）如图 1.15 所示，从 parent1 中随机选择一些位置并用 j 标注。

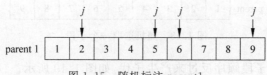

图 1.15 随机标注 parent1

（2）复制选择位置的基因值，产生如图 1.16 所示的 proto-child。

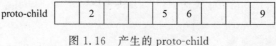

图 1.16 产生的 proto-child

（3）使用 parent2 填充 proto-child 的空白区域以产生子代个体，如图 1.17 所示。

4. 变异算子

常见的用于序列表示的变异方法有相反变异（inversion mutation）、插入变异（insertion mutation）、交换变异（swap mutation）和启发式变异（heuristic mutation），下面分别对这些

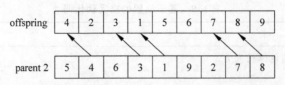

图 1.17　使用 parent2 填充产生子代个体

变异算子做相应的介绍。

1）相反变异

相反变异的运算过程如表 1.9 所示。其中，v 是父代染色体；l 是染色体的长度；v' 是子代染色体；s 为子字符串的起始位置；t 为子字符串的终止位置；S 为子字符串的相反形式；invert(string)表示取 string 的相反顺序。

表 1.9　相反变异伪代码

Procedure：Inversion Mutation
Input：染色体 v,染色体长度 l Output：子代染色体 v' begin 　　　　$s \leftarrow$ random$[1：l-1]$； 　　　　$t \leftarrow$ random$[s+1：l]$； 　　　　$S \leftarrow$ invert$(v[s：t])$； 　　　　$v' \leftarrow v[1：s-1]$ // S // $v[t+1：l]$； 　　　　**output** 子代染色体 v'； end

相反变异主要有两个运算步骤。

（1）随机选取一个子段，用 $s \sim t$ 表示选择的子段，如图 1.18 所示。

图 1.18　随机选取一个子段

（2）通过将选择的子段顺序反过来产生子代，如图 1.19 所示。

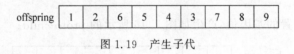

图 1.19　产生子代

2）插入变异

插入变异的运算过程如表 1.10 所示，其中，v 是父代染色体；v' 是子代染色体；l 是染色体的长度；i 是在父代个体中选择的位置 1；j 是在父代个体中选择的位置 2；W 为工作数据集。

表 1.10 插入变异伪代码

Procedure：Insertion Mutation

Input：染色体 v，染色体长度 l
Output：子代染色体 v'
begin
    $i \leftarrow \text{random}[1:l]$；
    $j \leftarrow \text{random}[1:l-1]$；
    $W \leftarrow v[1:i-1] // v[i+1:l]$；
    $v' \leftarrow W[1:j-1] // v[i] // W[j:l-1]$；
    output 子代染色体 v'；
end

插入变异主要有两个运算步骤。

(1) 从父代个体中随机选择一个基因位置，如图 1.20 所示。

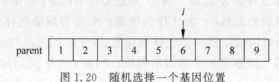

图 1.20 随机选择一个基因位置

(2) 将随机选择的基因值插入到父代个体中另外随机选择的位置，该位置上及其后的基因全部后移一位，如图 1.21 所示。

图 1.21 插入随机选择的基因

3）交换变异

交换变异的运算过程如表 1.11 所示。其中，v 是父代染色体；l 是染色体的长度；v' 是子代染色体；i、j 是随机选择的两个位置。

表 1.11 交换变异伪代码

Procedure：Swap Mutation

Input：染色体 v，染色体长度 l
Output：子代染色体 v'
begin
    $i \leftarrow \text{random}[1:l-1]$；
    $j \leftarrow \text{random}[i+1:l]$；
    $v' \leftarrow v[1:i-1] // v[j] // v[i+1:j-1] // v[i] // v[j+1:l]$；
    output 子代染色体 v'；
end

交换变异主要有两个运算步骤。

(1) 从父代个体中随机选择两个位置 i 和 j，如图 1.22 所示。

图 1.22　随机选择位置

（2）交换父代个体中 i 和 j 位置上的基因产生子代，如图 1.23 所示。

图 1.23　产生子代

4）启发式变异

启发式变异的运算过程如表 1.12。其中，v 是父代染色体；v' 是子代染色体；l 是染色体的长度；m 为选择位置的总数；r 为选择的位置；N 是邻域染色体的总数；w 为工作数据；n 是在 P 中具有最好适应度值的染色体的位置；$P\{p[i]\}, i=1,2,\cdots,N$ 是邻域染色体的集合；$nb(v[r])$ 用于搜索第 r 个基因的邻域；$F(p[i])$ 为 $p[i]$ 的适应度值。

表 1.12　启发式变异伪代码

Procedure：Heuristic Mutation

Input：染色体 v，染色体长度 l
Output：子代染色体 v'
begin
　　$P \leftarrow \varphi$；
　　for $i=1$ **to** m {
　　　　$r \leftarrow random[1:l]$；
　　　　$P \leftarrow P \cup nb(v[r])$；}
　　　　$w \leftarrow F(p[1])$；
　　for $i=2$ **to** $|P|$
　　　　if $w > F(p[i])$ **then**
　　　　　　$w \leftarrow F(p[i]), n \leftarrow i$；
　　　　　　$v' \leftarrow p[n]$；
　　output 子代染色体 v'；
end

启发式变异主要有两个运算步骤。

（1）选择位置并产生邻域，如图 1.24 所示。

（2）计算邻域的适应度值选择子代，如图 1.25 所示。

5. 选择算子

选择是从生成的新种群中选择合适的个体进入下一代循环，个体是否被选择取决于它的优劣，即适应度值的大小。常用的选择算法有轮盘赌选择、竞标赛选择、确定性选择等。其中轮盘赌选择是非常经典和常用的方法，它的机制是使优秀个体被选择的概率更大，同时差的个体也有被选择的可能，增加进入下一代种群的多样性。轮盘赌选择的算法流程见表 1.13。

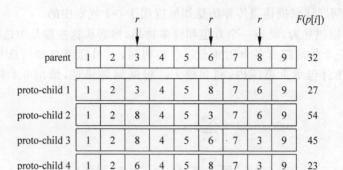

图 1.24 选择位置并产生领域

图 1.25 计算邻域的适应度值选择子代

表 1.13 轮盘赌选择算法流程

Procedure：轮盘赌选择
Input：遗传算子计算后的种群
Output：进入下一代循环的种群
begin
计算输入种群适应度值总和 $F = \sum_{i=1}^{n} f_i$；
计算每个染色体被选择的概率 $p_i = \dfrac{f_i}{F}$；
计算每个染色体被选的累计概率 $q_i = \sum_{j=1}^{i} p_j$；
for $i=1$ **to** n：
生成 0 到 1 的一个随机数 s；
if$(s<q_1)$：
选择第一条染色体 v_1；
else
选择第 k 条染色体 v_k，其中 $2 \leqslant k \leqslant n$；
end if
end for
end

1.3.3 基于遗传算法的 0-1 规划

0-1 规划问题是指决策变量只取 0 或 1 的一类特殊整数规划问题。因为 0 和 1 可以灵活地表示有与无、选择与放弃、开与关等，所以在实际生活中，很多问题都可以建模为 0-1 规划问题，如学校或工厂的选址、背包问题、装箱问题、TSP、人员安排等。0-1 规划因其广泛的应用范围被众多学者研究，提出了很多方法，常见的方法有分支定界法、穷举法、隐枚举法、割平面法等。遗传算法也因自身强大的优化能力成为解决 0-1 规划的主流方法之一。下面就针对 0-1 背包问题详细描述遗传算法是如何应用于 0-1 规划中的。

背包问题可以描述为,给定一个背包和许多物品,然后从这些物品中选出一些物品放入背包中,假设每一个物品都有各自的重量 w_j 和利润 c_j,目标就是如何选择放入背包的物品,使物品总重在背包承重范围内,利润最大。根据问题描述,给出 0-1 背包问题的数学公式:

$$\max f(x) = \sum_{j=1}^{n} c_j x_j$$

$$\text{s.t.} \quad g(x) = \sum_{j=1}^{n} w_j x_j \leqslant W, \ j=1,2,\cdots,n \tag{1-7}$$

$$x_j = \begin{cases} 1, & \text{选择第 } j \text{ 个物品} \\ 0, & \text{其他} \end{cases}$$

其中,W 表示背包最大承重;w_j 为第 j 个物品的重量;c_j 为第 j 个物品的利润;x_j 即为决策变量,当该值为 1 时表示选择第 j 个物品放入背包,0 时不放入。

现阶段,用于解决 0-1 背包问题的遗传算法主要分为 3 类,分别是二进制表示法求解 0-1 背包问题,序列表示法求解 0-1 背包问题和可变长度表示法求解 0-1 背包问题。

1. 二进制表示法求解 0-1 背包问题

二进制字符串表示法是 0-1 背包问题编码中最简单易懂的表示方法,比如当物品总数为 7,选择第 2 和第 4 个物品放入背包时,即编码为:

$$x = \begin{bmatrix} 0 & 1 & 0 & 1 & 0 & 0 & 0 \end{bmatrix}$$

若 7 个物品的利润分别是 40、5、20、30、30、10、60,质量分别是 30、5、30、20、40、15、45,背包最大承重 W 为 60,则根据式(1-7)即可算出:

总利润 $f(x) = 40x_1 + 5x_2 + 20x_3 + 30x_4 + 30x_5 + 10x_6 + 60x_7 = 35$

总重量 $g(x) = 30x_1 + 5x_2 + 30x_3 + 20x_4 + 40x_5 + 15x_6 + 45x_7 = 25 < W$

算出的总重量为 25,小于背包最大承重 60,所以该解是可行解。反之,若解的总重量大于背包最大承重则是不可行解。对于不可行解,现已提出了两种处理方法:罚函数法和解码方法。

罚函数法由 Gordon V. 和 Whitney D. 提出,对于染色体的惩罚值就等于超出背包容量的总重量。

对于最大值问题,罚函数可以按如图 1.26 设置。其中

$$\delta = \min\left\{ W, \left| \sum_{j=1}^{n} w_j - W \right| \right\} \tag{1-8}$$

$$p(x) = 1 - \frac{\left| \sum_{j=1}^{n} w_j x_j - W \right|}{\delta} \tag{1-9}$$

于是使用罚函数后的适应度函数为:

$$\text{eval}(x) = f(x) p(x) \tag{1-10}$$

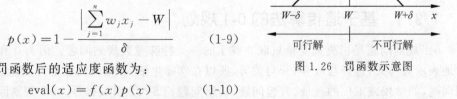

图 1.26 罚函数示意图

解码方法的步骤为:首先根据利润重量比将 $x_j = 1$ 的物品按降序排列;然后使用第一拟合启发式算法选择物品,直到背包不能再放入物品;最后输出选择的物品并停止运算。

假设输入数据如表 1.14 所示,其背包容量 $W=100$,假定给定的染色体如图 1.27 所示。根据利润重量比将选择的物品按降序排序,因为 2、3 和 7 号基因位上对应的比值为 1.2、0.33 和 2.0,所以排序后的染色体如图 1.28 所示。使用第一拟合启发式算法选择物品,直到背包不能再放入物品。选择过程如下:

依次选择 7 号、2 号、3 号基因所代表的物品,当选择 7 号和 2 号时,$g(x)=80<W,f(x)=120$,符合要求;然而当再加入 3 号时,$g(x)=110>W$,超出背包所能容纳的最大重量,不符合要求。所以,最终选择的是 7 号和 2 号物品,染色体修正为 chromosome=[0100001]。

表 1.14　输入数据集

物品编号 j	1	2	3	4	5	6	7
利润 c_j	40	60	10	10	3	20	60
权重 w_j	40	50	30	10	10	40	30
c_j/w_j 的比率	1.0	1.2	0.33	1.0	0.3	0.5	2.0

图 1.27　给定的染色体

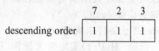

图 1.28　排序后的染色体

2. 序列表示法求解 0-1 背包问题

Hinterding R. 提出采用序列表示法求解 0-1 背包问题。对于含有 n 个物品的 0-1 背包问题,此时一个染色体包含 n 个基因,在每个基因位上用一个明确的整数数字表示一个物品,序列表示法中物品的顺序可以视为它放入背包中的优先顺序。此时对应的适应度函数为:

$$\text{eval}(v) = \frac{f(x)}{\sum\limits_{j=1}^{n} c_j} \tag{1-11}$$

下面举例说明序列表示法的具体步骤,假设输入数据如表 1.15 所示,背包容量 $W=100$。假设给定的染色体为[1 6 4 7 3 2 5],然后按照顺序放入物品,当物品 1、6、4 放入背包后,此时的物品总重量为 90,再放入物品 7、3、2 中的任意一个都会使物品总重超过 W 值,只有加入物品 5 可以使总重为 $100=W$,符合要求。

表 1.15　输入数据集

物品编号 j	1	2	3	4	5	6	7
利润 c_j	40	60	10	10	3	20	60
权重 w_j	40	50	30	10	10	40	30

3. 可变长度表示法求解 0-1 背包问题

这种表示属于直接编码的方法,它不同于序列表示法,在序列表示法中,染色体基因位的顺序和值代表了物品加入背包的顺序,而该方法的基因位与物品放入背包的顺序无关,可以看作是将物品一起放入背包。依然采用表 1.15 中的数据,给出如图 1.29 所示的 3 个染色体,求出其中的最优解。

对于第一条染色体,$g(x)=30<W$,$f(x)=60$;对于第二条染色体,$g(x)=80<W$,$f(x)=120$;对于第三条染色体,$g(x)=110>W$,$f(x)=130$。

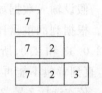

图 1.29   3个染色体

可以看出,第三条染色体对应的物品总重量超过了背包最大承重值,是不可行解,第一条和第二条是可行解,且第二条染色体对应的物品总价值大于第一条,所以这 3 条染色体中,第二条最优。表 1.16 给出该方法的一般求解过程。

表 1.16   遗传算法求解 0-1 背包问题的步骤

Procedure:遗传算法求解 0-1 背包问题

Input:背包问题数据集,遗传算法参数
Output:最优物品集
begin
    $t\leftarrow 0$;
    通过可变长度表示法初始化种群 $P(t)$;
    计算适应度 eval($P(t)$);
    while(终止条件未满足)**do**
            对 $P(t)$ 实施交叉操作以产生子代 $C(t)$;
            对 $P(t)$ 实施变异操作以产生子代 $C(t)$;
            计算适应度 eval($C(t)$);
            从 $P(t)$ 和 $C(t)$ 中选择出 $P(t+1)$;
            $t\leftarrow t+1$;
    end
    output 最优物品集;
end

1.4   基于遗传算法的图像处理

1.4.1   基于遗传算法的图像分割

图像分割就是按某种属性将图像分隔开,除了对自然图像的分割,还有对合成孔径雷达(Synthetic Aperture Radar,SAR)图像的分割。因为 SAR 成像克服了光学成像受天气和光照条件的影响,且具有一定的穿透探测能力,所以应用于众多领域,如军事侦察、地质勘探、城市变迁等。

对于 SAR 图像的分割,Cook 研究了基于矩特征的区域融合分割方法;Ives 提出了SAR 图像的像素的分割方法;Derin 研究了基于复信号的 SAR 图像分割;Dong 和 Forster等利用 MRF 完成了雷达图像的分割;Lemarechal 研究了基于形态学的 SAR 图像分割;Venkatachalam 和 Choi 提出了基于子波域的隐马尔可夫(Markov)模型的 SAR 图像分割的方法。

图像分割中最经典的方法就是阈值分割法,即简单地用一个或几个阈值将图像的灰度直方图分成几类,认为图像中灰度值在同一灰度类内的像素属于同一类物体。人们已经提出了许多阈值的选择方法,如 Otsu 通过最大化类间方差与类内方差之比来选择门限;Nakagawa 和 Rosenfeld 假设目标像元和背景像元均服从正态分布,但二者的均值和方差不同,在此前提下,他们通过最小化总体错误分类的概率来选择门限;Kapur 等提出了最佳熵阈值方法(KSW 法),此方法不需要先验知识,而且对于非理想双峰直方图的图像也可以进行较好的分割,但是此方法在进行阈值确定时,特别是确定多阈值时,计算量非常大。

遗传算法结合阈值分割法进行 SAR 图像分割,一般分为单阈值分割和双阈值分割。算法流程图可参考图 1.1。遗传算法输出的结果是阈值,输出的阈值即可以用来分割图像。

1. 单阈值分割

编码与解码:由于图像的灰度值在 0~255 之间,所以将各个染色体编码为 8 位的二进制数,每个染色体代表一个分割阈值。群体初始化可以采用随机生成的方法。解码就是将 8 位二进制码解译成一个十进制的灰度值。

适应度函数:选择一个确定阈值的公式,如上述提到的最大化类间方差与类内方差之比,Kapur 提出的最佳熵阈值法公式等。

遗传算子:交叉和变异均用来生成新的个体,增加种群多样性,简单的有单点交叉和单点变异等,在遗传算法中选择使用大的交叉概率和小的变异概率,一般变异概率小于 0.1。

选择:用于选出新种群中的优秀个体保留到下一代循环中,常用的方法有轮盘赌法、竞标赛选择等,一般选择得到的种群规模与初始规模一致。

终止条件:为算法设置最大代数用来停止算法。

2. 双阈值分割

与单阈值分割的不同之处在于编码方式与适应度函数的不同,编码是一串 16 位的二进制码,前 8 位用来表示一个阈值,后 8 位表示另一个阈值。解码也是将前 8 位和后 8 位分别译码成两个灰度值。适应度函数也要选择可以解决双阈值分割的适应度函数。

1.4.2　基于遗传算法的图像增强

图像增强的目的是增强感兴趣部分或想要强调的部分,使模糊的图像清晰化。常用的处理方法可以分为空域法和频域法两大类。空域法就是直接对图像灰度值进行处理,使图像原本的灰度值发生变化,具体的变换方法由想要增强的目的决定。频域法是通过将图像变换到频域后进行处理,再将处理好的图像恢复到空域,来实现图像增强,在频域内常用的增强方法有低通滤波、高通滤波等。

图 1.30 所示的流程以空域法描述遗传算法在图像增强上的应用。

1. 染色体编码与解码

将输入图像的最低灰度值定义为 $I_{\min}$,最高灰度值定义为 $I_{\max}$,其满足 $0 \leqslant I_{\min} \leqslant I_{\max} \leqslant 255$,进行图像增强后的灰度值规范为 0~255。输入图像用 $f(x,y)$ 表示,增强后的图像用 $g(x,y)$ 表示,其映射关系如图 1.31(a)所示。

为了方便对染色体进行编码和遗传操作,编码方式选择二进制编码。根据上述定义,输入图像的灰度区间为 $I_{\max}-I_{\min}$,因此染色体长度 $n=I_{\max}-I_{\min}+1$,最终将其将定义为 $P_j=(b_1,b_2,\cdots,b_n)$。

对染色体 p_j 进行译码,首先构造图 1.31(b)的灰度映射函数 B,其构造公式如下:

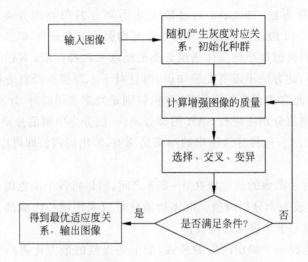

图 1.30 遗传算法用于空域法的图像增强流程图

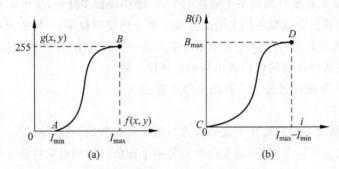

图 1.31 输入与输出图像灰度值映射关系

$$\begin{cases} B(i) = 0, & i = 0 \\ B(i) = B(i-1) + b_{i-1}, & 0 < i < n \end{cases} \tag{1-12}$$

其中, i 表示灰度值; 函数 B 即为染色体 p_j 对应的灰度映射关系, 由式(1-12)可以看出不同的二进制码会构造出不同的映射关系, 满足算法设计要求。最终由 B 映射得到灰度值的计算公式:

$$O(i) = 255 \times \frac{B(i - I_{\min})}{B_{\max}}, \quad I_{\min} \leqslant i \leqslant I_{\max} \tag{1-13}$$

其中, $O(i)$ 为灰度值 i 映射后的灰度值; $B_{\max}$ 是函数 B 的最大值。

2. 适应度函数

用优化函数评价图像增强的质量是一种客观评价方法, 函数的最优结果不一定与人的视觉效果一致, 所以图像增强的好坏取决于优化函数的设定。这里给出 Azriel Rosenfield 提出的评价图像质量的适应度函数:

$$F(p_j) = \frac{1}{n} \sum_{x=1}^{M} \sum_{y=1}^{N} g^2(x, y) - \left[\frac{1}{n} \sum_{x=1}^{M} \sum_{y=1}^{N} g(x, y) \right]^2 \tag{1-14}$$

其中, p_j 表示某染色体; 输入图像大小为 $M \times N$, 则 $n = M \times N$; $g(x, y)$ 为图像 (x, y) 处的灰度值。该目标函数值越大, 表明图像灰度值的分布越均匀, 对比度越高。该目标函数是经典的用于图像增强的优化函数。随着图像复杂度的增加,该目标函数已经无法满足图像处理的需求,现已提出更多改进的目标函数,如过润秋等针对红外图像的图像增强,根据每个灰度级出现的个数,对式(1-14)进行了改进。

1.4.3　基于遗传算法的图像变化检测

图像变化检测主要用于检测同一场景前后拍摄图的变化。其中,SAR 图像检测主要应用于农作物生长状况检测、森林和植被的变化分析、灾害评估、城镇的变化分析等领域;还有部分图像变化检测方法广泛用于军事上,如侦察、目标监视和目标摧毁效果评估等。进行图像变化检测的方法很多,遗传算法是其中的一种。Celik T. 在 2010 年提出了基于改进的遗传算法的变化检测算法,将变化检测问题转化为求目标函数最值的问题。Ghosh A. 和 Mishra N. 等在 2010 年提出了基于模糊 C-均值(Fuzzy C-Means,FCM)和遗传算法改进的 SA-GKC 算法,取得了较好的结果,但算法思路较复杂。图像变化检测的一般流程如图 1.32 所示。

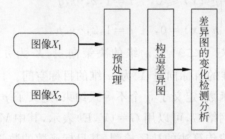

图 1.32　图像变化检测流程图

图像 X_1 和 X_2 即为同一场景不同时间拍摄的图片,预处理是对图像进行配准、校正等,差异图是由预处理后的两个图构造出的一个图,主要表示两个图的差异部分。常用的差异图构造法有插值法、比值法、主成分分析法等,这里不再一一赘述。遗传算法作用于最后一步,对差异图进行变化检测分析,通过与阈值法或聚类法相结合来实现最终的分析。

FCM 聚类法应用于图像变化检测是将差异图的像素值作为聚类样本 $X=\{x_1,x_2,\cdots,x_n\}$,并将其划分为 c 类,通过优化聚类算法的目标函数 J 来达到聚类目的:

$$J=\sum_{i=1}^{c}\sum_{k=1}^{n}\mu_{ik}^{m}d_{ik}^{2} \tag{1-15}$$

其中,c 表示聚类个数;m 表示模糊度权值;μ_{ik}^{m} 表示样本 x_k 对第 i 个聚类中心的隶属度,其满足以下约束条件:

$$0\leqslant\mu_{ik}\leqslant 1 \text{ 且 } \sum_{i=1}^{c}\mu_{ik}=1,\ i=1,2,\cdots,n \tag{1-16}$$

d_{ik} 为样本 x_k 对聚类中心 v_i 的距离,定义为:

$$d_{ik}^{2}=\parallel x_k-v_i\parallel^{2}=(x_k-v_i)^{\mathrm{T}}A(x_k-v_i) \tag{1-17}$$

当 $A=1$ 时,即为欧几里得距离。其中,x_k 表示样本 X 的第 k 个样本;v_i 表示第 i 个聚类中心。

由于 FCM 算法需要初始聚类中心,且该初始方法是随机的,所以算法结果对初始化十分敏感,容易陷入局部最优解。将遗传算法用于搜索 FCM 的初始聚类中心,将大大改善聚类效果。因为遗传算法可以解决初始聚类中心问题,所以编码方式采用实数编码,把聚类中心作为染色体,适应度函数为:

$$f = \frac{1}{1+J} \tag{1-18}$$

1.5 基于遗传算法的社区检测

1.5.1 多目标遗传算法

多目标遗传算法是多目标优化问题,显然具有多个目标函数,且一般地,多个目标之间是相互冲突的。一个具有 n 个决策变量,m 个目标函数的多目标优化问题的数学模型为:

$$\min \boldsymbol{y} = F(\boldsymbol{x}) = (f_1(\boldsymbol{x}), f_2(\boldsymbol{x}), \cdots, f_m(\boldsymbol{x}))^{\mathrm{T}}$$

$$\text{s. t.} \begin{cases} g_i(\boldsymbol{x}) \leqslant 0, & i = 1, 2, \cdots, q \\ h_j(\boldsymbol{x}) = 0, & j = 1, 2, \cdots, p \end{cases} \tag{1-19}$$

其中,$\boldsymbol{x} = (x_1, x_2, \cdots, x_n) \in \boldsymbol{X} \subset \mathcal{R}^n$ 为 n 维的决策向量,$\boldsymbol{X}$ 为 n 维的决策空间,$\boldsymbol{y} = (y_1, y_2, \cdots, y_m) \in \boldsymbol{Y} \subset \mathcal{R}^m$ 为 m 维的目标向量,$\boldsymbol{Y}$ 为 m 维的目标空间。目标函数定义了 m 个由决策空间向目标空间的映射函数,定义了 q 个不等式约束,定义了 p 个等式约束。

对于一个无向无符号网络 G,可以用 $G = (V, E)$ 表示,其中 V 表示节点集,E 表示网络中边的集合。对于多目标遗传算法的社区检测,其目标函数的数学模型可以表示为:

$$\begin{cases} \min f_1 = \text{NRA} = -\sum_{g=1}^{l} \frac{d_{C_g}^{\text{in}}}{|C_g|} \\ \min f_2 = \text{RC} = -\sum_{g=1}^{l} \frac{d_{C_g}^{\text{out}}}{|C_g|} \end{cases} \tag{1-20}$$

第一个目标函数 NRA(Negative Ratio Association)反映了社区内节点连接的紧密程度,第二个目标函数 RC(Ratio Cut)反映了社区间的分离程度。这两个目标函数是由模块密度函数 D 分离得到的。其中,C_g 表示第 g 个社区,$|C_g|$ 表示社区 C_g 内节点的个数;$d_{C_g}^{\text{in}}$ 表示了社区 C_g 的内部节点度,定义为 $d_{C_g}^{\text{in}} = \sum_{i,j \in C_g} A_{ij}$,其中 $\boldsymbol{A}$ 为网络的邻接矩阵,当点 v_i 和点 v_j 之间有连接时,$A_{ij} = 1$,反之为 0;$d_{C_g}^{\text{out}}$ 表示了社区 C_g 的外部节点度,定义为 $d_{C_g}^{\text{out}} = \sum_{i \in C_g, j \notin C_g} A_{ij}$。

主要的多目标遗传算法有非支配排序遗传算法 NSGA-II、MOEA/D 等。

1. NSGA-II

NSGA-II 是 Deb 等在 NSGA 基础上提出的。NSGA 的实质是一种基于所有元素排名的多目标优化算法。其思路是,首先确定非支配解,然后被分配一个很大的虚拟适应度值。为了保证种群的多样性,这些非支配解用它们的虚拟适应度值进行共享。暂时不考虑这些非支配解,从余下的种群中确定第二批非支配个体,并给其分配一个比前一批非支配个体共享后最小适应度值还要小的虚拟适应度值。依次向下求新的非支配个体,直到不能再划分。

NSGA 采用比例选择来复制出第一代。相对于 NSGA 而言,NSGA-Ⅱ具有以下优点:①提出了新的基于分级的快速非支配解排序方法,降低了计算复杂度;②为了标定快速非支配排序后同级中不同元素的适应度值,同时使当前 Pareto 前沿面中的个体能扩展到整个 Pareto 前沿面,并尽可能均匀分布,该算法提出了拥挤距离的概念,采用拥挤距离比较算子代替 NSGA 中的适值度共享方法;③引入了精英保留机制,经选择后参加繁殖的个体所产生的后代同其父代个体共同竞争,产生下一代种群,因此有利于保持优良的个体,提高种群的整体进化水平。

2. MOEA/D

2007 年,Zhang 和 Li 等提出 MOEA/D 算法,其主要思想是通过一些分解策略把优化多个问题的模型划分为优化多个单目标子问题。其中,各个子问题是由相邻子问题的权重向量信息来同时优化的,从而保持了种群多样性。针对不同的问题,选择合适的分解策略和权重向量,就可以使子问题的局部最优解均匀地分布在 Pareto 前沿面。单纯形格子法是常用的权重向量的获取方法,分解策略有加权和法、切比雪夫法和基于惩罚的边界交叉法。

1.5.2 遗传编码

遗传算法用于解决社区检测问题时,常用的编码方式有两种:一种是基于标签的编码方式;另一种是基于轨迹的编码方式。这两种编码方式都属于实数编码。

1. 基于标签的编码方式

基于标签的编码方式是随机给定节点一个标签来编码染色体,解码方式是将拥有相同标签的节点划分为同一社区,最终通过优化目标函数,求得实现最佳划分结果的染色体。该方法的编码与译码过程如图 1.33 所示,网络中有 9 个节点,分别用 1~9 表示。图 1.33(a)为网络连接情况,按图 1.33(b)所示的方式编码,将 1~5 的节点赋标签 1,6~9 节点赋标签 2,最终的解码如图 1.33(c)所示,标签为 1 的节点均被划分到社区 1 中,标签为 2 的节点被划分到社区 2 中。

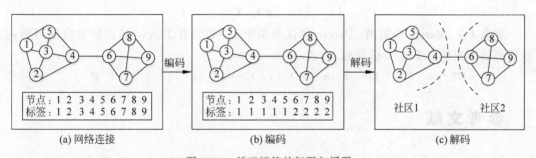

节点:1 2 3 4 5 6 7 8 9
标签:1 2 3 4 5 6 7 8 9

节点:1 2 3 4 5 6 7 8 9
标签:1 1 1 1 1 2 2 2 2

社区1　　社区2

(a) 网络连接　　　　(b) 编码　　　　(c) 解码

图 1.33　基于标签的解码与译码

2. 基于轨迹的编码方式

基于轨迹的编码规则是根据节点的连接情况,将节点 i 的编码值从与它相连的节点中选取,包括自身节点值,所以基因位上的值属于 $[1, N]$,N 为节点数。具体编码方式如图 1.34 所示。其中图 1.34(a)为原始网络图,图 1.34(b)是编码后的染色体,其编码规则为:如节点 2 在包括自身节点值的情况下有 1、2、3、4 共 4 个相邻节点,所以可以从中随机选择一个作为编码值,此处选择节点 3。再根据该染色体的编码值查看连接,将互相连接的节点划分进一个社区,如图 1.34(c)所示,即实现解码。

图 1.34 基于轨迹的编码与解码

1.5.3 Pareto 最优解

在单目标优化中,最优解的性能相对于其他解的性能是绝对占优的,且适应度值越高结果就越优。而在多目标优化中各个目标之间可能是相互冲突的,所以一般很难找到一个类似于单目标优化的绝对占优的最优解,只能找到一组不可比较的解。这些解在目标空间的像称为 Pareto 前沿(Pareto Front)。由此给出以下定义。

定义 1-1　Pareto 占优:假设 $x_A, x_B \in X_f$ 是一个多目标优化的两个可行解,若 x_A 相比 x_B 是 Pareto 占优的,则满足:

$$\forall i = 1, 2, \cdots, m \quad f_i(x_A) \leqslant f_i(x_B) \wedge \exists j = 1, 2, \cdots, m \quad f_j(x_A) < f_j(x_B) \quad (1\text{-}21)$$

记作 $x_A \succ x_B$,也叫作 x_A 支配 x_B。

定义 1-2　Pareto 最优解:一个解 $x^* \in X_f$ 被称为 Pareto 最优解(或非支配解),当且仅当满足如下条件:

$$\neg \exists x \in X_f : x \succ x^* \quad (1\text{-}22)$$

定义 1-3　Pareto 最优解集:Pareto 最优解集是所有 Pareto 最优解的集合,定义如下:

$$P^* = \{x^* \mid \neg \exists x \in X_f : x \succ x^*\} \quad (1\text{-}23)$$

定义 1-4　Pareto 前沿面:Pareto 最优解集 P^* 中的所有 Pareto 最优解对应的目标向量组成的曲面称为 Pareto 前沿面 PF^*:

$$PF^* = \{F(x^*) = [f_1(x^*), f_2(x^*), \cdots, f_m(x^*)]^T \mid x^* \in P^*\} \quad (1\text{-}24)$$

参考文献

[1]　Luenberger D. Linear and Nonlinear Programming[M]. 2nd. Boston:Addison-Wesley,1984.

[2]　Bracken J,McCormick G. Selected Applications of Programming[M]. New York:John Wiley & Sons,1968.

[3]　Gabriete D Ragsdell K. Large scale nonlinear programming using the generalized reduced gradient method[J]. ASME Journal of Mechanical Design,1980,102:566-573.

[4]　Holland J H. Adaptation in Natural and Artificial Systems:An Introductory Analysis with Application to Biology,Control,and Artificial Intelligence[M]. 2nd. Cambridge:MIT Press,1992.

[5]　Bagley J D. The behavior of adaptive system which employ genetic and correlation algorithm[D].

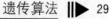

Ann Arbor: University the Michigan,1967.

[6] De Jong K A. An analysis of behavior of a class of genetic adaptive systems[D]. Ann Arbor: University the Michigan,1975.

[7] Booker L B,Goldberg D E. Classifier systems and genetic algorithm[J]. Artificial Intelligence. 1989, 40: 235-282.

[8] Goldberg D E. Genetic Algorithm in Search, Optimization and Machine Learning[M]. Boston: Addison-Wesley,1989.

[9] Daris L. Handbook of Genetic Algorithms[M]. New York: van Nostrand Reinhold,1991.

[10] Homaifar A,Qi C,Lai S. Constrained optimization via genetic algorithm[J]. Simulation,1994,62 (4): 242-254,1994.

[11] Gen M,Liu B,Ida K. Evolution program for deterministic and stochastic optimizations[J]. Europe Journal of OR,1996(94): 618-625.

[12] Gen M,Cheng R. Genetic Algorithms and Engineering Design[M]. New York: John Wiley & Sons, 1997.

[13] Gen M,Liu B. A Genetic Algorithm for Nonlinear Goal Programming [J]. Evolutionary Optimization,1(1): 65-76,1999.

[14] Hinterding R. Serial and parallel genetic algorithms as functions optimizers[C]. Proceeding of the 5th International Conference on Genetic Algorithms, 1993, San Mateo, CA: Morgan Kaufmann Publisher: 177-183.

[15] Carter M W,Laporte G,Lee S Y. Examination timetabling: Algorithmic strategies and applications [J]. Journal of the Operational Research Society,1996: 373-383.

[16] Carter M W. A survey of practical applications of examination timetabling algorithms [J]. Operations Research,1986,34(2): 193-202.

[17] Okada S,Gen M. Order Relation Between Intervals and Its Application to Shortest Path Problem [J]. Computers & Industrial Engneering. ,1993,25(1-4): 147-150.

[18] Hinterding R. Serial and parallel genetic algorithms as functions optimizers[C]. Proceeding of the 5th International Conference on Genetic Algorithms,1993,Morgan Kaufmann Publisher,San Mateo, CA: 177-183.

[19] Hinterding,R. Mapping,order-independent genes and the knapsack problem[C]. Proceeding of the First IEEE Conference on Evolutionary Computation,1994,Orlando,FL: IEEE Press: 13-17.

[20] Mohr A E. Bit allocation in sub-linear time and the multiple-choice knapsack problem[C]. Proceeding of Data Compression Conference,2002: 352-361.

[21] Dagtzig G,Fulkerson D,Johnson S. Solution of a large scale traveling salesman problems[J]. Operations Research,1954(2): 393-410.

[22] Grötschel M. On the symmetric traveling salesman problem: solution of a 120 city problem[J]. Mathematical Programming Studies,1980,(12): 61-77.

[23] Crowder H,PadbergM. Solving large scale symmetric traveling salesman problems to optimality[J]. Management Science,1995(22): 15-24.

[24] Padberg M,Rinaldi G. Optimization of 532 city symmetric traveling salesman problem by branch and cut[J]. Operations Research Letters,1987(6): 1-7.

[25] Grötschel M,Holland O. Solution of large scale symmetric traveling salesman problems [J]. Mathematical Programming Studies,1991,51: 141-202.

[26] Padberg M. Rinaldi G. A branch and cut algorithm for the resolution of large scale symmetric traveling salesman problem[J]. SIAM Review,1991(33): 60-100.

[27] Kapur J N,Sahoo P K,Wong A K C. A new method of gray_level picture thresholding using the

entropy of the histogram[J]. Computer Vision,Graphics,and Image Processing,1985(29)：273-285.

[28] Cook R,McConnell I,Oliver C J,et al. MUM (Merge Using Moments segmentation for SAR images [C]. Proceedings of SPIE-The International Society for Optical Engineering,1994(2316)：92-103.

[29] Ives R W,Eichel P,Magotra N. Application of pixel segmentation to the low rate compression of complex SAR imagery[C]. International Geoscience and Remote Sensing Symposium，1998：1064-1067.

[30] Derin H,Kelly P. Modeling and segmentation of speckled images using complex data[J]. IEEE Trans. on Geosci. Remote Sensing,1990,28(1)：76-87.

[31] Dong Y,Forster BC. Segmentation of radar imagery using Gaussian markov random field models and wavelet and transform technique[C]. International Geoscience and Remote Sensing Symposium，1997：2054-2056.

[32] Lemarechal C,Fjortoft R,Marthon P,et al. SAR image segmentation by morphological methods [C]. Proceeding of SPIE-The International Society for Optical Engineering,1998,3497：111-121.

[33] Venkatachalam V,Choi H,Baraniuk R G. Multiscale SAR Image Segmentation using Wavelet-domain Hidden Markov Tree Models[C]. Algorithms for Synthetic Aperture Radar Imagery Ⅶ. International Society for Optics and Photonics,2006.

[34] 周激流,吕航. 一种基于新型遗传算法的图像自适应增强算法的研究[J].计算机学报. 2001,24 (9)：959-963.

[35] Van Dijk A M,Martens J B. Subjective quality assessment of compressed images[J]. Signal Processing,1997(58)：235-252.

[36] 杨守义,罗伟雄. 一种基于高阶统计量的图像质量客观评价方法[J]. 北京理工大学学报. 2001,21 (5)：610-613.

[37] Rosenfield A,Avinash C K. Digital Picture Processing[M]. New York：Academic Press,1982.

[38] Celik T. Change Detection in Satellite Images Using a Genetic Algorithm Approach[J]. Geoscience and Remote Sensing Letters,IEEE,2010,7(2)：386-390.

[39] Ghosh A,Mishra N S,Ghosh S. Fuzzy clustering algorithms for unsupervised change detection in remote sensing images[J]. Information Sciences,2011,181(4)：699-715.

[40] Tian J W,Huang Y X. Histogram constraint based fast FCM cluster image segmentation[C]. IEEE International Symposium on Industrial Electronics,2007：1623-1627.

[41] Deb K,Pratap A,Agarwal S,Meyarivan T. A fast and elitist multi-objective genetic algorithm：NSGA-Ⅱ[J]. IEEE Transactions on Evolutionary Computation,2002,6(2)：182-197.

[42] Zitzler E,Thiele L. Multi-objective evolutionary algorithms：a comparative case study and the strength Pareto approach[J]. IEEE Transactions on Evolutionary Computation, 1999,3(4)：257-271.

[43] Deb K. Multi-objective optimization using evolutionary algorithms[M]. Chichester：John Wiley & Sons,2001.

[44] Srinivas N,Deb K. Multi-objective optimization using non-dominated sorting in genetic algorithms [J]. Evolutionary Computation,1994,2(3)：221-248.

[45] Horn J,Nafpliotis N,Goldberg D E. A niched Pareto genetic algorithm for multi-objective optimization[C]. Proceeding of the First IEEE Congress on Evolutionary Computation,1994. 82-87.

[46] Zhang Q,Li H. MOEA/D：A multiobjective evolutionary algorithm based on decomposition[J]. IEEE Transactions on Evolutionary Computation,2007,11(6)：712-731.

[47] Tasgin M,Herdagdelen A,Bingol H. Community detection in complex networks using genetic algorithms[EB/OL]. [2020-06-15]. https：//arxiv.org/abs/0711.0491? context=physics.

[48] Handl J,Knowles J. An evolutionary approach to multiobjective clustering[J]. IEEE transactions on

Evolutionary Computation, 2007, 11(1): 56-76.

[49] Ma L J, Gong M G, Liu J, et al. Multi-level learning based memetic algorithm for community detection[J]. Applied Soft Computing, 2014(19): 121-133.

[50] Barber M J, Clark J W. Detecting network communities by propagating labels under constraints[J]. Physical Review E, 2009, 80(2): 026129.

[51] Coello C A, Van Veldhuizen D A, Lamont G B. Evolutionary algorithms for solving multi-objective problems[M]. New York: Kluwer Academic Publishers, 2002.

第 2 章
CHAPTER 2

免 疫 算 法

2.1 生物免疫系统与人工免疫系统

人体可以依靠自身能力抵御某些疾病,甚至可以在感染一些疾病后通过自身调节自愈,具有这种抵御和自愈能力的就是免疫系统[1]。随着医学的发展,人们对生物免疫系统的认识与理解得到了深化与完善,研究表明,免疫系统是生物特别是脊椎生物所必备的防御机制,它由具有免疫功能的器官、组织、细胞、免疫效应分子和有关的基因等组成,可以保护机体抗御病原体、有害的异物以及癌细胞等致病因子的侵害[2-3]。近代免疫的概念是指机体对"自己"(self)或"非己"(non-self)的识别并排除非己的功能,具体地说,免疫是机体识别和排除抗原性异物,以维护自身生理平衡和稳定的功能。

生物免疫系统由免疫器官、免疫细胞和免疫分子组成。免疫器官根据它们的作用可分为中枢免疫器官和周围免疫器官。免疫细胞广义上可包括造血干细胞系、淋巴细胞系、单核吞噬细胞系、粘细胞系、红细胞、肥大细胞和血小板等。免疫分子包括免疫细胞膜分子、免疫球蛋白分子、补体分子和细胞因子等[4]。免疫功能主要包括免疫防御、免疫稳定和免疫监视。免疫防御(immunologic defense)即机体防御病原微生物感染;免疫稳定,即机体通过免疫功能消除那些损伤和衰老的细胞以维持机体的生理平衡;免疫监视,即机体通过免疫功能抑制或消除体内细胞在新陈代谢过程中发生突变的和异常的细胞。

从工程应用和信息处理角度来看,生物免疫系统为人工智能提供了许多信息处理机制。

(1)生物免疫系统的各种组成细胞和分子广泛地分布于整个生物体,是一种没有中央控制的分布式自治系统,同时也是一类能有效地处理问题的非线性自适应网络系统。比如,生物免疫系统有多种多样的 B 细胞,而且这些 B 细胞之间的相互反应能在动态变化的环境中维持个体的平衡。

(2)生物免疫系统类似于工程应用中的自组织存储器,而且可以动态地维持其系统的状态。它具有内容记忆和能遗忘很少使用的信息等进化学习机理以及学习外界物质的自然防御机理,是一个自然发生的事件反应系统,能很快地适应变化的外界环境。

(3)生物免疫系统抗体多样性的遗传机理可借鉴用于搜索优化算法。在具体的进化过程中,它通过生成不同抗原的抗体来达到全局优化的目的。目前对抗体多样性的解释分为种系学说和体细胞突变学说两种,不过一般认为抗体多样性可能是受基因片断多样性的链接和重链以及轻链配对时的复杂机制所致。

（4）各种免疫网络学说，如独特型免疫网络、互联耦合免疫网络、免疫反应网络和对称网络等，可被借鉴用于建立人工免疫网络模型。

（5）基于对异物的快速反应和很快地稳定免疫系统的免疫反馈机理来建立有效的反馈控制系统，如基于 T 细胞的免疫反馈规律设计自调节免疫反馈控制器等。

（6）生物免疫系统的免疫耐受现象及其维持机理允许抗原被相同的抗体识别，因此能容忍抗原噪声，其机理可被用于建立新的故障诊断方法。

（7）抗体网络的振荡、混沌和稳态等免疫系统的非线性特征，可为非线性科学研究开拓新的领域。

（8）生物免疫系统的其他机理，如免疫系统中抗体的初次和再次免疫应答、克隆选择学说等都可以被借鉴用于建立仿生智能系统。

正是充分认识到生物免疫系统中蕴涵丰富的信息处理机制，Farmer 等[5]率先基于免疫网络学说给出了免疫系统的动态模型，并探讨了免疫系统与其他人工智能方法的联系，开始了人工免疫系统（Artificial Immune Systems，AIS）的研究[6]。直到 1996 年 12 月，在日本首次举行了基于免疫性系统的国际专题讨论会，提出了 AIS 的概念，才真正拉开 AIS 研究的序幕。随后，AIS 进入了兴盛发展期，D. Dasgupta 和丁永生等认为 AIS 已经成为人工智能领域的理论和应用研究热点，相关论文和研究成果正在逐年增加[7]。1997 和 1998 年 IEEE Systems，Man and Cybernetics 国际会议还组织了相关专题讨论，并成立了"人工免疫系统及应用分会"。从 2002 年开始在英国 Kent 大学等地相继举办了四届人工免疫系统国际会议（ICARIS）。AIS 作为一个新兴领域，也引起了国内很多研究团队的学习与研究。其中，王煦法教授的团队在国内较早开展了免疫算法方面的研究[8-10]；焦李成教授的团队在国际上较早提出了新颖的免疫遗传算法[11]，并提出了具有较完备理论基础的免疫克隆选择算法及一系列改进[12-17]；李涛教授的团队在计算机免疫系统方面进行了深入的研究[18]；丁永生教授的团队在免疫控制方面开展了有效的工作[19]；黄席樾和张著洪教授的团队提出了比较系统的免疫算法理论[20]；莫宏伟博士的团队在免疫计算数据挖掘应用方面开展了深入的研究，并编辑出版了相关著作[21]；肖人彬教授的团队提出了工程免疫计算的概念，并对其在识别、优化、学习等典型工程问题中的应用进行了深入研究[22]。

AIS 是受免疫学启发，模拟免疫学功能、原理和模型来解决复杂问题的自适应系统[23]，是模仿生物免疫系统功能的一种智能方法。它通过学习外界物质的自然防御机理的学习技术，提供噪声忍耐、无教师学习、自组织、记忆等进化学习机理，结合了分类器、神经网络和机器推理等系统的一些优点，具有提供新颖的解决问题方法的潜力[6]。其研究成果涉及控制、数据处理、优化学习和故障诊断等许多领域，已经成为继神经网络、模糊逻辑和进化计算后人工智能的又一研究热点。虽然 AIS 已经被广大研究者逐渐重视，然而与已经有比较成熟的方法和模型利用的人工神经网络研究相比，不论是对免疫机理的认识，还是免疫算法的构造及工程应用，AIS 的相应研究都处在一个比较低的水平。

2.2 免疫算法实现

2.2.1 克隆选择算法

目前，免疫优化计算的大部分研究成果多是基于 Burnet 提出的克隆选择学说[24]。该学说认为抗体的生成可分为两个阶段,在未受抗原刺激之前,机体内包含由海量的多样性抗体组成的细胞群体,其所包含的信息是由亿万年机体进化形成的。当受到抗原刺激后,具有较高亲和度抗体的细胞群体选择性增殖,细胞在增殖过程中进行高频率基因突变,不断地增殖形成克隆。其中,一些克隆细胞分化为血浆细胞,产生大量抗体用于消灭抗原,另一些形成记忆细胞以参加之后的二次免疫反应。克隆选择学说描述了抗体接受抗原刺激,自适应免疫响应的基本特性。上述克隆选择过程可以用图 2.1 所示的 Burnet 克隆选择学说模式图形象地说明。

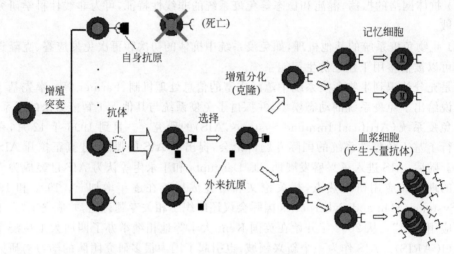

图 2.1　Burnt 克隆选择学说模式图

通常在免疫系统的生命周期内,免疫组织会不断地遇到相同抗原细胞的刺激。免疫系统对抗原的初始免疫响应通常是由很少一部分 B 细胞完成的,每个生成的抗体都具有不同的亲和度。通常在初次响应中具有高亲和度的抗体,将被保存形成克隆子种群来处理相同抗原的再次入侵,从而形成二次响应,提高免疫响应的效率。因此,这种机制保证了免疫系统在每次抗原入侵后,免疫响应的速度和准确性会越来越强。

克隆选择机理是免疫优化计算中最常用的基础理论之一。de Castro 等提出的克隆选择算法 CLONALG[25] 是经典的免疫算法,在此之前,Weinland[23]、Forrest[26]、Fukuda[27] 等也分别从不同的角度模拟了克隆选择机理,并将其用于优化或模式识别等问题,但是未引起研究人员的广泛关注。Timmis 等在文献[28]中同样基于克隆选择机理提出了 B-Cell 算法,Cutello 等基于 CLONALG 设计了不同的高频变异操作,提出了用于优化的免疫算法 opt-IA[29]。在国内,焦李成等将 CLONALG 中的进化选择方式替换为精英选择,提出了新的克隆选择算法,并从免疫记忆、混沌、免疫优势等角度提出了一系列改进的克隆选择算法[13-17]。这些算法以优化候选解集的形式构造了一种基于种群的可进化(克隆、变异和选择操作)的智能计算算法。它们大都具有与抗原细胞(需要优化的目标函数)匹配的 B 细胞(候选解集)组成的抗体种群。这些 B 细胞经过克隆和亲和度成熟,即抗体在克隆选择的作用下,经历增殖和超变异操作后,其亲和度逐渐提高。因此,克隆选择过程本质上是一个微观世界的达尔文进化过程。

图 2.2 给出了典型的克隆选择算法流程图。

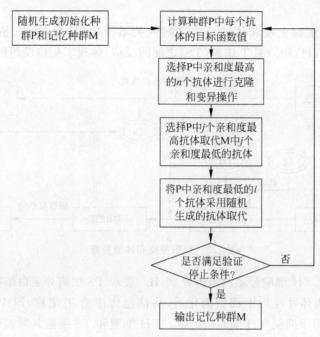

图 2.2 典型的克隆选择算法流程图

2.2.2 人工免疫系统模型

由于免疫系统本身比较复杂,因此 AIS 模型的研究相对较少。Jang-Sung Chu 等介绍了免疫算法的数学模型和基本步骤,阐述了它不同于其他优化算法的优点。最后将免疫算法、遗传算法和进化策略同时应用于求解 sinc 函数的最优值,以进行比较研究。指出免疫算法在求解某些特定优化问题方面优于其他优化算法,有广阔的应用前景[30]。基于抗原-抗体相互结合的特征,A. Tarakanov 等建立了一个比较系统的 AIS 模型,并指出该模型经过改进后用于评价加里宁格勒(Kaliningrad)生态学地图集的复杂计算[31]。J. Timmis 等提出了一种资源限制的 AIS 方法,该算法基于自然免疫系统的种群控制机制,控制种群的增长和算法终止的条件,并成功用于 Fisher 花瓣问题[32]。Nohara 等基于抗体单元的功能提出了一种非网络的 AIS 模型[33]。

为了适应环境的复杂性和异敌的多样性,生物免疫系统采用了单纯冗余策略。这是一个具有高稳定性和可靠性的方法。免疫系统是由 107 个免疫子网络构成的一个大规模网络,机理很复杂,尤其是其所具有的信息处理与机体防御功能,为工程应用提供了新的概念、理论和方法。对这些可借鉴的相关机理扼要阐述如下。

1. 记忆学习

免疫系统的记忆作用是众所周知的,如患了一次麻疹后,第二次感染了同样的病毒也不致发病。这种记忆作用是由记忆 T 细胞和记忆 B 细胞所承担的。因为在一次免疫响应后,当同类抗原再刺激时,短时间内免疫系统会产生比上一次多得多的抗体,同时与该抗原的亲和力也提高了。免疫系统具有识别各种抗原并将特定抗原排斥掉的学习记忆机制,这是与神经网络不同的记忆机制。

2. 反馈机制

图 2.3 反映了细胞免疫和体液免疫之间的关系，以及抗原（Ag）、抗体（Ab）、B 细胞（B）、辅助 T 细胞（TH）和抑制 T 细胞（TS）之间的反应，体现了免疫反馈机理。

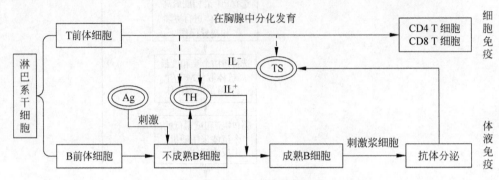

图 2.3　细胞免疫和体液免疫

其中，IL$^+$ 表示 TH 细胞分泌白细胞介素，IL$^-$ 表示 TS 细胞分泌白细胞介素。由图 2.3 可见，当抗原进入机体并经周围细胞消化后，将信息传递给 T 细胞，即传递给 TH 细胞和 TS 细胞，TS 细胞用于抑制 TH 细胞的产生。TH 细胞和 TS 细胞共同刺激 B 细胞，经过一段时间后，B 细胞产生抗体以清除抗原。当抗原较多时，机体内的 TH 细胞也较多，而 TS 细胞却较少，从而产生的 B 细胞会多些。随着抗原的减少，体内 TS 细胞增多，它抑制了 TH 细胞的产生，因此 B 细胞也随着减少。经过一段时间后，免疫反馈系统便趋于平衡。利用这一机理可提高进化算法的局部搜索能力，突生出具有特异行为的网络，从而提高个体适应环境的能力。

对上述反馈机理进行简化，定义在第 k 代的抗原数量为 $\varepsilon(k)$，由抗原刺激的 TH 细胞的输出为 $T_H(k)$，TS 细胞对 B 细胞的影响为 $T_S(k)$，则 B 细胞接收的总刺激为[34]：

$$S(k) = T_H(k) - T_S(k) \tag{2-1}$$

其中，$T_H(k) = k_1\varepsilon(k)$；$T_S(k) = k_2 f[\Delta S(k)]\varepsilon(k)$。$f[\cdot]$ 是一个选定的非线性函数。特别地，对子系统控制，若将抗原的数量 $\varepsilon(k)$ 作为偏差，B 细胞接收的总刺激 $S(k)$ 作为控制器输出 $u(k)$，则有以下反馈控制规律：

$$u(k) = \{k_1 - k_2 f[\Delta u(k)]\}\varepsilon(k) \tag{2-2}$$

显然，构成了一个参数可变的比例调节器。

3. 多样性遗传机理

在免疫系统中，抗体的种类要远大于已知抗原的种类。解释抗体的多样性有种系学说和体细胞突变学说。其主要原因可能是受基因片段多样性的链接以及重链和轻链配对时的复杂机制控制。该机理可以用于搜索的优化，它不尝试于全局优化，而是进化地处理不同抗原的抗体，从而提高全局搜索能力，避免陷入局部最优。

4. 克隆选择机理

由于遗传和免疫细胞在增殖中的基因突变，形成了免疫细胞的多样性，这些细胞的不断增殖形成无性繁殖系。细胞的无性繁殖称为克隆。有机体内免疫细胞的多样性能达到这种程度，以至于每一种抗原侵入机体都能在机体内选择出能识别和消灭相应抗原的免疫细胞克隆，使之激活、分化和增殖，进行免疫应答以最终清除抗原，这就是克隆选择。但是，克隆

（无性繁殖）中父代与子代间只有信息的简单复制，没有不同信息的交流，无法促使进化。因此，需要对克隆后的子代进行进一步处理。对于这一机理及其应用，后续还将进行详细阐述。

5. 其他机理

免疫系统所具的无中心控制的分布自治机理、自组织存储机理、免疫耐受诱导和维持机理以及非线性机理均可用于建立 AIS。

2.3 基于免疫算法的聚类分析

2.3.1 聚类问题

聚类分析是多元统计分析的方法之一，也是统计模式识别中非监督模式分类的一个重要分支[35]，其任务是用某种相似性度量的方法，把一个未标记的样本集按某种准则组织成有意义的和有用的若干子集，要求相似的样本尽量归为一类，而不相似的样本应在不同的类。采用这种分析方法可以定量地确定研究对象之间的亲疏关系，从而达到对其进行合理分类、分析等目的。本质上，数据聚类是一种数据驱动的非监督学习方法。

在传统的聚类方法中，基于目标函数的聚类算法由于把聚类问题归结为一个优化问题，具有深厚的泛函基础，从而成为聚类算法研究的主流。C-均值算法就是其中最具代表性的一种[36]，但由于它以聚类中心为原型，因而不能检测特征空间中非线性子空间中存在的聚类，为此人们对聚类原型模式进行了相应的扩展，形成了从特征空间中的点到线、面、壳以及二次曲线等诸多类型的原型，提出了 C-线、C-面、C-壳、C-二次曲线[37-39]等一系列的针对各种原型的聚类算法，实现了对各种不同原型的聚类分析。

但是这种基于目标函数的聚类算法存在的最大问题就是对聚类先验知识要求的增加，因为在聚类分析之前，必须给定聚类原型的类型以及聚类类别数 c，否则将会对算法产生误导[36]，从而得到一个错误的划分；同时这类算法要求数据集中不同类别的样本只能呈同一种类型的分布模式，即对每个子集的分析采用的是同一种聚类原型，只是原型的参数有所差别，从而限制了其实际应用的范围。在实际的应用中，很多情况下同一数据集中往往含有多种不同原型的样本子集，而且当样本点处于高维空间时，很难获得聚类类别数 c。

文献[40]提出一种多类原型模糊聚类算法，将现有的原型聚类算法集成并统一在一起。但这种方法更增添了初始化的难度，因为在该算法中，多种类型模式子集的原型共存，只能用开关回归方法进行分析，因此，基于多类原型模糊聚类的成败几乎全部依赖于初始化。相关研究表明，基于原型的聚类算法求解过程极不稳定，因为目标函数的局部极值点非常多，稍有不慎就会陷入局部极值点[41-42]，得不到最优划分。为了解决局部极值问题，随着 GA 的出现，研究者提出了基于 GA 的聚类方法，尽管该方法能以较高的概率收敛到全局最优点，但收敛速度较慢，而且还容易出现早熟现象。

针对类别数 c 未知的问题，William 等提出采用自组织特征映射（Self-Organization Feature Mapping，SOFM）神经网络进行聚类[43]，虽然能解决预先设定类数问题，但却对多类原型的数据分析无能为力。

聚类分析以非监督学习著称，而上述的各种算法显然都需要先验知识。随着 AIS 方法的兴起，人们又提出利用人工免疫网络进行聚类分析的方法，真正实现了无监督分类，但这种方法仅适合于各样本子集边界清晰的情况,如果各子集间交集非空,就得不到有效的网络结构。

同时作为数据挖掘的一种有力工具,聚类分析常常需要处理大量高维数据集,而且这些数据通常既包含数值也包含类属值。传统的将类属值转化为数值的方法不是总能得到有效的结果,这是因为类属域是无序的。只有很少几种算法能较好地处理混合属性数据聚类问题,例如 k-原型算法等[44],但这些方法同样要求聚类类别数 c 和聚类原型先验知识。

为了研究具有混合属性特征数据的聚类问题,首先定义一种新的距离测度函数,将不同属性特征相结合,从而达到对具有混合属性特征的数据进行聚类分析的目的。

令 $\boldsymbol{X} = \{\boldsymbol{x}_1, \boldsymbol{x}_2, \cdots, \boldsymbol{x}_n\}$ 表示一组具有 n 个样本的数据集,其中 $\boldsymbol{x}_i = [x_{i1}, x_{i2}, \cdots, x_{im}]^{\mathrm{T}}$ 表示第 i 个样本的 m 个特征值。令 k 是一个正整数,那么对 $\boldsymbol{X}$ 进行聚类的目的就是要找到一个最优划分,将 $\boldsymbol{X}$ 分为 k 类。

对于给定的 n 个样本,样本集可能的划分数目是非常巨大的[37],为了找到最好的一个划分,而去逐个研究每一个划分是不切实际的。因此,通常的解决方法是选择一个聚类准则[37]来指导搜索划分。下面,定义一个目标函数作为聚类准则。

1. 数值数据聚类的目标函数

目前广泛使用的聚类目标函数是类散布矩阵的迹[40],如下所示:

$$C(\boldsymbol{W}, \boldsymbol{P}) = \sum_{i=1}^{k} \sum_{j=1}^{n} w_{ij} [d(\boldsymbol{x}_j, \boldsymbol{p}_i)]^2, \quad w_{ij} \in \{0, 1\} \tag{2-3}$$

其中,$\boldsymbol{p}_i = [p_{i1}, p_{i2}, \cdots, p_{im}]^{\mathrm{T}}$ 表示第 i 类的原型;w_{ij} 是目标 $\boldsymbol{x}_j$ 属于第 i 类的隶属度[40];$\boldsymbol{W}$ 是 $k \times n$ 阶的划分矩阵,且满足概率约束 $\sum_{i=1}^{k} w_{ij} = 1, \forall j$;$d(\cdot)$ 是定义为欧几里得距离(Euclidean distance)的相异性测度。对于具有实特征的数据集,即 $\boldsymbol{X} \subset \mathscr{R}^m$,则有

$$d^2(x_j, p_i) = (x_j - p_i)^{\mathrm{T}} \cdot (x_j - p_i) \tag{2-4}$$

因为 w_{ij} 是样本 $\boldsymbol{x}_j$ 属于第 i 类的隶属度,当 $w_{ij} \in \{0, 1\}$ 时,称 $\boldsymbol{W}$ 是硬 k-划分。在硬划分中,$w_{ij} = 1$ 表示样本 $\boldsymbol{x}_j$ 属于第 i 类。

2. 混合数据聚类中的目标函数

当样本具有数值和类属混合特征时,假设每个样本用 $x_i = [x_{i1}^r, \cdots, x_{it}^r, x_{i(t+1)}^c, \cdots, x_{im}^c]^{\mathrm{T}}$ 表示,混合类型样本 $\boldsymbol{x}_i$ 和 $\boldsymbol{x}_j$ 之间的相异性测度为:

$$d^2(\boldsymbol{x}_i, \boldsymbol{x}_j) = \sum_{l=1}^{t} |x_{il}^r - x_{jl}^r|^2 + \lambda \cdot \sum_{l=t+1}^{m} \delta(x_{il}^c, x_{jl}^c) \tag{2-5}$$

其中,第一项是数值特征上的欧几里得距离的平方;第二项是类属特征上的简单的相异匹配测度,定义为:

$$\delta(a, b) = \begin{cases} 0, & a = b \\ 1, & a \neq b \end{cases} \tag{2-6}$$

权值 λ 用来调节两种特征在目标函数中的比例,以避免偏向任何一种特征。

对于混合类型的目标,可以通过修正式(2-5)来得到新的目标函数。此外,还可将硬 k-划分扩展为模糊划分,这样对于模糊聚类问题,目标函数将进一步修正为:

$$C(\boldsymbol{W}, \boldsymbol{P}) = \sum_{i=1}^{k} \left[\sum_{j=1}^{n} w_{ij}^2 \sum_{l=1}^{t} |x_{jl}^r - p_{il}^r|^2 + \lambda \sum_{j=1}^{n} w_{ij}^2 \sum_{l=t+1}^{m} \delta(x_{jl}^c, p_{il}^c) \right], w_{ij} \in [0, 1]$$

$$\tag{2-7}$$

令

$$C_i^r = \sum_{j=1}^{n} w_{ij}^2 \sum_{l=1}^{t} |x_{jl}^r - p_{il}^r|^2 \tag{2-8}$$

$$C_i^c = \lambda \sum_{j=1}^{n} w_{ij}^2 \sum_{l=t+1}^{m} \delta(x_{jl}^c - p_{il}^c) \tag{2-9}$$

可将式(2-7)重写为：

$$C(\boldsymbol{W}, \boldsymbol{P}) = \sum_{i=1}^{k} (C_i^r + C_i^c) \tag{2-10}$$

对具有数值和类属混合特征的数据集进行模糊聚类分析时，式(2-10)就是其目标函数。因为 C_i^r 和 C_i^c 都是非负的，所以可以通过分别极小化 C_i^r 和 C_i^c，来达到极小化的目的。需要指出的是，给 w_{ij} 加上幂指数 2，是为了保证硬划分向模糊划分的扩展是非平凡的。

2.3.2 免疫进化方法

利用免疫克隆选择算法解决数据集聚类问题，首先需要解决以下 3 个问题：如何将聚类问题的解编码到抗体中；如何构造抗体-抗原亲和度函数来度量每个抗体对聚类问题的响应程度；如何选择、确定克隆选择操作的参数，以确保快速收敛到最优解。

1. 编码方案

由式(2-10)定义的聚类目标函数可知，聚类的目标就是要获得数据集 $\boldsymbol{X}$ 的一个模糊划分矩阵 $\boldsymbol{W}$ 和聚类的原型 $\boldsymbol{P}$。而 $\boldsymbol{W}$ 和 $\boldsymbol{P}$ 是相关的，即已知其一就可求得另一个的解，所以，在基于克隆选择算法的模糊聚类算法中，可令一组聚类原型 $\boldsymbol{P}$ 是一个抗体，这样把原型中的 k 组特征连接起来，根据各自的取值范围，就可以将其量化值(用二进制串表示)编码成一个抗体。

2. 抗体-抗原亲和度函数构造

由聚类目标函数定义可知，目标函数越小，则聚类效果越好，而此时抗体-抗原亲和度应该越大。因此借助目标函数来构造抗体-抗原亲和度函数：

$$f(A) = \frac{1}{1 + C(\boldsymbol{W}, \boldsymbol{P})} = \frac{1}{1 + \sum_{i=1}^{k} \sum_{l=1}^{n} w_{il}^2 [d(x_l, p_i)]^2} \tag{2-11}$$

3. 克隆算子选择

除了克隆算子包括克隆操作、免疫基因操作(克隆重组和克隆变异)以及克隆选择和克隆死亡 4 个部分以外，在该聚类算法中又定义了一个新的算子：一步迭代算子。对于每个抗体，将其解码到聚类原型 $\boldsymbol{P}$ 之后，再进一步迭代算子。一步迭代算子包含以下两个步骤：

$$w_{ij} = \sum_{l=1}^{k} [d(\boldsymbol{x}_j, \boldsymbol{p}_l)]^2 \Big/ [d(\boldsymbol{x}_j, \boldsymbol{p}_l)]^2, \ \forall i, j \tag{2-12}$$

$$p_{il} = \begin{cases} p_{il}^r = \sum_{j=1}^{n} w_{ij}^2 x_{jl}^r \Big/ \sum_{j=1}^{n} w_{ij}^2, & l = 1, 2, \cdots, t \\ p_{il}^c = c_l^{\max}, & l = t+1, \cdots, m \end{cases}, \ \forall i \tag{2-13}$$

其中，$c_l^{\max}$ 表示属于第 i 类的样本中在第 l 维特征上占优势的类属特征值。克隆获得了新的聚类原型后，再将其编码到抗体中，并重新进行上述克隆算子的操作，直到聚类原型收敛到最优解。

基于免疫克隆选择算法的模糊聚类新算法中的流程可用图 2.4 表示。

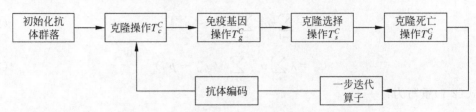

图 2.4　基于克隆选择算法的聚类新算法流程框图

2.4　基于免疫算法的限量弧路由问题

限量弧路由问题(Capacitated Arc Routing Problem,CARP)是经典的 NP-hard 组合优化问题[45],有着广泛的社会应用,如冬季扫雪路由、校车调度规划、输气管道或石油管道的检查、邮件递送规划等。其问题可以简略地描述为:给定一个网络图,预先定义约束边缘和弧线(即有向边),这些边和弧即代表需要完成的服务任务,车辆从某个顶点出发去网络图中的所有任务边,设计一个最优调度路线去寻求最小成本下,完成服务任务的一个子集[46]。常见的 CARP 问题有单目标 CARP 和小目标 CARP,随着任务量和复杂度的增加,大规模 CARP 和多目标 CARP 越来越受到学者的关注和研究。

解决 CARP 问题常用的方法主要包括启发式算法和元启发式算法。启发式算法能够以较快速度收敛到问题的局部最优,适用于小规模 CARP 的求解。典型的启发式算法有 Path-Scanning 算法[47],Augment-Merge 算法[46]、Ulosoy-Split[48]算法。但随着问题规模的增加,启发式算法只能收敛到问题的局部最优,于是学者们提出了搜索能力更强的元启发式算法。第一个用元启发式算法解决 CARP 的是 Eglese,Eglese 于 1994 年运用模拟退火算法解决了城市撒盐路径规划问题[49]。而后在 2000 年,Hertz、Mittaz 和 Laporte 提出了禁忌搜索算法[50],该算法针对 CARP 问题设计了有效解的表达方式和惩罚函数的评估方式。2004 年,Lacomme 等在传统遗传算法的基础上加以改进并结合局部搜索(local search)提出了 Memetic 算法(Memetic Algorithm,MA)[51]。2009 年,唐珂、梅一等在 MA 的基础上设计并应用了具有扩展搜索步长的搜索算子,提出了基于扩展邻域搜索的 Memetic 算法[52]。2012 年,尚荣华等提出了免疫克隆选择算法用于求解多目标问题[53],该算法用克隆操作实现全局择优,并在后续的改进算法中成功适用于多目标 CARP。

2.4.1　限量弧路由问题模型

CARP 问题可以描述为:给定一个连通图 $G = (V, E, A)$,其中 V 代表顶点集合,E 代表无方向边集合,A 代表有方向边集合。把无方向边称作"边",有方向边称为"弧"。顶点集合 $V = \{v_0, v_1, \cdots, v_l\}$,$v_0$ 是顶点集合中的一个特殊点,是车辆停放的车库(源点)。对于连通图中边集合的每条边 e,都具有服务消耗、经过消耗和需求量这 3 个非负属性。同样地,对于连通图中的每条弧 a,也都具有服务消耗、经过消耗和需求量这 3 个非负属性。

于是,CARP 问题可以表述为:有一辆或多辆容量为 Q 的车从车库出发,对连通图中所有的边任务和弧任务进行服务,并最终回到车库,求使得所有回路中使经过消耗和服务消耗

之和最小的路径,其必须满足的约束条件为:

(1) 每辆车必须从车库出发,并且服务结束后返回到车库;

(2) 每个边任务或者弧任务都被服务且仅被服务一次;

(3) 每条路线中的经过消耗和服务消耗之和不能超过车辆的最大容量 Q。

按照如上表述,单目标 CARP 问题的数学模型可以表述为:

$$\min \quad tc(x) = \sum_{h=1}^{m} \left[sc(T_h) - dc(T_h) \right] \tag{2-14}$$

$$\text{s.t.} \quad \sum_{h=1}^{m} (|T_h|) = 2 \, |e| + |a| \tag{2-15}$$

$$(v_{h_i}, v_{h_{i+1}}) \in E_R \bigcup V_R, \forall k_{h_i} = 1, \quad 1 \leqslant h \leqslant m \tag{2-16}$$

$$(v_{h}, v_{h_{i+1}}) \neq (v_{t_j}, v_{t_{j+1}}), \forall k_{h_i} = 0, k_{t_j} = 1, t \neq h \tag{2-17}$$

$$\sum_{i=1}^{|T_h|-1} d(v_{h_i}, v_{h_{i+1}}) \times k_{h_i} \leqslant Q, \quad 1 \leqslant h \leqslant m \tag{2-18}$$

其中,$T_h = (v_{h1}, v_{h2}, \cdots, v_{h1|T_h|} | k_{h1}, k_{h2}, \cdots, k_{h|T_h-1|})$,表示第 h 条路线;$k_{h_i} = 1$ 表示边缘序列 $(v_{h_i}, v_{h_{i+1}})$ 由第 h 个车辆提供服务,$k_{h_i} = 0$ 表示这条路径只是被经过而没有被提供服务;$|T_h|$ 表示第 h 条服务路线包含的任务总数;$|e|$ 和 $|a|$ 表示边任务总数和弧任务总数。式(2-16)和式(2-17)保证了每个任务只被服务一次。

基于上述单目标 CARP 模型,多目标 CARP 也必须满足以上 3 个约束条件,其数学模型可以定义为:

$$\min \quad f_1(x) = \sum_{h=1}^{m} tc(T_h) \tag{2-19}$$

$$\min \quad f_1(x) = \max_{1 \leqslant h \leqslant m} \left[tc(T_h) \right] \tag{2-20}$$

式(2-19)表示最小化一个解中的总花费(服务花费加经过花费),式(2-20)是最小化最长回路中的总花费。

2.4.2 基于免疫协同进化的限量弧路由问题

免疫克隆选择算法在应用时,主要包含以下几个模块[53-56]。

(1) 选择合适的编码规则表示抗体,并利用某种机制产生初始种群。

(2) 对抗体进行评价,抗体自身的亲和力(适应度)代表该解的质量,抗体与抗体间的亲和力反应种群的多样性。

(3) 利用抗体的亲和度,抗体和抗体之间的亲和度计算每个抗体的克隆比例。

(4) 高频变异,增加种群多样性。

(5) 选择操作,选择种群中的优秀个体进入下一次进化,保证种群进化的质量。

1. 抗体初始化

抗体就是优化问题的可行解,同遗传算法一样,算法开始前要先对解进行初始化。最简单的做法是随机初始化,但随机初始化的解容易使算法陷入局部最优,且不利于算法的收敛。为解决该问题,可以采用一些启发式算法生成初始解。如 Usberti 等在文献中提出的贪心随机启发式方法[57],其原型是 Golden 在 1983 年提出的路径扫描方法[47]。

2. 免疫克隆算子

免疫克隆操作是免疫克隆算法中一个主要步骤,克隆就是对种群进行复制。通过克隆种群中较好的解,可以增加算法在当前解的区域内搜索到更好解的可能性。如何评判解的优劣,取决于抗体与抗原之间的亲和度,抗原一般指需要优化的问题,所以在 CARP 中,抗体-抗原亲和度是指候选解所对应的最小路径消耗的值:

$$\text{affinity}(x_i) = \left\lfloor \frac{\text{lower\_bound}}{tc(x_i)} \right\rfloor^3, \quad i = 1, 2, \cdots, P_{\text{size}} \tag{2-21}$$

其中,lower_bound 表示测试实例的下界,是解 x_i 的总花费; P_{size} 为父代抗体种群规模。

每个抗体的克隆比例不仅与抗体-抗原之间的亲和度有关,还会与抗体-抗体之间的亲和力有关。抗体亲和力越大,说明相似程度越大,抗体之间的抑制能力就越强。抗体 x_i 的克隆比例计算:

$$\text{clone}(x_i) = \left\lfloor \frac{\text{affinity}(x_i)}{\sum\limits_{j=1}^{P_{\text{size}}} \text{affinity}(x_j)} P_{\text{size}} d_i \right\rfloor \tag{2-22}$$

其中,$\lfloor \cdot \rfloor$ 表示向下取整;d_i 反映了抗体 i 与其他抗体的亲和程度。

3. 交叉、变异算子

为了生成新的种群,免疫克隆选择算法依然采用了交叉和变异算子来生成新的子代个体。交叉、变异算子作用于克隆之后的群体,能增加种群多样性,使算法不易陷入局部最优,也增加了算法找到全局最优的可能性。简单的变异算子有单任务插入:随机选择一个任务将其移动到另一个任务前面;两任务插入:随机选择两个不同位置的任务并交换其位置。

4. 抗体修正算子

抗体修正是指对一些抗体在初始化时或交叉、变异后产生的不可行解的修正,将其修正为可行解,这些问题被称为约束优化问题,常用的方法有惩罚函数法[58]、多目标策略[59]、不可行解的修复[60]。惩罚函数法的本质是容许种群内个体在一定程度上可以违反约束条件,个体违反约束条件的程度由惩罚函数决定。多目标策略是将约束优化问题转化为多目标优化。不可行解的修复则是结合实际问题设计独特的修复算子将非可行解进行改进,使其从不可行解转变为可行解。

5. 克隆选择算子

克隆选择算子就是选择子代中的优秀个体遗传到下一代作为新的父代,其目的是保留优秀基因,去除差基因,为种群选择正确的进化方向。随机排序法选择子代是由 Runarsson 和 Yao 提出的[61],它根据亲和度函数和对约束条件的违背程度对抗体进行随机排序。具体排序准则为:当两个不同的抗体比较,且均为可行解,则根据两个抗体与抗原的亲和度排序;否则以 p_f 概率根据亲和度来排序,以 $1 - p_f$ 概率根据对约束条件的违背度排序。p_f 值大小一般为 0.45。最终选择排序后的前 p_{size} 个抗体。对容量的违背程度定义为:

$$T_q(x) = \max\left[\sum_{i=1}^{|T_h|-1} d(v_{h_i}, v_{h_{i+1}}) \times k_{h_i} - Q, 0 \right] \tag{2-23}$$

6. 算法整体流程

免疫克隆选择算法求解 CARP 的主要流程如表 2.1 所示。

表 2.1 免疫克隆算法求解 CARP

Procedure：免疫克隆算法求解 CARP

Input：算法终止条件
begin
 初始化种群 P；
while(不满足终止条件)**do**
  评估种群 P，对种群 P 进行克隆操作得到种群 P_1；
  对种群 P_1 进行交叉变异操作得到种群 P_2；
  修正种群 P_2 中的不可行解得到 P_3；
  对 P_3 进行克隆选择操作得到子代种群；
end while
 输出最优解；
end

参考文献

[1] 朱锡华. 生命的卫士——免疫系统[M]. 北京：科学技术文献出版社，1999.

[2] Parkin J，Cohen B. An Overviem of the immune system[J]. The Lancet，2001，357(9270)：1777-1789.

[3] 刘俊达. 科学广播 免疫知识漫谈[M]. 北京：科学普及出版社，1980.

[4] Farmer J D，Packard N H，Perelson A S. The immune system，adaptation，and machine learning[J]. Physical D，1986：187-204.

[5] 丁永生，任立红. 人工免疫系统：理论与应用[J]. 模式识别与人工智能，2000，13(1)：52-59.

[6] Dasgupta D. Artificial neural networks and artificial immune systems：similarities and differences [C]. IEEE International Conference on Computational Cybernetics and Simulation. Institute of Electrical and Electronics Engineers，1997：873-878.

[7] 王重庆. 分子免疫学基础[M]. 北京：北京大学出版社，1999.

[8] 王煦法，张显俊，曹先彬，等. 一种基于免疫原理的遗传算法[J]. 小型微型计算机系统，1999，20(2)：117-120.

[9] 罗文坚，曹先彬，王煦法. 免疫网络调节算法及其在固定频率分配问题中的应用[J]. 自然科学进展，2002，12(8)：890-893.

[10] 罗文坚，曹先彬，王煦法. 用一种免疫遗传算法求解频率分配问题[J]. 电子学报，2003，31(6)：915-917.

[11] Jiao L C，Wang L. A novel genetic algorithm based on immune. IEEE Trans. on System，Man，and Cybernetics-Part A，2000，30：1-10.

[12] 焦李成，杜海峰，刘芳，等. 免疫优化计算、学习与识别[M]. 北京：科学出版社，2006.

[13] Du H F，Gong M G，Jiao L C，et al. A novel artificial immune system algorithm for high-dimensional function numerical optimization[J]. Progress in Natural Science，2005，15(5)：463-471.

[14] Du H F，Gong M G，Liu R C，et al. Adaptive chaos clonal evolutionary programming algorithm. Science in China Series F-Information Sciences，2005，48(5)：579-595.

[15] Gong M G，Du H F，Jiao L C. Optimal approximation of linear systems by artificial immune response [J]. Science in China：Series F Information Sciences，2006，49(1)：63-79.

[16] Liu R C，Jiao L C，Du H F. Clonal strategy algorithm based on the immune memory[J]. Journal of Computer Science and Technology，2005，20(5)：728-734.

[17] Gong M G, Jiao L C, Zhang X R. A population-based artificial immune system for numerical optimization[J]. Neuro Computing, 2008, 72(1-3): 149-161.

[18] 李涛. 计算机免疫学[M]. 北京: 电子工业出版社, 2004.

[19] 丁永生. 计算智能——理论、技术与应用[M]. 北京: 科学出版社, 2004.

[20] 黄席樾, 张著洪, 何传江, 等. 现代智能算法理论及应用[M]. 北京: 科学出版社, 2005.

[21] 莫宏伟. 人工免疫系统原理及应用[M]. 哈尔滨: 哈尔滨工业大学出版社, 2003.

[22] 肖人彬, 曹鹏彬, 刘勇. 工程免疫计算[M]. 北京: 科学出版社, 2007.

[23] Castro L N, Timmis J. Artificial Immune Systems: A New Computational Intelligence Approach [M]. Berlin: Speringer-Verlag, 2002.

[24] Burnet F M. The Clonal Selection Theory of Acquired Immunity[M]. Cambridge: Cambridge University Press, 1959.

[25] Castro L N, Von Zuben F J. The Clonal Selection Algorithm with Engineering Application[C]// Proceedings of GECCO, 2000: 36-39.

[26] Forrest S, Javornik B, Smith R E, et al. Using genetic algorithms toexplore pattern recognition in the immune system[J]. Evolutionary Computation, 1993, 1(3): 191-211.

[27] Fukuda T, Mori K, Tsukiyama M. Parallel search for multi-modal function optimization with diversity and learning of immune algorithm[M]//Dasgupta D. Artificial Immune Systems and their Applications, Berlin: Springer-Verlag, 1998.

[28] Kelsey J, Timmis J. Immune Inspired Somatic Contiguous Hypermutation for Function Optimisation [C]//International Conference on Genetic & Evolutionary Computation, Parti: Springer-Verlag, 2003.

[29] Cutello V, Nicosia G, Pavone M. Exploring the Capability of Immune Algorithms: A Characterization of Hypermutation Operators[C]//International Conference on Artificial Immune Systems. Berlin: Springer, 2004: 263-276.

[30] 胡朝阳, 文福拴. 免疫算法与其它模拟进化优化算法的比较研究[J]. 电力情报, 1998(01): 61-63.

[31] Tarakanov A, Dasgupta D. A formal model of an artificial immune system[J]. BioSystems, 2000, 5 (5): 151-158.

[32] Timmis J, Neal M, Hunt J. Data analysis using artificial immune systems, cluster analysis and Kohonen networks: some comparisons[C]//IEEE International Conference on Systems, Man, and Cybernetics. Institute of Electrical and Electronics Engineers, Incorporated, 1999: 922-927.

[33] Nohara B T, Takahashi H. Evolutionary computation in engineering artificially immune (EAI system)[C]//Annual Conference of the IEEE Industrial Electronics Society. IEEE press, 2000: 2501-2506.

[34] 丁永生, 任立红. 一种新颖的模糊自调整免疫反馈控制系统[J]. 控制与决策. 2000, 15(4): 443-446.

[35] 何清. 模糊聚类分析理论与应用研究进展[J]. 模糊系统与数学, 1998, 12(2): 89-94.

[36] 高新波. 模糊聚类算法的优化及应用研究[D]. 西安: 西安电子科技大学, 1999.

[37] Bezdek J C. Patten Recognition with Fuzzy Objective Function Algorithm[M]. New York: Plenum Press, 1981.

[38] Dave R N, Bhaswan K. Adaptive fuzzy c-shells clustering and detection of ellipses[J]. IEEE Trans. NN, 1992, 3(5): 643-662.

[39] Krishnapuram R, Frigui H, Nasraoni O. Fuzzy and possiblistic shell clustering algorithms and their application to boundary detection and surface approximation-Part I[J]. IEEE Trans. FS, 1995, 3(1): 29-43.

[40] 高新波, 薛忠, 李洁. 一种多类原型模糊聚类的初始化方法[J]. 电子学报, 1999, 27(12): 72-75.

［41］ Hathaway R J,Bezdek J C. Switching regression models and fuzzy clustering[J]. IEEE Trans. FS,1993,3(1)：195-204.

［42］ Gath I,Geva A B. Unsupervised optimal fuzzy clustering[J]. IEEE Trans. SMC,1989,11(7)：773-781.

［43］ William H H,Loretta S A,William M,et al. Self-Organizing Systems for Knowledge Discovery in Large Databases ［EB/OL］. ［2020-05-20］. http：//www. kddresearch. org/Publications/ Conference/ HAPTW1. pdf.

［44］ Huang Z. Extensions to the K-means Algorithm for Clustering Large Data Sets with Categorical Values[J]. Data Mining and Knowledge Discovery,1998,2(3)：283-304.

［45］ Han H S,Yu J J,Park C G,et al. Development of inspection gauge system for gas pipeline[J]. KSME Int,2004,18(3)：370-378.

［46］ Golden B L,Wong R T. Capacitated arc routing problems[J]. Networks,1981,11(3)：305-316.

［47］ Golden B L,DeArmon J S,Baker E K. Computational experiments with algorithms for a class of routing Problems ［J］. Computers & Operations Research,1983,10(1)：47-59.

［48］ Ulusoy G. The fleet size and mix problem for capacitated arc routing ［J］. European Journal of Operational Research,1985,22(3)：329-337.

［49］ Eglese R W. Routeing winter gritting vehicles ［J］. Discrete Applied Mathematics,1994,48(3)：231-244.

［50］ Hertz A G,Laporte G,Mittaz M. A tabu search heuristic for the capacitated arc routing Problem ［J］. Operations Research,2000,8(1)：129-135.

［51］ Lacomme P,Prins C,Ramdane W. Competitive memetic algorithms for arc Routing Problems ［J］. Annals of Operations Research,2004,131(1)：159-185.

［52］ Tang K,Mei Y,Yao X. Memetic Algorithm with Extended Neighborhood Search for Capacitated Arc Routing Problems ［J］. IEEE Transactions on Evolutionary Computation,2009,13(5)：1151-1166.

［53］ Gong M G,Jiao L C,Zhang L N. Baldwinian learning in clonal selection algorithm for optimization ［J］. Information Science,2010,180(8)：1218-1236.

［54］ Jiao L C,Wang L. A novel genetic algorithm based on immunity[J]. IEEE Transactions on Systems,Man,and Cybernetics-Part A：Systems and Humans 2000,30(5)：552-561.

［55］ Shang R H,Ma W P,Zhang W. Immune clonal MO algorithm for 0/1 knapsack problems[C]. Proceedings of The 2nd International Conference on Natural Computation,2006 ：870-878.

［56］ Shang R H,Jiao L C,Liu F,Ma W P. A Novel Immune Clonal Algorithm for MO Problems[J]. IEEE Transactions on Evolutionary Computation,2012,16 (1)：35-49.

［57］ Usberti F L,Franca P M,Franca A L. GRASP with evolutionary path-relinking for the capacitated are routing problem[J]. Computers & Operations Research，2011.

［58］ Mei Y,Li X D,Yao X. Decomposing Large-Scale Capacitated Arc Routing Problems using aRandom Route Grouping Method[C]//Proceedings of the 2013 IEEE Congress on Evolutionary Computation Cancun,Mexico,2013.

［59］ Tan K C,Yang Y J,Goh C K. A distributed cooperative coevolutionary algorithm for multiobjective optimization[J]. IEEE Transactions on Evolutionary Computation,2006,10(5)：527-549.

［60］ Yang Z,Tang K,Yao X. Large scale evolutionary optimization using cooperative coevolution[J]. Information Sciences,2008,178(15)：2985-2999.

［61］ Runarsson T P,Yao X. Stochastic ranking for constrained evolutionary optimization[J]. IEEE Transactions on Evolutionary Computation,2000,4(3)：284-294.

第3章

Memetic 算法

Memetic 算法是进化算法(evolutionary computation)中的一种,它是在遗传算法的基础上加上局部优化搜索算子得到的,也被称为混合遗传算法(hybrid evolutionary algorithm)、文化算法(cultural algorithm)[1-2]、密母算法等。Memetic 算法继承了拉马克进化论思想。在进化论中,关于继承模型有两种:一是拉马克继承(Lamarckian inheritance)模型;二是班德文继承(Baldwinian inheritance)模型。这两种模型的主要区别在于个体在一生中所学到的技能是否应该遗传给下一代。拉马克继承模型认为后代应该继承其父代所学的技能,而班德文继承模型则不认可这样的继承[1]。

Memetic 算法可以看作在局部最优子空间上进行了特殊类型的遗传搜索,在遗传算法中加入了局部优化方法并将其应用于每个个体。局部优化方法还解决了因为交叉和变异产生的不在当前局部最优子空间中的解的问题,使最终产生的解维持在当前子空间中。在这种混合方法中,遗传算法用于种群中的全局广度搜索,而启发式方法则用于进行染色体间的局部深度搜索。由于遗传算法和传统启发式方法具有互补性质,这种混合方法的性能通常比单独运行任意一种要好。

3.1 Memetic 算法发展历程

Memetic 算法由 Pablo Moscato 在 1989 年提出[3]。遗传算法主要是模拟物种的进化过程,而 Memetic 算法主要是为了模仿文化进化过程[3-5]。其中,个体的局部搜索优化过程就是模拟人在成长过程中的学习过程;个体通过在其邻域搜索找到局部最优解来达到提高适应度函数的目的,正如人通过学习提高自身能力一样。

因 Memetic 算法优化性能远高于单纯的遗传算法,所以被广泛关注并应用到许多研究领域中。

改进的 Memetic 算法已在社区检测(community detection)问题中使用并取得了成功。如在文献[6]中,作者主要研究社区检测中分辨率受限的问题,并提出称为 Meme-Net 的 Memetic 算法来解决该问题。在文献[7]中,作者提出了一种可以有效解决社区检测问题的快速 Memetic 算法,该算法采用多级学习作为局部搜索算子,实验表明了算法的有效性。在文献[8]中,作者提出了一种快速的 Memetic 算法来解决社交网络的结构平衡问题。

Lacomme 等在 2001 年将 Memetic 算法应用到 CARP 问题的求解中,但它的不足在于全局搜索能力不强[9]。2004 年 Lacomme 等又提出了一种更高效的模因演算算法 LMA[10]，通过对某些解执行重新进化和提高局部搜索概率，从而提高了解的收敛速度，但是其只增加了局部搜索能力，全局寻优能力依然不强。之后，唐柯等在 LMA 的框架下引入 Merge-Splits 局部搜索算子，提出了基于扩展领域搜索的 Memetic 算法（MAENS），使算法可以跳出局部最优，并在测试集上获得良好的下界[11]。随着关于大规模 CARP 的研讨越来越深入，2013 年，梅一等又将该算法与路由距离分组（RDG）方案[12]相结合提出了 RDG-MAENS 算法。在该算法中，首先采用 RDG 策略将路由问题中的任务集合分为多个小的任务集，再使用 MAENS 独立处理每个子任务集合。并且，Memetic 算法在多目标 CARP 的应用也越来越多，如 2011 年梅一等提出的 D-MAENS 算法[13]。

另外，Memetic 算法还经常被用来训练神经网络，Toby O. Hara 等[14]和 H. A. Abbass 等[15]分别用 Memetic 算法来训练神经网络，实验结果表明 Memetic 算法的寻优能力及搜索速度较其他传统方法更快。Tatiane R. Bonfim 等[16]不仅利用 Memetic 算法训练神经网络系统，还将其应用于并行机调度问题，两者都取得了很好的效果。

Memetic 算法因其较强的优化能力，使其还可用于解决 TSP、模糊系统控制、图像处理等优化问题中，在这里不再一一赘述，本书将在 3.3 节和 3.4 节详细描述 Memetic 算法在社区检测和限量弧路由问题上的应用。

3.2　Memetic 算法实现

3.2.1　Memetic 算法流程

可以认为 Memetic 算法是由遗传算法改进得到的，相比于遗传算法，Memetic 算法的重点就是多了局部搜索机制，所以该算法的算法流程图与遗传算法的算法流程有很多相似之处。一般地，Memetic 算法流程图可以由图 3.1 表示。如图 3.1 可知，Memetic 算法执行的具体步骤如下所述。

步骤 1：确定解的编码方法和算法执行中的所有参数；
步骤 2：初始化种群，得到父代群体；
步骤 3：执行交叉算子；
步骤 4：利用局部搜索算法对个体进行邻域搜索，更新种群所有个体；
步骤 5：执行变异算子；
步骤 6：再次利用局部搜索算法更新种群个体；
步骤 7：根据适应度函数计算种群内个体的适应度值；
步骤 8：执行选择算子，保留当前种群内的优秀个体（适应度值高的个体），产生新种群；
步骤 9：判断是否满足终止条件，若满足终止条件则算法结束，输出优化结果；若不满足终止条件，则跳转到步骤 3 继续执行。

3.2.2　Memetic 算法改进

随着新问题的提出，问题规模的增大，人们对求解精度要求的提高等，在应用 Memetic 算法时，必须对算法本身进行改进，以适应新的问题和新的要求。Memetic 算法可改进的思路很多，可以从编码方式、种群初始化方法、交叉算子、变异算子、选择算子、局部搜索算子等

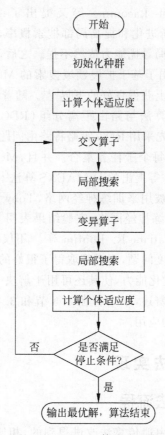

图 3.1 Memetic 算法流程图

多方面入手。

1. 编码方法

根据采用的符号,可以将编码方式分为二进制编码、实数编码和整数编码等;根据编码的长度可以将编码方式分为变长度编码和不可变长度编码。编码方式需要根据特定问题进行选择,合适的编码方式有利于算法的执行,降低算法难度,提高算法效率等。

2. 种群初始化

种群初始化方式分为两种:在无先验知识时,采用完全随机的初始化方法;当有一定先验知识时,可以通过设定相关的机制,融入先验知识来生成初始种群。

3. 交叉算子

常用的交叉算子有单点交叉、两点交叉、多点交叉、均匀交叉等。对于特殊的问题也有特殊的交叉方式,如 Memetic 算法用于社区检测时,还可以使用双向交叉[17]。

4. 变异算子

变异算子可以在一定程度上提高局部搜索能力,增加种群多样性,但当问题较复杂时,就无法达到想要的效果。常用的变异方法包括单点变异、互换变异、插入变异等。

5. 选择算子

同遗传算法一样,Memetic 算法常用的选择操作有轮盘赌选择、竞标赛选择、排序选择等,主要作用就是保留种群中的优秀个体到下一代,以实现优胜劣汰。

6. 局部搜索算子

从某些方面来看,可以把 Memetic 算法看成是遗传算法的改进方法,而局部搜索算子就是使 Memetic 算法不同于遗传算法的重要突破点,它在遗传算法中加入局部搜索机制,使传统的遗传算法具有全局和局部的搜索能力。常用的局部搜索机制有爬山算法、模拟退火算法、禁忌搜索算法等。针对不同问题,应选择不同的局部搜索方法,局部搜索效率越高,整个 Memetic 算法的效率也越高。

(1) 爬山算法。从当前解开始,搜索邻域计算适应度值,选出适应度值最高的个体作为山峰(最高点),继续对新个体的邻域进行搜索,若当前最大适应度值大于山峰适应度值,则将替换山峰值和点。循环上述步骤,直到找到邻域范围内的最大适应度值个体[18]。基于爬山算法基础,罗彪等提出了一种定向爬山算法[19]。牟宏鑫等针对图像调焦问题,提出了一种改进的自动调焦爬山算法,有效地避免了局部极值的干扰[20]。

(2) 模拟退火算法。模拟退火算法源于固体退火原理,每个解个体是一个分子,解的适应度值则相当于分子的内能。首先固体加热到非常高的温度,此时固体内部粒子内能增大,然后逐渐降低温度,粒子内能逐渐减小,当温度达到基态时内能最小,即是算法求到的最小解[21]。所以该算法的重要参数有初始温度、可降到的最低温度、控制温度降低的衰减因子和同一温度时的迭代次数等。

(3) 禁忌搜索算法。前面两种局部搜索算法,只比较了子代个体与父代个体间的最优解,这使算法容易陷入局部最优,而禁忌搜索算法为了避免局部最优,构建了禁忌搜索表,该表记录了出现过的最优的 n 个解,在新的搜索中,若新解优于表中的 n 个解,则替换[5]。

3.2.3　Memetic 算法研究分类

近些年,Memetic 算法受到越来越多研究人员的关注,并被广泛应用于许多不同的领域,如最优化搜索、自动规划、机器人学习、经济模型、免疫系统、社会系统以及进化和学习的交互等。

从优化的观点来讲,针对某些问题,Memetic 算法比传统的遗传算法更有效率,它可以更快地找到最优解,同时求解的精度更高。因此 Memetic 算法获得了广泛的认同,特别是在组合优化问题上,采用 Memetic 算法的求解结果往往比其他的启发式搜索方法要好很多[22]。

Memetic 算法根据发展历程可以分为规范 Memetic 算法、适应性 Memetic 算法(超启发式 Memetic 算法、多 Memetic 算法、协同 Memetic 算法、后拉马克 Memetic 算法)等类型。

(1) 规范 Memetic 算法:遗传算法作为一种计算模型,充分模拟了生物的进化机制;而 Memetic 算法则是一种模拟文化进化的机制[23],可以看作人们交流思想时被复制的信息单元。Memetic 算法中的种群是由许多的局部最优值组成的。

(2) 适应性 Memetic 算法:作为一个新的研究领域,Ong 等对其进行了很好的归纳,并称其为适应性 Memetic 算法[24]。适应性 Memetic 算法包括 Krasnogor 提出的多 Memetic 算法[25-28],Smith 提出的与多 Memetic 算法相似的协同 Memetic 算法[29],Ong 和 Keane 等提出的后拉马克 Memetic 算法以及超启发式 Memetic 算法等[30]。这些算法具有一个共同的特点,那就是在进行搜索的过程中会采用很多密母,而具体采用哪个密母(如 meme、文化基因)则是动态选择的。首先算法会随机或按照某种特定的方式生成种群,接下来针对种群

中的每一个个体,在密母池中选择合适的密母进行局部搜索。针对组合优化问题的求解,
Cowing 等提出了超启发式[30],它描述了融合不同的密母以在不同的确定点应用不同密母
的思想。Krasnogor 等也提出了与超启发式类似的思想。针对超启发式搜索的局部搜索的
方式也很多,拉马克和班德文学习正是密母算法中经常采用的学习机制。通过个体适应度
值的局部改进,原来种群将被改进种群取代。Ong 和 Keane 在对连续非线性函数优化的过
程中,采用了后拉马克学习机制对标准问题的特性进行了研究[43]。由于在对 Memetic 算法
搜索的研究中主要采用了拉马克学习机制,因此这种 Memetic 算法被称为后拉马克学习。
这种机制的机理主要是在多密母信息中引入竞争和合作,以更有效地解决问题。

3.3　基于 Memetic 算法的社区检测

　　复杂网络是复杂系统(比如万维网、在线社区、组织系统、商业系统、电网系统、神经系
统、新陈代谢系统、食物链网络、合作系统、疾病控制系统、资源分配系统、交通系统、信息预
测与推荐系统等)的重要研究方向[31-32],如何使用高效计算模型分析、挖掘和解译庞大数据
中的潜在有用信息是复杂网络的重要研究内容。复杂网络不仅能有效展现网络单元(节点)
之间相互作用的拓扑结构特性及其动态演化过程,还能够很好地表达复杂系统数据间的潜
在关联及其功能特性。在复杂网络的表示方法中,节点(顶点)代表复杂系统的基本实体,边
(链接)则表示系统中实体间的相互作用方式或关系[33-34]。

　　在生物系统的研究中,生物分子间复杂的相互作用被抽象为网络模型。分子网络描述
了各种不同的生物活动进程是如何运作的,包括细胞间信号传递、新陈代谢和基因调控等,
通常将这些生物分子网络看作一个系统来分析它们所完成的生物功能[35]。在社交网络中,
把人作为节点,人与人之间的交流建模为边,通过对该网络的分析,可以把社交网络分成多
个子网络(相当于社团)。同时还可以找到网络中最有影响力的节点,即找到社交网络中的
核心人。

　　社区检测就是把复杂网络划分,找到具有共同点的网络节点,进一步研究网络性质。在
实际应用中,社区检测可以为相同社区的用户提供更准确的服务,对电路系统、物流系统等
进行全局优化,在资源分配和疾病控制上也能起到重要作用。用于社区检测的方法有很多,
如传统的基于优化规则的贪心算法、多阶段贪心算法、遗传算法等,这些算法的缺点均是容
易陷入局部最优。下面将介绍 Memetic 算法在社区检测上的具体应用。Memetic 算法通
过将全局搜索与局部搜索机制相结合的思路,在一定程度上缓解了陷入局部最优的问题。

3.3.1　多目标 Memetic 优化算法

　　在解决实际问题时,其目标往往不是单一的,而是多个目标的优化,如购买商品时则是
希望它既好又便宜,所以多目标问题的求解非常重要,同时多目标优化不同于单目标优化时
只存在一个解,多目标优化的解是一组互相无法比较优劣的解集。多目标 Memetic 算法的
思想就是把多目标遗传算法全局优化的框架和一个或多个的局部优化算法混合,形成新算
法。常用的求解多目标问题的遗传算法方法包括基于支配的 NSGA-Ⅱ[36] 和基于分解的
MOEA/D[37]。

1. 多目标社区检测的目标函数

对于一个无向网络,可以将它表示为 $G = (V, E)$,其中 V 表示节点集,E 表示网络中边的集合。网络的邻接矩阵为 $\boldsymbol{A}$,若节点 i 与节点 j 连接,则 $A_{ij} = 1$,反之为 0。设有两个不相交的节点子集 V_1 和 V_2,即 $V_1 \bigcap V_2 = \varnothing$、$V_1 \in V$、$V_2 \in V$。则模块密度 D 定义为:

$$D = \sum_{i=1}^{m} \frac{L(V_i, V_i) - L(V_i, \overline{V_i})}{|V_i|} \tag{3-1}$$

其中,$L(V_1, V_2) = \sum_{i \in V_1, j \in V_2} A_{ij}$,表示 V_i 节点集内部的所有边;$\overline{V_1} = V - V_1$,$L(V_i, \overline{V_i})$ 表示 V_i 内部节点到外部节点的边;$|V_i|$ 表示 V_i 内的节点数。将模块密度 D 差分成两部分,即可构成多目标 Memetic 优化算法的两个目标函数,第一个目标函数 NAR(Negative Ratio Association)反映了社区内节点连接的紧密程度,第二个目标函数 RC(Ratio Cut)反映了社区间的分离程度。将目标函数规范为最小化问题,则最终的多目标函数为:

$$\begin{cases} \min f_1 = \text{NAR} = -\sum_{i=1}^{m} \frac{L(V_i, V_i)}{|V_i|} \\ \min f_2 = \text{RC} = \sum_{i=1}^{m} \frac{L(V_i, \overline{V_i})}{|V_i|} \end{cases} \tag{3-2}$$

2. 解的表达

在解决社区检测类问题时,因为每个节点都有自己的社区编号,所以可以将个体 $\boldsymbol{x}_a$ 编码为:

$$\boldsymbol{x}_a = \{x_{a1}, x_{a2}, \cdots, x_{aN}\} \tag{3-3}$$

其中,x_{ai} 代表个体 $\boldsymbol{x}_a$ 对节点 v_i 赋予的标签,它的取值范围即为社区编号范围。若 $x_{ai} = x_{aj}$ 则认为节点 v_i 和 v_j 在同一编号的社区中,否则不在同一社区。

3.3.2 局部搜索

常用的局部搜索方法有模拟退火算法、爬山算法、禁忌搜索算法等。这里将介绍模拟退火算法和一种基于节点层、社区层、集群层的多层学习策略。

1. 模拟退火局部搜索算法

模拟退火算法不同于其他的局部搜索算法,它会以一定的概率保留较差的解,给解集带来多样性。其算法描述如表 3.1 所示。

表 3.1 模拟退火算法描述

PROCEDURE:模拟退火算法
Input:初始温度 T_e,退火因子 θ,解集 P,P_{best}
While 不满足停止条件
$P' \leftarrow$ get neighbor(P);
If $F(P') > F(P_{\text{best}})$
$P_{\text{best}} \leftarrow P'$;
Else if random$(0,1) < e^{-\frac{F(P_{\text{best}}) - F(P')}{T_e}}$

$$P_{\text{best}} \leftarrow P';$$
$$\text{End if}$$
$$T_e \leftarrow T_e \theta;$$
$$\text{End while}$$

Output：新解集 P

其中，T_e 是初始温度，需要提前设置为一个较高的值；θ 是退火因子，用来控制该算法的退火速度，由表 3.1 可以看出，该值越大退火速度越慢；P_{best} 表示输入解集中适应度值最高的解(染色体)；P' 表示输入解集的邻居解，在社区检测中，相当于新的社区划分，是与已有划分相似的邻居解；F 表示适应度函数，在基于分解的多目标遗传算法中，F 是子问题上的适应度函数。

2. 多层学习策略

多层学习策略是一种基于多层学习来改善个体解 x 的局部搜索方法。基于多层学习的局部搜索策略是根据网络节点、社区和集群结构的特定邻域知识而提出的，它由 3 个从低层次到高层次的学习策略组成。每一层次的学习策略都能够快速收敛到局部最优解。高层次学习策略能有效地帮助低层次学习策略跳出其所得到的局部最优解。

1) 节点层学习策略

节点层学习策略作用在网络中的每一个节点上，其过程如表 3.2 所示，其中 x_a 表示一个染色体。给定一个 N 节点的网络 G，节点层学习策略如下：首先生成一个随机序列 $R(\{r_1, r_2, \cdots, r_N\})$，然后根据序列中的顺序选择节点 v_{r_i}，利用标签传播规则或其他融合策略更新该节点的标签 x_{ar_i}。重复上述过程直到每个节点的社区标签都不改变为止。节点层学习策略有助于遗传算法快速收敛到搜索空间的局部最优解，同时遗传算法也可以帮助节点层学习跳出局部最优，去搜索下一个更优的局部最优解。

表 3.2　节点层学习算法流程

Procedure：节点层学习

Input：x_a，网络 G

1. 产生一组随机序列 $R \leftarrow \{r_1, r_2, \cdots, r_N\}$；

2. 按照序列产生的序列 R，更新网络中节点 v_{r_i} 的社区标签；

3. 如果 x_a 的结果发生改变则转向步骤 1，否则停止运行；

Output：x_a

2) 社区层学习策略

社区层学习策略作用在前一层的解 x_a 上。假设染色体 x_a 划分出了 N_{x_a} 个社区，命名为社区 $C_1, C_2, \cdots N_{x_a}$。把每个社区里的所有点看成是一个合在一起的新点，即社区 C_1 是个新节点 v'_1，由此构造的点称为超级节点，并由超级节点构成新网络 G'。表 3.3 为社区层学习策略算法流程，其中函数 NodeLearning() 表示进行节点层学习策略。需要注意的是超级节点间的连接问题，若 $v_i \in C_a, v_j \in C_b$ 且 v_i, v_j 间有连接，则认为由 C_a、C_b 形成的超级节点 v'_a、v'_b 间有连接，且超级节点 C_a、C_b 间连接的权重为边数之和。

表 3.3　社区层学习算法流程

Procedure：社区层学习
Input：x_a，网络 G
1. 构造超级节点 $V'=\{v_1',v_2',\cdots,v_{N_{x_a}}'\}$，构造新网络 $G'=(V',E')$，生成新的邻接矩阵 A'；
2. 给超级节点赋社区标签，即 $x_{s_i}=i,1\leqslant i\leqslant N_{x_a}$，得到新网络的初始化解 x_s；
3. $x_s\leftarrow$NodelLearning(x_s,G')；
4. 解码 x_s，得到原网络 G 的新解 x_e；
Output：x_e

社区层学习策略也用来帮助节点层学习策略跳出局部最优解，但是因为错误被合并于一个社区的节点，无法在该层学习中被分开，所以这两层的学习策略依然容易陷入局部最优解。

3）集群层学习策略

集群层学习策略的过程如表 3.4 所示。它作用在两个染色体 x_g、x_e 上，其中 $x_g=\{x_{g1},x_{g2},\cdots,x_{gN_{x_g}}\}$ 是种群中的最优染色体，$x_e=\{x_{e1},x_{e2},\cdots,x_{eN_{x_e}}\}$ 是前一层社区层学习产生的解。集群层学习策略包含两个阶段。第一阶段为，对 x_g 中的每一个划分的社区 C_i，$1\leqslant i\leqslant N_{x_g}$ 所对应的节点，根据下面两个原则重新分配到社区中。

（1）如果节点 v_j、v_k 在解 x_g、x_e 上被划分在同一社区内，则在新解上被分到该社区中；

（2）如果节点 v_j、v_k 在 x_g 中被划分在同一社区，而在 x_e 中被划分为不同社区，则在新解中也被划分到不同社区内。

定义第一阶段返回的解为 $x_f=\{x_{f1},x_{f2},\cdots,x_{fN_{x_f}}\}$。第二个阶段是在 x_f 上使用前两层学习策略以便得到更好的社区划分。在表 3.4 中，函数 NodeLearning() 和 CommunityLearning() 分别表示节点层学习策略和社区层学习策略。最终集群层学习策略将返回一个新的染色体 $x_{l'}$。

表 3.4　集群层学习策略

Procedure：集群层学习
Input：x_g，x_e，网络 G
1. 设置 $x_{f_i}\leftarrow0,i=1,2,\cdots,N,c\leftarrow0,i\leftarrow1$；
2. 确定社区 C_i 的节点 $C_i=\{v_{i_1},v_{i_2},\cdots,v_{i_{|C_i|}}\}$，其中 $\lvert C_i\rvert$ 是社区 C_i 内的节点规模；
3. 对 C_i 中的每个节点 v_{i_j}，如果 $x_{f_{i_j}}=0$，则 $c\leftarrow c+1$，$x_{f_k}\leftarrow c$，其中 k 满足 $\forall k\in\{v_k\in C_i\&x_{e_{i_j}}=x_{ek}\}$。否则转向步骤 4；
4. 如果 $i\leqslant N_{x_g}$，则 $i\leftarrow i+1$ 并转向步骤 2，其中 N_{x_g} 是 x_g 中的社区数。否则转向步骤 5；
5. $x_f\leftarrow$NodeLearning(x_f,G)；
6. $x_{l'}\leftarrow$communitylearning(x_f,G)；
Output：$x_{l'}$

集群层学习策略能够帮助前两层学习策略跳出局部最优解。首先，前两层学习策略陷入局部最优的主要原因在于被合并的多个节点和社区很难被再次分开[38]。而集群层学习策略就可以解决该问题，分开合并的节点和社区。同时重组的社区还可以获得更高的模块

度。其次,集群层学习策略是作用于两个解上的集成聚类技术。新解将得到这两个解上相同的部分,不同的部分被分开。因此,集群层学习策略收集了来自两个或更多解的社区模式结构特性。

由上述两种局部搜索机制可以看出,局部搜索有助于在全局搜索过程中找到当前最优解的邻域内优于该个体的新解,加快了算法的收敛速度,同时优良的局部搜索机制还可以改善算法本身容易陷入局部最优解的情况,如上述提到的多层学习策略,多层机制增大了邻域搜索的能力,增加了新解的多样性,因此更有可能找到最优解。

3.4 基于 Memetic 算法的限量弧路由问题

在对 CARP 求最优解的过程中,随着问题规模的增加,解空间的规模会呈指数增长,所以又有了大规模的限量弧路由问题(Large-Scale Capacitated Arc Routing Problem, LSCARP)。在车辆路径规划这一问题中,通常任务数目都比较多。与其他算法相比,元启发式算法能够在给定的时间内找到问题的次优解,但是计算需求量很大,花费的时间更多。从算法的角度出发,Memtic 算法可以使算法跳出局部最优,获得一个更好的解。

为了解决 LSCARP,2014 年提出的 RDG-MEANS 采用了一种分治策略[12,39-40],把问题分解成很多子问题,分别予以解决,然后再由子问题的解得到完整的解。2015 年,有研究者针对 RDG-MAENS 中个体所属子种群的分配方式不合理问题,提出了一种改进的算法IRDG-MAENS,收敛性有很大提高。[41]

3.4.1 路由距离分组

RGD-MAENS 方法采用路由距离分组(Route Distance Grouping,RDG)分解方法将CARP 问题的任务集进行分组,使其分解成多个小的子任务集进行求解。这个分组就是路由距离分组,首先定义两个节点之间的距离,这里使用的不是地理信息中的欧几里得距离而是顶点间的路由距离,再利用迪杰斯特拉算法确定两个节点间的最短距离,最后根据路由中所有任务节点的距离确定路由间的距离。两个路由间的距离越小,说明这两个路由越相似,越应该放到一组中。基于这样的定义,分组就变成了对路由的聚类,两个路由间的距离越小就更可能被归为同一类,这里聚类运用了模糊 K-mediods[42]方法。聚类的关键是路由组中心点的确定,确定好最优的路由中心,才能将相似的路由放到一起进化,节省计算资源,加快收敛速度,提高解的质量。先定义两个任务 z_1 和 z_2 的亲密度为:

$$(z_1, z_2) = \frac{\sum_{i=1}^{2}\sum_{j=1}^{2}\Delta[v_i(z_1), v_j(z_2)]}{4} \tag{3-4}$$

其中,$\Delta[v_i(z_1), v_j(z_2)]$ 是任务 z_1 第 i 个终点和任务 z_2 第 j 个终点之间的距离。因此 $\Delta_{task}(z_1, z_2)$ 就是 z_1 和 z_2 间 4 种可能链路距离的平均值。基于任务距离,s_1 和 s_2 之间的距离定义为:

$$\Delta_{route}(s_1, s_2) = \frac{\sum_{z_1 \in s_1}\sum_{z_2 \in s_2}\Delta_{task}(z_1, z_2)}{|s_1| \cdot |s_2|} \tag{3-5}$$

因此 $\Delta_{\mathrm{route}}(s_1,s_2)$ 是所有的任务对的平均距离,其中一个任务来自 S_1,另一个来自 S_2。再把 $\Delta_{\mathrm{route}}(s_1,s_2)$ 根据 $\Delta_{\mathrm{route}}(s_1,s_1)$ 和 $\Delta_{\mathrm{route}}(s_2,s_2)$ 进行规范化,最终得到任意路由 s_1 和 s_2 间的距离为:

$$\widehat{\Delta}_{\mathrm{route}}(s_1,s_2)=\frac{\Delta_{\mathrm{route}}(s_1,s_2)}{\Delta_{\mathrm{route}}(s_1,s_1)}\cdot\frac{\Delta_{\mathrm{route}}(s_1,s_2)}{\Delta_{\mathrm{route}}(s_2,s_2)} \tag{3-6}$$

3.4.2　子问题解的更替

对于 LSCARP,其需要分解的数量很大,并且分解后得到的子问题仍然是 NP-hard 问题。针对这一情况,梅一提出了 RDG 分解方案。但是,每一代的子问题分解得到的解并不是最好的解,因为 RDG 没有根据当前群体信息动态地为各个子问题重新分配解,而只是将搜索到的最好的解进行保留,并不参与其他子问题的求解。

在 IRDG-MAENS 算法中,首先根据 RDG 算法将大规模的问题进行分解,再对分解后得到的子问题单独求其最优解。在获得子问题最优解后立即用较好的解进行更替并通过邻域共享参与当前子代问题的求解。这不仅能够加快算法的收敛速度,还及时更替每个子问题较好的解,参与该循环和其他子问题的求解,这种方法更利于邻域共享和获得潜在的更好的解。表 3.5 是更加详细的子问题解的及时更替过程。

表 3.5　子问题解的及时更替

Procedure:子问题解的及时更替
1. for $i=1\rightarrow g$
2. 采用 RDG 分解方案将任务集 Z 分解为 g 个子任务集合 $(Z_1,Z_2,\cdots,Z_g)$,并对每个子任务集合单独求解;
3. 产生子种群 $SP(Z_i)$,采用 MAENS 算法进化该子种群,获得一个可行解 $s(Z_i)$;
4. 对所有的可行解 $s(Z_i)$ 进行适应度排序,找到最好的可行解;
5. 将获得的子问题中最好的可行解 $\bar{s}(Z_i)$ 组成一个新的子种群,进化该子种群获得新的可行解 $s^*(Z_i)$;
6. 如果新的可行解 $s^*(Z_i)$ 优于 $\bar{s}(Z_i)$,则更新可行解;
7. 如果 $i<g$ 则跳转执行步骤 2,采用最新的路由信息去分解任务集合 Z;
8. end for

3.4.3　基于分解的 Memetic 算法

遗传算法部分可以采用基于分解的多目标进化算法(MOEA/D)的算法框架,其思想是,将一个多目标问题通过一定的方法分解为多个子问题,然后同时对这些子问题进行优化,在优化过程中,将考虑其邻域信息,实现在对子问题的优化过程中找到原多目标问题的非支配解。

假设多目标优化函数为 $G(x)=[G_1(x),G_2(x)]$,通过二维权重系数 $\alpha_i=(\alpha_{i1},\alpha_{i2})$ 将原多目标问题划分为多个单标优化问题。其中 α_{i1} 是目标函数 $G_1(x)$ 的权重系数;α_{i2} 是目标函数 $G_2(x)$ 的权重系数。于是,分解后的单目标优化问题的函数可表示为:

$$g_i(x)=\alpha_{i1}G_1(x)+\alpha_{i2}G_2(x) \tag{3-7}$$

假设有 n 个由两个权重系数构成的权重向量,那么就可以将原多目标问题分解为 n 个子问题。每个子问题都有一个初始解。计算权重间的欧几里得距离,根据该距离为每个子

问题选择 T 个邻居，第 i 个子问题的邻居记为 $B(i)=\{i_1,i_2,\cdots,i_T\}$。从 $B(i)$ 中随机选择两个个体进行遗传操作产生新解 y，再更新邻域解：对于所有 $j\in B(j)$，如果 $g_i(x^j)<g_i(y)$，则 $x^j=y$。

参考文献

[1] Ong Y S,Lim M H,Tan K C. A multi-facet furvey on memetic computation[J]. IEEE Transactions on Evolutionary Computation,2011,15(5)：591-607.

[2] Ong Y S,Meng H L,Chen X. Research frontier：memetic computation-past,present & future [J]. IEEE Computational Intelligence Magazine,2010,5(2)：24-31.

[3] Moscato P. On evolution,search,optimization,genetic algorithms and martial arts：Towards memetic algorithms [J]. Caltech Concurrent Computation Program,C3P Report,1989,826：1989.

[4] Liu D,Tan K C,Goh C K,et al. A multiobjective memetic algorithm based on particle swarm optimization[J]. IEEE Transactions on Systems,Man,and Cybernetics,Part B (Cybernetics),2007,37(1)：42-50.

[5] Wang Y,Hao J K,Glover F,et al. A tabu search based memetic algorithm for the maximum diversity problem[J]. Engineering Applications of Artificial Intelligence,2014,27：103-114.

[6] Gong M,Fu B,Jiao L,et al. Memetic algorithm for community detection in networks[J]. Physical Review E,2011,84(5)：056101.

[7] Ma L,Gong M,Liu J,et al. Multi-level learning based memetic algorithm for community detection [J]. Applied Soft Computing,2014,19：121-133.

[8] Sun Y,Du H,Gong M,et al. Fast computing global structural balance in signed networks based on memetic algorithm[J]. Physica A：Statistical Mechanics and its Applications,2014,415：261-272.

[9] Lacomme P,Prins C,Ramdane-Chérif W. A genetic algorithm for the capacitated arc routing problem and its extensions[C]//Workshops on Applications of Evolutionary Computation. Springer Berlin Heidelberg,2001：473-483.

[10] Lacomme P,Prins C,Ramdane-Cherif W. Competitive memetic algorithms for arc routing problems [J]. Annals of Operations Research,2004,131(1-4)：159-185.

[11] Tang K,Mei Y,Yao X. Memetic algorithm with extended neighborhood search for capacitated arc routing problems[J]. IEEE Transactions on Evolutionary Computation,2009,13(5)：1151-1166.

[12] Mei Y,Li X D,Yao X. Cooperative co-evolution with route distance grouping for large-scale capacitated arc routing problems[J]. IEEE Transactions on Evolutionary Computation,2014,18(3)：435-449.

[13] Mei Y,Tang K,Yao X. Decomposition-based memetic algorithm for multi-objective capacitated arc routing problems[J]. IEEE Transactions on Evolutionary Computation,2011,15 (2)：151-165.

[14] O'Hara T,Bull L. A memetic accuracy-based neural learning classifier system[C]//IEEE Congress on Evolutionary Computation,2005：2040-2045.

[15] Abbass H A,et al. A Memetic Pareto Evolutionary Approach to Artificial Neural Networks. The Australian Joint Conference on Artificial Intelligence,Adelaide,2001.

[16] Bonfim T R,Yamakami A. Neural Network Applied to the Coevolution of the Memetic Algorithm for Solving the Makespan Minimization Problem in Parallel Machine Scheduling [J]. IEEE Transactions on Magnetics,2008,44(6)：782-785.

[17] Gong M,Cai Q,Li Y,et al. An improved memetic algorithm for community detection in complex networks[C]//2012 IEEE Congress on Evolutionary Computation. IEEE,2012：1-8.

[18]　何军良,宓为建,严伟. 基于爬山算法的集装箱堆场场桥调度[J]. 上海海事大学学报,2007,28(4):
11-15.

[19]　罗彪,郑金华,杨平. 基于定向爬山的遗传算法[J]. 计算机工程与应用,2008,44(6):92-95.

[20]　牟宏鑫,吴庆畅,张翠,等. 一种改进的自动调焦爬山搜索算法[J]. 昆明冶金高等专科学校学报,
2010,26(03):32-35.

[21]　谢云. 模拟退火算法综述[J]. 微计算机信息,1998(5):7-9.

[22]　Merz P,Freisleben B. A comparison of memetic algorithms,tabu search,and ant colonies for the
quadratic assignment problem[C] //Proceeding. Int. Congr. Evol. Comput. ,Washington DC,1999:
2063-2070.

[23]　Dawkins R. The Selfish Gene[M]. New York: Oxford Univ. Press,1976.

[24]　Ong Y S,Lim M H,Zhu N,et al. Classification of Adaptive Memetic Algorithms: A Comparative
Study[J]. IEEE Transactions On Systems,Man and Cybernetics-Part B,2006,36(1):141-152.

[25]　Krasnogor N. Coevolution of genes and memes in memetic algorithms[C] //Proceeding. Genetic
and Evol. Comput. Conf. Workshop Program,1999.

[26]　Krasnogor N,Smith J. A memetic algorithm with self-adaptive local search: TSP as a case study[C]
//Proceedings of theAnnual Conference on Genetic and Evolutionary Computation,San Francisco,
CA,2000:987-994.

[27]　Krasnogor N,Smith J. Emergence of profitable search strategies based on a simple inheritance
mechanism[C] //Proceedings of the Annual Conference on Genetic and Evolutionary Computation,
San Francisco,CA,2001:432-439.

[28]　Krasnogor N. Studies in the theory and design space of memetic algorithms[D]. Bristol: University
of West England,2002.

[29]　Burke E,Smith A. Hybrid evolutionary techniques for the maintenance scheduling problem[J].
IEEE Trans. Power System,200,15(1):122-128.

[30]　Ong Y S,Keane A J. Meta-Lamarckian Learning in Memetic Algorithm[J]. IEEE Transactions On
Evolutionary Computation,2004,8(2):99-1104.

[31]　Schneider C M,Moreira A A,et al. Mitigation of malicious attacks on networks[J]. Proceedings of
the National academy of Sciences of the United States of America,2011,108(10):3838-3841.

[32]　Watts D J,Strogatz S H. Collective dynamics of 'small-world' networks[J]. Nature, 1998, 393
(6684):440-442.

[33]　Strogatz S H. Exploring complex networks[J]. Nature,2001,410(6825):268-276.

[34]　Newman M E. The structure and function of complex networks[J]. SIAM Review,2003,45(2):
167-256.

[35]　Koyutürk M. Algorithmic and analytical methods in network biology[J]. Wiley Interdisciplinary
Reviews: Systems Biology and Medicine,2010,2(3):277-292.

[36]　Deb K,Agrawal S,Pratap A,et al. A fast and elitist multi-objective genetic algorithm: NSGA-II
[J]. IEEE Transactions on Evolutionary Computation,2002,6(2):182-197.

[37]　Zhang Q,Li H,MOEA/D: A Multiobjective Evolutionary Algorithm Based on Decomposition,IEEE
Transactions on Evolutionary Computation,2007,11(6):712-731.

[38]　Rosvall M,Axelsson D,BERGSTROM C T. The map equation[J]. The European Physical Journal
Special Topics,2009,178(1):13-23.

[39]　Omidvar M N,Li X,Mei Y,et al. Cooperative co-evolution with differential grouping for large scale
optimization[J]. IEEE Transactions on Evolutionary Computation,2014,18(3):378-393.

[40]　Li X,Yao X. Cooperatively coevolving particle swarms for large scale optimization[J]. IEEE
Transactions on Evolutionary Computation,2012,16(2):210-224.

[41] Shang R,Dai K,Jiao L,et al. Improved memetic algorithm based on route distance grouping for multiobjective large scale capacitated arc routing problems[J]. IEEE Transactions on Cybernetics, 2016,46(4): 1000-1013.

[42] Krishnapuram R,Joshi A,Yi L. A fuzzy relative of the k-medoids algorithm with application to web document and snippet clustering[C]//IEEE International Fuzzy Systems Conference Proceedings, 1999: 1281-1286.

第 4 章
CHAPTER 4

粒子群算法

4.1 粒子群算法起源

粒子群优化(Particle Swarm Optimization,PSO)算法[1],简称粒子群算法,最早是由美国社会心理学家 J. Kennedy 和电器工程师 R. Eberhart 于 1995 年共同提出的。它起源于对简单社会系统的模拟,也是一种基于迭代的优化工具。与遗传算法类似,它通过个体间的协作和竞争实现全局搜索,相比较而言,它的概念简单,算法中需要调整的参数少,也便于计算机编程实现,并且算法中粒子在解空间中追随最优的粒子进行搜索,而不需要像遗传算法那样使用交叉以及变异操作。因此,它既保持了传统进化算法的群体智慧背景,同时又有许多独有的良好的优化性能。目前,对粒子群优化算法机制研究、算法的改进、算法的应用已引起进化计算领域学者们的广泛关注,短短数十年便获得快速发展,成为学术界的研究热点。

4.1.1 粒子群算法生物学基础

PSO 算法的理论基础是人工生命和人工生命计算。人工生命的主要研究领域之一就是探索自然界生物的群体行为,从而在计算机上构建其群体模型。与其他基于群体的进化算法相比,它们均初始化为一组随机解,通过迭代搜寻最优解。进化计算遵循适者生存原则,而 PSO 算法源于对简单社会系统的模拟。

PSO 算法的基本思想受到许多对鸟类的群体行为进行建模与仿真研究结果的启发,最初设想是模拟鸟群觅食的过程,想象这样一个场景:一群鸟随机的分布在一个区域,在这个区域只有一块食物,但是所有的鸟都不知道这块食物的具体方位,只知道自己当前的位置距离食物还有多远。找到食物最简单有效的方式就是搜索目前离食物最近的鸟的周围区域。如果把食物当作最优点,而把鸟离食物的距离当作函数的适应度,那么鸟寻觅食物的过程就可以当作函数寻优的过程。由此受到启发,经过简化提出了 PSO 算法。

在 PSO 算法中,把种群中的每个个体称为"粒子"(Particle),由 d 维搜索空间中的一个点表示,代表着每个优化问题的一个潜在解。所有的粒子都有一个用来评价当前位置好坏的属性值叫作适应度值(fitness value),由一个针对具体优化问题抽象出的目标函数决定。每个粒子还有另外一个属性值叫作速度,用来决定粒子飞翔的方向和距离,粒子们将追随当前的最优粒子在解空间中搜索。

粒子群优化算法通过模拟鸟类群体的竞争和合作实现了对优化问题的搜索。该算法仅仅是粒子在解空间上做追寻当前最优粒子的搜索，所以其操作更加简单，同时还具有运算复杂度低、参数少等特点。

4.1.2 粒子群算法发展历程

PSO 算法被提出来以后，吸引了越来越多的研究者和工程人员的注意，也建立了较多的对其理论和应用进行多方面探索的研究机构。到目前为至，国内外相关的国际会议都将粒子群优化算法作为了一项重要的主题，因此，此算法的各种研究成果也逐年在增加，越来越多的文章发表在了高水平的学术刊物上。1998 年，进化计算领域的著名会议 IEEE Congress on Evolutionary Computation 将 PSO 算法设置为专题讨论。进而，与计算智能相关的重要会议 Parallel Problem Solving from Nature 和 Ggenetic and Evolutionary Computation Conference 都将粒子群优化算法列为会议的专题之一，并设置了对其最新成果的研究报道。2001，第一本与粒子群优化相关的专著 *Swarm Intelligence* 问世。2003 年，第一届群智能研讨会 IEEE Swarm Intelligence Symposium 于美国的 Indianapolis 召开，作为群智能算法中的典型代表算法，PSO 算法被会议设置为重要的讨论内容。2004 年，进化计算领域的顶级学术刊物 *IEEE Transactions on Evolutionary Computation* 将 PSO 算法作为特刊出版。由于具有一定的优越性，PSO 算法成为计算智能领域的重要课题。

PSO 算法作为一种仿生算法，目前还没有完备的数学理论作为基础，但是作为一种新兴的智能优化算法，已经在诸多领域展现了良好的应用前景，这更值得我们在其理论基础和应用实践上进行更深入的探讨。

4.2 粒子群算法实现

4.2.1 基本粒子群算法

PSO 算法与其他的进化类算法类似，也采用"群体"和"进化"的概念，同样也根据个体的适应度值大小进行操作。不同的是，PSO 算法中没有进化算子，而是将每个个体看作搜索空间中没有重量和体积的微粒，并在搜索空间中以一定的速度飞行，该飞行速度由个体飞行经验和群体的飞行经验进行动态调整。

设 $X_i = (x_{i1}, x_{i2}, \cdots, x_{in})$ 为第 i 个粒子的 n 维位置向量，根据事先设定的适应度函数计算该粒子当前的适应度值，即可衡量粒子位置的优劣; $V_i = (v_{i1}, v_{i2}, \cdots, v_{in})$ 为粒子 i 的飞行速度; $\text{Pbest}_i = (\text{pbest}_{i1}, \text{pbest}_{i2}, \cdots, \text{pbest}_{in})$ 为粒子 i 迄今为止搜索到的最优位置。

为了方便讨论，设 $f(X)$ 为最小化的目标函数，则微粒 i 的当前最好位置为:

$$\text{Pbest}_i(t+1) = \begin{cases} \text{Pbest}_i(t), & f(X_i(t+1)) \geqslant f(\text{Pbest}_i(t)) \\ X_i(t+1), & f(X_i(t+1)) < f(\text{Pbest}_i(t)) \end{cases} \tag{4-1}$$

设群体中的微粒数为 N，$\text{Gbest}(t) = (\text{gbest}_1, \text{gbest}_2, \cdots, \text{gbest}_n)$ 为整个粒子群迄今为止搜索到的最优位置，则:

$$\text{Gbest}(t) \in \{\text{Pbest}_1(t), \text{Pbest}_2(t), \cdots, \text{Pbest}_N(t)\} \tag{4-2}$$

$$f(\text{Gbest}(t)) = \min\{f(\text{Pbest}_1(t)), f(\text{Pbest}_2(t)), \cdots, f(\text{Pbest}_N(t))\} \quad (4\text{-}3)$$

在每次迭代中,粒子根据式(4-4)和式(4-5)更新速度和位置:

$$v_{ij}(t+1) = v_{ij}(t) + c_1 r_{1j}(t)[\text{pbest}_{ij}(t) - x_{ij}(t)] + c_2 r_{2j}(t)[\text{gbest}_j(t) - x_{ij}(t)] \quad (4\text{-}4)$$

$$x_{ij}(t+1) = x_{ij}(t) + v_{ij}(t+1) \quad (4\text{-}5)$$

其中,j 表示为粒子的第 j 维,$j=1,2,\cdots,n$;i 表示第 i 个粒子,$i=1,2,\cdots,N$;t 是迭代次数;r_1 和 r_2 为$[0,1]$的随机数,这两个参数用来保持群体的多样性;c_1 和 c_2 为学习因子,也称加速因子,c_1 调节粒子飞向自身最好位置方向的步长,c_2 调节粒子飞向全局最好位置方向的步长,这两个参数对粒子群算法的收敛起的作用不是很大,但是适当调整这两个参数,可以减小局部最小值的困扰,当然也会使收敛速度变快。由于粒子群算法没有实际的机制来控制粒子速度,值太大会导致粒子跳过最好解,太小又会导致对搜索空间的不充分搜索,所以有必要对速度的范围进行限制,即 $v_{ij} \in [-v_{\max}, v_{\max}]$,位置 $\boldsymbol{X}_i$ 的取值范围限定在 $[-X_{\max}, X_{\max}]$ 内。

在粒子的位置更新公式(4-4)中,第一项表示粒子当前速度对粒子飞行的影响,这部分提供了粒子在搜索空间飞行的动力;第二项是"个体认知"部分,代表粒子的个人经验,粒子本身的思考促使粒子朝着自身所经历的最好位置移动;第三项是"群体认知"部分,代表粒子互相之间的信息共享与合作,体现群体经验对粒子飞行轨迹的影响,促使粒子朝着群体发现的最好位置移动。式(4-4)正是粒子根据上一次迭代的速度、当前位置、自身最好经验和群体最好经验之间的距离来更新速度,然后粒子根据式(4-5)飞向新的位置。

基本 PSO 算法的初始化过程如下所述。

(1) 设定种群规模为 N;

(2) 对于任意 i,j 在$[-X_{\max}, X_{\max}]$内服从均匀分布产生 x_{ij};

(3) 对于任意 i,j 在$[-v_{\max}, v_{\max}]$内服从均匀分布产生 v_{ij}。

基本 PSO 算法的流程如图 4.1 所示。

步骤 1:依照初始化过程,对微粒的随机位置和速度进行初始设定。

步骤 2:计算每个微粒的适应度值。

步骤 3:对于每个微粒,将其当前位置适应度值与所经历过的最好位置 Pbest_i 的适应度值进行比较,若较好,则将其当前位置作为当前最好位置。

步骤 4:对每个微粒,将其当前位置适应度值与全局所经历的最好位置 Gbest 进行比较,若较好,则将其当前位置作为当前的全局最优值。

步骤 5:根据式(4-4)和式(4-5)对微粒的速度和位置进行进化。

步骤 6:如果未达到终止条件或达到预定的最大代数,则返回步骤 2。

4.2.2 改进粒子群算法

1. 带有惯性权重的粒子群优化算法

为了改善基本 PSO 算法的收敛性能,Y. Shi 与 R. C. Eberhart 首次引入了惯性权重的概念[2],即:

$$v_{ij}(t+1) = \omega v_{ij}(t) + c_1 r_{1j}(t)[\text{pbest}_{ij}(t) - x_{ij}(t)]$$
$$+ c_2 r_{2j}(t)[\text{gbest}_j(t) - x_{ij}(t)] \quad (4\text{-}6)$$

其中,ω 称为惯性权重,基本 PSO 算法是惯性权重 $\omega=1$ 的特殊情况。惯性权重 ω 使粒子保

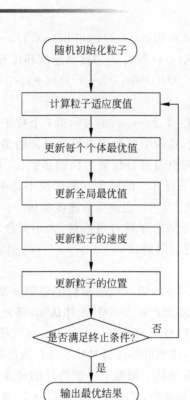

图 4.1　PSO 算法流程图

持飞行惯性,使其可以扩展搜索空间,有能力探索新的区域。

　　惯性权重 ω 的引入清除了基本 PSO 算法对速度最大值的需求,因为 ω 的作用就是保持全局和局部搜索能力的平衡。当速度最大值增加时,就人为减少 ω 来达到搜索的平衡,而 ω 的减少可降低需要的迭代次数,就可以将 j 维速度的最大值锁定为每维变量的变化范围,只对 ω 进行调节。

　　对全局搜索,广泛使用的方法是在前期利用较高的探索能力得到具有超高潜力且多样化的种子,而在后期提升开发能力以加快收敛速度,所以,可将 ω 设定为随进化迭代次数增加而线性减少(例如由 0.9 减到 0.4)。Y. Shi 和 R. C. Eberhart 的仿真实验结果表明,ω 线性减少取得了较好的实验结果[3],这种线性变换的 ω 可以模仿模拟退火中的温度。有些情况下对上轮迭代粒子速度给予不保留策略,能够有效提高整个种群的搜索能力。

　　2. 协同粒子群优化算法

　　为了克服高维问题中维数灾难的问题,Potter 提出了将解向量分解成各个小向量,通过分割搜索空间完成寻优。Bergh 等基于这种思想提出了一种协同 PSO[4] 算法,该方法是将 n 维解向量分解成 n 个一维的解向量,再把种群分解成 n 个粒子群,每个粒子群优化一个一维解向量。在每一次迭代过程中,每个粒子群相互独立地进行粒子的更新,群之间不共享信息。计算适应度时,将分量合成一个完整的向量,组成 n 维向量并代入适应度函数计算适应度值。这种协同 PSO 算法有明显的"启动延迟"(start-up delay)现象,在演化初期,收敛速度偏慢。粒子群数目越大,收敛越慢。实际上,这种协同 PSO 算法采用的是局部学习策略,所以相对基本 PSO 算法有较高的收敛精度。

3. 量子粒子群优化算法

为了克服粒子群算法在遍历搜索空间上的缺陷,Sun 等从量子力学的角度提出了量子粒子群算法(Quantum-behaved Particle Swarm Optimization,QPSO)[5]。在 QPSO 算法中,每个个体均被描述为量子空间中的粒子。在量子空间中,因为粒子的位置是根据不确定性原则决定的,它可以以一定的概率出现在可行区域的任何位置,所以其全局收敛的性能要优于标准 PSO 算法。在 QPSO 算法中,丢弃了 PSO 算法中原来的速度向量,粒子的状态由波函数进行描述,通过求解薛定谔方程得到粒子在空间某一点出现的概率密度函数,然后再利用蒙特卡洛随机模拟得到粒子位置[6-7]。

4. 混合粒子群优化算法

根据没有免费的午餐理论,每种进化算法都有各自的优缺点,因此,如何将 PSO 算法与其他算法结合得到新的智能算法也是当前的研究热点之一。例如,在 PSO 算法中引入遗传算法的选择、交叉和变异算子;将差分进化算法用于种群陷入局部最优解时,产生新的全局最优粒子;将粒子更新后所获得的新的粒子,采用模拟退火的思想决定是否接受进入下一代迭代。Wei 和陶新民提出基于均值的混合 PSO 算法,在算法运行过程中,根据每个粒子的适应度函数值来确定 K-means 算法的操作时机,不仅增强算法局部精确搜索能力,而且还缩短了收敛时间。Qin 和 Zhao 将局部搜索算法嵌入到 PSO 算法中,每间隔若干代对粒子自身最优位置进行局部搜索,如果获得的局部最优解优于粒子自身历史最优解,则进行替换,这种策略使得粒子避免了在局部最优解处的聚集。Ki-Baek 等也提出具有变异操作的 PSO 算法,通过引入变异思想,提升算法的全局搜索能力,从而向最优解位置收敛。

还有很多关于混合 PSO 算法的研究,将 PSO 算法与其他算法通过一定的规则结合在一起,以发挥各自算法的优势。Shu、Xing 和 Xin 将差分进化算法与 PSO 算法进行混合;Behnamian 和 Savsani 将 PSO 算法与模拟退火算法[8]进行混合;Sadeghierad 和 Rashid 将 PSO 算法与遗传算法进行混合;Niknam、Kaveh 和 Marinakis 将 PSO 算法与蚁群算法进行混合;Wang、Li 和 Nakano 将禁忌算法[9-11]与 PSO 算法进行混合等。

除了上述混合算法外,还出现大量基于自适应 PSO 算法、带有收缩因子的 PSO 算法和小生境 PSO 算法等的混合改进算法,还有提出从种群内个体共协作行为来改进算法的策略。总之,无论哪种混合算法,都是为了提升种群多样性,但这些混合策略都需要引入新的参数来控制各种操作的时机,而这些参数的设置也在一定程度上影响着算法的性能。较之其他进化算法,PSO 算法的优势在于简单、易实现,同时又有深刻的智能背景,既适合科学研究,又特别适合工程应用。

4.3 基于粒子群算法的图像处理

4.3.1 基于粒子群算法的图像分割

所谓图像分割就是根据灰度、色彩、空间纹理、几何形状等特征将图像划分为若干个互不相交的区域,使这些特征在同一区域表现出相似性或者一致性,而在不同的区域表现出明显的差异性。图像分割是图像处理和计算机视觉研究中基本且关键的技术之一,它直接关系图像的后续分类、识别和检索等能否顺利开展。图像分割常用算法大体可分为基于区域分割、基于边界分割以及其融合算法三大类。基于区域分割方法主要包括阈值法、聚类法、基于数学形态学方法等,这类算法的鲁棒性较好,但耗时却相对较长,其中阈值法因其简单且性能稳定而成为图像分割中的基本技术之一。阈值选取的方法有 Otsu 法、最大熵法、最小误差法和 Mode 法等。

PSO 算法可以单目标寻优或者多目标寻优,将 PSO 算法引入图像分割中,能够快速、准确地找到图像分割的最佳阈值或者最佳阈值组合。基本 PSO 算法有一定的缺陷,不能保证收敛到全局最优值,而且如果参数选择不当,很容易使粒子陷入局部极值。下面介绍几种基于改进的 PSO 算法与阈值选取相结合的方法,徐小慧、张安等将带有惯性权重的 PSO 算法应用到图像分割中,提出一种新的图像分割算法[13]。此算法基于最佳熵阈值分割技术,用带有惯性权重的 PSO 算法自适应选取分割阈值,基于贝叶斯定理和随机状态转移过程对新算法收敛性进行分析,表明此算法能以概率 1 找到图像的最佳熵阈值。仿真实验证明,在对基准图像和 SAR 图像分割时,此算法能够对图像进行准确的分割,而且运行时间较短。冯斌、王璋等提出一种基于 QPSO 算法的 Ostu 图像阈值分割算法[14],二维 Ostu 同时考虑图像的灰度信息和像素间的空间邻域信息,能够有效地对图像进行分割,但是其计算量比较大。采用 QPSO 算法来搜索最优的二维阈值向量,每个粒子代表一个可行的二维阈值向量,通过粒子的飞行来搜索最优阈值。仿真实验表明,采用 QPSO 算法不仅能有效地搜索到全局最优二维阈值向量,还能够大大减少计算量,达到快速分割的目的。孙辉等提出一种基于小生境 PSO 算法的图像分割方法[15],该方法基于最大类间方差阈值分割技术,用小生境 PSO 算法对适应度函数进行优化,得到最佳阈值并用该阈值对图像进行分割。实验结果表明,与基于基本粒子群法的最大类间方差分割法相比,小生境 PSO 算法不仅能得到理想的分割结果,而且分割速度也得到了提高。龚声蓉等提出一种基于混沌粒子群算法(CPSO)的图像阈值分割方法[16],受益于混沌运行的遍历性、对初始条件的敏感性等优点,CPSO 很好地解决了 PSO 的粒子群过早聚集和陷入局部最优等难题,加快了全局搜索最优解的能力。实验结果表明,相比于其他图像分割算法,CPSO 不仅加快了运算速度,提高了图像分割效率,而且提高了图像分割准确率,非常适合于图像实时分割处理。

通过对基本 PSO 算法进一步改进对阈值选取进行优化,将其应用于图像阈值分割领域。与传统的阈值分割算法对比,搜索精度和效率方面有了进一步提升,在实际应用中具有一定的前景。

4.3.2 基于粒子群算法的图像分类

图像分类是计算机视觉领域的研究热点,是根据目标在图像信息中所反映的不同特征将其区分开来的图像处理方法。其主要过程就是将经过某些预处理(去噪、增强、复原)的图像,进行特征提取,然后使用分类算法建立合适的分类模型,最终利用模型对待分类图像进行分类,并对分类结果进行性能评估。

经过多年的发展,图像分类相关的理论和技术不断地完善和进步,并开始融合一些先进的理论和思想来解决现存的问题,这已经成为一个重要的趋势。针对经典的 PSO 算法存在的缺陷和不足,提出了提高性能的改进 QPSO 算法,通过它们可以设计出解决特征选择和参数估计等图像分类中关键技术的算法。

QPSO 算法具有良好的搜索能力,但是在进化过程中容易陷入局部最优值。柳一鸣提出一种自适应 PSO 算法[17]，通过评估 QPSO 算法群体多样性程度，结合变异和交叉操作来自适应不同的调整策略。首次提出将自适应 QPSO 算法与支持向量机进行结合，利用自适应 QPSO 算法良好的寻优能力，同时优化支持向量机分类器的特征子集以及参数设置，并将其应用在图像分类，相比于传统算法更加高效。陈迪、李宁提出一种基于 PSO 算法的医学图像分类方法[18]，该分类方法包括预处理、特征提取和基于粒子群的集成分类器三部分。在图像预处理阶段，使用形态学滤波和阈值法去除医学图像中的噪声；在图像特征提取阶段，使用 SIFT 特征描述子来提取图像的局部特征，并使用聚类方法得到 SIFT 特征的"视觉词汇"；在分类器阶段，使用 PSO 算法选出多样性和精度更高的 SVM、KNN 和 AdaBoost 分类器组合对特征进行分类，并将其应用在具有较大相似性和交叉性的医学图像上，分类精度相较于单个分类器方法具有很大的性能提升。汤恩生提出应用改进 PSO 算法对支持向量机参数进行优化选取，提高对遥感图像的分类精度[19]。针对 PSO 算法存在的易早熟收敛、容易陷入局部最优解的问题，将遗传算法交叉算子的混合优化算法（SAPSO-GA）引入自适应权重 QPSO 算法，并利用这种改进算法优化 SVM 参数对遥感图像进行分类。实验结果表明，改进的算法提高了搜索性能，能够为 SVM 分配更优的参数，从而提高分类精度。

以 PSO 算法为基础，与特征提取和参数优化相结合或与其他分类算法相结合等方式，可以提升算法的性能有提高分类的精度。

4.3.3 基于粒子群算法的图像匹配

图像匹配是图像处理、计算机视觉、模式识别等领域的基本问题之一，已经在卫星遥感、目标识别与跟踪、医疗诊断文字读取以及指纹识别等领域广泛应用。图像匹配是指通过一定的匹配算法在搜索图像（也称为匹配图像）中寻找模板图像（也称目标图像）相应或相近位置的过程。图像匹配的目的就是消除图像之间由于噪声、旋转、成像条件等因素造成的不同程度的差异，在某一特定目标下使两幅或者多幅图像之间具有相同的位置坐标，从而为后续图像处理奠定基础。图像匹配的方法大致可以分为以灰度为基础的匹配和以特征为基础的匹配。

图像匹配问题的一般性描述：给定两幅大小分别为 $m_1 \times n_1$ 和 $m_2 \times n_2$ 的灰度图：

$$I_1 = \{\delta_1(x,y), 1 \leqslant x \leqslant m_1, 1 \leqslant y \leqslant n_1\} \tag{4-7}$$

$$I_2 = \{\delta_2(x,y), 1 \leqslant x \leqslant m_2, 1 \leqslant y \leqslant n_2\} \tag{4-8}$$

其中，δ_1 和 δ_2 是图像的特征（一般是灰度值），并且假定 $m_2 \leqslant m_1, n_2 \leqslant n_1$。匹配问题可定义为：

$$M[\text{position}(i,j)] = \sum_{s_i=1}^{m_2} \sum_{s_j=1}^{n_2} |\delta_2(s_i,s_j) - \delta_1(i+s_i-1, j+s_j-1)| \tag{4-9}$$

以 I_1 为搜索图像，I_2 为模板图像，则匹配问题就变成寻找在 I_1 中的最优位置 $\text{position}(i,j)$，其中 $1 \leqslant i \leqslant m_1 - m_2 + 1, 1 \leqslant j \leqslant n_1 - n_2 + 1$，使得度量 $M[I_1(i,j), I_2]$ 最优。

用 PSO 算法求解图像匹配问题，可以简化为在适应度评价函数 F 为判别基准的条件下，在搜索空间 $[1, 1 \leqslant i \leqslant m_1 - m_2 + 1] \times [1, 1 \leqslant i \leqslant n_1 - n_2 + 1]$ 中找到匹配位置点 $\text{position}(i,j)$。其中适应度评价函数是上述提到的度量，可以表示为[20]：

$$f(\text{position}(i,j)) = \sum_{s_i=1}^{m_2} \sum_{s_j=1}^{n_2} |\delta_2(s_i, s_j) - \delta_1(i + s_i - 1, j + s_j - 1)| \tag{4-10}$$

其中，$f[\text{position}(i,j)]$是粒子$\text{position}(i,j)$的适应度评价函数；δ_1和δ_2分别是搜索图像和模板图像的对应像素的灰度值；(s_i, s_j)表示模板图像中某像素的位置。

PSO算法中的粒子对应在搜索图像I_1中寻找匹配位置信息$\text{position}(i,j)$，粒子应表示为二维解向量，其中第一维分量表示行，第二维分量表示列。粒子的速度表示粒子位移的方向和大小，搜索图像和模板图像一旦确定，它的位移就可以用二维向量$\boldsymbol{V}(V_{i1}, V_{i2})$来表示，其中$V_{i1}$表示行的位移方向和大小，正值表示位移方向向下，负值表示位移方向向上，绝对值表示位移大小，理论上的取值范围为$(-\infty, +\infty)$，在实验过程中真实的取值范围为$[-(m_1 - m_2 + 1), (m_1 - m_2 + 1)]$。$V_{i2}$表示列的位移方向和大小，正值表示位移方向向右，负值表示位移方向向左，绝对值表示位移大小，理论上的取值范围为$(-\infty, +\infty)$，在实验过程中真实的取值范围为$[-(n_1 - n_2 + 1), (n_1 - n_2 + 1)]$。

粒子速度的更新为：

$$v_{ij}(t+1) = \omega v_{ij}(t) + c_1 r_{1j}(t)[\text{pbest}_{ij}(t) - x_{ij}(t)]$$
$$+ c_2 r_{2j}(t)[\text{gbest}_j(t) - x_{ij}(t)] \tag{4-11}$$

其中，惯性系数需要随迭代次数的增加线性递减，即$\omega(t) = a \times w(t-1)$，$a$为递减系数，其取值范围为$(0,1)$。注意，在粒子更新速度过程中可能出现非法解的情况，当位置超出限定的搜索空间时，即$\text{position}(i,j)$中的$i \leqslant 0$或$m_1 - m_2 + 1 \leqslant i$，$j \leqslant 0$或$n_1 - n_2 + 1 \leqslant j$，这时需要对速度进行调整，避免粒子的新位置超出解空间。

粒子的位移可表示为：

$$x_{ij}(t+1) = x_{ij}(t) + v_{ij}(t+1) \tag{4-12}$$

运用PSO算法解决匹配问题的步骤同基本PSO算法的步骤相似，差异就是迭代完速度后需要根据当前的位置进行调整。将PSO算法引入图像匹配的问题中，可以在满足精度要求的情况下，提高算法的运行效率。

4.4 基于粒子群算法的优化问题

4.4.1 基于粒子群算法的旅行商问题

TSP是遍历一次所有城市并返回出发城市的最短路径问题，该问题是数学领域中典型的NP-hard组合优化问题。TSP具有广泛的实际应用背景，如车辆调度、零件装配、生产安排等，这类问题的计算量随着样本规模的增加而呈指数关系增长。近年来许多启发式算法被应用到TSP的求解，如粒子群优化算法、蚁群算法、遗传算法、禁忌搜索、模拟退火算法等。

TSP属于离散型问题，Clerc针对TSP实例，提出了离散粒子群(Discrete Particle Swarm Optimization，DPSO)算法[21]，下面对参数的含义以及运算法则进行定义。

(1) 粒子的位置。设第i个粒子的位置为$\boldsymbol{X}_i = (x_{i1}, x_{i2}, \cdots, x_{in})$，其中$x_{i1}, x_{i2}, \cdots, x_{in}$表示$n$个顶点(城市)的编号，它表示粒子从城市$x_{i1}$出发并依次经过$x_{i2}, \cdots, x_{in}$，最后回到出发点。

（2）目标函数。TSP 对应的适应度函数目的是求解最短的路径长度，d_{ij} 表示从城市 i 到城市 j 之间的距离，则目标函数定义如下：

$$f(X_i) = \sum_{k=1}^{n-1} d_{k(k+1)} + d_{1n} \tag{4-13}$$

（3）速度表示。速度定义为迭代过程中粒子需要调整位置的集合，假设速度为 $V = [(a_1, a_2),(a_3, a_4), \cdots, (a_{n-1}, a_n)]$，$(a_1, a_2)$ 则是被最优解选中的排列，其他则为需要调整的边的排列，借鉴 2-opt 调整策略改变粒子的位置顺序。如一个城市排列为 $X = (1,2,3,4,5,6,7,8)$，将速度 $V = [(1,6),(2,5)]$ 作用在城市排列 X 上，找到城市 1 和城市 6 的位置，然后将城市 1 一直到城市 6 的位置序列倒序插入原来的序列变成新的城市排列 $X(1) = (1,6,5,4,3,2,7,8)$。

（4）更新规则。对 PSO 算法进行离散化后，粒子的位置和速度的离散迭代公式也发生相应的改变，具体定义如下：

$$v_{ij}^{(t+1)} = v_{ij}^{(t)} \oplus r_{1j}^{(t)} \otimes (\text{pbest}_{ij}^{(t)} \ominus x_{ij}^{(t)}) \oplus r_{2j}^{(t)} \otimes (\text{gbest}_j^{(t)} \ominus x_{ij}^{(t)}) \tag{4-14}$$

$$x_{ij}^{(t+1)} = x_{ij}^{(t)} \oplus v_{ij}^{(t+1)} \tag{4-15}$$

离散问题只能通过分步依次对粒子位置进行调整，具体调整过程如下：

$$X_{ij}^{(t+1)}(1) = X_{ij}^{(t)} \oplus r_{1j}^{(t)} \otimes (\text{pbest}_{ij}^{(t)} \ominus x_{ij}^{(t)}) \tag{4-16}$$

$$X_{ij}^{(t+1)}(2) = X_{ij}^{(t+1)}(1) \oplus r_{2j}^{(t)} \otimes (\text{gbest}_j^{(t)} \ominus X_{ij}^{(t+1)}(1)) \tag{4-17}$$

$$X_{ij}^{(t+1)}(3) = X_{ij}^{(t+1)}(2) \oplus V_{ij}^{(t+1)} \tag{4-18}$$

其中，运算符 $\oplus$ 定义为原公式中的加号，以叠加形式按照先后顺序对城市的位置进行调整。调整序列运算符 $\ominus$ 定义为原公式中的减号，其作用在粒子最优位置与当前位置上得到一个调整序列，用这个调整序列作用在粒子当前位置上，就可以得到粒子最优位置的路径排序。运算符 $\otimes$ 定义为原公式中的乘号，概率因子与调整序列用 $\otimes$ 作用后，按 r_{1j}, r_{2j} 的概率保留调整序列，得到新的粒子速度即新的位置调整序列；利用随机数对调整序列进行判定，若随机数大于 r_{1j} 或 r_{2j}，则保留相对应的调整序列。

算法的基本流程如下所述。

步骤 1：算法初始化，设置算法需要的参数，并初始化粒子的位置和速度。

步骤 2：计算每个粒子对应的适应度值，并更新 pbest 和 gbest 的值。

步骤 3：利用式（4-13）～（4-18）更新粒子的位置和速度。

步骤 4：更新完成后重新计算每个粒子的适应度值，更新粒子的 pbest 并记录相应的路径。

步骤 5：根据更新后的所有 pbest 值更新 gbest。

步骤 6：判断算法是否达到终止条件，若满足终止条件则进行步骤 7，若未达到终止条件则返回步骤 3。

步骤 7：记录输出的 gbest 值并停止算法。

针对粒子群算法求解 TSP 时存在易陷入局部最优及收敛速度慢等缺陷，李文等提出一种结合混沌优化和 PSO 算法的改进混沌 PSO 算法[22]。该算法对惯性权重进行自适应调整，引入混沌载波调整搜索策略避免陷入局部最优，形成一种同时满足全局和局部寻优搜索的混合离散 PSO 算法，使其适合解决 TSP 此类组合优化问题。汪冲等提出改进的蚁群与粒子群混合算法用于求解 TSP[23]，在初始阶段改进算法采用贪心算法初始化粒子，生成信息素分布。在迭代运行过程中,采用改进蚁群算法的信息素更新方式,增加信息素调节算子,同时采取与全局最优粒子自适应交叉变异策略,根据粒子适应度值的变化采取对粒子位置的更新。

对 PSO 算法做出改进,能有效避免陷入局部最优,具有较快的收敛速度和较高收敛精度,为求解 TSP 提供了一种有效的方法。

4.4.2 基于粒子群算法的配送中心选址问题

在物流系统的运作中,配送中心起着中心枢纽的作用,它的主要任务是按照区域内各个客户的要求及时、准确和经济地配送商品货物。物流配送中心是连接供需双方的桥梁,其选址策略是物流网络系统分析中的核心内容,往往决定着物流系统的配送体系和模式。如何选择合理的物流配送中心、达到最佳的供需平衡,进而提高整个物流系统的运作效率,具有重要的理论与现实意义[24-25]。近年,许多研究学者对此进行研究,并提出了诸如重心法[26]、模拟退火[27]、遗传算法[28]、禁忌算法[29]和人工神经网络[30]等算法来求解配送中心的选址问题。

对于配送中心选址问题,根据选择的离散程度可分为连续选址和离散选址,考虑到实际问题应用为连续选址问题。PSO 算法作为一种群智能算法,具有易实现、通用性强、收敛速度快等特点,可以针对配送中心选址问题的特点,构造解决问题的 PSO 算法,从而得到优化方案。将连续型配送中心选址问题简化为:在一定区域范围内存在一系列的物流节点,这些物流节点包括配送中心、产地和需求地,一定数量的货物按照市场确定的运费率在物流节点之间流转,要求选择最佳的配送中心实现总配送成本最低,即

$$\min H = \sum_{i=1}^{n} v_i r_i d_i \qquad (4\text{-}19)$$

其中,H 为总运输成本;v_i 为物流节点 i 的运输量;r_i 为到节点 i 的运输费率;d_i 为从位置待定的物流中心到节点的距离。如果使用欧几里得距离计算 d_i,则有:

$$d_i = \sqrt{(x_i - x_s)^2 + (y_i - y_s)^2} \qquad (4\text{-}20)$$

其中,x_i 和 y_i 为物流节点 i 的位置坐标;x_s 和 y_s 为物流中心的位置坐标。

将粒子群算法应用到配送中心选址问题的求解,由 m 个粒子组成种群 $X = \{x_1, x_2, \cdots, x_m\}$ 在二维空间中进行搜索,其中第 i 个粒子的位置向量为 $x_i = [x_{i1}, x_{i2}]$ 表示配送中心的可行地址的坐标,其速度向量为 $v_i = [v_{i1}, v_{i2}]$。式(4-19)和式(4-20)为适应度函数配送成本计算公式,可以计算第 i 个粒子的适应度值,其在进化到第 t 代个体最优位置为 $\text{pbest}_i = [p_{i1}, p_{i2}]$,整个粒子群迭代到第 t 代群体最优位置为 $\text{gbest} = [p_{g1}, p_{g2}]$。从第 t 代进化到第 $t+1$ 代时,第 i 个粒子在第 j 维子空间中飞行速度和位置的调整可根据式(4-4)和式(4-5)进行。

基于粒子群算法的配送中心选址的主要步骤如下所述。

步骤 1:对算法中粒子群规模、最大的迭代次数等参数进行初始化,并在可行域中随机产生初始的粒子群。

步骤 2:计算各粒子的适应度函数值,并更新粒子的个体最优位置和全局最优位置。

步骤 3:如果当前迭代次数达到最大迭代次数,则输出全局最优位置作为配送中心的选址结果并结束算法,否则转步骤 4。

步骤4：根据式(4-4)和式(4-5)更新粒子的速度和位置,转到步骤2。

值得注意的是经典PSO算法有易陷入局部最优解和早熟收敛的缺点,研究者提出了改进的PSO算法来解决配送中心选址的问题。胡伟等通过引入领域均值来反映粒子间合作与竞争的隐性知识,使粒子种群的多样性和算法的全局搜索能力得到改善[31];利用边界缓冲墙对超越边界的粒子进行缓冲,使算法的收敛速度和寻优精度有明显的提高。实验结果表明,该算法比传统方法具有更好的性能,特别是当物流需求点的数量很大时,该算法的优越性更加明显。生力军提出将量子进化算法融入经典PSO算法中,采用量子理论中独有的叠加态和概率幅特性,粒子最优位置的搜寻采用量子自旋门完成,粒子位置的多样性变异采用量子非门完成,以免出现局部最优解和早熟收敛缺陷[32]。实验结果表明,该算法比经典的PSO算法在最优解的搜寻方面更具优势,能够优化配送中心的选址效果。

4.4.3 基于粒子群算法的函数优化

函数优化问题就是求解函数值最优时自变量的值。一般情况下,函数优化问题的数学描述如下：

$$\max[f(x)], x \in S, \quad \min[f(x)], x \in S \tag{4-21}$$

其中,$f(x)$为目标函数；max为求最大值；min为求最小值。上述两个定义分别为最大化问题和最小化问题,S为函数自变量x的取值范围。

现实生活中的实际问题可以通过数学建模的方式,抽象为数学函数,再应用函数优化方法进行求解,之后就可以利用数学模型来指导实际问题的求解。函数优化是十分复杂的优化问题,特别是对于不可微和多峰的函数,很难求得有效解。PSO算法作为群智能算法中的一个高效的全局优化算法,可以用于实现大量非线性、不可微和多峰值的复杂函数优化,并且具有算法简易、参数设置较少、收敛速度较快等优点。但在解决优化问题时,仍然有一定的局限性：容易"早熟",到迭代后期种群多样性欠缺,易陷入局部最优。因此,为了提高算法的优化效率,产生了许多改进的PSO算法。

PSO算法在函数优化的改进上可以从粒子的运动公式入手进行分析和改动,也可以将粒子群算法与其他算法进行融合。

由于算法的优化效果取决于粒子运动的公式,所以对其进行改动就相当于粒子的运动发生改变,从而产生不同的优化效果。Eberhart等提出了一种带有收敛因子的PSO算法[33],其粒子的运动如下所示：

$$v_{ij}(t+1) = \chi[v_{ij}(t) + c_1 r_{1j}(t)(\text{pbest}_{ij}(t) - x_{ij}(t)] \\ + c_2 r_{2j}(t)[\text{gbest}_j(t) - x_{ij}(t))] \tag{4-22}$$

其中,$\chi = \dfrac{2}{|2 - \phi - \sqrt{\phi^2 - 4\phi}|}$为收敛因子,$\phi = c_1 + c_2 > 4$。

实验表明,带有收敛因子的PSO算法比带有惯性权重的PSO算法具有更快的收敛速度。胡旺等提出一种更加简化和高效的PSO算法[34],其中粒子的运动公式为：

$$x_{ij}(t+1) = \omega v_{ij}(t) + c_1 r_{1j}(t)[r_3^{t_0 > T_0} \text{pbest}_{ij}(t) - x_{iy}(t)] \\ + c_2 r_{2j}(t)[r_4^{t_g > T_g} \text{gbest}_j(t) - x_{ij}(t)] \tag{4-23}$$

其中,$r_3^{t_0 > T_0}$和$r_4^{t_g > T_g}$为极值扰动算子,其中t_0和t_g分别表示个体极值和全局极值的进化停滞步数；T_0 和 T_g 分别表示个体极值和全局极值需要扰动的停滞步数阈值；$r_3^{t_0>T_0} = \begin{cases} 1, & t_0 \leqslant T_0 \\ U(0,1), & t_0 > T_0 \end{cases}$ 和 $r_4^{t_g>T_g} = \begin{cases} 1, & t_g \leqslant T_g \\ U(0,1), & t_g > T_g \end{cases}$ 表示带条件的均匀随机函数。式(4-23)可以避免由粒子速度项引起的粒子发散而导致的后期收敛速度慢和精度低的问题,极值扰动算子可以加快粒子跳出局部极值点而继续优化。

PSO 算法在优化不同类型的复杂数学函数时,难免有很多不足。通过和其他原理、算法进行融合,可以发挥各自的优点,增强 PSO 算法的效果。QPSO 算法就是从量子力学的角度出发,认为粒子具有量子行为,增大粒子的搜索空间。窦全胜等提出带有模拟退火的粒子群算法[35],就是将模拟退火的思想引入 PSO 算法中,当温度变化相对缓慢时,搜索效果比较好。

由于优化函数本身的复杂性,常常需要各种形式的方法混合使用。为了提高改进 PSO 算法的性能,需要始终保持种群中个体的多样性,增大搜索空间,并做到在含有最优解的附近空间充分搜索。

参考文献

[1] Kennedy J,Eberhart R C. Particle Swarm Optimization[C]. IEEE Conference on Neural Networks, Piscataway,NJ：IEEE Service Center,1995：1942-1948.

[2] Clerc M,Kennedy J. The particle swarm-explosion,stability,and convergence in a multi-dimensional complex space[J]. IEEE Trans. On Evolutionary Computation. 2003,6(1)：58-73.

[3] Shi Y H,Eberhart R C. Empirical study of particle swarm optimization [C]//Congress on Evolutionary Computation. IEEE,2002.

[4] Bergha F Van den,Engelbrecht A P. A cooperative approach to particle swarm optimization[J]. IEEE Trans. On Evolutionary Computation. 2004,8(3)：225-229.

[5] Sun J,Feng B,Xu W B. Particle swarm optimization with particles having quantum behavior[C]// Proc. Cong. Evolutionary Computation,2004,1：325-331.

[6] 杜金莲,迟忠先,翟巍. 基于属性重要性的逐步约简算法[J]. 小型微型计算机系统,2003,24(6)：976-978.

[7] 徐燕,怀进鹏. 基于区分能力大小的启发式约简算法及其应用[J]. 计算机学报,2003,26(1)：1-7.

[8] Kirkpatrick S,Gelatt D D,Vecchi M P. Optimization by SimulatedAnnealing[J]. Science,1983,220(4598)：671-680.

[9] Glover F. TabuSearch-Part 1[J]. ORSA Journal on Computing,1989,1(2)：190-206.

[10] Glover F. Tabu Search-Part 2[J]. ORSA Journal on Computing, 1990,2(1)：4-32.

[11] Glover F. Tabu Search：A Tutorial. Interfaces[J]. ORSA Journal on Computing,1990,2(1)：4-32.

[12] 李爱国,覃征,鲍复民,等. 粒子群优化算法[J]. 计算机工程与应用,2002,38(21)：1-3.

[13] 徐小慧,张安. 基于粒子群优化算法的最佳熵阈值图像分割[J]. 计算机工程与应用,2006(10)：8-11.

[14] 冯斌,王璋,孙俊. 基于量子粒子群算法的 Ostu 图像阈值分割[J]. 计算机工程与设计,2008(13)：3429-3431+3434.

[15] 白明明,孙辉,吴烈阳. 基于小生境粒子群算法的图像分割方法[J]. 计算机工程与应用,2010,46(03)：183-185.

[16] 章慧,龚声蓉,严云洋. 基于改进粒子群算法的图像阈值分割方法[J]. 计算机科学,2012,39(09)：

289-291+301.

[17] 柳一鸣. 自适应量子行为粒子群算法及其在图像分类中的应用研究[D]. 杭州：浙江大学,2011.

[18] 陈迪,李宁. 基于粒子群算法的医学图像分类算法研究[J]. 电子设计工程,2019,27(02)：189-193.

[19] 于梦馨,刘波,汤恩生. 改进粒子群算法优化 SVM 参数的遥感图像分类[J]. 航天返回与遥感,
2018,39(02)：133-140.

[20] 徐劼. 面向高精度遥感图像的匹配算法的研究与开发[D]. 杭州：浙江大学,2008.

[21] Clerc M. Discrete Particle Swarm Optimization,illustrated by the Traveling Salesman Problem [M].
Berlin Heidelberg：Springer,2004：219-239.

[22] 李文,伍铁斌,赵全友,等. 改进的混沌粒子群算法在 TSP 中的应用[J]. 计算机应用研究,2015,32
(07)：2065-2067.

[23] 汪冲,李俊,李波,等. 改进的蚁群与粒子群混合算法求解旅行商问题[J]. 计算机仿真,2016,33
(11)：274-279.

[24] Kayikci Y. A conceptual model for intermodal freight logistics centre location decisions [J].
Procedia-Social and Behavioral Sciences,2010,2(3)：6297-6311.

[25] KUO M S. Optimal location selection for an international distribution center by using a new hybrid-
method[J]. Expert Systems with Applications,2011,38(6)：7208-7221.

[26] 杨茂盛,姜华. 基于重心法与离散模型的配送中心选址研究[J]. 铁道运输与经济,2007,29(7)：
68-70.

[27] Murray A T,Church R L. Applying simulated annealing to location planning models[J]. Journal of
Heuristics,1996,2(1)：31-53.

[28] 胡大伟,陈诚. 遗传算法和禁忌搜索算法在配送中心选址和路线问题中的应用[J]. 系统工程理论
与实践,2007(9)：171-176.

[29] Murray A T,Church R L. Applying Simulated Annealing to Localtion planning Models[J]. Journal
of Heuristics,1996,2(1)：31-53.

[30] 许德刚,肖人彬. 改进神经网络在粮油配送中心选址中的应用[J]. 计算机工程与应用,2009,45
(35)：216-219.

[31] 胡伟,徐福缘,台德艺,等. 基于改进粒子群算法的物流配送中心选址策略[J]. 计算机应用研究,
2012,29(12)：4489-4491.

[32] 生力军. 基于量子粒子群算法的物流配送中心选址[J]. 科学技术与工程,2019,19(11)：183-187.

[33] Eherhart R C,Shi Y. Comparing inertia weights and constriction factors in particle swarm
optimization[C]. Proceedings of the IEEE Conference on Evolutionary Computation,2008(1)：
84-88.

[34] 胡旺,李志蜀. 一种更简化而高效的粒子群优化算法[J]. 软件学报,2007,18(4)：861-868.

[35] 全胜,周春光,马铭. 粒子群优化算法的两种改进策略[J]. 计算机研究与发展,2005,42(5)：
897-904.

[15] 苏晓静, 江欣国, 郭建华. 基于双层规划模型的交通连续均衡网络设计研究[J]. 公路交通科技, 2009(8).

[16] 段风光, 陈平, 阳彩霞, 等. 粒子群算法求解方程组及优化问题[J]. 中南林业科技大学学报, 2013(8).

......

[22] Clerc M. Discrete Particle Swarm Optimization,Illustrated by the Traveling Salesman Problem[M]. Berlin:Springer, 2004:219-239.

[23] 张利彪,周春光,马铭,等. 基于粒子群算法求解多目标优化问题[J]. 计算机研究与发展, 2004.

[24] Krohling R A,Mendel E. Bare bones particle swarm optimization with Gaussian or Cauchy jumps[C]//2009 IEEE Congress on Evolutionary Computation. IEEE, 2009.

第 5 章 蚁群算法

5.1 蚁群算法起源

5.1.1 蚁群算法生物学基础

蚁群算法是一种模拟蚂蚁群体智能行为的随机优化算法,它试图模仿蚂蚁在觅食活动中找到最短路径的过程。

蚂蚁是自然界的一种群居动物,设想一个蚂蚁觅食的情景,假设蚁巢到食物是一条直线,即如图 5.1 所示的情况,那么蚂蚁将在这条直线上来回移动搬运食物。假设此时这条直线路径上出现了一个障碍,那么蚂蚁将会产生如图 5.2 所示的移动轨迹。

图 5.1 蚂蚁觅食路径示意图

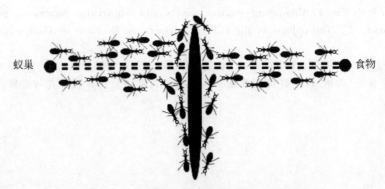

图 5.2 放置障碍后蚂蚁觅食路径示意图

Deneubourg 等在 1989 年就进行过这样一个实验,将蚁巢和食物置于两端,中间设置不同长度的路径或障碍,观察蚁群的行为路线。实验结果表明,在经过长时间的移动之后,蚁群会在最短的路径上持续进行食物的搬运,而较长的路径将不会有蚂蚁移动,大致情形如图 5.3 所示。

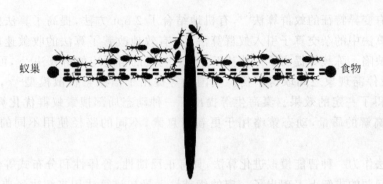

图 5.3 一段时间后蚂蚁觅食路径示意图

众所周知,两点间直线距离最短,但蚂蚁们显然不具备这样的视力和智慧。它们无法从远处看到食物源,也无法计划一个合适的路径来搬运食物。蚂蚁们采用的方法是全体在周围区域进行地毯式搜索,而它们之间的联系方式是在爬过的路径上分泌化学物质,这种化学物质叫信息素。大量研究表明,蚂蚁在寻找食物的过程中,会在所经过的路径上释放信息素,当它们碰到一个还没有走过的路口时,会随机地挑选一条路径前行,与此同时释放出与路径长度有关的信息素。路径越长,释放的激素浓度越低。后来的蚂蚁通过感知这种物质以及强度,会倾向于朝信息素浓度高的方向移动,同时移动留下的信息素会对原有的信息素进行加强。由于较短路径积累的信息素快、浓度值高,这样经过一段时间后,利用整个群体的自组织就能够发现最短的路径。蚂蚁个体之间就是通过这种间接的通信机制达到协同搜索食物最短路径的目的。

5.1.2 蚁群算法发展历程

蚂蚁算法[1]是由意大利学者 M. Dorigo 在蚂蚁寻找从巢穴到食物源的路径的现象中受到启发而提出的。1992 年,M. Dorigo 在博士学位论文中首次提出了蚁群优化算法模型:蚂蚁系统(Ant System,AS)。但是在随后的几年时间里,蚂蚁算法并没有得到学术界的广泛关注。直到 1996 年,M. Dorigo 等发表了一篇名为 *Ant system：Optimization by a colony of cooperating agents* 的论文[2],详细介绍了蚁群算法的基本原理以及数学模型,并且对算法参数的影响做了简单介绍,拓展了求解问题的领域。自此以后,该算法受到越来越多的学者和专家的关注和研究,理论基础不断完善,并逐渐渗透到其他领域问题的解决上,例如 TSP、加工调度问题、车辆路由、图像处理、数据挖掘等。

随着各界学者对蚁群算法不断高涨的研究热情,算法研究也广泛开展,有一些突破性的研究成果有力地推动了蚁群算法的迅速发展。Gambardella 和 Dorigo 为了进一步改善 AS 算法的性能,克服其搜索时间长、收敛速度慢、容易出现停滞现象等缺点,提出了 Ant-Q 算法[3];之后 Dorigo 等提出了带有精英策略的蚂蚁系统(Ant Colony System,ACS)[4];德国学者 Stutzle 和 Hoos 提出了最大最小蚂蚁系统(Max-Min Ant System,MMAS)[5];Bullnheimer 等提出了基于排序的蚂蚁系统(Rank-based Ant System,RAS)[6];Gambardella 等提出了混合型蚁群算法[7];Cordon 等提出了最优-最差蚂蚁系统[8]。

国内学者对蚁群算法的研究起步较晚,大多都是在现有的成果基础上进行改进,提出一些修正方案来弥补蚁群算法自身的不足,或者是将其他先进算法的思想融合进来。吴庆洪等提出了具有变异特征的蚁群算法[9]，有机地结合了 2-opt 方法，提高了算法的搜索速度。陈烨将遗传算法中的杂交算子引入蚁群算法[10]，有效地改善了算法的收敛速度慢、易陷入局部最优的缺陷。陈峻等提出了一种基于分布均匀度的自适应蚁群算法[11]，可以在加速收敛、早熟以及停滞现象之间取得平衡。黄国锐等提出了信息素扩散模型[12]，并且仿真表明该算法取得了一定的效果。秦海生等提出了一种动态局部搜索蚁群优化算法[13]，局部搜索技术提高解的质量，动态策略用于更新信息素，不同的路径使用不同的信息素更新策略。

蚁群算法作为一种智能模拟进化算法，具有正反馈性、鲁棒性和分布式等优点，在复杂的组合优化问题的求解上表现出了一定的优越性。最初该算法用来解决经典的组合优化-旅行商问题，并且取得了较为显著的效果。由于蚁群算法具有强大的优势，因此对其的研究已由当初单一的 TSP 领域渗透到多个应用领域，从解决一维静态优化问题到多维组合优化问题，由解决离散域范围的问题到连续域范围的问题，并在蚁群算法的模型改进及与其他启发式随机优化算法的结合等方面也获得了突破性进展[14-17]。

目前，蚁群算法已成为国际智能计算领域关注的热点和前沿课题。1998 年在布鲁塞尔专门召开了第一届 ACO 国际研讨会，以后每两年召开一次。应当指出，现阶段对蚁群算法的研究大多还停留在仿真阶段，尚未能提出一个完善的理论分析，对它的有效性也没有给出严格的数学解释。尽管蚁群算法的严格理论基础尚未奠定，但这种新兴的智能进化仿生算法已展现出勃勃生机。

5.2 蚁群算法实现

5.2.1 蚁群算法流程

蚁群算法开始随机地选择搜索路径，在寻优过程中通过增强较好解，使搜索过程逐渐变得规律，从而逐渐逼近直至最终达到全局最优解。蚁群算法通过适应阶段和协作阶段进行寻优。在初步的适应阶段，一群人工蚁按照虚拟信息素和启发式信息的指引，在解空间不断地寻求外界信息来构造问题的解，同时它们根据解的质量在其路径上留下相应浓度的信息素。在后期的协作阶段，其他人工蚁选择信息素浓度高的路径前进，同时在这段路径上留下自己的信息素，通过这种正反馈的信息交流机制找到解决问题的高质量的解。

为了避免蚁群算法出现早熟现象，算法利用信息素的挥发实现负反馈机制。但是挥发的强度不能太弱，否则无法防止早熟现象的产生；挥发强度也不能太强，否则将抑制个体间的协作过程。

蚁群算法作为一种新的启发式算法具有以下特征[18]。

(1) 通用的(versatile)。它可以应用于求解多种组合优化问题。对不同问题，不需要或仅需做少量的改动就可直接应用，例如，此算法既可以直接应用于 TSP，也可不需改动地应用于不对称 TSP(ATSP)。

(2) 鲁棒的(robust)。它的性能不因组合优化问题的不同而不同。

(3) 一种基于群体的方法(a population based approach)。它由多个个体(multiagent)组成，个体之间可以互相交流信息，并互相影响，使整体达到某个目的。这个特征使它可以将正反馈作为一种搜索机制，也适合应用于并行系统。

蚁群优化(Ant Colony Optimization,ACO)算法已被成功地用于求解组合优化的近似最优解[19]。为了说明蚁群系统模型,引入典型的组合优化-旅行商问题。假设有 n 座城市,并且知道城市两两之间的距离,要求确定一条经过各个城市当且仅有一次并回到出发城市的最短路线。

蚁群优化算法解决 TSP 的基本要素包括路径构建和信息素更新两部分。首先,在构建路径的过程中,每只蚂蚁都随机选择一个城市作为其出发城市,并维护一个路径记忆向量,用来存放该蚂蚁依次经过的城市,蚂蚁在构建路径的每一步中,按照随机比例规则选择下一个将要到达的城市。其次,在信息素更新的过程中,当所有的蚂蚁构建完路径后,算法会对所有的路径进行全局信息素的更新,此次更新是在全部蚂蚁均完成路径的构造后才进行的,信息素浓度的变化与蚂蚁在这轮中构建的路径长度有关。

1. 路径构建

设蚂蚁当前所在城市为 i,则其选择城市 j 作为下一个访问对象的概率为:

$$p_k(i,j) = \begin{cases} \dfrac{[\tau(i,j)]^{\alpha}[\eta(i,j)]^{\beta}}{\sum\limits_{u \in J_k(i)} [\tau(i,u)]^{\alpha}[\eta(i,u)]^{\beta}}, & j \in J_k(i) \\ 0, & 其他 \end{cases} \tag{5-1}$$

其中,k 表示第 k 只蚂蚁,$k \in (1,2,\cdots,m)$,对于每只蚂蚁 k,路径记忆向量 $\boldsymbol{R}^k$ 按照访问顺序记录了所有蚂蚁 k 经过的城市序号;$J_k(i)$ 表示从城市 i 可以直接到达的且又不在蚂蚁访问过的城市序列 $\boldsymbol{R}^k$ 中的城市集合;$\tau(i,j)$ 表示信息素浓度值;$\eta(i,j)$ 表示启发式信息,通常由 $\eta(i,j) = \dfrac{1}{d_{ij}}$ 直接计算得到,表示蚂蚁从城市 i 到城市 j 的期望程度;d_{ij} 表示从城市 i 到城市 j 之间的距离,可以看出长度越短、信息素浓度越大的路径被蚂蚁选择的概率越大;α 和 β 是两个预先设置的参数,用来控制启发式信息和信息素浓度作用的权重关系,当 $\alpha=0$ 时,算法演变成传统的随机贪心算法,最邻近城市被选中的概率最大,当 $\beta=0$ 时,蚂蚁完全根据信息素浓度确定路径,算法将很快收敛,这样构建出来的最优路径往往与实际目标有较大的差异,算法性能比较糟糕。

2. 信息素更新规则

蚂蚁释放信息素和各个城市之间链接路径上的信息素挥发是同时进行的,当蚁群完成一次搜索时,每条路径上的信息素浓度就要更新一次,信息素更新公式为:

$$\tau(i,j) = (1-\rho) \cdot \tau(i,j) + \sum_{k=1}^{m} \Delta\tau_k(i,j), \Delta\tau_k(i,j) = \begin{cases} (C_k)^{-1}, & (i,j) \in \boldsymbol{R}^k \\ 0, & 其他 \end{cases} \tag{5-2}$$

其中,m 是蚂蚁个数;ρ 是信息素的蒸发率,规定 $0 < \rho \leqslant 1$;$\Delta\tau_k(i,j)$ 是第 k 只蚂蚁在经过城市 i 到城市 j 之间的路径上释放的信息素量,它等于蚂蚁 k 本轮构建路径长度的倒数;C_k 表示路径长度,是 $\boldsymbol{R}^k$ 中所有边的长度和。

3. 蚁群算法解决 TSP

应用蚁群算法解决 TSP 的步骤如下。

步骤 1:设置初始化蚂蚁种群规模 m,城市节点个数 n,蚂蚁个体 $k=1$,当前迭代次数 $Nc=0$,最大迭代次数 Nc_max 以及相应的参数 α、β、ρ 等。

步骤 2:如果 $Nc < $ Nc_max 则转步骤 3,否则输出最优解。

步骤 3：如果蚂蚁个体 $k > m$ 转步骤 5，否则蚂蚁个体 k 依据式(5-1)选择下一个城市节点 j，并修改蚂蚁 k 的禁忌表，将城市节点 j 放入禁忌表中，利用式(5-2)更新局部信息素值，令蚂蚁 k 禁忌表中城市节点的个数更新为 num＝num＋1 转步骤 4。

步骤 4：如果蚂蚁 k 禁忌表中的城市节点的个数 num≥n，则令 $k = k+1$ 转步骤 3，否则直接转步骤 3。

步骤 5：所有蚂蚁完成一次遍历后，令 $Nc = Nc+1$ 转步骤 2。

5.2.2 离散域和连续域蚁群算法

传统的蚁群算法具有很强的全局搜索能力，但是也存在一些缺陷，如搜索时间过长，收敛速度较慢，在执行过程中容易出现停滞现象等，因此为了提高性能，研究者对传统的蚁群算法进行了改造。

1. 离散域蚁群算法

1992 年，Dorigo 第一次对 ACO 算法进行改进，提出了精华蚂蚁系统(Elitist Ant System,EAS)[20]，在每次迭代之后，记录历史中的全局最优解，利用历史信息进行信息素的正反馈来找到最优解。

针对蚁群算法收敛速度慢的缺点，Bullnheimer 等将排序思想扩展到蚁群算法中，提出了基于排序的蚂蚁系统[21]。RAS 按照蚂蚁搜索的路径长度以递增的方式进行排序，并根据此排列顺序对其赋予不同的信息素更新权值。蚂蚁构建的路径越短，信息素的更新权值就越大，就可以增加最优解被选择的概率。

针对蚁群算法停滞的缺点，Stutzle 和 Hoos 提出了最大最小蚂蚁系统[22]，其基本思想就是将每条路径上的信息量限制在 $[\tau_{min}, \tau_{max}]$，若超出这个范围则把信息素分别调整为 τ_{min} 或者 τ_{max}，避免单一路径信息素的积累而使蚂蚁过于集中，导致算法停滞现象的产生。在每一次循环中，只对最好路径的信息素进行更新，可以更好地利用历史信息以加快收敛速度。MMAS 是解决 TSP 等离散优化问题的较好模型。

针对传统蚁群算法容易出现早熟和停滞的现象，李开荣等改变了传统的 MMAS 算法更新信息量的策略，提出了一种动态自适应蚁群算法[23]。其做法就是采用不同的信息素更新公式，根据解的分布情况动态地调整各条路径上的信息量强度，提高算法全局搜索能力，避免早熟和局部收敛的情况。

为了克服蚁群算法计算时间较长的缺点，吴庆洪等提出了一种具有变异特征的蚁群算法[24]。在基本的蚁群算法中引入变异机制，使得该方法具有较快的收敛速度，节省了计算时间，仿真实验证明了该算法的有效性。

蚁群算法有较强的正反馈能力，通过信息素的累积能够快速收敛到最优解，但是如果初始信息素不足，则求解速度慢。通过将蚁群算法与其他优化算法相结合的方式，可以弥补其在某些方面的不足。张岩岩等提出了一种改进的人工免疫-蚁群混合算法应用于机器人路径规划问题[25]，前期利用人工免疫算法自适应能力强、具有记忆功能以及全局收敛性的特点，找出不同路径环境下的最优参数组合，后期利用蚁群算法正反馈收敛于最优路径，大大地提高了算法的运行效率。陈云飞等提出将小生境遗传算法与蚁群算法进行结合[26]，避免了算法易陷入局部最优的缺点。钟一文等基于免疫机理提出一种免疫蚁群算法来解决有约束关系的多任务调度问题[27]，该算法能够很好地保持蚁群的多样性。值得一提的是将基本遗传算法与蚁群算法相结合时,基本遗传算法容易陷入局部最优,且在初始种群选取数量不足的情况下,种群的多样性会受到限制。

2. 连续域蚁群算法

在连续域寻优问题的求解中,解空间是以区域性的方式表示的,通过将传统蚁群算法中信息量留存过程拓展为连续空间中信息量分布函数,可实现对连续空间问题的求解。

Bilchev 等首次提出了连续域蚁群优化算法 CACO[28],将离散域中的一个区域划分为随机分布的区域,通过局部搜索和全局搜索进行解的构建。Dorigo 等提出了 ACOR (Algorithm for Continuous Optimization Problems)算法[29],该算法利用加权高斯核函数作为信息素概率分布函数,将蚂蚁搜索到的当前最优解作为信息素保存在档案里,并通过更新档案解来更新信息素。Coello 等根据 ACOR 的规则提出了 DACOR[30],它通过一种替代机制改善蚁群多样性以探索更多区域来摆脱局部最优,更适合搜索空间大的连续域优化问题。Xiao J. 提出了一种混合的连续域蚁群优化(Hybrid Ant Colony Optimization for continuous domains,HACO)算法[31],该算法结合了差分进化和基于种群增长式学习动态的高斯概率密度函数来产生新解。同年,Liao 提出了一种连续优化的局部搜索增量蚁群(Incremental Ant Colony Algorithm with Local Search for continuous optimization, IACOR-LS)算法[32],该算法使用了三种类型的局部搜索策略,并且随着时间的推移动态调整解档案的大小。Chen 提出一种不同交叉方案的蚁群算法优化 ACO-MV[33],通过将解方案扩展为连续变量、序数变量和分类变量三部分,不仅可以处理连续优化问题,而且还可以处理混合变量优化问题。Yang 提出了一种自适应多模态连续蚁群(Adaptive Multimodal continuous Ant Colony Optimization,AM-ACO)算法[34],在更新过程中分别采用自适应参数调整策略、差分进化算子和局部搜索的方式,在求解多峰连续优化问题的过程中,能够很好地平衡局部最优和全局最优。

5.3　基于蚁群算法的路径规划

5.3.1　蚁群算法的路径规划中的优势

随着移动机器人的发展,路径规划的研究受到越来越多专家学者的关注。路径规划的目标就是在有障碍物的环境中按照某些性能指标,寻找一条从起点到终点的最优或者近似最优的无碰撞路径。在路径规划问题中,性能指标需要考虑能量消耗、时间和距离等相关因素,并且根据这些因素制定最佳移动准则。根据环境信息的已知程度,移动机器人路径规划的方法可以分为两种类型:基于模型的全局路径规划和基于传感器的局部路径规划。

全局路径规划是指掌握全部环境信息的前提下,对机器人的路径进行规划,又称为静态路径规划。常用的适用于全局路径规划的算法有启发式搜索方法以及蚁群算法、粒子群优化算法、遗传算法和模拟退火算法等各种智能算法。与全局路径规划方法不同,局部路径规划方法对环境中障碍物的信息是未知的,需要通过传感器实时感知周围环境信息与自身状态,规划出一条从起点到目标点的安全运动路径,又称为动态路径规划。局部规划更具实时性和实用性,对动态环境有较强的适应能力。由于机器人在局部路径规划中仅仅依靠局部信息,容易产生局部极值点或者出现振荡的情况,造成机器人无法顺利达到目的地的情况。常用的适用于局部路径规划的方法有事例学习法、滚动窗口法、人工势场法以及行为分解法。

蚁群算法作为一种随机搜索的全局优化算法,具有强鲁棒性、隐含并行性、易与其他算法相结合等优点,可以用来解决移动机器人的全局路径规划问题。前面提到蚁群算法的生物基础就是蚁群在蚁巢与食物之间寻找到一条最短的路径,与移动机器人的路径规划的过程相似,二者在内部的机理上存在着天然的联系,为蚁群算法求解路径规划问题提供了可靠的依据。但是蚁群算法本身不可避免地带有搜索速度慢、易陷入局部最优的缺点。

5.3.2　算法描述以及实现

全局路径规划依据完全已知环境中障碍物的位置和形状给移动机器人规划出一条从起点至终点的安全运动路径[35],规划路径的精确程度取决于获取的环境信息的质量。全局路径规划方法通常计算量大,实时性较差。当环境中出现移动的障碍物时,此方法的效果可能不尽如人意。全局路径规划涉及两部分,包括环境模型的建立和路径搜索策略。

现有的构建环境模型方法主要有栅格分解法、单元树法、可视图法和 Voronoi 法。栅格分解法是研究路径规划问题时常用的建模方法,它能够对复杂环境进行单元分割,将环境空间划分成若干个相同大小的栅格,并用栅格数组表示环境。每个栅格点可能是自由或者被占据,对于混合栅格点(即一部分是自由空间另一部分是障碍物),依据其在自由空间或障碍物空间的比例,将其归属于自由或者被占据。栅格之间相互邻接,这样路径规划问题简化为路径所包含的栅格之间的连接。

首先基于基本蚁群算法的路径规划模拟蚁群的觅食行为,机器人的出发点为蚁巢的位置,最终目标地点为食物源的位置,蚂蚁觅食的过程就是从蚁巢出发,在搜索空间内寻找食物源的过程,蚁群在觅食过程中,通过信息素的正反馈作用找到一条最短的安全路径。基于栅格分解法和蚁群算法的实现过程如下所述。

步骤1:利用栅格法建立环境模型,以矩阵形式描述承载环境信息的栅格信息,以单元数组的形式描述栅格的连通信息。

步骤2:初始化蚁群算法搜索路径的参数,设置信息素的初始分布,将蚂蚁置于初始位置(即初始栅格)。

步骤3:提取蚂蚁所在栅格的连通信息,计算蚂蚁移动到与其所在栅格连通栅格的转移概率,并根据概率移动蚂蚁,局部更新两栅格之间的信息素。

步骤4:判断蚂蚁是否移动到目标栅格,如果没有则转到步骤3,否则进入步骤5。

步骤5:比较判断选出本次迭代中的当前最优路径,对较优的路径进行信息素的全局更新。判断是否求得最优路径或满足终止条件,如果没有则返回步骤3;否则程序结束,进入步骤6。

步骤6:对最优路径进行可行性处理,输出最优路径。

5.3.3　全局路径规划方法

针对蚁群算法本身存在的缺点,在解决路径规划问题时从算法本身机制以及算法与其他算法结合的角度,对算法进行合理的改进。朱庆保提出一种滚动规划蚂蚁算法[36],由两组蚂蚁采用最邻近搜索策略相互协作完成机器人每一步局部最优路径的搜索,不断动态修改前进路径从而找到一条全局优化的路径。Yang J.等提出一种改进的蚁群优化算法[37],通过引入遗传算子以及对全局更新规则的修改,使算法成功跳出局部最小值并提高了算法的收敛速度。赵娟平等提出了一种基于参数模糊自适应窗口蚁群优化算法[38],首先利用模糊控制优化参数 α、β 和 ρ,并引入城市节点活跃度的概念将其作为未来信息,指导蚂蚁进行解的构造和信息素的更新,仿真结果证明,即便在复杂环境中该算法仍然能够快速规划路径。他们还针对蚁群算法易陷入局部最优的缺点,提出了一种复杂静态环境下移动机器人路径规划的改进蚁群优化算法——差分演化混沌蚁群算法[39]。该算法利用差分演化算法进行信息素的更新,同时针对可能出现的停滞现象,在信息素更新时加入了混沌扰动因子,算法还采用了一个新的评价函数增强了算法的逃逸能力,避免了路径死锁现象,也提高了最优路径的搜索效率,仿真结果表明,即使在障碍物非常复杂的环境,算法仍能快速规划出安全的优化路径。左大利等提出一种改进的蚁群算法[40],以栅格法建立机器人工作环境,改进信息素的更新方式,设置信息素浓度的阈值,引入死锁处理策略,改进状态转移概率,增加解的多样性。值得注意的是以上方法均使用栅格法对环境进行建模,当地图中空白栅格数量较多时,需要使用蚁群算法频繁地对路径进行更新,因此获得最优路径的过程耗时较长。

5.4 基于蚁群算法的社区检测

5.4.1 多目标蚁群算法

多目标优化问题通常描述为:

$$\begin{cases} \min F(\boldsymbol{x})=[f_1(\boldsymbol{x}),f_2(\boldsymbol{x}),\cdots,f_k(\boldsymbol{x})] \\ \text{s. t. } \boldsymbol{x}=(x_1,x_2,\cdots,x_m) \in \boldsymbol{\Omega} \end{cases} \tag{5-3}$$

其中,$\boldsymbol{\Omega}$ 表示的是决策空间的可行域,$\boldsymbol{x}$ 为决策向量,$k \geqslant 2$ 表示目标函数的个数。$F: \boldsymbol{\Omega} \rightarrow \mathcal{R}^k$ 表示从决策向量空间到 k 个目标函数空间的映射。

下面对多目标优化问题的最优解进行定义。

定义 5-1(x_1 优于 x_2) 一个解 x_1 比另一个解 x_2 占优(记作 $x_1 \succ x_2$)当且仅当

$$f_i(x_1) \leqslant f_i(x_2)(\forall i=1,2,\cdots,k) \wedge f_i(x_1) < f_i(x_2)(\exists i=1,2,\cdots,k) \tag{5-4}$$

定义 5-2(Pareto 最优解) $x^* \in X$ 是一个 Pareto 最优解或非占优解的定义是不存在另一个 x 会使得 x 比 x^* 更占优。

定义 5-3(Pareto 最优解集) 一个多目标优化问题会产生很多 Pareto 解,而所有的 Pareto 解构成 Pareto 最优解集合。

$$p^* = \{x^* \in X \mid \neg \exists x \in X, x \succ x^*\} \tag{5-5}$$

定义 5-4(Pareto 最优前沿) 把非占优解映射到目标空间得到的目标函数值形成的区域称为 Pareto 最优前沿(Pareto Optimal Front,POF)。

$$\text{POF} = \{F(x^*)=(f_1(x^*),f_2(x^*),\cdots,f_k(x^*)^\mathrm{T} \mid x^* \in p^*\} \tag{5-6}$$

对于一个网络 $G=(V,E)$,其中 V 表示节点的集合,E 表示节点之间连接的边的集合。使用邻接矩阵 $\boldsymbol{A}$ 来存储图中节点与节点之间的连接,如果节点 v_i 和 v_j 之间存在一条边,那么 $A_{ij}=1$,否则 $A_{ij}=0$。如果 V_1 和 V_2 是 V 的两个互不相交的子集,定义 $L(V_1,V_2) = \sum_{i \in V_1, j \in V_2} A_{ij}$ 和 $L(V_1,\overline{V_2}) = \sum_{i \in V_1, j \in \overline{V_2}} A_{ij}$,其中 $\overline{V_2}=V-V_2$。给定一个图 G 的划分 $S=(V_1,V_2,\cdots,V_s)$,其中 V_i 是图 G 的子图 G_i 对应的节点集 $i=1,2,\cdots,s$。模块度密度 D 的定义为

$$D = \sum_{i=1}^{s} \frac{L(V_i, V_i) - L(V_i, \bar{V}_i)}{|V_i|} \qquad (5\text{-}7)$$

式(5-7)中,每一个求和项的分子 $L(V_i, V_i) - L(V_i, \bar{V}_i)$ 表示的是子图节点的内度之和减去其节点的外度之和,分母 $|V_i|$ 表示该子图的节点数目。社区检测问题就可以看作是找到一个划分,使得模块度密度 D 的值最大的优化问题。

基于多目标蚁群算法的社区监测中涉及 NRA 和 RC 两个函数:

$$NRA = -\sum_{i=1}^{s} \frac{L(V_i, V_i)}{|V_i|} \qquad (5\text{-}8)$$

$$RC = \sum_{i=1}^{s} \frac{L(V_i, \bar{V}_i)}{|V_i|} \qquad (5\text{-}9)$$

NRA 反映的是在各个社区内节点彼此之间互相连接的边平均值求和,如果 NRA 较小,则将网络划分成为少量具有高内部连接密度的社团结构。RC 表示的是各个社区内节点和其他社区之间连接边的平均值求和,最小化 RC 会导致网络中社团数目较少,每个社团的节点数增多,将一个网络划分成和图中其他部分连接较稀疏的大社团。

模块度密度 $D = \sum_{i=1}^{s} \frac{L(V_i, V_i) - L(V_i, \bar{V}_i)}{|V_i|} = -\left(-\sum_{i=1}^{s} \frac{L(V_i, V_i)}{|V_i|} + \sum_{i=1}^{s} \frac{L(V_i, \bar{V}_i)}{|V_i|} \right) =$
$-NRA - RC$,所以要最大化模块度密度的值就是最小化 NRA 和 RC,目标函数可以转化为下面的多目标问题:

$$\min \begin{cases} f_1 = NRA = -\sum_{i=1}^{s} \frac{L(V_i, V_i)}{|V_i|} \\ f_2 = RC = \sum_{i=1}^{s} \frac{L(V_i, \bar{V}_i)}{|V_i|} \end{cases} \qquad (5\text{-}10)$$

蚁群算法作为一种基于种群的算法,是受蚂蚁觅食行为的启发而设计的一种仿生算法。可以将多目标算法和蚁群算法结合起来解决复杂网络的社区检测问题,采用分解机制可以将多目标问题转化为一系列单目标的子问题,每一只蚂蚁得到的解对应着 Pareto 前端特定的点。另外在算法设计过程中应考虑蚂蚁与子问题之间的关系、解的编码方式和构造、启发式信息矩阵的定义、信息素矩阵的定义和更新方式等问题。

5.4.2 社区检测问题的改进

社区结构的概念最早是由 Girvan 和 Newman 提出的,一个复杂网络可以划分成若干个社区,社区内部的节点连接密度高于社区间节点的连接密度[41]。社区检测的算法大致可以分为基于划分的算法、基于模块度函数优化的算法、基于标签传播的算法以及各种仿生计算算法等。由于蚁群算法采用分布式正反馈并行计算机制,有较强的稳定性和鲁棒性。2007 年,Liu 等首次在发掘社区结构领域[42]应用蚁群算法,随后其得到广泛应用,但是蚁群算法本身存在收敛速度慢、容易陷入局部最优解等缺点,影响了其应用效果。

针对以上问题,研究者们在蚁群算法的基础上提出了许多改进算法。He 等提出将蚁群算法与模拟退火及标签传播算法结合形成 MABA 算法[43],它以 SABA 作为子方法,通过优化局部模块度函数 Q,在已获得的网络社区结构上构建一个上层网络,再将 SABA 作用于新的上层网络,如此迭代直到 Q 值不再增加。MABA 虽然可以缓解模块度优化带来的分辨率限制问题,但是算法求解精度较低。Chang 等在蚁群算法的基础上结合遗传算法中染色体解的表达形式提出了 MACO 算法[44],该算法中蚂蚁通过跳跃选择下一个要到达的点编号,以此来填充解向量。MACO 算法对社区有很好的划分结果,但是染色体解的解码步骤耗时严重。Mu 等对 MACO 算法进行改进并提出 IACO 算法[45],采用基于学习的策略尽可能减少探索阶段的冗余计算,但是解码耗时问题仍然没有解决。顾军华等提出一种基于标签传播的蚁群优化算法(BLPACO)[46],该算法采用一种新的解向量表达方式,其中每个节点位置存放该节点所属社区的标签,在解的构造阶段提出基于节点凝聚性的蚂蚁转移策略,降低蚂蚁转移过程中的随机性,并将标签传播思想引入蚁群搜索过程,使算法快速收敛以及提高算法的精确度。现有的社区检测算法也只解决了现实系统中的简单问题,对复杂网络的社区检测问题的研究方兴未艾,许多具有研究前景的问题等待着研究者投入精力研究。

参考文献

[1]　Colorni A,Dorigo M,Maniezzo V. Distributed optimization by antcolonies[C]//Proceedings of the first European conference on artificial life,1991,142：134-142.

[2]　Dorigo M,Maniezzo V,Colorni A. Ant system：optimization by a colony ofcooperating agents[J]. Systems,Man,and Cybernetics,Part B：Cybernetics,IEEETransactions on,1996,26(1)：29-41.

[3]　Gambardella L M,Dorigo M. Ant-Q：A Reinforcement Learning Approach to the Traveling Salesman Problem[C]. Proceedings of the 12th International Conference on Machine Learning,1995：252-260.

[4]　Dorigo M,Gambardella L M. Ant Colony System：A Cooperative Learning Approach to the Traveling Salesman Problem[J]. IEEE Transactions on Evolutionary Computation,1997,1(1)：53-56.

[5]　Stützle T,Hoos H H. Max-min ant system[J]. Future Generation Computer Systems,2000,16(8)：889-914.

[6]　Bullnheimer B,Hartl R F,and Strauss C. A new rank-based version of the Ant System：A computational study[J]. Central European Journal for Operations Research and Economics,1999,7(1)：25-38.

[7]　Gambardella L M,Dorigo M. An Hybrid Ant System for the Sequential Ordering Problem. Technical Report,IDSIA,Lugano,CH,1997：11-97.

[8]　Li K,Xu F,Huang P,et al. A New Best-Worst Ant System with Heuristic Crossover Operator for Solving TSP. [C]//2009 Fifth International Conference on Natural Computation. IEEE Computer Society,2009：92-97.

[9]　吴庆洪,张纪会,徐心和. 具有变异特征的蚁群算法. 计算机研究与发展. 1999,36(10)：1240-1245.

[10]　陈烨. 带杂交算子的蚁群算法[J]. 计算机工程,2001,27(12)：74-76.

[11]　陈崚,沈洁,秦玲,等. 基于分布均匀度的自适应蚁群算法. 软件学报,2003,14(08)：1379-1387.

[12]　黄国锐,曹先彬,王煦法. 基于信息素扩散的蚁群算法[J]. 电子学报,2004,32(5)：865-868.

[13]　Qin H,Zhou S,Huo L,et al. A New Ant Colony Algorithm Based on Dynamic Local Search for TSP [C]//Fifth International Conference on Communication Systems and Network Technologies. IEEE,2015：913-917.

[14]　李德华,王韶,刘洋,等. 模糊遗传算法和蚁群算法相结合的配电网络重构[J]. 电力系统保护与控制,2009,37(17)：26-31.

[15]　邓高峰,张雪萍,刘彦萍. 一种障碍环境下机器人路径规划的蚁群粒子群算法[J]. 控制理论与应用,2009,26(5)：579-553.

[16] Shahla N, Mohammad E B, Nasser G A, et al. A novel ACO-GA hybrid algorithm for feature selection in Protein function Prediction[J]. Expert System with Applications, 2009, 36(10): 12086-12094.

[17] Lee Z J, Su S F, Chuang C C, et al. Genetic algorithm with ant colony optimization (GA-ACO) for multiple sequence alignment[J]. Applied Soft Computing, 2008, 8(1): 55-78.

[18] Dorigo M, Maniezzo V, Colorni A. Ant system: optimization by a colony of cooperating agents[J]. IEEE Transactions on Systems, Man, and Cybernetics, Part B: Cybernetics, 1996, 26(1): 29-41.

[19] Dorigo M, DiCaro G, Gambardella L M. Ant algorithms for discrete optimization[R]. Technical Report IRIDIA/98-10. Artificial Life, 1999, 5(2): 137-172.

[20] Dorigo M. Optimization, Learning and Natural Algorithms[D]. Milano: Politecnico di Milano, 1992.

[21] Bullnheimer B, Hartl R F, Strauss C. A new rank-based version of the Ant System: A computational study[J]. Central European Journal for Operations Research and Economics, 1999, 7(1): 25-38.

[22] Stutzle T, Hoos H. Improvements on the ant system: Introducing MAX-MIN ant system[C]// Proceeding of the Int Confon Artifieial Neural Networks and Genetie Algorithms. Wien: Springer-Verbag, 1997: 245-249.

[23] 李开荣, 陈宏建, 陈峻. 一种动态自适应蚁群算法[J]. 计算机工程与应用, 2004, 29(2): 152-155.

[24] 吴庆洪, 张纪会, 徐心和. 具有变异特征的蚁群算法[J]. 计算机研究与发展, 1999, 36(10): 1240-1245.

[25] 张岩岩, 侯媛彬, 李晨. 基于人工免疫改进的搬运机器人蚁群路径规划[J]. 计算机测量与控制, 2015-23(12): 4124-4127.

[26] 陈云飞, 刘玉树, 范洁, 等. 广义分配问题的一种小生境遗传蚁群优化算法[J]. 北京理工大学学报, 2005, 25(6): 490-494.

[27] 钟一文, 杨建刚. 求解多任务调度问题的免疫蚁群算法[J]. 模式识别与人工智能, 2006, 19(1): 73-78.

[28] Bilchev G, Parmee I C. The ant colony metaphor for searching continuous design spaces[C]//AISB Workshop on Evolutionary Computing. Springer Berlin Heidelberg, 1995: 25-39.

[29] Socha K, Dorigo M. Ant colony optimization for continuous domains[J]. European Journal of Operational Research, 2008, 185(3): 1155-1173.

[30] Coello C A C. An alternative ACOR, algorithm for continuous optimization problems[C]// International Conference on Swarm Intelligence. Springer-Verlag, 2010: 48-59.

[31] Xiao J, Li L P. A hybrid ant colony optimization for continuous domains[J]. Expert Systems with Applications, 2011, 38(9): 11072-11077.

[32] Liao T, Aydin D, et al. An incremental ant colony algorithm with local search for continuous optimization[C]//Proceedings of Genetic and Evolutionary Computation Conference (GECCO), Dublin, Ireland, 2011: 125-132.

[33] Chen Z, Jiang Y, Wang R. Ant Colony Optimization with Different Crossover Schemes for Continuous Optimization[C]//Bio-Inspired Computing—Theories and Applications. Springer, Berlin, Heidelberg, 2015: 56-62.

[34] Yang Q, Chen W N, Yu Z, et al. Adaptive Multimodal Continuous Ant Colony Optimization[J]. IEEE Transactions on Evolutionary Computation, 2017, 21(2): 191-205.

[35] 孟偲, 王田苗. 一种移动机器人全局最优路径规划算法[J]. 机器人, 2008, 30(3): 217-222.

[36] 朱庆保. 复杂环境下的机器人路径规划蚂蚁算法[J]. 自动化学报, 2006, 32(4): 586-593.

[37] Yang J, Zhuang Y. An improved ant colony optimization algorithm for solving a complex combinatorial optimization problem[J]. Applied Soft Computing, 2010, 10(2): 653-660.

[38] 赵娟平, 高宪文, 刘金刚, 等. 移动机器人路径规划的参数模糊自适应窗口蚁群优化算法[J]. 控制与

决策,2011,26(7):1096-1100.

[39] 赵娟平,高宪文,符秀辉. 移动机器人路径规划的改进蚁群优化算法[J]. 控制理论与应用,2011,28(4):457-461.

[40] 左大利,聂清彬,张莉萍,等. 移动机器人路径规划中的蚁群优化算法研究[J]. 现代制造工程,2017(05):44-48.

[41] Girvan M,Newman M E. Community structure in social and biological networks[J]. Proceeding of National Academy of Science,2002,9(12):7821-7826.

[42] Liu Y,Wang Q X,Wang Q,et al. Email Community Detection Using Artificial Ant Colony Clustering[M]//Advances in Web and Network Technologies,and Information Management. Springer Berlin Heidelberg,2007:287-298.

[43] He D,Liu J,Liu D,et al. Ant colony optimization for community detection in large-scale complex networks[C]//7th International Conference on Natural Computation,IEEE,2011.

[44] Chang H,Feng Z,Ren Z. Community detection using Ant Colony Optimization[C]//IEEE Congress on Evolutionary Computation,2013.

[45] Zhou X,Liu Y,Zhang J,et al. An ant colony based algorithm for overlapping community detection in complex networks[J]. Physica A:Statistical Mechanics and its Applications,2015,427:289-301.

[46] 顾军华,江帆,武君艳,等. 基于标签传播的蚁群优化算法求解社区发现问题[J]. 计算机应用与软件,2019,36(06):233-242.

第 6 章

CHAPTER 6

狼 群 算 法

狼群算法(Wolf Pack Algorithm,WPA)是模拟狼群分工协作捕猎方式以及猎物分配方式的一种新的群智能算法,并将狼群行为抽象为游走、召唤、围攻三种智能行为以及"胜者为王"的头狼产生规则和"强者生存"的狼群更新机制。

6.1 狼群算法起源

6.1.1 狼群算法生物学基础

狼,被誉为"草原上的精灵",历经千百年的进化和繁衍,表现出令人叹为观止的生物集群智能,学者们也从狼群群体生存智慧中获得启示并应用于各种复杂问题的求解[1-3]。经过大自然演变过程,造就了狼群内部具有严格的分工制度以及精妙的协作捕猎方式,各司其职保证了行动的高效性。

狼群内部分为三种角色：头狼、探狼和猛狼。

头狼作为狼群的首领,是整个狼群中最强壮和富有智慧的,而且它并不是一成不变的,需要通过内部竞争产生。它需要根据收集到的信息进行决策,负责整个狼群的指挥,关系整个狼群的生死存亡。

探狼作为狼群系统的先锋,一般情况下是比较精锐的狼。在寻找猎物时,狼群会派出一部分狼作为探狼,在猎物可能出现的范围内根据猎物留下的气味进行决策,始终朝着气味浓度较大的方向进行搜索。猛狼是狼群系统中十分重要的一部分,当探狼发现猎物踪迹的时候,就会立即向头狼报告,头狼通过吼叫召唤猛狼对猎物进行围攻。

猎物分配规则：捕获猎物后,狼群并不是平均分配猎物,而是先将猎物分配给最先发现、捕到猎物的强壮的狼,而后再分配给弱小的狼。这就会使少数弱狼饿死而被淘汰掉,但此规则可保证狼群的强壮性,从而维持着狼群主体的延续和发展。

6.1.2 狼群算法发展历程

狼群算法最早是由 Yang 等在 2007 年发表的有关求解多目标优化问题的蜂群优化算法一文中提出的[4],而此时的狼群算法只是作为一种优化方式的概念,只有单纯的捕猎行为,比较笼统简洁,并不能很好地展示其独特的优势。2011 年,Liu 等正式提出了狼群算法的概念,是一种模拟狼群行为的仿生智能算法[5],通过抽象狼群搜索、围攻以及更新换代的

3种行为来加以实现,通过仿真对比实验,证实了与粒子群算法、遗传算法等已经发展成熟的群体智能算法相比,狼群算法具有较好的性能。吴虎胜、张凤鸣等通过对狼群捕猎行为进行深刻的归纳总结,将狼群捕猎过程明确分为"游走""召唤""围攻"三部分,结合狼群"强者生存"的动态更新机制,并对狼群进行了等级划分,即头狼、探狼以及猛狼,突出了其分工明确的高效协作方式[6],通过实验,证明了狼群算法的优化性能。周强等提出了一种基于领导者策略的狼群算法(Leader Wolf Colony Algorithm,LWCA)[7],通过分析狼群个体之间相互竞争的行为引入领导者策略,加强狼群中作为领导者的头狼的重要性,该算法能更好更快地搜索到全局最优解。吴虎胜、张凤鸣等将二进制编码表示引入狼群算法(Binary Wolf Pack Algorithm,BWPA)[8],该算法引入运动算子,对狼群搜索行为进行二进制编码,并对10个经典的0-1背包问题进行仿真实验,表明算法具有更高的稳定性和全局寻优能力,是适用于离散空间组合问题的二进制狼群算法。钱荣鑫等将 WPA 算法融入文化算法的框架下,提出了一种基于文化机制的狼群优化算法(Cultural Wolf Pack Algorithm,CWPA)[9],减轻了狼群在搜索过程中的盲目性,加强收敛速度以及寻优精度。李国亮等提出一种基于搜索策略的改进狼群算法(Modified Wolf Pack Algorithm,MWPA)[10],在狼群算法中的游走行为和召唤行为中引入交互策略,提升狼群对全局信息的掌握,增强狼群的探索能力;并提出自适应围攻行为,从而提高算法收敛速度。慧晓滨等提出了在游走过程中引入相位因子来增加灵活性,以及在围攻过程中引入围攻半径克服局部最优的改进算法[11]。薛俊杰等将狼群的游走行为和围攻行为合二为一来减少算法的计算复杂度,同时引入双高斯函数方法来增强狼群个体的全局搜索能力[12]。Zhou 等提出 CWCA 算法,该算法由头狼利用映射、扩展和收缩产生新的点,并由此点代替坏点,不断向最优点靠近,并成功应用于 UCAV 路径规划问题,取得较好的优化效果[13]。

尽管狼群算法提出的时间并不长,但相较于其他智能算法,其具有收敛速度更快,搜索精度更高,总体性能较好等特点,受到了广大学者的关注与研究,并成功应用于很多领域,如:函数优化问题、电网调度优化、水电站优化调度等。

6.2 狼群算法实现

6.2.1 狼群算法中的智能行为定义

狼群算法是学者对狼群围捕猎物的过程的模拟,提出的一种群智能优化算法。基于图 6.1 所示的狼群捕猎模型,基本狼群算法将狼群协同捕猎的过程抽象为游走行为、召唤行为、围攻行为等 3 种智能行为,并引进了狼群的更新机制和头狼的产生规则,在维护狼群个体多样性的前提下,保证了狼群系统的强壮性。

1. 头狼的产生规则

在搜索空间里随机生成每匹狼的位置,并选择具有最优目标函数值的人工狼为头狼,在每次迭代过程中,将每次得到的最优目标函数值与当前头狼的值进行比较,若优于头狼,则替换头狼,将位置进行更新,若存在多匹头狼的情况,则在其中随机选择一匹狼作为头狼。头狼不执行游走、召唤以及围攻这三种行为。

2. 游走行为

在模拟狼群游走寻找猎物的过程时,选择解空间中除头狼之外的适应度值最优的 S_

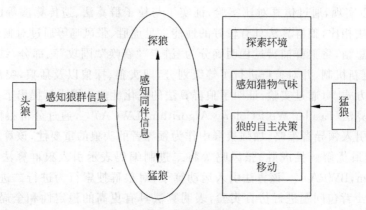

图 6.1 狼群捕猎模型

num 匹人工狼作为探狼,在待寻优的解空间中搜索。S_num 的取值为区间$[n/(\alpha+1),n/\alpha]$
的随机整数,其中 α 为探狼比例因子,n 为狼群中狼的个体总数。探狼 i 首先计算自己当前
位置的猎物气味浓度 Y_i,若 Y_i 大于头狼所感知的猎物气味浓度 Y_{lead},则表明该探狼所在的
位置离猎物相对较近且最有可能捕获猎物,于是令 $Y_{\text{lead}}=Y_i$,探狼 i 替代头狼并发起召唤行
为;若 $Y_i<Y_{\text{lead}}$ 则探狼以游走步长 step_a 向 h 个方向分别前进一步,并记录每前进一步所感
知到的猎物气味浓度后退回原位置,在向第 $p(p=1,2,\cdots,h)$ 个方向前进后,探狼 i 在第
$d(d=1,2,\cdots,D)$ 维空间中所处的位置为:

$$x_{id}^{p}=x_{id}+\sin(2\pi\times p/h)\times\text{step}_a^{d} \tag{6-1}$$

此时,探狼所感知的猎物气味浓度为 Y_{ip},选择气味最浓且大于当前位置气味浓度的方
向前进一步,更新探狼的状态 X_i,重复以上游走行为直到某匹狼感知到的猎物气味浓度
$Y_i>Y_{\text{lead}}$ 或者游走的次数 T 达到最大游走次数 $T_{\max}$。

需要说明的是,由于每匹探狼的猎物搜寻方式存在差异,h 的取值是不同的,实际中可
依据情况取 $[h_{\min},h_{\max}]$ 区间的随机整数,h 越大探狼搜寻得越精细但同时速度也相对较慢。

3. 召唤行为

头狼通过嚎叫发起召唤行为,召集周围的 M_num 匹猛狼向其所在位置迅速靠拢,其中
M_num$=n-$S_num-1;听到嚎叫的猛狼都以相对较大的奔袭步长 step_b 快速逼近头狼所
在的位置。则猛狼 i 在第 $k+1$ 次迭代时,在 d 维变量空间中所处的位置为:

$$x_{id}^{k+1}=x_{id}^{k}+\text{step}_b^{d}\cdot(g_d^k-x_{id}^k)/\mid g_d^k-x_{id}^k\mid \tag{6-2}$$

其中,g_d^k 为第 k 代群体头狼在第 d 维空间中的位置。式(6-2)前一部分为人工狼当前位置,体
现狼的围猎基础;后一部分表示人工狼逐渐向头狼位置聚集的趋势,体现头狼对狼群的指挥。

奔袭途中,若猛狼 i 感知到的猎物气味浓度 $Y_i>Y_{\text{lead}}$,则 $Y_{\text{lead}}=Y_i$,该猛狼转化为头狼
并发起召唤行为;若 $Y_i<Y_{\text{lead}}$,则猛狼 i 继续奔袭至其与头狼之间的距离 d_{is} 小于 d_{near} 时加
入到对猎物的攻击行列,即转入围攻行为。设待寻优的第 d 个变量的取值范围为 $[d_{\min},$
$d_{\max}]$,则判定距离 d_{near} 为:

$$d_{\text{near}}=\frac{1}{D\cdot\omega}\cdot\sum_{d=1}^{D}\mid d_{\max}-d_{\min}\mid \tag{6-3}$$

其中,ω 为距离判定因子,其不同取值将影响算法的收敛速度,一般而言 ω 增大会加速算法
收敛,但 ω 过大会造成人工狼很难进入围攻行为,缺乏对猎物的精细搜索。

召唤行为体现了狼群的信息传递与共享机制,并融入了社会认知观点,通过狼群中其他个体对群体优秀者的"追随"与"响应",充分显示出算法的社会性和智能性。

4. 围攻行为

经过奔袭的猛狼已离猎物较近,这时猛狼要联合探狼对猎物进行紧密的围攻以期将其捕获。这里将离猎物最近的狼,即头狼的位置视为猎物的移动位置。具体地,对于第 k 代狼群,设猎物在第 d 维空间中的位置为 G_d^k,则狼群的围攻行为为:

$$x_{id}^{k+1} = x_{id}^k + \lambda \cdot \text{step}_c^d \cdot \left| G_d^k - x_{id}^k \right| \tag{6-4}$$

其中,λ 为 $[-1,1]$ 区间均匀分布的随机数;step_c 为人工狼 i 执行围攻行为时的攻击步长。若实施围攻行为后人工狼 i 感知到的猎物气味浓度大于其原位置状态所感知的猎物气味浓度,则更新此人工狼的位置,否则人工狼位置不变。

设待寻优第 d 个变量的取值范围为 $[d_{\min}, d_{\max}]$,则 3 种智能行为中所涉及游走步长 step_a、奔袭步长 step_b 和攻击步长 step_c 在第 d 维空间中的步长存在如下关系:

$$\text{step}_a^d = \text{step}_b^d / 2 = 2 \cdot \text{step}_c^d = \left| d_{\max} - d_{\min} \right| / S \tag{6-5}$$

其中,S 为步长因子,表示人工狼在解空间中搜寻最优解的精细程度。

5. 狼群的更新机制

根据"强者生存"的原则,优先将食物分配给精壮的狼,弱小的狼可能就会因为分配不到食物或者分配到的食物较少而饿死。在算法中会除去目标函数值较差的 m 匹人工狼,同时随机产生 m 匹人工狼。这里的 m 取 $[n/(2 \times \beta), n/\beta]$ 区间的随机整数,β 为群体更新比例因子,既保证了狼群个体多样性,又避免了狼群数量过多使算法趋近于随机搜索的情况。

6.2.2 狼群算法流程

根据前面的描述,下面对狼群算法的具体步骤进行详细阐述,并以图 6.2 所示的流程图的形式展示出来。

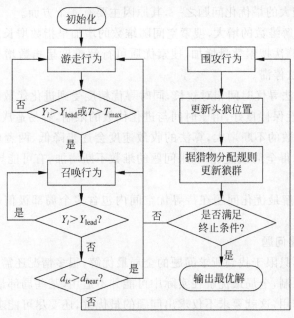

图 6.2 狼群算法流程图

算法的具体步骤如下。

步骤1：狼群初始化和头狼的产生,包括狼群中人工狼的位置 X_i 及其数目 n,狼群搜索方向数 h,最大迭代次数 k_{max},探狼最大游走次数 T_{max},群体更新比例因子 β,距离判定因子 ω,步长因子 S。同时选取适应度值最大的人工狼作为狼群的头狼,如果存在多匹,则随机选择其中一匹作为头狼。

步骤2：除头狼外,选择适应度值最佳的 S_num 匹人工狼作为探狼,在搜索空间内执行游走行为,并记录其感知到的气味浓度,并与头狼感知到的气味浓度比较,若探狼 i 感知到的浓度 Y_i 大于头狼感知到的浓度 Y_{lead} 或者达到了最大游走次数,则结束游走行为,转到下一步。

步骤3：头狼向附近的猛狼发起召唤,附近的猛狼用奔袭步长 $step_b$ 快速行至头狼附近,根据式(6-2),在奔袭的过程中,若猛狼 i 感知到的猎物气味浓度 $Y_i > Y_{lead}$ 则 $Y_{lead} = Y_i$,则该猛狼替换头狼,并重新执行召唤行为;若猛狼 i 感知到的猎物气味浓度 $Y_i < Y_{lead}$,则该猛狼继续朝头狼奔袭直到 $d_{is} \leqslant d_{near}$ 转下一步。

步骤4：猛狼对猎物展开围攻,并根据式(6-4)获得其围攻后的位置。

步骤5：按照头狼的产生规则对头狼位置进行位置更新,再根据狼群的更新机制进行群体更新。

步骤6：判断算法是否满足终止条件即狼群寻优的精度是否达到预设精度,或者寻优次数达到最大的迭代次数,若满足则迭代结束输出头狼的位置,即所求问题的最优解,否则转步骤2。

6.3　基于狼群算法的函数求解

6.3.1　数学模型

1. 复杂单目标函数优化问题

这是求解难度较大的最优化问题之一,其原因主要有4个方面。

(1)随着问题求解维数的增大,搜索空间随维数的增加呈指数增长趋势,导致算法种群规模给定的情况下,算法搜索数量增加,搜索优质可行解难度呈指数增长,使得算法极易陷入局部寻优,导致算法停滞。

(2)群体智能算法寻优时间相对较长,同时寻优精度受到进化代数影响,即使算法寻优能力很强,种群多样性保持良好,由于时间与进化代数的限制,容易造成算法寻优精度不高。

(3)随着问题维数的不断增大,算法的收敛速度会逐步降低,两者成反比,使得算法不能在有限的时间内求得全局最优解,如果问题的维数不断增加,有可能导致算法发散的情况发生。

(4)最后很多求解最优化问题在待寻优空间内包含多个局部极值,使得算法易陷入局部寻优。

2. 多峰函数优化问题

工程优化问题不只限于找到所求问题的全局最优解,很多情况还需要寻找局部极值,由于一些客观条件的限制,全局最优解在实际中可能并不适用,某些局部最优值很可能比全局最优值发挥更大的作用,这就要求不仅求出问题的最优解,还要尽可能多求出局部极值作为备选,这就是多峰函数优化问题(Multi-modal Optimization Problems,MOP)。MOP在科学研究和工程实践领域中大量存在,如神经网络的结构及其权值的优化问题、最优控制律的设计、复杂系统参数及结构识别问题等。传统的智能算法(如 GA、PSO、ABC 等)均只能求解单值问题,必须改变算法内在运行机制或结合某些技术才能满足 MOP 的需求。多峰函数优化问题是国内外公认的难题之一。国内外大量研究表明,由于多峰函数存在峰值情况不确定性及峰值分布不确定性等问题,决定了多峰函数优化问题的复杂性与困难性。

3. 多目标优化问题

随着工程应用与决策的不断深入发展,工程问题往往需要转化为多目标优化问题,这类问题不需要单目标问题的全局最优解,而是需要一个最优解集合,例如航天发动机设计、水下目标探测、通信网络拓扑结构、片上系统(System on Chip,SoC)中软硬件系统的设计等问题都可以转化为多个目标函数同时达到最优的情况下,才能获得最大的经济收益。正是由于在工程实际以及科学研究领域上日益凸显的需求,多目标连续优化问题已成为当前迫切需要解决的问题之一,具有十分重要的现实意义。不同于单目标优化问题和多峰函数优化问题,多目标优化问题求解难度相对更大,目标之间可能会呈现出相互冲突的情况,使得某个目标函数性能得到了优化却造成其他目标函数性能下降,因此只能采用折中处理使目标函数组尽可能达到最优,这使得多目标优化问题成为目前最难解决的优化问题之一。

6.3.2 函数优化问题

单纯的狼群算法目前不具备解决多峰函数优化以及多目标优化的能力,所以下面只简单介绍狼群算法解决单目标函数优化问题。优化问题就是求解函数值最优时自变量的值。一般情况下,函数优化问题的数学描述如下:

$$\max[f(x)], x \in S, \quad \min[f(x)], x \in S \tag{6-6}$$

其中,$f(x)$ 为目标函数;max 为求最大值;min 为求最小值。上述两个定义分别为最大化问题和最小化问题,S 为函数自变量 x 的取值范围。

在科研、工程领域中遇到的一些问题能够转换成函数优化问题,可以通过建模方法对函数优化问题进行分析和求解。函数优化问题有多种类型,大多具有高维、非线性、不可微等特点,导致传统统计学方法无法解决这些问题,或者求解精度低、通用性差,因此函数优化问题的求解是现代数学研究领域的难点[14-15]。

狼群算法是解决函数优化的一种新的有效方法,具有求解精度高,全局优化能力强,鲁棒性强,收敛速度快等特点。但同其他智能算法一样,狼群算法在求解连续优化问题时容易陷入局部最优或者过早收敛,而且狼群算法设置参数较多,敏感参数较多,也限制了狼群算法的综合性能,使得算法在求解复杂高维大规模非线性问题时显得不足。对于函数优化,狼群算法可以从改进搜索方式入手,或者与其他算法进行融合。

针对以上存在的问题,李国亮等提出了一种基于改进搜索策略的狼群算法[16],设计了交互游走行为与交互召唤行为,使得探狼、猛狼进行信息交流,有助于人工狼更好地掌握全局信息,保证狼群多样性,提高狼群搜索能力;为了加速收敛速度,为狼群围攻行为设计了自适应围攻行为,根据狼群离猎物的远近,自适应地调节围攻步长,加强了算法调节能力。

在自适应围攻行为中加入调节机制,将随机步长改为随着算法迭代次数增加线性变化的自适应步长:

$$x_{id}^{k+1} = x_{id}^k + v(1 - \varepsilon t / t_{\max}) \cdot \text{step}_c^d \cdot |G_d^k - x_{id}^k| \tag{6-7}$$

其中,ε 为因子,取为$(0,1)$内随机数,目的是保证在算法迭代后期避免 $v(1-\varepsilon t/t_{max})$ 趋近于零,导致寻优无变化;v 的作用是保证搜索范围不局限于 $G_d^k - x_{id}^k$ 的方向,能够更全面地搜索个体附近区域。

6.4 基于狼群算法的优化调度问题

6.4.1 基于狼群算法的电网调度优化

微电网作为一种新型的能源网络化供应与管理结构,为分布式电源在低压配电网的接入提供了一种途径,在降低能耗减少环境污染的同时也提高了系统运行的可靠性和灵活性。如何尽可能地发挥微电网的这些特点,就要求更好地调度微电网中的各个分布式电源的作用。首先,微电网中含有多种形式的分布式电源,这些电源运行特性各异,且易受外部客观天气状况和负荷需求的影响;其次,由于采用了大量的可再生能源,因此在考虑微电网运行经济性的同时,其环保效益也越来越受到人们的关注;最后,微电网外部的各种电力市场方案也影响着微电网的运行效益。

微电网在现代电力中不断得到应用推广,如何获得微电网构建和运行成本经济性、环境效益最大化是非常有价值的研究方向,而针对大型发电机的调度优化策略无法适应微电网复杂多目标属性。

狼群算法作为一种在连续空间内采取随机方式进行启发式优化的搜索方法,无须遗传算法的编解码,算法容易实现,收敛速度较快。马文等基于个体密度多目标狼群算法建立了微电网多目标调度优化模型[17],使用能量模块对微电网调度模型的建设成本、环境成本和运行成本等指标进行评价,该算法引入了非支配排序和个体密度多样性保持操作,有效提高了多目标优化的前沿分布多样性和收敛精度。

6.4.2 基于狼群算法的水电站优化调度

水电站水库优化调度主要是研究水电站水库的科学管理和调度决策的优化技术,在保证电能生产的安全可靠、连续优质以及多目标综合利用的条件下,合理有效且最大限度地利用水能,以求最大的经济收益。

考虑具有年调节性能的水电站水库优化调度问题。已知扣除水库水量损失和上游灌溉等用水后的各月净入库流量,在考虑水量平衡、水位约束、出力约束等条件下,合理安排各月的发电流量使水电站发电量最大。该问题的数学模型为:

$$\max \sum_{i=1}^{T} K \cdot q_i \cdot H_i \cdot \Delta t_i \qquad (6\text{-}8)$$

其中,K 为综合出力系数;q_i 为第 i 时段流量;H_i 为第 i 时段平均水平;Δt_i 为第 i 时段的时段长;T 为时段数。考虑到约束条件的复杂性,采用罚函数对约束条件进行处理,将优化模型转化成无约束形式。罚函数的具体形式如下:

$$\phi_i = \alpha(\beta\phi_{iq} + \phi_{iN}) \qquad (6\text{-}9)$$

其中,ϕ_i 为第 i 时段的罚函数;α 为罚系数;β 为平衡量级系数;ϕ_{iq} 为第 i 时段发电流量约束的罚函数;ϕ_{iN} 为第 i 时段出力约束的罚函数。当约束条件全部满足时 $\phi_i = 0$,否则 $\phi_i >$ 0,适应度函数定义如下:

$$\max \sum_{i=1}^{T} (K \cdot q_i \cdot H_i - \phi_i) \Delta t_i \qquad (6\text{-}10)$$

利用狼群算法求解水电站优化调度问题的步骤如下所述[18]。

步骤 1：狼群初始化，选取各时段末的水库蓄水位 z_i，$i=1,2,\cdots,T$，作为适应度函数的决策变量。即将 T 维决策空间中个体狼所处位置 $Z=(z_1,z_2,\cdots,z_T)$ 作为各时段末的水库蓄水位。设狼群规模为 N，对第 j 匹狼的位置进行初始赋值：

$$z_{ji} = z_{i\min} + \text{rand}(0,1)(z_{i\max} - z_{i\min}), \quad i=1,2,\cdots,T; j=1,2,\cdots,N \qquad (6\text{-}11)$$

其中，$\text{rand}(0,1)$ 表示均匀分布于区间 $[0,1]$ 上的随机数；$z_{i\min}$ 和 $z_{i\max}$ 分别表示为第 i 个时段的水位下限和上限。令迭代次数 $t=1$。

步骤 2：游猎竞争，对 N 匹狼根据式(6-11)进行适应度值的计算，选择适应度值最高的个体作为头狼，除头狼外从中选取适应度值较高的 L 匹狼作为探狼，根据式(6-12)进行游猎搜索行为：

$$z_{ji}^{k} = z_{ji} + \text{rand}(-1,1)\text{stepa}, \quad i=1,2,\cdots,T; k=1,2,\cdots,h; j=1,2,\cdots,L \quad (6\text{-}12)$$

其中，$\text{rand}(-1,1)$ 表示均匀分布于 $[-1,1]$ 之间的随机数；z_i 是第 j 只探狼目前的位置情况（z_{ji}^{k} 与 z_{ji} 定义参考式(6-1)）；stepa 为游猎搜索步长。

步骤 3：召唤奔袭，其他狼根据式(6-13)向头狼展开奔袭。当第 j 匹狼搜索到的新位置优于目前位置时，对其位置进行变更，否则保持不变。

$$z_{ji}' = z_{ji} + \text{rand}(-1,1)\text{stepb} \cdot (z_{li} - z_{ji}), \quad i=1,2,\cdots,T \qquad (6\text{-}13)$$

其中，z_{li} 表示头狼的位置；z_{ji}' 为第 j 匹狼搜索到的新位置；z_{ji} 为第 j 匹狼的当前位置；stepb 表示奔袭步长。

步骤 4：围攻猎物，在头狼的召唤下其他狼按式(6-14)对猎物进行围攻，当第 j 匹狼围攻过程中搜索到的位置优于当前位置时，对该狼位置进行变更，否则保持不变。

$$z_{ji}^{t+1} = \begin{cases} Z_{ji}^{t}, & \text{rand}(0,1) \leqslant \theta \\ z_{li} + \text{rand}(-1,1)\text{stepc}, & \text{rand}(0,1) > \theta \end{cases} \qquad (6\text{-}14)$$

其中，Z_{ji}^{t} 为第 j 只狼经过 t 次迭代之后所处的位置；θ 为设定好的阈值；stepc 为围攻步长。

步骤 5：终止条件判断，若循环迭代的次数达到最大或者满足收敛条件则算法结束，输出最佳值；否则令 $t=t+1$，转步骤 6。

步骤 6：竞争更新，根据优胜劣汰的原则，随机产生狼替代适应度值最差的若干只淘汰狼，竞争更新狼群后转步骤 2。

参考文献

[1]　Yang C G, Tu X Y, Chen J. Algorithm of marriage in honey bees optimization based on the wolf pack search [C]//Proceeding of the International Conference on Intelligent Pervasive Computing, 2007: 462-467.

[2]　Liu C G, Yan X H, Liu C Y, et al. The wolf colony algorithm and its application[J]. Chinese Journal of Electronics, 2011, 20 (2): 212-216.

[3]　Rui T, Fong S, Yang X, et al. Wolf search algorithm with ephemeral memory[C]//Proceedings. of the 7th International Conference on Digital Information Management, 2012: 165-172.

[4]　Yang C, Tu X, Chen J. Algorithm of marriage in honey bees optimization based on the wolf pack search[C]//Proceedings of International Conference on Intelligent Pervasive Computing, 2007:

462-467.

[5] Liu C G,Yan X H,Liu C Y,et al. The wolf colony algorithm and its application[J]. Chinese Journal of Electronics,2011,20(2)：212-216.

[6] 吴虎胜,张凤鸣,吴庐山. 一种新的群体智能算法——狼群算法[J]. 系统工程与电子技术,2013,35(11)：2430-2438.

[7] 周强,周永权. 一种基于领导者策略的狼群搜索算法[J]. 计算机应用研究,2013,30(09)：2629-2632.

[8] 吴虎胜,张凤鸣,站仁军,等. 利用改进二进制狼群算法求解多维背包问题[J]. 系统工程与电子技术,2015,37(5)：1085-1091.

[9] 钱荣鑫. 一种基于文化机制的狼群算法[J]. 信息技术,2015(12)：98-102.

[10] 李国亮,魏振华,徐蕾. 基于改进搜索策略的狼群算法[J]. 计算机应用,2015,35(06)：1633-1636＋1687.

[11] 惠晓滨,郭庆,吴娉娉,等. 一种改进的狼群算法[J]. 控制与决策,2017,32(07)：1163-1172.

[12] 薛俊杰,王瑛,李浩,等. 一种狼群智能算法及收敛性分析[J]. 控制与决策,2016,31(12)：2131-2139.

[13] Zhou Q,Zhou Y,Chen X. A wolf colony search algorithm based on the complex method for uninhabited combat air vehicle path planning[J]. International Journal of Hybrid Information Technology,2014,7(1)：183-200.

[14] 李莉,李洪奇. 基于混合粒子群算法的高维复杂函数求解[J]. 计算机应用,2007,27(7)：1754-1756.

[15] 程乐,杨晔. 引入 Logistic 混沌映射的连续蟑螂算法应用于函数优化问题[J]. 小型微型计算机系统,2011,32(6)：1222-1227.

[16] 李国亮,魏振华,徐蕾. 基于改进搜索策略的狼群算法[J]. 计算机应用,2015,35(06)：1633-1636＋1687.

[17] 马文,耿贞伟,张莉娜,等. 基于改进多目标狼群算法的微电网调度优化[J]. 电子技术应用,2017,43(11)：124-127.

[18] 王建群,贾洋洋,肖庆元. 狼群算法在水电站水库优化调度中的应用[J]. 水利水电科技进展,2015,35(03)：1-4＋65.

7.2　人工蜂群算法原理

7.2.1

第 7 章　人工蜂群算法

CHAPTER 7

7.1　人工蜂群算法起源

7.1.1　人工蜂群算法生物学基础

在自然界中,蜜蜂是一个严格的任务划分群体,它们具有瞬间记忆能力、精确导航能力,甚至具有深入发现技能的能力。蜂群算法是基于新蜂王的产生过程提出的,是一种基于群体搜索的集群智能优化算法。每个蜂群都有且只有一个蜂王,负责蜂群的繁殖。蜂群选择蜂王的过程,实际上是在该蜂群中寻找"最优"的过程。根据蜜蜂采集花蜜,模拟出算法过程。在此模拟阶段,蜂群中的一些蜜蜂使用其他蜜蜂获得的有关花蜜的信息,并在路上返回信息,使用摇摆舞[1]等手段与同伴交流,并综合考虑花蜜信息和同伴在路上留下的"气味"找到最佳的花蜜来源。

学者们根据蜜蜂表现出来的种群间行为规则的模仿、相互协作、个体间信息共享等特征,提出基于蜜蜂觅食的人工蜂群(Artificial Bee Colony,ABC)算法[2]。目前,ABC算法是智能优化领域中性能卓越的群体智能优化算法之一[3]。

7.1.2　人工蜂群算法发展历程

2005年,土耳其学者Karaboga在其技术报告中提出了ABC算法[2]。2006年,Basturk和Karaboga第一次在国际会议上对ABC算法做了介绍[4],2007年,二人在学术期刊上首次发表了他们的研究成果,阐述了ABC算法,并与遗传算法和粒子群优化算法进行比较,评估了ABC算法的优化性能[5]。2008年,Karaboga和Basturk对ABC算法的优化性能进行了详细的比较研究,进一步说明了ABC算法的出色性能[6]。2009年,关于ABC算法研究的网页(http://mf.erciyes.edu.tr/abc)建成,内容丰富,有各种编程语言编写的源代码,以及许多有关ABC算法改进和应用的文章。ABC算法简单易实现,可以直接解决优化问题,并且可以以非常低的计算成本有效地解决优化问题。因此,该算法提出后,许多学者对ABC算法进行了研究。

7.2 人工蜂群算法实现

7.2.1 人工蜂群算法流程

ABC算法是根据蜜蜂的群体活动演化出来的,是一种非常好的全局优化算法。它首先随机生成一组初始解即一组蜜源,蜜源与采蜜蜂(又称雇佣蜂或引领蜂)一一对应;然后,跟随蜂(又称观察蜂)依据某种策略选择蜜源并在当前蜜源的周围进行随机搜索,记录最好的解;侦察蜂对蜜源进行随机搜索,记录当前最好的解;最后,针对陷入局部最优的蜜源,随机生成新的蜜源替换原来的蜜源。通过不断的循环迭代,最终得到相应的全局最优解[3]。

ABC算法的主要算法流程如下所述。

(1) 初始化。

(2) 重复以下过程:将采蜜蜂与蜜源一一对应,同时确定蜜源的花蜜量;观察蜂根据采蜜蜂所提供的信息以一定的选择策略选择蜜源,同时确定蜜源的花蜜量;确定侦察蜂,并寻找新的蜜源;记忆迄今为止最好的蜜源。

(3) 判断终止条件是否成立。

在 ABC 算法中,每个蜜源的位置代表优化问题的一个可能解,蜜源的花蜜量对应于相应解的质量或适应度,采蜜蜂的个数或观察蜂的个数与种群中解的个数相等。

ABC 算法作为一种新兴的仿生智能优化算法,由于其灵活的搜索策略,使得算法在局部搜索的基础上更新全局最优。ABC 算法不但可以解决组合优化的问题也能够解决连续性的优化问题,成为近几年研究的热门。

7.2.2 混合人工蜂群算法

ABC 算法将全局搜索和局部搜索相结合,使蜜蜂在蜜源的探索和开发两个方面达到较好的平衡,从而具有较强的全局搜索能力。目前,对 ABC 算法的研究和应用还处于起步阶段,但由于其控制参数少、计算简单、易于实现,受到越来越多学者的关注。Karaboga 和 Basturk 成功地将 ABC 算法应用于函数无约束数值优化问题[2,4-6],得到了较好的优化结果。然而,传统的 ABC 算法容易出现早熟收敛、收敛缓慢和后期局部最优等问题。为了克服这些问题,进一步提高算法的性能,许多学者已经在许多方面进行了改进,Mohamma 提出了一种基于指数分布自适应变异步长机制的 ABC 算法,该算法改变搜索步长,建立自适应搜索方程,并探索了群体的动态控制;Lee 等介绍了基于种群多样性的判别机制 ABC 算法,使侦察蜂决定应用哪种搜索机制探索蜜源[8];Shi 等提出了基于 PSO 和 ABC 的混合算法[9],以实现蜂群与粒子群之间的信息交互共享,介绍了两种信息交换机制,提高了算法的整体寻优能力;Zhong 等将细菌趋化优化算法嵌入到 ABC 算法的过程,仿真实验表明,细菌趋化性行为可以增强 ABC 算法[10];Bi 等学者提出了一种快速变异的 ABC 算法[11],当在蜜蜂选择中观看时,使用选择模型替换轮盘信息素敏感模型和自由搜索算法;Tarun 等为了加快 ABC 算法的收敛速度[12],先利用反学习模型产生一个与随机种群相对应的种群,再取这两个种群中对应个体的中间个体作为初始种群进行进化;Gao 等在基本 ABC 算法的迭代中引入淘汰规则和新的搜索策略[13],同时对种群中的个体采用差分进化,以提高算法的收敛速度和维护种群的多样性;另外,还有学者提出了 ABC 算法的并行式搜索机制[14]

和分布式 ABC 算法[15]。

7.3　基于人工蜂群算法的函数优化

7.3.1　基于人工蜂群算法的多目标优化问题

在解决多目标的问题时,其基本思想是利用不同的计算方法来确定初步筛选范围,筛选后的范围作为下一个范围的初步筛选范围,如此进行连续迭代最终得到想要的结果。虽然目前有很多不同的算法,并且学者们还在研发更多新的算法,但这些算法都不过是相同的机制,唯一的区别是筛选的具体执行过程。ABC 算法是人们根据蜂群在寻找最优蜜源时发生的行为选择而得出的。多目标 ABC 算法从整个流程上看主要包括七大行为,首先是对种群进行初始化设定;然后将其传输给雇佣蜂;雇佣蜂会在此基础上生成一个新的食物源;利用科学的评价方法对其进行评价;再将其输送给观察蜂;观察蜂经过简单筛查后继续输送给侦察蜂;侦察蜂也是最终结果的判定者,如果符合条件即可作为优质蜜源,否则抛弃,并继续下一个循环。

支配解不是最优解集的成员,但其在整个算法的作用是不容忽视的。外部种群的作用就是对算法提供必要的支配解。雇佣蜂与观察蜂在初始范围内寻找不同蜜源时会不断发现更加优质的目标,而将这一目标与既有蜜源更换时就需要借助于外部种群。与此同时,新蜜源的产生也离不开外部种群。根据花蜜量的变化程度,可以判断对应的蜜源是否应该被继续挖掘[16]。如果蜜源的花蜜量经过多次更新而没有变化,则无法继续从该蜜源中挖掘出更有效的信息,对应的雇佣蜂也就完成了使命,进而转为侦察蜂。蜜蜂群通过协同努力,最终找到的最优蜜源就是最优解集,通常存储在外部信息中,所以扩大搜索范围能从外部种群中获得最优的资源[17,18]。

7.3.2　基于人工蜂群算法的动态优化

传统的 ABC 算法主要用于解决静态优化问题,即算法在执行过程中环境不发生变化。由于环境是固定的,ABC 算法可以逐渐收敛,最终找到最优解。事实上,现实中的问题最多的是动态的,即环境是变化的。目标函数、约束条件和控制参数都可以随着时间的变化而变化,这些变量会变得复杂和难以求解。因此,应该利用原始环境中的有效信息。虽然处理动态问题有很多困难,但是 ABC 算法由于其在环境信息中的鲁棒性和适应性具有一定的优势。当环境发生变化时,ABC 算法可以根据路径上的信息进行快速跟踪最优解,实现动态优化问题[19]。

例如,文献[20]中,作者将基于 ABC 算法的多目标动态优化用于冷链物流配送问题。传统路径优化的研究通常将配送过程当中的车辆行驶速度假定为已知静态变量或对其改变不做考虑,最终结果的路线优化静态意义上是最理想的结果。在实际配送过程中,车辆的实际速度随时间动态变化,并且可以直接影响最终结果的优化,导致传统的静态配送路线与实际配送过程拟合不高。现代冷链物流往往是追求最优集成操作,应考虑多重优化目标,模拟假设情况也应该更符合现实。文献[20]中,作者所研究的时间依赖型冷链物流配送多目标动态优化问题充分结合了实际配送环境,考虑了冷链配送车辆速度根据实时交通状况的变化而变化,实现了动态调整不同时间段内配送车辆的最优配送路径。

7.4　基于人工蜂群算法的图像处理

7.4.1　基于人工蜂群算法的图像增强

在现实生活中,图像在采集或传输的过程中,容易造成图像模糊不清、带有噪声、细节损失等问题,给图像处理及分析带来不便。为了改善图像质量,提高图像的视觉效果,需要对图像进行增强处理,图像对比度增强是改善图像视觉效果的重要措施之一[21]。图像增强的目的是利用特定的手段对图像加工,使特定的信息凸显出来,图像有着更为清晰的视觉效果[22]。

ABC算法具有操作简单、控制参数少及鲁棒性强等特点,已成为群智能领域的研究热点之一。ABC算法最早应用于函数优化问题[5],2009年之后,ABC算法得到了国内外学者的广泛关注,其主要应用有多目标优化[23]、数据聚类[24]、网络优化[25]、车辆路径问题[26]、神经网络的设计[27]、最小树问题[28]、阈值问题[29]以及图像处理问题[30-31]。ABC算法经过近十年的研究和改进,算法的研究和应用都得到了一定程度的发展。为了克服算法在解决多峰、高维问题时容易陷入局部最优以及在后期收敛较慢等问题,国内外众多学者从ABC算法本身以及与其他算法结合入手,改进了ABC算法的性能。文献[32]利用当前全局最优解来引导整个种群迅速发现最优解,提出了GbABC算法;文献[33]改进了侦察蜂搜索策略,提高了ABC算法的全局搜索能力,提出了EABC算法;文献[34]利用当前局部最优解提高算法的局部搜索能力,提出了一种改进的ABC算法;文献[35]在跟随蜂的搜索过程中通过高斯搜索方程产生新解,提出BABC算法,提高了算法的开采能力。

为了进一步改善ABC算法的搜索性能,提高ABC算法的收敛速度和寻优精度,文献[21]根据回溯搜索算法(Backtracking Search Algorithm,BSA)的特点,提出基于BSA算法的两种改进ABC算法,并用标准测试函数进行仿真实验。同时,将提出的改进算法引入图像对比度增强中,通过搜索非完全Beta函数的最佳参数α、β,确定灰度变换曲线,对图像灰度进行调整,以此提高图像对比度。

7.4.2　基于人工蜂群算法的图像分割

图像分割是在对图像进一步分析和理解的基础上,实现图像按特性分成互不重叠的不同区域的过程[36]。图像分割是图像分析、模式识别和计算机视觉领域的一个十分重要且困难的问题,是图像处理后续研究首要的关键步骤,图像分割的好坏直接影响了最终分析结果的质量。因此,对于图像分割问题的研究受到了越来越多的关注。图像分割方法主要包括阈值法和边缘检测等,其中图像阈值分割是利用图像中要提取的目标与其背景在灰度特性上的差异,把图像视为具有不同灰度级的两类区域(目标和背景)的组合,选取一个合适的阈值以确定图像中每一个像素点应该属于目标还是背景,从而产生相应的二值图像。

阈值法简单有效,得到了广泛的应用,尤其是将其与进化算法结合的应用更是引起广大学者的关注。将最大类间方差法与遗传算法相结合,以灰度图像的最大类间方差作为适应度函数,把图像分割问题变成一个优化问题。文献[37]中,利用遗传算法的寻优高效性,搜索到能使分割质量达到最优的分割阈值;文献[38]中,将粒子群算法与最大类间方差法、最大熵原则法结合,对图像的多阈值分割进行研究;文献[39]中,借鉴生物免疫思想,在克隆选择算法中引入疫苗的免疫接种,用于优化最优分割阈值的搜索过程从而缩短了图像分割的时间。

ABC 算法作为一种新兴的群集智能优化算法,它具有较强的鲁棒性和广泛的适用性。近年来,学者们将 ABC 算法与图像分割算法相结合进行研究,并且通过仿真结果可知,这样改进的算法可以对图像进行有效的分割,得到较好的分割结果。文献[40]中,将改进的ABC 算法与阈值分割算法相结合,提出了一种基于 ABC 算法的多阈值图像分割方法。该方法利用 ABC 算法易实现、全局搜索能力强的特点,使新算法更好地收敛到最佳阈值并且结果稳定。因此,将 ABC 算法应用于图像分割中是可行的、有效的。

7.4.3　基于人工蜂群算法的图像融合

图像融合是指利用图像处理和计算机技术等,最大限度地提取多源信道中各自信道的有利信息,将多源信道所采集到的关于同一目标的图像数据综合成高质量的图像,以提高图像信息的利用率,改善计算机解译精度和可靠性,提升原始图像的空间分辨率和光谱分辨率。综合提取两个或多个待融合源图像,如果图像信息配准不好且像素位宽不一致,其融合效果不好[41]。

文献[42]利用非下采样 Contourlet 变换(Nonsub Sampled Contourlet Transform,NSCT)分解原始图像,并采用新型的 ABC 算法选择融合策略,提出了一种综合性能最优的多聚焦图像融合算法(ANT 法)。ANT 法的基本思路是利用方向性、各向异性以及平移不变性的优点,从综合融合效果最优的角度出发,利用 ABC 算法求解最优配比权重,确定最终融合策略,其主要步骤描述如下。

步骤 1:初始化人工蜂群,随机产生表示高频融合配比权重的初始蜂群;

步骤 2:把每只采蜜蜂作为高频系数的配比权重,求出各融合图像及综合性能指标的值;

步骤 3:以综合性能指标作为 ABC 算法的适应度函数,3 种蜜蜂按照 ABC 算法完成各自操作后,得到新一代人工蜂群,并记录当前最好的解;

步骤 4:反复执行步骤 3,直至最优适应度的值收敛,得到对应最优融合配比权重。

该方法对图像进行 NSCT 分解后的不同频率采用不同的融合规则,低频部分用平均法,高频部分的融合参数则通过 ABC 算法确定,然后进行逆变换得到融合后的图像。实验结果显示,该方法充分利用了 NSCT 变换和 ABC 算法的优点,融合图像的综合性能优于传统的金字塔等多种融合方法,具有一定的理论意义和实用价值。

参考文献

[1]　Camazine S, Deneubourg J L, Franks N R, et al. Self-organization in biological systems[M]. Princeton, USA: Princeton university press, 2003.

[2]　Karaboga D. An idea based on honey bee swarm for numerical optimization[R]. Technical report-tr06, Erciyes university, engineering faculty, computer engineering department, 2005.

[3]　段奕明. 蜂群算法研究[D]. 西安:西安电子科技大学,2014.

[4]　Basturk B. An artificial bee colony (ABC) algorithm for numeric function optimization[C]//IEEE Swarm Intelligence Symposium, Indianapolis, USA, 2006.

［5］ Karaboga D，Basturk B. A powerful and efficient algorithm for numerical function optimization：artificial bee colony (ABC) algorithm[J]. Journal of global optimization，2007，39(3)：459-471.

［6］ Karaboga D，Basturk B. On the performance of artificial bee colony (ABC) algorithm[J]. Applied soft computing，2008，8(1)：687-697.

［7］ Alam M S，Kabir M W U，Islam M M. Self-adaptation of mutation step size in artificial bee colony algorithm for continuous function optimization[C]//The 13th international conference on computer and information technology (ICCIT). IEEE，2010：69-74.

［8］ Lee W P，Cai W T. A novel artificial bee colony algorithm with diversity strategy[C]//the 7th International Conference on Natural Computation. IEEE，2011：1441-1444.

［9］ Shi X，Li Y，Li H，et al. An integrated algorithm based on artificial bee colony and particle swarm optimization[C]//The 6th international conference on natural computation. IEEE，2010：2586-2590.

［10］ Zhong Y，Lin J，Ning J，et al. Hybrid artificial bee colony algorithm with chemo taxis behavior of bacterial foraging optimization algorithm [C]//The 7th International Conference on Natural Computation. IEEE，2011：1171-1174.

［11］ Bi X，Wang Y. An Improved Artificial Bee Colony Algorithm[C]//International Conference on Computer Research and Development (ICCRD)，2011：174-177.

［12］ Sharma T K，Pant M. Enhancing the food locations in an artificial bee colony algorithm[J]. Soft Computing，2013，17(10)：1939-1965.

［13］ 高卫峰，刘三阳，姜飞，等. 混合人工蜂群算法[J]. 系统工程与电子技术，2011，33(5)：1167-1170.

［14］ Narasimhan H. Parallel artificial bee colony (PABC) algorithm[C]//2009 World Congress on Nature & Biologically Inspired Computing (NaBIC). IEEE，2009：306-311.

［15］ Banharnsakun A，Achalakul T，Sirinaovakul B. Artificial bee colony algorithm on distributed environments[C]//The 2nd world congress on nature and biologically inspired computing (NaBIC. IEEE)，2010：13-18.

［16］ Liu D，Tan K C，Goh C K，et al. A multiobjective memetic algorithm based on particle swarm optimization[J]. IEEE Transactions on Systems，Man，and Cybernetics，Part B (Cybernetics)，2007，37(1)：42-50.

［17］ 李云彬. 多目标人工蜂群算法的研究与应用[D]. 沈阳：东北大学. 2012.

［18］ 解书琴. 基于多目标混合人工蜂群算法的能效优化调度研究[D]. 武汉：华中科技大学. 2014.

［19］ 王艺睿. 蚁群算法在动态优化问题上的应用研究[D]. 上海：东华大学，2017.

［20］ 翁祥健. 基于人工蜂群遗传算法的冷链物流配送多目标动态优化问题研究[D]. 北京：北京交通大学，2017.

［21］ 郭文艳，周吉瑞，张姣姣. 基于改进人工蜂群的图像增强算法[J]. 计算机工程，2017(11)：267-277.

［22］ 贾永红. 计算机图像处理与分析[M]. 武汉：武汉大学出版社，2001.

［23］ Pham D T，Ghanbarzadeh A. Multi-objective optimisation using the bees algorithm[C]//Proceedings of IPROMS，2007：529-533.

［24］ Karaboga D，Akay B. A comparative study of artificial bee colony algorithm [J]. Applied mathematics and computation，2009，214(1)：108-132.

［25］ Rao R S，Narasimham S V L，Ramalingaraju M. Optimization of distribution network configuration for loss reduction using artificial bee colony algorithm[J]. International Journal of Electrical Power and Energy Systems Engineering，2008，1(2)：116-122.

［26］ 杨进，马良. 蜂群算法在带时间窗的车辆路径问题中的应用[J]. 计算机应用研究，2009，26(11)：4048-4050.

［27］ Karaboga D，Akay B，Ozturk C. Artificial bee colony (ABC) optimization algorithm for training feed-forward neural networks [C]//International conference on modeling decisions for artificial intelligence. Berlin, Heidelberg: Springer, 2007: 318-329.

[28] Singh A. An artificial bee colony algorithm for the leaf-constrained minimum spanning tree problem [J]. Applied Soft Computing, 2009, 9(2): 625-631.

[29] Liou R J, Horng M H, Jiang T W. Multi-level thresholding selection by using the honey bee mating optimization[C]//The 9th International Conference on Hybrid Intelligent Systems. IEEE, 2009: 147-151.

[30] Ma M, Ding S, Zhu Y. Adaptive Enhancement of Image Contrast Based on Artificial Bee Colony[C] //Proceedings of International Conference on Circuit and Signal Processing & the 2nd International Joint Conference on Artificial Intelligence. Washington D. C. , USA: IEEE Press, 2010.

[31] Draa A, Bouaziz A. An artificial bee colony algorithm for image contrast enhancement[J]. Swarm and Evolutionary Computation, 2014(16): 69-84.

[32] Zhu G, Kwong S. Gbest-guided artificial bee colony algorithm for numerical function optimization [J]. Applied mathematics and computation, 2010, 217(7): 3166-3173.

[33] Abro A G, Mohamad-Saleh J. Intelligent scout-bee based artificial bee colony optimization algorithm [C]//2012 IEEE International Conference on Control System, Computing and Engineering. IEEE, 2012: 380-385.

[34] 王冰. 基于局部最优解的改进人工蜂群算法[J]. 计算机应用研究, 2014, 31(4): 1023-1026.

[35] Gao W, Chan F T S, Huang L, et al. Bare bones artificial bee colony algorithm with parameter adaptation and fitness-based neighborhood[J]. Information sciences, 2015(316): 180-200.

[36] 殷蔚明, 王典洪. Otsu 法的多阈值推广及其快速实现[J]. 中国体视学与图像分析, 2004, 9(4): 219-223.

[37] 薛岚燕, 程丽. 基于最大方差法和改进遗传算法的图像分割[J]. 计算机应用与软件, 2008, 25(2): 221-222.

[38] 周晓伟, 葛永慧. 基于粒子群优化算法的最大类间方差多阈值图像分割[J]. 测绘科学, 2010, 35 (2): 88-89.

[39] 汤凌, 郑肇葆, 虞欣. 一种基于人工免疫的图像分割算法[J]. 武汉大学学报(信息科学版), 2007, 32 (1): 67-70.

[40] 银建霞. 人工蜂群算法的研究及其应用[D]. 西安: 西安电子科技大学, 2012.

[41] 陈浩, 王延杰, 等. 基于小波变换的图像融合技术研究[J]. 微电子学与计算机, 2010, 27(5): 39-41.

[42] 万仁远. 基于多尺度变换的多聚焦图像融合方法研究[D]. 西安: 陕西师范大学, 2012.

第 8 章

细菌觅食优化算法

8.1 细菌觅食优化算法起源

8.1.1 细菌觅食优化算法生物学基础

细菌觅食优化(Bacterial Foraging Optimization,BFO)算法的思想来源于 Kevin M. Passino[1]。Passino 认为动物间通过觅食操作来实现大自然中的优胜劣汰。生物的觅食操作主要包括寻找食物、移动操作、消化食物。能够找到食物的生物可能保留并繁殖,经过若干代的繁殖,这种生物的数量将会越来越多。而相对一直处于不利地位的生物,因为没有食物因此灭亡。这种现象被达尔文称为生物学上的优胜劣汰[2]。Passino 就针对这种优胜劣汰的机制,选择大肠杆菌作为研究对象,对其觅食操作进行了深入研究,通过对大肠杆菌觅食操作的研究,提出了 BFO 算法[1]。

肠埃希氏菌(E. coli)通常称为大肠杆菌,是附生在人或动物大肠内的一种细菌,也是大肠内最主要且数量最多的一种细菌。它是一种两端钝圆、能运动、无芽孢的细菌。大肠内的溶液环境,给大肠杆菌提供了丰富的食物。大肠杆菌周身有鞭毛和纤毛,其觅食操作主要是靠鞭毛与纤毛的移动来完成的。鞭毛是细长且弯曲的丝状物,长度常常超过大肠杆菌本体的若干倍,鞭毛自细胞膜长出[3]。纤毛是能运动的突起状细胞,用来为细菌传递信息。

大肠杆菌和其他细菌一样,在食物和外界环境合适的情况下,到了一定时间,进行自我复制,细菌的数量增加。而一些没有良好复制环境的大肠杆菌,就有可能消亡。这样,整个大肠杆菌群体都会向着食物或者是良好的环境(温度、食物浓度等)移动,避开有害的物质,保证整个大肠杆菌群体的并行进化。

8.1.2 细菌觅食优化算法发展历程

在研究 BFO 算法的过程中,相关学者主要是从算法的参数改善以及与其他进化优化算法融合这两个方向对算法进行优化。也有学者在研究的过程中,从 BFO 算法为连续域的进化优化算法出发,将其应用于神经网络训练、生产计划调度、图像处理等诸多需要连续优化的实际工程中,结果证明算法得到了很好的利用。

在参数改善方面,Liu 等改进了大肠杆菌间的相互作用机制,并对 BFO 算法的收敛性进行了初步分析[4];Mishra 等基于 TS(Takagi-Sugeno)的模糊规则系统提出了 MBFO 算法[5]；Datta 等按照自适应的增量调制原理，设计了一种具有自适应趋化步长的 BFO 算法[6]；Majhi 等设计了自动趋化步长的 BFO 算法模型，并将其应用于神经网络的训练[7]；Chen 等根据生物的自适应搜索策略，提出了自适应的协同型 BFO 算法[8]。

在算法的融合设计方面，Biswas 等将 BFO 算法与粒子群算法相结合，提出了一种混合优化算法并应用于多峰函数优化[9]；Bakwad[10] 等、Tang[11] 等和 Chu[12] 等将 PSO 算法的基本思想引入 BFO 算法中，分别提出了细菌群和快速细菌群算法等。Biswas、Dasgupta 等将差分进化算法中的交叉与变异操作引入 BFO 算法，提出了一种混合型全局优化算法[13]；Kim 等在 BFO 算法中引入了遗传算法的交叉、变异算子，提出了 GABFO 算法[14-15]，并用于函数优化问题；Luh 等从细菌进化的角度出发，提出了细菌进化算法（Bacterial Evolutionary Algorithm，BEA)[16]。相关研究包括 Das 等对 BFO 算法所做的理论性分析[17]，Abraham 等对繁殖算子进行收敛性和稳定性分析[18-19]。另外，Li 等提出了具有变化种群的 BFO 算法（Bacteria Foraging Optimization with Varying Population，BFOVP)[20]，Tripathy 和 Mishra 等改进了适应度函数，提出了改进型的 BFO 算法[21]。在现行有关细菌觅食优化算法的研究中，Datta、Majhi 和 Chen 等从趋化步长的角度，根据细菌在觅食生命周期内获取的能量，赋予细菌自适应调节趋化步长的能力，在不增加算法复杂度的前提下，使得优秀细菌的步长大，较差细菌的步长小，提高了细菌寻优的效率。Biswas 等在细菌的趋化算子内嵌入粒子群方法，赋予细菌对全局极值的感知能力。所有细菌在经过一个趋化迭代周期后，通过与全局极值的对比，根据粒子群迭代公式更新细菌位置，此时算法中的趋化算子并没有起到作用，同时该方法嵌入粒子群位置更新公式，增加了时间复杂性。Chatterjee[22] 等将 BFO 算法与卡尔曼滤波器结合起来，扩展了卡尔曼滤波解的质量。任佳星[23] 等在细菌进化的过程中，为了增加菌群的多样性，引入交叉和变异算子，但同时也容易导致群体中优秀个体的缺失[24]。

尽管如此，BFO 算法的相关研究在国外尚处于起步阶段，而国内的研究更是从 2007 年刚开始。BFO 算法的相关研究成果较少，理论也尚未成熟。作为一种新型的智能优化算法，BFO 算法仍存在精度不够高、收敛速度不够快的缺点，因此 BFO 算法的理论与应用研究迫切需要开展。

8.2　细菌觅食优化算法实现

8.2.1　细菌觅食优化算法的操作步骤

BFO 算法是基于大肠杆菌在人体肠道内吞噬食物的行为提出的一种新型仿生类算法，也是一种全局随机搜索算法，该算法主要通过趋化操作、复制操作和迁徙操作这三种操作方式的迭代计算来求解问题[25-26]。

1. 趋化操作

大肠杆菌的运动是通过其表面的边毛来实现的，它们总是向更具营养的区域进行游动，称为趋向性。在 BFO 算法中，鞭毛摆动对应着当前个体位置优劣的判断，并决定是否对其进行调整以及确定调整的依据、方式等，这个过程称为趋向性/趋化操作。

2. 复制操作

细菌的繁殖过程遵循自然界"优胜劣汰，适者生存"的原则[27]。在细菌觅食优化算法中

群体规模为 S,在复制操作中,群体中需被淘汰的个数设为 $S_r = S/2$。首先按细菌位置的优劣进行排序,然后将排在后面的 S_r 个个体删除,剩余的个体进行自身的复制,这样保证了细菌群体规模的稳定。

3. 迁徙操作

细菌群体所依附的生存环境的变化将对其造成很大的影响,如温度的突然升高、水的冲刷作用或其他动物的影响等。在细菌觅食优化算法中,将预先给定变异的概率,然后按照概率将细菌进行重新置位,对个体进行重新生成。

8.2.2 细菌觅食算法的流程

图 8.1 给出了细菌觅食算法实现的流程图。

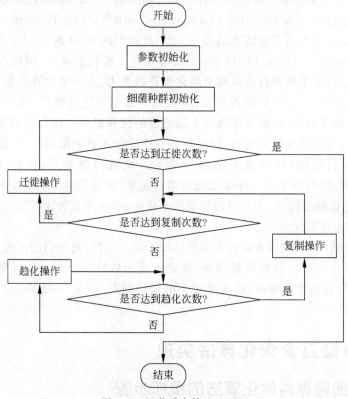

图 8.1 细菌觅食算法流程图

8.3 基于细菌觅食算法的图像匹配

8.3.1 自适应步长

经典的 BFO 算法采用固定步长来趋化更新,这会导致两方面的问题:

(1)步长大小难确定。菌群在搜索前期为粗略搜索,需要在全局范围内搜索目标区域,此时需要较大步长;而在搜索后期为精细搜索,需要在局部最优区域中寻找最优点,此时需要较小步长。总之,固定步长难以平衡菌群不同搜索时期的不同需求。

（2）菌群搜索效率低。对于适应度不同的细菌采用相同步长，可能使得原本靠近最优点的细菌产生振荡现象，而使距最优点较远的细菌不能快速靠近最优点，在后期的精细搜索中寻优效率较低。

综上，固定步长不仅无法适应菌群不同搜索时期的不同特性，也不利于菌群进行精细搜索。因此，在文献[28]中，作者提出一种自适应的趋化步长更新策略，由移动因子根据搜索时期、细菌适应度和菌群差异性三方面因素自适应调节趋化步长。

根据 BFO 算法的寻优原理可知，迭代初期算法对速率要求较高，需要在搜索空间中快速锁定寻优区域，而在搜索后期对精度要求较高，需要在寻优区域中找到最优点。步长与搜索时期的关系可总结为：搜索前期快速增大、搜索中期步长缓慢增大、搜索后期快速减小，这与三角函数变化曲线不谋而合，据此设计反映搜索时期信息的移动因子。当菌群进行到寻优后期时，精英细菌应以较小步长进行精细搜索，而较差细菌则应大跨步靠近最优点，据此设计反映细菌适应度信息的移动因子。从实验结果上可以看出，作者设计的自适应趋化步长在算法搜索初期均较大，有利于菌群快速靠近最优点，但随着算法迭代次数增加，步长逐步减少，最后维持在一个较小的值，有利于细菌进行精细搜索，趋化步长基本满足由大至小的非线性变化规律，符合菌群搜索的周期特点。

8.3.2　最优解逃逸

通过迁徙，可以帮助陷入局部极值的细菌个体重新选择位置，从而跳出局部极值。迁徙概率越大，个体重新选择位置的概率越大，跳出局部极值的概率就越大。由于迁徙是以一定概率随机发生的，因此迁徙操作同样有可能选中已经找到最优位置的细菌，使其发生迁徙而离开最优位置。对于已经找到最优值的细菌个体离开最优位置的现象，称之为"逃逸"。迁徙概率越大，逃逸发生的可能性就越大；减小迁徙概率可以使发生随机迁徙的细菌个数减少，但并不能避免逃逸的发生，以随机概率选择的细菌个体并不能完全避开已经找到全局最优值的个体，而小的迁徙概率会使函数跳出局部极值的能力减小。

如何在迁徙中避免逃逸的发生呢？在细菌个体寻优的过程中，如果迁徙选中的个体是已经找到或很接近全局最优解的，那么个体的迁徙就会导致逃逸；如果能够避免这些细菌个体被选中迁徙，就可以避免逃逸的发生。

为此，文献[29]对迁徙操作进行改进。首先由细菌根据当前个体适应度值排序，执行迁徙操作的个体仅从适应度值排在后一部分的细菌个体中，根据概率选择，而排在前一部分的细菌个体即为已经找到全局最优解或近似全局最优解的个体，这些细菌个体完全不迁徙，因此可以有效避免逃逸。考虑到随着代数的增加，细菌个体不断地向最优位置移动，可适当降低随机迁徙细菌的比例，这样可以避免逃逸，大大提高收敛速度。

8.4　基于细菌觅食算法的聚类问题

8.4.1　改进趋化操作

从 BFO 算法的优化过程中可以看到，在 3 个操作算子中，趋化操作才是真正的搜索算子，复制和迁徙操作主要起到协助优化的作用。由于趋化操作是 BFO 算法的关键操作，因此该算法的改进主要集中在趋化操作的改善。

　　BFO 算法的趋化步长大小直接影响细菌觅食的优化速度和精度。如果算法使用较大的趋化步长,容易找到全局最优解,但解的精度不高,同时会出现在最优解附近振荡的现象,算法的复杂性增加,收敛速度降低。如果使用较小的趋化步长,解的精度提高,但算法容易陷入局部最优,不利于算法的收敛。趋化步长过大或过小,均不利于算法的收敛,因此选择合适的趋化步长对算法优化尤为重要。

　　许多 BFO 算法是将固定趋化步长改进为线性的趋化步长,并通过实验验证了改进趋化步长的有效性。但是,在优化高维函数时,在算法初期,由于线性趋化步长就已降到了一个相对较小的值,使得局部搜索算法很快陷入早熟。结合优化算法的目的:一方面要提高算法的搜索效率,另一方面要尽量避免早熟问题。因此,文献[2]提出了一种非线性趋化步长,利用 $0 \sim \pi$ 之间的余弦函数来控制趋化步长的变化。函数在 $(0, \pi)$ 区间的下降速度在初期比较慢,有利于细菌以较大的步长搜索最优解,不会过快地进入局部精确搜索,进而导致早熟。此外,该算法在结束时还保持了相对平缓的变化率,这有利于细菌以较小的变化率进行稳定的局部搜索,找到最优解。

8.4.2　改进复制操作

　　BFO 算法的选择策略类似于遗传算法的轮盘赌方式,保留好的一半,淘汰差的一半,但这样容易失去精英个体。然而,利用复制策略直接复制产生的子代与父代有同样的觅食能力,可能会导致菌群丧失多样性。文献[2]对复制操作的改进主要是为了改善两方面:一方面保留当前趋化周期内最优的细菌为精英细菌;另一方面对趋化周期内的适应度函数值好的,而非健康度好的细菌进行变异操作,对适应函数值差的进行交叉操作,保持种群的多样性,提高解的精度。

　　在 BFO 算法的复制操作中,适应函数值较差的细菌应该向适应度函数值较好的细菌学习,以改善目前的不利局面。对于适应度函数值好的细菌,还应进行自我学习,防止停滞,帮助细菌跳出局部最优。据统计,菌群中最优个体与全局最优解之间的亲和力大于菌群中其他个体与全局最优解之间的亲和力。根据这一观点,从概率的角度来看,亲和力较大的个体也应该具有较好的适应度函数值;相反,群体中较差个体对其他个体的亲和力相对较小。因此,能否充分利用优秀个体所蕴含的特征信息,将是决定群体优化算法优化能力的重要因素。文献[2]设计了一个杂交算子和一个变异算子来保存当前搜索到的有用信息,修改细菌觅食过程中的复制操作,使较差的个体能够从优秀的个体中学习,充分利用目前已搜索到的有用信息,加速算法收敛。

8.4.3　改进迁徙操作

　　BFO 算法按照固定概率进行迁徙,可能导致精英个体的丢失。随机初始化位置往往产生的解与最优解之间相差很大,反映在优化曲线中,即为出现多个阶跃,增加了算法的迭代时间。因此,为了有效地解决上述问题,文献[2]提出了利用了 Tent 混沌映射进行位置初始化以及保留精英细菌的方法。作者利用了 Tent 映射的遍历性和规律性,即混沌序列可以不重复地在一个特定区域内历经所有的状态[30],这样可以将迭代过程中出现的局部最优点作为混沌运动的初始点,经混沌搜索后,得到局部最优点的领域点,有利于快速找到全局最优解。因为当前最优点利用了算法初期搜索到的有利信息,所以用当前最优点作为混沌搜索的初始点,将有利于算法的收敛。因为混沌模型存在随机性,所以利用混沌初始化的细菌可以跳出局部最优。同时,混沌初始化的细菌比随机初始化的细菌有更好的位置,这样有利于算法的收敛。文献[28]利用一种区域性维度化的迁徙操作,以适应度为衡量准则,赋予不同适应度的细菌不同的迁徙概率,并参考和声搜索优化算法的思想,从维度层面上改进迁徙操作。

参考文献

[1] Passino K M. Biomimicry of bacterial foraging for distributed optimization and control[J]. IEEE Control Systems Magazine,2002,22(3):52-67.

[2] 郑迎春. 细菌觅食优化算法研究[D]. 西安:西安电子科技大学,2013.

[3] 刘小龙. 细菌觅食优化算法的改进及应用[D]. 广州:华南理工大学.

[4] Liu Y,Passino K M,Polycarpou M. Stability analysis of M-dimensional asynchronous swarms with a fixed communication topography [J]. IEEE Transactions on Automatic Control,2003,48(1):76-95.

[5] Mishra S. A hybrid least square-fuzzy bacterial foraging strategy for harmonic estimation [J]. IEEE Transaction of Evolutionary Computation,2005,9(1):61-73.

[6] Datta T,Misra I S,Mangaraj B B,et al. Improved adaptive bacteria foraging algorithm in optimization of antenna array for faster convergence [J]. Progress in Electromagnetics Research C,2008:143-157.

[7] Majhir R,Panda G,Majhi B,et al. Efficient prediction of stock market indices using Adaptive Bacterial Foraging Optimization and BFO based techniques [J]. Expert Systems with Applications,2009,36 (6):10097-10104.

[8] Chen H N,Zhu Y L,Hu K Y. Self-adaptation in bacterial foraging optimization algorithm [C]// Proceedings of the 3rd International Conference on Intelligent System and Knowledge Engineering, 2008(1):1026-1031.

[9] Biswas A,Dasgupta S,Das S,et al. Synergy of PSO and bacterial foraging optimization:a comparative study on numerical benchmarks [C]//Proceeding of the Second International Symposium on Hybrid Artificial Intelligent Systems,2007:255-263.

[10] Bakwad K M,Pattnaik S S,Sohi B S. Hybrid bacterial foraging with parameter free PSO [C]// World Congress on Nature and Biologically Inspired Computing,2009:1077-1081.

[11] Tang W J,Wu Q H,Saunders J R. A bacterial swarming algorithm for global optimization[C]// IEEE Congress on Evolutionary Computation,2007:1207-1212.

[12] Chu Y,Mi H,Liao H. A fast bacterial swarming algorithm for high-dimensional function optimization [C]//IEEE World Congress on Computational Intelligence Evolutionary Computation, 2008:3135-3140.

[13] Biswas A,Dasgupta S,Swagatam D. A synergy of differential evolution and bacterial foraging optimization for global optimization [J]. Neural Network World,2007,17(6):607-626.

[14] Kim D H,Abraham A,Cho J H. A hybrid genetic algorithm and bacterial foraging approach [J]. Information Sciences,2007,177(18):3918-3937.

[15] Kim D H,Cho J H. A biologically inspired intelligent PID controller tuning for AVR systems [J]. International Journal of Control,Automation and Systems,2006,4(5):624-636.

[16] Luh G C,Lee S W. A bacterial evolutionary algorithm for the job shop scheduling Problem [J]. Journal of the Chinese Institute of Industrial Engineers,2006,23(3):185-191.

[17] Das S,Biswas A,Dasgupta S. Bacterial foraging optimization algorithm:Theoretical foundations, analysis,and applications[J]. Foundations of Computational Intelligence,2009(3):23-55.

[18]　Abraham A,Biswas A,Dasgupta S. Analysis of reproduction operator in bacterial foraging optimization [J]. Evolutionary Computation IEEE World Congress on Computational Intelligence, 2008(1): 1476-1483.

[19]　Biswas A,Das S,Dasgupta S. Stability analysis of the reproduction operator in bacterial foraging optimization [J]. Theoretical Computer Science,2010,411(21): 2127-2139.

[20]　Li M S,Tang W J,Tang W H. Bacteria foraging algorithm with varying population for optimal power both real power loss and voltage stability flow [J]. Evolution Workshops,2007: 32-41.

[21]　Tripathy M,Mishra S. Bacteria Foraging-Based Solution to Optimize Both Real Power Loss and Voltage Stability Limit [J]. IEEE Transactions on Power Systems,2007,22(1): 240-248.

[22]　Chatterjee A,Matsuno F. Bacteria foraging techniques for solving EKF-based SLAM problems[C]// International Control Conference,2006.

[23]　任佳星,黄晋英.一种优化的细菌觅食算法用以解决全局最优化问题[J].科技信息,2012,02: 44-45.

[24]　周雅兰.细菌觅食优化算法的研究与应用[J].计算机工程与应用,2010,46(20): 16-21.

[25]　孟洋,姚兆俊.基于变异算子的细菌觅食优化算法研究[J].信息技术,2015(11): 109-112.

[26]　孟洋,田雨波.细菌觅食优化算法的边界条件[J].计算机应用,2015(A02): 111-113.

[27]　张璨,刘锋,李丽娟.改进的细菌觅食优化算法及其在框架结构设计中的应用.工程设计学报, 2012,19(6): 422-427.

[28]　雷欣.细菌觅食优化算法研究[D].西安: 西安电子科技大学,2015.

[29]　李珺,党建武,卜锋.细菌觅食优化算法的研究与改进[J].计算机仿真,2013,30(4): 344-347.

[30]　张浩,张铁男,沈继红,等.Tent混沌粒子群算法及其在结构优化决策中的应用[J].控制与决策, 2008,23(8): 857-862.

第 9 章　分布估计算法

CHAPTER 9

9.1　分布估计算法起源

9.1.1　分布估计算法统计学原理

分布估计算法(Estimation of Distribution Algorithms,EDA)是一种基于概率模型的进化算法,它通过对当前的优秀个体集合建立概率模型,对算法下一步的搜索进行指导,并从得到的较优解的概率分布函数中采样产生新个体。这类算法从本质上改变了简单遗传算法通过重组操作产生群体的方式,因此有利于解决简单遗传算法中存在的连锁问题和欺骗问题。EDA 的概念在 1996 年被首次提出[1-2],在 2000 年前后得到迅速发展,成为当前进化计算领域的前沿研究内容。近年来,进化计算领域的国际学术会议都将 EDA 作为一个重要专题进行讨论。

9.1.2　分布估计算法发展历程

EDA 是一类在遗传算法基础上发展起来的进化算法,并结合了统计学习和进化计算两个领域的知识[1]。在 EDA 中,最重要的是概率模型的学习和采样,而研究者们也根据不同的概率模型的特点提出了很多不同算法。EDA 最初针对变量无关的问题提出,美国卡耐基·梅隆大学的 Baluja 在 1994 年提出的用于解决二进制编码优化问题的 PBIL(Population-Based Incremental Learning)算法是公认最早的 EDA 模型[1-10],随后 Sebag 等于 1998 年将 PBIL 推广到连续空间[4]。1996 年 Müehlenbein 提出的 UMDA(Univariate Marginal Distribution Algorithm)更新了 PBIL 的概率向量算法[11-12]。同样文献[13]将 UMDA 扩展到连续域得到 UMDAc,采用了高斯分布作为描述连续空间的概率模型。Harik 等提出的紧致遗传算法(compact Genetic Algorithm,cGA)改进了概率模型的更新方法[14]。

在实际应用中变量之间是相互依赖的,为了解决双变量相关的优化问题,美国 MIT 人工智能实验室的 De Bonet 等于 1997 年提出 MIMIC(Mutual Information Maximization for Input Clustering)算法[15],其中算法假设变量之间的相互关系是一种链式结构。Baluja 于 1997 年提出 COMIT(Combining Optimizers with Mutual Information Trees)算法,算法中采用树状结构的概率模型[16]。作为简单 UMDA 的一个扩展,Pelikan 和 Müehlenbein 在 1999 年提出 BMDA(Bivariate Marginal Distribution Algorithm)[17],该算法中的概率模型

采用森林结构。

对于高阶的依赖关系，双变量相关模型仍是不够的。多变量相关的 EDA 则试图计算所有变量之间的依赖关系，但是需要更复杂的概率模型来描述问题的解空间。为解决多变量相关的优化问题，Müehlenbein 于 1999 年提出 FDA（Factorized Distribution Algorithm），FDA 采用固定结构的概率图模型表示变量之间的关系[18]。美国 UIUC 大学的 Pelikan 等在 1999 年提出了贝叶斯优化算法（Bayesian Optimization Algorithm，BOA）[19-21]，算法中利用贝叶斯网络来描述优选解集合的概率分布。同样采用贝叶斯网络模型的算法还有 EBNA[22] 和 LFDA[23] 算法。为了在连续空间中找到好的概率密度模型，Bosman 等在 2000 年提出 IDEA（Integrated Density Estimation Evolutionary Algorithm）[24]。Larrañaga 等在 2000 年提出采用高斯网络代替贝叶斯网的算法[25]。Harik 等在 1999 年提出扩展压缩遗传算法（ECGA）[26]。其他多变量相关性的连续域 EDA 还有 EMNA（Estimation of Multivariate Normal Algorithm）[27] 和 EGNA（Estimation of Gaussian Networks Algorithm）[28] 等，它们都采用多变量的高斯模型表示解的概率分布[29]。

9.2　分布估计算法实现

9.2.1　分布估计算法流程

EDA 以遗传算法为基础，是一类基于概率分布的优化算法，该算法利用对优势群体的概率分布模型进行学习和采样，并以此代替遗传算法中交叉、变异等操作，解决了遗传算法中连锁问题、欺骗问题和构造块破坏问题等[30]。

分布估计算法进化过程简述如下。

步骤 1：初始化群体，设置参数。

步骤 2：计算个体适应度值，检验是否满足终止条件。若满足，则算法结束；若不满足，则转至下一步。

步骤 3：选择优势群体，估计概率模型。

步骤 4：对概率模型进行采样，产生新群体，转至步骤 2。

9.2.2　分布估计算法改进

EDA 的改进主要指改进概率模型，或采取某种方式保持种群的多样性，或将 EDA 与其他理论进行结合设计出新的混合算法。EDA 的关键是对概率模型进行学习和采样，问题越复杂，概率模型学习的时间越长。因此为了减少学习概率模型的时间，Baluja S. 将专家知识引入 EDA 中[31]。Pelikan 等研究了 EDA 中采样的并行化[32]，Ding 等提出了一种基于直方图的 EDA[33]，张放等利用 Gibbs 采样技术和条件概率为 EDA 建立了通用概率模型[34]。在多样性保持方面，Cheng 等提出了一种多样性保持的 EDA[35]。许多学者将 EDA 和其他理论相结合，利用混合算法来提升算法的寻优能力。例如，将群智能算法和 EDA 进行结合，提出多种混合算法[36]，弥补了单一算法的缺陷；将罚函数和 EDA 进行结合[37]，可以解决约束优化问题；将 Copula 理论和 EDA 进行结合[38]，可以提高估计的准确性和效率；基于最大熵的 EDA[39]，可以提高算法的全局搜索能力。

随着 EDA 的日渐成熟,其应用也越来越广,主要涉及模式识别[40-42]、工程优化[43-44]、生物信息[45-46]等多个领域。例如,基于 EDA 的备件优化配置[47],基于混合禁忌 EDA 的车辆路径问题的研究[48],基于质心的 Copula EDA 在图像去噪中的应用[49],EDA 及其在生产调度问题中的应用研究[50],改进的 EDA 求解软硬件划分问题[51],基于 EDA 的离港航班排序问题[52],基于 EDA 的多航段座位分配模型[53],EDA 在排考中的应用[54],基于 EDA 的组合电路测试生成[55]等。

9.3　基于分布估计算法的收敛性分析及多目标优化问题

9.3.1　收敛性分析

针对一般的 EDA,Zhang 等证明了 EDA 在种群规模无穷大时的收敛性,认为采用这 3 种选择机制(比例选择、截断选择、二元锦标赛选择)选择优势群体时,该算法可以达到全局收敛[56-57]。Rastegar 等给出了无限种群规模下,EDA 要收敛到全局最优状态所需要的代数[58]。针对具体的算法,例如 PBIL、UMDA 和 FDA 的敛性得到了证明,且理论研究较完整。Höhfeld 等利用概率向量的随机变化过程,分析了 PBIL 算法在线性和非线性优化问题上的收敛性[59];Cristina 等采用离散的动态系统对 PBIL 算法建模,给出了 PBIL 算法的收敛性证明[60]。对于 UMDA,Müehlenbein 等通过分析得到与 PBIL 算法相同的结果[11]。对于 FDA,Müehlenbein 等证明了其解决可加性分解问题时的收敛性[61]。Zhang 通过对比 UMDA 和 FDA 两种算法,分析了高阶统计量对于分布估计算法性能的影响,证明了 FDA 在解决可加性分解的优化问题时理论上能收敛于全局最优解[62]。

9.3.2　多分布估计算法

传统的多目标优化算法都是采用交叉变异等遗传算子来产生新解,而遗传算子在一次生成解的过程中只利用到了极少优秀个体的信息,这种解的产生方式很可能会限制算法的搜索范围,使得其在求解多目标约束优化问题时难以获得完整 Pareto 前沿。

现实世界中的多目标优化问题往往带有约束条件,而进化多目标优化算法主要研究的是无约束进化问题。多目标约束优化的目标是在满足所有约束条件的前提下,找到可行的非支配解集,使其尽可能接近且均匀分布于可行的 Pareto 前沿。传统的多目标优化算法都是基于交叉和变异等遗传算子来产生新的解,而遗传算子在产生解的过程中只使用少数优秀个体的信息,因此这种求解方法很可能会限制算法的搜索范围,使得求解多目标约束优化问题很难得到完整的 Pareto 前沿。

文献[63]提出了一种基于规则模型的分布估计算法(RM-MEDA)。在 RM-MEDA 建模过程中,每一分类簇的主曲线(面)的每一维上都被延长了 25%,然后对其进行随机采样,生成新解。因此,与其他的 EDA 相比,RM-MEDA 的有效搜索范围更大,更加容易搜索到有效解。此外,将 RM-MEDA 应用到多目标约束问题中,可以发现,RM-MEDA 在解决多目标约束优化问题时,相对于传统的经典进化多目标优化算法有一定的优势。

9.4　基于分布估计算法的调度问题

9.4.1　基于分布估计算法的柔性车间调度

柔性作业车间调度问题（Flexible Job-shop Scheduling Problem，FJSP）是对传统作业车间调度的扩展，是一种典型的组合优化问题，更加符合多品种、小批量的车间生产实际情况。在这种情况下，每道工序皆可以选择不同的加工机器，在不同机器上的加工时间是不同的，最终目的是为这些工序选择适合的机器，为所有的机器安排合理的工序及加工顺序，达到某些性能指标的最优。

虽然生产调度的理论及方法研究已有很长的历史，但是实际应用与理论研究之间仍有差距[64]。制造企业需要结合自身的实际情况，在现有的车间布局和有限资源的基础上，基于车间调度理论及其优化算法，定制符合实际的生产调度方案，并优化资源配置和生产过程等。与此同时，出现了一些柔性生产系统，如数控加工中心和柔性制造系统等，使得经典作业车间调度的研究成果很难快速应用到新制造模式中。柔性作业车间调度问题不仅符合动态柔性的实际车间情况，而且具有许多求解该问题的多目标组合优化方法。柔性作业车间调度可以减少浪费和库存，进行高效生产，提高企业的实际利润，同时可以提升客户的满意度。因此，多目标下的柔性作业车间调度理论及其优化方法的研究是非常有必要的，对于实现强大的制造业也具有相当重要的理论价值和实际意义。

分布估计算法近些年在柔性作业车间调度方面的研究现状如下。Wang 等[65-66] 提出了求解柔性作业车间的双种群分布估计算法（B-EDA），在 EDA 进行若干代迭代后，通过分裂准则利用双种群分别对机器分配和工序排列进行搜索，再在满足合并准则的情况下进行种群合并，然后对概率模型进行采样和更新。针对多目标柔性作业车间调度问题提出了一种基于 Pareto 的有效分布估计算法（P-EDA），在 Pareto 最优性能的基础上进行适应度评价并建立相关的概率模型，同时将种群分为两个子群，以不同的方式产生优势种群来避免早熟收敛的问题，并提出了基于关键路径的局部搜索策略。何小娟等[67] 以工件在机器上加工时间的倒数为概率，初始化机器分配群体，通过对工件最大完工时间进行排序，选择时间小的工序个体组成优势群体。首先利用工序排列信息建立先验分布概率模型，再利用相邻工序之间出现在优势群体中的频率信息建立条件概率模型，最后利用贝叶斯公式结合前两种模型建立后验概率模型，求解柔性作业车间调度问题。张玺等[68] 把聚类的思想引入分布估计算法中，考虑多次采样后种群的多样性会下降，容易出现早熟收敛的问题，因此对种群进行 K-means 聚类，从子簇中选择优势群体来更新概率模型，并利用变邻域搜索机制提高算法的局部求解能力。虽然分布估计算法在柔性作业车间调度方面的应用已经取得了不少研究成果，但是在面对大规模的复杂问题时，准确地建立相应的概率模型仍是非常重要的。因此，文献[69]中，作者研究了柔性作业车间调度问题的优化方法，建立了多目标柔性作业车间调度问题的数学模型，提出了一种新的分布估计——蚁群混合算法。

9.4.2　基于分布估计算法的资源受限项目调度

资源受限项目调度问题（Resource-Constrained Project Scheduling Problems，RCPSP）是调度问题的一个重要分支，在项目调度的基础上，规定了资源上限作为约束条件。另外，由于技术上或其他因素导致的任务之间的时序约束也是该问题的约束条件之一。RCPSP的优化目标是在满足资源上限约束和任务之间时序约束的条件下，调度各个任务，得到最短工期的调度方案。这个问题的模型在众多领域得到了广泛的应用，具有广泛的工程应用背景，主要包括规划、管理、设备维护和开发以及与调度相关的问题，如车间作业问题、车辆路径问题都可以看作 RCPSP 的特殊实例问题。因此，RCPSP 不仅是众多学者的重要科研课题，而且在实际生产生活中有着重要的应用。

单模 RCPSP 的基于松散约束的分布估计算法（EDALCS-RCPSP）首先设计了针对RCPSP 的 EDA 概率模型，算法中每个个体是一个由概率模型产生的满足时序约束的任务列表，并从每次迭代中选择精英个体来对概率模型进行更新[70]。该算法采用传统的前向—后向—前向局部搜索方法（Forward-Backward-Forward Iteration，FBI），此外，作者还提出了一个新的局部搜索算子——松散约束搜索（Loosing Constraint Search，LCS），通过放松资源约束来缩短项目的工期，提升算法的优化强度。实验在 RCPSP 标准数据集 J30、J60 和J120 上对算法性能进行测试，并将该算法与现有 EDA 进行比较，分析了 LCS 的局部搜索能力和 EDA 模型的全局搜索能力，实验结果表明了 EDALCS-RCPSP 有着良好的性能。

文献[70]中，作者还提出了一种新的 RCPSP 模型——RCPSP-TW，并利用 EDA 解决了该问题。在实际生产生活中，存在人力匮乏、资源短缺等因素的影响，项目调度中的每项任务开始时间也许只能在某段时间窗内，因此 RCPSP-TW 模型比理想的 RCPSP 更贴近于现实情况。在设计 RCPSP-TW 过程中，首先建立一个松散的基准调度方案，然后向该方案的每个任务添加时间窗，产生时间窗约束。RCPSP-TW 模型的有效解必须满足以下 3 个约束：资源约束、时序约束以及时间窗约束。针对 RCPSP-TW，作者提出一种新的松散调度解码方式（Sparse Decoding，SD），该方式将任务列表转化为依据时间窗的稀疏调度方案，在Patterson、J30、J60、J90、J120 标准数据集上对算法性能进行测试，实验结果表明了 RCPSP-TW 模型所加时间窗宽度的长短极大地影响了解的优劣，在较短的时间窗宽度约束下，可以得到更优的解。

参考文献

[1] Bagley J D. The behavior of adaptive systems which employ genetic and correlation algorithms：technical report[D]. Ann Arbor，USA：University of Michigan，1967.

[2] Holland J H. Adaptation in Nature and Artificial Systems[M]. Cambridge，MA：MIT Press，1992.

[3] De Jong K A. An analysis of the behavior of a class of genetic adaptive systems[D]. Ann Arbor，USA：University of Michigan，1975.

[4] Goldberg D E. Genetic algorithms in search，optimization and machine learning[M]. Addison-Wesley，1989.

[5] 周明，孙树栋. 遗传算法原理及应用[M]. 北京：国防工业出版社，2002.

[6] 李敏强，寇纪松，等. 遗传算法的基本理论与应用. 北京：科学出版社，2002.

[7] 王正志，薄涛. 进化计算[M]. 长沙：国防科技大学出版社，2000.

[8] Larrañaga P，Lozano J A. Estimation of Distribution Algorithms. A New Tool for Evolutionary Computation[M]. Boston：Kluwer Academic Publishers，2002.

[9] 周树德，孙增圻. 分布估计算法综述[J]. 自动化学报，2007，33(2)：113-121.

[10] Baluja S. Population-Based Incremental Learning：A method for Integrating Genetic Search Based

Function Optimization and Competitive Learning[R]. CMU-CS-94-163,Available via. Anonymous ftp at: reports. adm. cs. cmu. edu,1994 Technical Report,Carnegie Mellon University (1994).

[11] Mühlenbein H,Paass G. From recombination of genes to the estimation of distributions I. Binary parameters[C]//International conference on parallel problem solving from nature. Springer,Berlin, Heidelberg,1996: 178-187.

[12] Mühlenbein H. The equation for response to selection and its use for prediction[J]. Evolutionary Computation,1997,5(3): 303-346.

[13] Larrañaga P R, Etxeberria J A,Lozano,et al. Optimization by Learning and Simulation of Bayesian and Gaussian Networks[R]. Technical Report KZZA-IK-4-99,Department of Computer Science and Artificial Intelligence,University of the Basque Country,1999: 2254-2265.

[14] Harik G R,Lobel F G,Goldberg D E. The compacy genetic algorithm[C]//Proceedings of the IEEE Conference on Evolutionary Computation. IEEE,Indianapolis,USA,1998: 523-528.

[15] De Bonet J S,Isbell C L,Voila P. MIMIC: Finding optima by estimation probability densities. Advances in Neural Information Processing Systems[M]. Cambridge: MIT Press, 1997 (9): 424-430.

[16] Baluja S,Davies S. Using Optimal dependency-trees for combinatorial optimization: Learning the structure of the search space[C]//Proceedings of the 14th International Conference on Maching Learning. San Francisco,CA: Morgan Kaufmann,1997: 30-38.

[17] Pelikan M, Müehlenbein H. The bivariate marginal distribution algorithm, Advances in Soft Computing-Engineering Design and Manufacturing,1999: 521-535.

[18] Müehlenbein H, Mahnig T. The Factorized distribution algorithm for additively decomposed functions[C]//Congress on Evolutionary Computation,Piscataway,IEEE,1999.

[19] Pelikan M, Goldberg D E, Cantu Paz E. Linkage problem, distribution estimation and Bayesian networks[J]. Evolutionary Computation,2000,8(3): 311-340.

[20] Pelikan M, Goldberg D E, Cantu Paz E. BOA: The Bayesian optimization algorithm [C]// Proceedings of the Genetic and Evolutionary Computation Conference,Orlando,Florida,USA, 1999: 525-532.

[21] Pelikan M. Hierarchical Bayesian Optimization Algorithm: Toward a New Generation of Evolutionary Algorithms[M]. New York: Springer-Verlag,2005.

[22] Larrañaga P,Etxeberria R,Lozano J A,et al. Combinatorial optimization by learning and simulation of Bayesian network[C]//Proceedings of the Sixteenth Conference on Uncertainty in Artifcial Intelligence. Stanford,2000: 343-352.

[23] Lozano J A,Sagarna R,Larrañaga P. Parallel estimation of distribution algorithms[M]//Estimation of Distribution Algorithms. Springer,Boston,MA,2002: 129-145.

[24] Bosman P N, Thierens D. Expanding from discrete to continuous estimation of distribution algorithms: The IDEA[C]. Lecture Notes in Computer Science 1917: Parallel Problem Solving from Nature-PPSN VI,2000: 767-776.

[25] Larrañaga P,Etxeberria. Optimization in continuous domains by learning and simulation of Gaussian networks[C]//Proceedings of the Genetic and Evolutionary Computation Conference Workshop Program,2000: 201-204.

[26] Harik G. Linkage Learning via probabilistic modeling in the ECGA[D]. USA: University of Illinois at Urbana-Champaign,1999.

[27] Larrañaga P,Etxeberria R,Lozano J A,et al. Optimization in continuous domains by learning and simulation of Gaussian networks[C]//Proceedings of the Genetic and Evolutionary Computation Conference Workshop Program. Las Vegas,Nevada,2000: 201-204.

[28] Larrañaga P，Lozano J A. Bengoetxea E. Estimation of Distribution Algorithms Based on Multivariate Normal and Gaussian Networks[R]. Technical Report KZZA-IK-1-01，Department of Computer Science and Artificial Intelligence，University of the Basque Country，2001.

[29] 武燕. 分布估计算法研究及在动态优化问题中的应用[D]. 西安：西安电子科技大学，2009.

[30] 张丹. 改进的分布估计算法及其在优化设计中的应用[D]. 西安：西安电子科技大学，2017.

[31] Baluja S. Using a priori knowledge to create probabilistic models for optimization[J]. International Journal of Approximate Reasoning，2002，31(3)：193-220.

[32] Pelikan M，Mühlenbein H. The bivariate marginal distribution algorithm[M]//Advances in Soft Computing. London：Springer，1999：521-535.

[33] Pelikan M，Mühlenbein H. Marginal distribuations in evolutionary algorithms [C]//proceeding of International Conference on Genetic Algorthms，Brno，CzechRepublic：Technical University of Brno Publisher，1998：90-95.

[34] 张放，鲁华祥. 利用条间概率和 Gibbs 抽样技术为分布估计算法构造通用概率模型[J]. 控制理论与应用，2013，30(3)：307-315.

[35] Cheng T H，Wang X S，Hao M L. An estimation of distribution algorithm with diversity presentation [J]. Acta Electronica Sinica，2010，38(3)：591-597.

[36] 夏桂梅，张文林，张金凤. 一种基于 Minmax 算法的混合 MIMIC 算法[J]. 2016，37(4)：416-419.

[37] 张金凤，夏桂梅，王泰. 一种基于罚函数的混合分布估计算法[J]. 西南民族大学学报(自然科学版)，2015，41(1)：120-123.

[38] 王丽芳. Copula 分布估计算法[M]. 北京：机械工业出版社，2012.

[39] 常城. 最大熵分布估计算法及其应用[D]. 太原：太原科技大学，2013.

[40] Cesar R M，Bengoetxea E，Bloch I，et al. Inexact graph matching formodel-based recognition：Evalution and comparison of optimization algorithms [J]. Pattern Recognition，2005，38(11)：2099-2113.

[41] Blanco R，Larranga P，Inza I. Gene selection for cancer classification using wrapper approaches [J]. International Journal of Pattern Recognition and Artificial Intelligence，2004，18(8)：1373-1390.

[42] Yang X，Birkfellner W，Niederger P. Optimized 2D/3D medical image registration usingthe estimation of multivariate normal algorthim (EMNA) [C]//Proceedings of Biomedical Engineering，2005：163-168.

[43] Simionescu P A，Beale D G，Dozier G V. Teeth-number synthesis of a multispeed planetary transmission using an estimation of distribution algorithm [J]. Mechanical Design，2006，128(1)：108-115.

[44] Santarelli S，Yu T，Goldberg D E，et al. Military antenna design using simple and competent genetic algorithms[J]. Mathematical and Computer Modelling，2006，43(9-10)：990-1022.

[45] Santana R，Larranaga P，lozano J A. Side chain placement using estimation ofdistribution algorithms [J]. Artificial Intelligence in Medicine，2007，39(1)：49-63.

[46] Santana R，Larranaga P，lozano J A. Combining variable neighborhood search and estimation of distribution algorthims in the protein side chain placement problem [J]. J Heuristics，2008，14(5)：519-547.

[47] 刘新亮，张涛，郭波. 基于分布估计算法的备件优化配置[J]. 系统工程理论与实践，2009，29(2)：147-148.

[48] 吕云虹. 基于混合禁忌分布估计算法的车辆路径问题的研究[D]. 鞍山：辽宁科技大学，2016.

[49] 严莉娜. 基于质心的 Copula 分布估计算法及其在图像去噪中的应用[D]. 太原：太原科技大学，2015.

[50] 何小娟. 分布估计算法及其在生产调度问题中的应用研究[D]. 兰州：兰州理工大学，2011.

［51］ 余娟,贺昱曜,冯晓华. 改进的分布估计算法求解软硬件划分问题[J]. 计算机科学,2014,41(9): 285-289.

［52］ 曹嵩,孙富春,胡来红. 基于分布估计算法的离港航班排序问题[J]. 清华大学学报(自然能科学 版),2012,52(1): 66-71.

［53］ 樊玮,苏秋波. 基于分布估计算法的多航段座位分配模型[J]. 信息与控制,2012,41(6): 775-760.

［54］ 庞天丙. 分布估计算法在排考中的应用[J]. 科普教育,2013,176(16): 177-178.

［55］ 赵中煜,彭宇,彭喜元. 基于分布估计算法的组合电路测试生成[J]. 电子学报,2006,34(12): 2384-2386.

［56］ Zhang Q,Muehlenbein H. On the convergence of a class of estimation of distribution algorithms [J]. IEEE Transactions on evolutionary computation,2004,8(2): 127-136.

［57］ Zhang Q. On the convergence of a factorized distribution algorithm with truncation selection [EB/ OL]. (2006-05-10)[2020-05-20]. http: //cswww. essex. ac. uk/staff/zhang/EDAWEB/.

［58］ Rastegar R,Meybodi M R. A study on the global convergence time complexity of estimation of distribution algorithms [J]. Lecture Notes in Computer Science,2005,36(41): 441-450.

［59］ Hohfeld M,Rudolph G. Towards a theory of population based incremental learing [C]//Proceedings of the 4th International Conference on Evolutionary Computation. IEEE,1997: 1-5.

［60］ Cristina G,Lozano J A,Larrañaga P. Analyzing the PBIL algorithm by means of discrete dynamical systems[J]. Complex Systems,2001,12(4): 465-479.

［61］ Müehlenbein H,Mahnig T. Convergence theory and applications of the factorized distribution algorithm[J]. Journal of Computing and Information Technology,1999,7(1): 19-32.

［62］ Zhang Q. On stability of fixed points of limit models of univariate marginal distribution algorithm and factorized distribution algorithm[J]. IEEE Transactions on Evolutionary Computation,2004,8 (1): 80-93.

［63］ 许霞. 改进的多目标分布式估计算法在水火电系统负荷分配的应用[D]. 西安:西安电子科技大 学,2014.

［64］ 秦小燕. 多目标柔性作业车间调度问题研究[D]. 西安:西安工程大学,2014.

［65］ Wang L,Wang S,Xu Y,et al. A bi-population based estimation of distribution algorithm for the flexible job-shop scheduling problem [J]. Computers & Industrial Engineering, 2012, 62 (4): 917-926.

［66］ Wang L,Wang S,Liu M. A Pareto-based estimation of distribution algorithm for the multi-objective flexible job-shop scheduling problem [J]. International Journal of Production Research,2013,51 (12): 3574-3592.

［67］ 何小娟,曾建潮. 基于 Bayesian 统计推理的分布估计算法求解柔性作业车间调度问题[J]. 系统工 程理论与实践,2012,32(02): 380-388.

［68］ 张玺,刘明周. 求解柔性作业车间调度问题的混合分布估计算法[J]. 系统科学与数学,2017,37 (01): 89-99.

［69］ 鲁宏浩,鲁玉军. 基于分布估计-蚁群混合算法的柔性作业车间调度方法研究[J]. Journal of Mechanical & Electrical Engineering,2019,36(6).

［70］ 林霞. 基于分布估计算法的资源受限项目调度方法[D]. 西安:西安电子科技大学,2015.

第 10 章

差分进化算法

差分进化(Differential Evolution,DE)是一种新兴的进化计算技术,是由 Rainer Storn 和 Kenneth Price 于 1995 年在美国提出的[1]。DE 算法是一种基于种群智能理论的自适应全局优化算法,具有记忆个体最优解和种群内信息共享的特点,即通过种群内个体间的合作与竞争来求解优化问题,其采用实数编码、基于差分的变异操作和一对一的竞争生存策略。研究表明,DE 算法的收敛速度和稳定性远远优于多种著名的优化算法,如自适应模拟退火算法,进化策略及粒子群优化算法等。由于其具有结构简单、容易实现、收敛快速、鲁棒性强等特点,目前,DE 算法已成功应用于多个领域,诸如人工神经网络、信息处理、通信工程和模式识别领域等[2-4]。

10.1 差分进化算法与遗传算法

10.1.1 遗传算法流程

遗传算法(GA)自提出就受到了各个领域的广泛关注,引起了研究的热潮。专家学者提出了许多改进算法来提高遗传算法的收敛速度和精确性。GA 采用选择、交叉、变异三种操作,在问题的解空间搜索最优解。经典 GA 首先进行初始化操作,由经过二进制编码的若干个个体组成初始种群,其中每个个体可以是一维或多维向量,又称为染色体,染色体的每一位二进制数称为基因。初代种群产生之后,根据自然界"适者生存"和"优胜劣汰"的进化原理,逐代进化产生越来越好的近似解。在每一代,根据算法中设计的适应度函数评价每个个体性能优劣,以一定概率选择性能好的个体作为父代个体,通过交叉、变异操作生成子代种群。GA 的遗传算子包括选择、交叉和变异,生成的子代种群重复经历适应度评价、遗传操作等步骤来产生新一代种群,实现在循环中逐代优化,直至满足终止条件。标准 GA 的流程如下所述。

步骤 1:初始化,随机生成 N 个个体作为初始种群。

步骤 2:适应度评价,计算每个个体的适应度值。

步骤 3:根据个体适应度值所确定的规则选择进入下一代的个体。

步骤 4:根据交叉概率 P_c 进行交叉操作。

步骤 5:根据变异概率 P_m 进行变异操作。

步骤 6:若算法的当前状态满足终止条件,则执行步骤 7,否则执行步骤 2。

步骤 7：输出种群中适应度值最好的个体作为问题的近似最优解。

通常设定的算法终止条件为：①迭代次数达到最大进化代数；②连续若干代最优个体没有发生变化或个体适应度值基本没有改进；③求解得到的近似最优解与真实最优解的误差小于预先设定的阈值。

10.1.2　差分进化算法流程

DE 算法用于求解连续空间全局优化问题,本质上是一种基于实数编码的具有保优思想的贪心遗传算法[5]。与标准遗传算法一样,DE 算法中也包括变异、交叉和选择三种操作。差分进化算法采用实数编码,首先随机初始化种群 $X_0 = (X_{1,0}, X_{2,0} \cdots, X_{N,0})$,$N$ 为种群规模,然后利用差分向量的思想来生成变异个体,将父代个体与生成的变异个体按一定概率进行交叉操作,产生试验个体,最后采用一对一的贪心选择策略在试验个体和其对应的父代个体之间选择适应度值更优的个体作为下一代个体,引导搜索向最优解逼近。这种贪心选择策略使 DE 在处理优化问题时往往比经典的遗传算法更有效[6]。

1. 种群初始化

DE 算法一般采用随机函数生成初始群体,要求初始种群个体尽量均匀覆盖整个搜索空间。设初始代数 $t=0$,在优化问题的可行解空间内按式(10-1)生成 N 个个体构成初始种群：

$$X_{i,0} = X_i^L + \mathrm{rand}(X_i^U - X_i^L), \quad i = 1,2,\cdots,N \tag{10-1}$$

其中,$X_{i,0}$ 表示初始种群中的第 i 个个体；X_i^U、X_i^L 表示变量 $X_{i,0}$ 的上界和下界；rand()是[0,1]之间的随机数；N 是种群规模。

2. 变异操作

变异操作采用的差分向量思想是 DE 算法区别于其他进化算法的关键：将父代种群中两个不同的个体的差向量记作差分向量 $\boldsymbol{D}_{r1,2}$,即 $\boldsymbol{D}_{r1,2} = X_{r1,t} - X_{r2,t}$,对加权后的差分向量 $\boldsymbol{D}_{r1,2}$ 与另一个不同的父代个体进行求和,得到变异个体。

如图 10-1 所示,设 $X_{r1,t}, X_{r2,t}, X_{r3,t}$ 是从第 t 代种群中随机选取的 3 个互不相同的个体,经差分变异后,得到与父代个体 $X_{i,t}$ 对应的新个体 $V_{i,t+1}$,即

$$V_{i,t+1} = X_{r1,t} + F \times (X_{r2,t} - X_{r3,t}) \tag{10-2}$$

其中,$r1, r2, r3 \in \{1, 2, \cdots, N\}$,且与父代序号 i 不同；$F \in [0,2]$ 是缩放因子,控制差分向量的缩放程度。

式(10-2)是 DE 算法的基本变异形式——DE/rand/1。随着 DE 算法的发展与完善,根据各种扰动量的不同,DE 算法的多种变异策略相继提出,命名规则统一采用 DE/x/y 的形式：x 表示选择基向量(新个体对应的父代个体向量)的方式,rand 表示从当前种群中随机选择父代个体,best 表示从当前种群中选择适应度值最优的个体；y 表示差分向量的个数。除式(10-2)外,目前广泛使用的变异策略还有以下几种。

DE/best/1：

$$V_{i,t+1} = X_{\mathrm{best},t} + F \times (X_{r1,t} - X_{r2,t}) \tag{10-3}$$

DE/rand/2：

$$V_{i,t+1} = X_{r1,t} + F \times (X_{r2,t} - X_{r3,t}) + F \times (X_{r4,6} - X_{r5,t}) \tag{10-4}$$

DE/best/2：

$$V_{i,t+1} = X_{best,t} + F \times (X_{r1,t} - X_{r2,t}) + F \times (X_{r3,t} - X_{r4,t}) \tag{10-5}$$

DE/rand-to-best/1：

$$V_{i,t+1} = X_{i,t} + F \times (X_{best,t} - X_{i,t}) + F \times (X_{r1,t} - X_{r2,t}) \tag{10-6}$$

如图 10.1 所示，上述几种变异策略，各有特点，对算法的影响也各不相同。DE/rand/1 和 DE/rand/2 有利于保持种群的多样性，增大了搜索到全局最优解的概率；DE/best/1、DE/best/2 以及 DE/rand-to-best/1 均引入当前种群的最优个体来引导算法的搜索方向，更有利于提高算法的收敛速度。与众多变异方式相比，DE/rand/1 和 DE/best/2 更稳定，适用范围也更广泛，因此更多应用于实际生活中的优化问题。

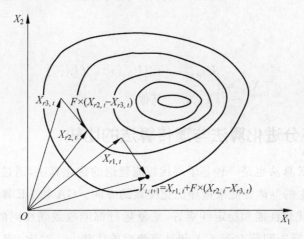

图 10.1　DE 算法变异操作示意图

3. 交叉操作

交叉操作进一步增加了种群中个体的多样性，通过混合变异个体和父代个体的相应维分量来实现种群个体的进化，即将变异个体 $V_{i,t+1}$ 的参数与另外预先确定的父代个体 $X_{i,t}$ 的参数按一定规则混合来产生新个体 $U_{i,t+1}$，如图 10.2 所示。为了保证变异操作的延续，新个体中至少存在一维分量来源于变异个体，设 D 是实变量的维数，且 $U_{i,t+1} \in (U_{1,t+1}, U_{2,t+1}, \cdots, U_{N,t+1})$，则

$$U_{ij,t+1} = \begin{cases} V_{ij,t+1}, & (\mathrm{rand}(j) \leqslant \mathrm{CR}) \text{ 或 } j = j_{rand} \\ X_{ij,t}, & (\mathrm{rand}(j) > \mathrm{CR}) \text{ 或 } j \neq j_{rand} \end{cases} \tag{10-7}$$

其中 $i = 1, 2, \cdots, N$；$j = 1, 2, \cdots, D$，$\mathrm{rand}(j) \in [0,1]$ 是第 j 维分量的均匀随机数；j_{rand} 是随机产生一个 $1 \sim D$ 之间的自然数，用来确保变异个体的延续，$\mathrm{CR} \in [0,1]$ 是交叉概率，决定了新个体 $U_{i,t+1}$ 中变异个体 $V_{i,t+1}$ 所占的比例。

DE 算法的交叉操作主要有两种类型，一种是二进制交叉（简记为 bin），另一种是指数交叉（简记为 exp），二者分别表示交叉概率 CR 满足二项式分布和指数分布。

4. 选择操作

与其他进化算法相同，DE 算法也根据"优胜劣汰"的思想来完成选择操作，确保算法不断地向全局最优的方向进化。首先对经过变异与交叉操作后生成的实验个体 $U_{i,t+1}$ 与父代个体 $X_{i,t}$ 分别进行适应度评价，之后基于贪心选择策略，在二者之间选择适应度值更优的

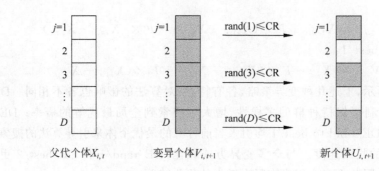

图 10.2　DE 算法交叉操作示意图

个体进入下一代,即

$$X_{i,t} = \begin{cases} U_{i,t+1}, & f(U_{i,t+1}) \leqslant f(x_{i,t}) \\ X_{i,t}, & \text{其他} \end{cases} \tag{10-8}$$

10.1.3　差分进化算法与遗传算法的比较

和 GA 一样,DE 算法也是一种基于现代智能理论的优化算法,通过群体内个体之间的相互合作与竞争产生的群体智能来指导优化搜索的方向。GA 和 DE 算法都属于进化算法的分支,DE 算法的优化性能和稳定性更好,重复运行都能收敛到相同的解;GA 收敛速度相对较慢,但在处理噪声问题方面,GA 却具有绝对的优势[7]。对比 DE 算法和 GA 的部分指标,得到如下分析结果。

(1) 编码标准。GA 采用二进制编码,而 DE 算法采用实数编码。近年来,专家学者对 GA 进行了改进,采用整数编码将其应用于求解离散型优化问题、例如 0-1 非线性优化问题、整数规划问题以及混合整数规划问题等,而借助 DE 算法研究离散型问题的工作比较少,采用混合编码技术的 DE 算法则更少出现。

(2) 参数设置。GA 的参数较多,而且参数的调整会影响到最终的优化结果,加大了算法的使用难度。相比之下,使用 DE 算法更容易些,其主要有 3 个参数需要调整:种群规模 N、缩放因子 F 以及交叉概率 CR,且结果不易受参数影响。在实际应用中,个体的维数大多比较高,因此运用这些算法求解高维问题具有十分重要的意义。

(3) 高维问题。GA 求解高维问题时,收敛速度很慢甚至很难收敛;而 DE 算法可以快速得到精确的收敛结果。

(4) 收敛性能。对于优化问题,DE 算法收敛速度较快,而 GA 的收敛速度则较慢。

(5) 应用广泛性。由于 GA 提出较早,且一直是国际上比较活跃的研究领域,因此应用比较广泛;DE 算法直到近几年才引起学者的广泛关注,其算法稳定性强且优化性能好,因此应用前景十分广阔。

10.2　差分进化算法实现

10.2.1　差分进化算法主要参数

参数的选择将会影响一个优化算法的性能,DE 算法的主要控制参数包括种群规模 N、缩放因子 F、交叉概率 CR。为了充分了解参数与算法性能之间的关系,在讨论时也考虑了另外两个重要参数,算法的最大进化代数 T 和终止条件。DE 算法的参数在选择取值范围时有一些经验规则。

(1) 种群规模 N:根据经验,种群规模 N 的取值范围为 $5D\sim10D$,D 为变量维数,并且必须满足 $N \geqslant 4$,确保算法有足够多的不同的个体来完成变异操作。

(2) 缩放因子 F:缩放因子是一个实数,它决定了差分向量的放大比例。实验表明,小于 0.4 和大于 1 的 F 值偶尔有效,$F=0.5$ 通常是一个较好的初始选择。如果种群过早收敛,那么 F 或 N 应该增大[6]。

(3) 交叉概率 CR:交叉概率 $CR \in [0,1]$,是一个实数,它表示实验个体来自随机选择的变异个体而不是父代个体的概率。通常设 $CR=0.1$,随着 CR 的增大,算法会加快收敛速度。

(4) 最大进化代数 T:即 DE 算法的最大迭代次数,T 的取值范围一般为 $100\sim200$,根据需要,可以通过增大最大进化代数来提高算法的求解精度,但同时也会延长算法运行时间,增大计算复杂度。

(5) 终止条件:除了设定最大进化代数以外,也可以用其他条件判断算法是否终止运行。比如,当适应度值的变化量小于阈值时程序终止,阈值一般为 10^{-6}。

上述参数中,F、CR 与种群规模 N 一样,在迭代过程前初始化为常数,一般 F 和 CR 决定算法的收敛速度和鲁棒性,它们的最优取值不仅依赖于目标函数,还与 N 有关。利用不同取值进行一系列对比实验得到 F、CR 和 N 的最优取值。

10.2.2　差分进化算法流程

DE 算法的步骤如下所述。

步骤 1:初始化,根据式(10-1)随机生成初始种群 X_0,确定控制参数 (N,F,CR,T) 的值,设当前进化代数 $t=1$。

步骤 2:适应度的评价,计算每个个体的适应度值。

步骤 3:判断是否满足终止条件,若是,则算法停止,输出最优解;否则,继续下一步。

步骤 4:从种群中随机选取的 3 个不同的个体按式(10-2)生成变异个体。

步骤 5:选择变异个体与父代个体按式(10-7)进行交叉操作产生实验个体。

步骤 6:计算实验种群中个体的适应度值,根据式(10-8)得到下一代种群。

步骤 7:当前进化代数 $t=t+1$,执行步骤 2。

算法流程图如图 10.3 所示。

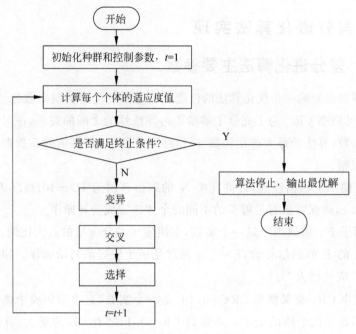

图 10.3 DE 算法流程图

10.3 基于差分进化算法的多目标优化问题

现实世界的优化系统中,常常需要同时优化多个目标函数。不同于单目标优化,多目标优化没有唯一的解。通常,待优化的多个目标彼此之间往往是冲突的,或者是不相容的,因此,就需要一组折中解来平衡各个目标,这组解称为 Pareto 最优解集或非支配解集[8]。

多目标优化问题(以最小化问题为例)的数学形式为:

$$\min y = F(\boldsymbol{x}) = [f_1(\boldsymbol{x}), f_2(\boldsymbol{x}), \cdots, f_m(\boldsymbol{x})]^{\mathrm{T}},$$
$$\text{s. t. } g_i(\boldsymbol{x}) \leqslant 0, \ i = 1, 2, \cdots, q; \tag{10-9}$$
$$h_j(\boldsymbol{x}) = 0, \ j = 1, 2, \cdots, p;$$

其中,$\boldsymbol{x} = (x_1, x_2, \cdots, x_n) \in \boldsymbol{X} \subset \mathcal{R}^n$ 称为 n 维的决策向量,$\boldsymbol{X}$ 为 n 维的决策空间,$\boldsymbol{y} = (y_1, y_2, \cdots, y_m) \in \boldsymbol{Y} \subset \mathcal{R}^m$ 称为目标向量,$\boldsymbol{Y}$ 为 m 维的目标空间。目标函数 $F(\boldsymbol{x})$ 定义 m 个由决策空间向目标空间的映射函数;$g_i(\boldsymbol{x}) \leqslant 0 (i = 1, 2, \cdots, q)$ 定义 q 个不等式约束;$h_j(\boldsymbol{x}) = 0,$ $(j = 1, 2, \cdots, p)$ 定义 p 个等式约束。在此基础上,给出如下 6 个重要的定义[9]。

定义 10-1(可行解) 对于某个 $\boldsymbol{x} \in \boldsymbol{X}$,如果 x 满足式(10-9)中的约束条件 $g_i(\boldsymbol{x}) \leqslant 0$ $(i = 1, 2, \cdots, q)$ 和 $h_i(\boldsymbol{x}) = 0 (j = 1, 2, \cdots, p)$,则 x 称为可行解。

定义 10-2(可行解集合) 由 $\boldsymbol{X}$ 中的所有的可行解组成的集合称为可行解集合,记为 $\boldsymbol{X}_f$,且 $\boldsymbol{X}_f \in \boldsymbol{X}$。

定义 10-3(Pareto 占优) 假设 $\boldsymbol{x}_A, \boldsymbol{x}_B \in \boldsymbol{X}_f$ 是式(10-9)所示多目标优化问题的两个可行解,称与 $\boldsymbol{x}_B$ 相比,$\boldsymbol{x}_A$ 是 Pareto 占优的,当且仅当:

$$\forall i = 1, 2, \cdots, m \quad f_i(\boldsymbol{x}_A) \leqslant f_i(\boldsymbol{x}_B) \land \exists j = 1, 2, \cdots, m \quad f_j(\boldsymbol{x}_A) < f_j(\boldsymbol{x}_B)$$

记作 $x_A \succ x_B$，也称 x_A 支配 x_B。

定义 10-4（Pareto 最优解）　一个解 $x^* \in X_f$ 被称为 Pareto 最优解或非支配解，当且仅当满足：

$$\neg \exists x \in X_f : x \succ x^*$$

定义 10-5（Pareto 最优解集）　Pareto 最优解集是所有 Pareto 最优解的集合，定义如下：

$$P^* \triangleq \{x^* \mid \neg \exists x \in X_f : x \succ x^*\}$$

定义 10-6（Pareto 前沿面）　Pareto 最优解集 P^* 中的所有 Pareto 最优解对应的目标向量组成的曲面称为 Pareto 前沿面 PF^*：

$$PF^* \triangleq \{F(x^*) = (f_1(x^*), f_2(x^*), \cdots, f_m(x^*))^T \mid x^* \in P^*\} \quad (10\text{-}10)$$

以两目标优化问题为例，如图 10.4 所示，在目标空间中，曲线表示两目标优化问题的 Pareto 最优前沿，线上的点 A、B、C、D、E、F 即为 Pareto 最优解，而点 G、H、I、J、K 是被支配的。

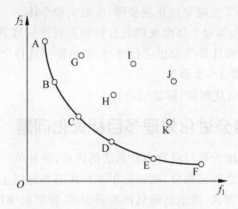

图 10.4　两目标的 Pareto 前沿曲线

由于 DE 算法在解决单目标优化问题时搜索速度快和收敛性能好的优点，一些学者将其应用于多目标领域。实验表明，相比于传统的多目标优化算法，DE 算法在求解多目标优化问题时显示出明显的优势。

根据多目标 DE 算法的研究现状，可以将其大致分为两类：一类是非基于 Pareto 的方法；另一类是基于 Pareto 的方法（Pareto based approaches）。目前，大多数多目标 DE 算法均结合 Pareto 理论，可分为基于 Pareto 占优（Pareto dominance）的方法和基于 Pareto 分级排序（Pareto ranking）的方法[10]，前者在差分进化的选择操作中根据 Pareto 占优的思想选择进入下一代的个体；后者则采用群体分级排序来完成选择过程。

1999 年，Chang 等首次将 DE 算法应用于解决多目标优化问题，该算法采用 DE/rand/1/bin 的变异策略，同时引入外部存档以存储搜索过程中获得的非劣个体，并通过适应度共享策略和改进的选择机制提高了最优解的多样性和质量[11]。Abbass 等于 2001 年提出一种基于 Pareto 前沿的 DE 算法（Pareto-frontier Differential Evolution，PDE），PDE 将生成的实验个体与父代个体进行 Pareto 竞争比较，选择 Pareto 占优的一方进入下一代种群，若互不支配，则二者都被保留[12]。当子代个体数量达到种群规模时，利用最小邻域距离策略优先删除彼此接近的个体。为了减小控制参数对算法的影响，Abbass 在 PDE 算法中引入了自适应变异和交叉概率,提出了一种自适应 Pareto DE 算法(Self-adaptive Pareto Differential Evolution,SPDE)[13]。2002 年,Madavan[14] 提出了 Pareto 差分演化算法 (Pareto-based Differential Evolution Approach,PDEA),不同于 PDE 算法,PDEA 引入了 基于 Pareto 非劣等级排序的分层选择操作,在求解多目标优化问题时表现良好。Xue 等提 出的多目标 DE 算法(Multi-Objective Differential Evolution,MODE)[15]在 Pareto 等级排 序和分层选择的基础上,引入拥挤距离的概念,在同一等级中,优先选择拥挤距离大的个体, 以提高种群的多样性。基于 Pareto 竞争的多目标 DE 算法,大多引入快速非劣排序、精英 保留策略以及拥挤距离机制来完成选择操作,这也是 DE 算法处理多目标优化问题最常用、 最有效的机制,可以同时满足该问题的收敛性和分布均匀性两个目标[16],确保得到一组折 中的 Pareto 最优近似解。这类多目标 DE 算法的搜索步骤如下所述。

步骤 1:初始化种群,设置控制参数。

步骤 2:对种群进行适应度评价,基于 Pareto 占优思想保留父代非劣解。

步骤 3:判断是否满足终止条件,若是,则转步骤 7;否则,转步骤 4。

步骤 4:根据变异、交叉策略完成相应步骤,生成实验个体。

步骤 5:对父代个体和实验个体组成的混合种群进行适应度评价,利用快速非劣排序、 精英保留策略以及拥挤距离计算等思想进行排序,根据排序选择个体进入下一代种群。

步骤 6:重复执行步骤 2~步骤 5。

步骤 7:得到 Pareto 最优解集,算法结束。

10.3.1 混合差分进化处理多目标优化问题

不同进化算法之间的融合可以汲取多种算法的优点,弥补单一算法的局限性,该思想不 仅仅局限于两种进化算法之间的结合,也可选用 3 种甚至 3 种以上算法[17]。混合算法同时 具有几种算法的种群更新方式,搜索的随机性得到加强,种群能够在可行域的任意范围中寻 找最佳的搜索方向,个体也可以在复杂的可行域中保持较好的空间均衡搜索能力[18]。为了 弥补多目标 DE 算法的缺陷,研究人员将该算法与其他最优化方法结合,提出了性能互补的 多种混合 DE 算法,这也成为近年来改进 DE 算法的研究热点之一,如 DE 算法与粒子群算 法、遗传算法、免疫算法等算法的结合。

PSO 算法全局搜索能力强,在进化初期收敛速度快,而 DE 算法的局部搜索能力强,在 进化初期收敛速度较慢[19]。为了充分发挥两种算法的优点,学者们提出各类基于粒子群优 化和差分进化的混合多目标算法[19-26]。栾丽君等[19] 提出了一种新型混合全局优化算法 PSODE。该算法采用一种双种群进化策略,即一个种群中的个体基于 PSO 算法进化而来, 另一种群的个体则由差分进化得到。然后通过信息分享机制实现两个种群中的个体协同进 化,以提高算法的全局搜索能力。黎延海[20] 则根据自适应判断因子使个体在每一次迭代过 程中按照概率规律使用 PSO 算法或 DE 算法来产生新的个体。粒子群优化过程中采用了 新的速度更新方式,差分进化过程中也使用了改进的变异操作。混合后的算法应用于多目 标优化问题取得了良好的效果。范瑜等[27]结合差分进化的基本原理和遗传算法的基本策 略构建了一种新的混合优化方法。该算法借鉴了 DE 算法中的繁殖策略和 GA 的交叉变异 方法,按照 GA 的流程组织整个框架,通过融合两种优化方法各自的优点,提高了算法的收 敛速度和可靠性,算法流程如图 10.5 所示。

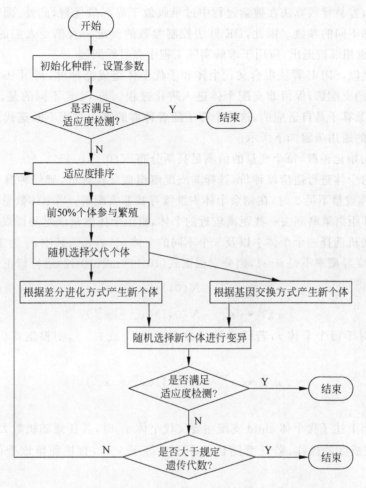

图 10.5　基于差分进化与遗传算法的混合优化方法的基本流程

　　Chiou[28]等将蚁群算法的思想引入 DE 算法中,在每次迭代过程中,蚂蚁利用空间信息素和个体差异信息来选择最优的差分策略,然后根据选择的最优差分策略完成 DE 算法的进化过程。蚂蚁方向混合 DE 算法(Ant Direction Hybrid Differential Evolution,ADHDE)的提出,加快了寻找最优解的速度。

　　为避免多目标优化过程中子目标相互冲突,陶文华[29]等提出一种基于差分进化和第二代非支配遗传算法(NSGA-Ⅱ)的混合算法。采用带有自适应参数的 DE 算法对初始种群进行变异和交叉操作,借助新种群标记策略对初始种群和测试种群进行支配得到新种群,将新种群作为 NSGA-Ⅱ的初始种群,通过 NSGA-Ⅱ产生下一代种群,进一步提升了 Pareto 最优解的质量。

10.3.2　自适应差分进化处理多目标优化问题

　　DE 算法用于解决多目标优化问题时凸显出明显的优势。然而,和其他进化算法类似,其自身也存在着某些缺陷,比如早熟问题和后期搜索停滞的问题。针对 DE 算法的局限性,国内外学者进行了大量的研究工作。实验发现,控制参数的设置影响着 DE 算法的性能,若参数选择不当,容易导致算法在搜索过程中过早收敛于局部最优解,此外,面对不同的优化问题,需要选择不同的参数。因此,DE 算法控制参数的设定一直倍受人们的关注,各种自适应 DE 算法也相继被提出,应用于求解实际工程中多目标问题。

与 PDE 类似,SPDE 算法混合父代个体和子代个体组成新种群,利用 Pareto 非劣排序去除新种群中的支配解,保留非支配个体进入进化过程。与 PDE 不同的是,SPDE 算法的变异算子和交叉算子是自适应的,这两个算子随着种群的进化过程不断迭代进化并向下传递。这类算法的通用步骤如下所示。

步骤 1:初始化种群,每个变量的值满足高斯分布 $N(0.5,0.15)$。

步骤 2:对个体进行适应度评价,选择非支配解组成父代种群,确保种群中个体的数量大于 3。当个体数量不足 3 时,在剩余个体中继续寻找非支配解;当个体数量大于种群规模时,利用最近邻距离策略删去一些距离较近的个体,直至个体数量满足种群规模大小。

步骤 3:随机选择一个个体 j 以及 3 个不同的个体 $\alpha_1,\alpha_2,\alpha_3$,其中 α_1 为主要父代个体,若此时交叉和变异概率不是 0~1,则分别根据式(10-11)、式(10-12)进行修正:

$$x_c^{\text{child}} \leftarrow x_c^{\alpha_1} + N(0,1)(x_c^{\alpha_2} - x_c^{\alpha_3}) \tag{10-11}$$

$$x_m^{\text{child}} \leftarrow x_m^{\alpha_1} + N(0,1)(x_m^{\alpha_2} - x_m^{\alpha_3}) \tag{10-12}$$

步骤 4:对于每个个体 i,若任意随机数大于 x_c^{child} 或 $i=j$,则根据式(10-13)完成交叉操作:

$$x_i^{\text{child}} \leftarrow x_i^{\alpha_1} + N(0,1)(x_i^{\alpha_2} - x_i^{\alpha_3}) \tag{10-13}$$

否则 $x_i^{\text{child}} \leftarrow x_i^{\alpha_1}$。

步骤 5:当上述子代个体 child 支配主要父代个体 α_1 时,若任意随机数大于 x_m^{child},则根据式(10-14)完成变异操作,若任意随机数小于或等于 x_m^{child},直接保留该个体进入下一代种群;

$$x_i^{\text{child}} \leftarrow x^{\text{child}} + N(0,0.1)\text{range} \tag{10-14}$$

其中,range 表示变量可以取的最大值与最小值之间的差。

步骤 6:重复步骤 3~步骤 6,直到种群中个体数量达到种群规模。

步骤 7:判断是否满足终止条件,若满足,算法停止;否则,转步骤 2。

针对多目标优化问题,Qian 提出了一种新的自适应 DE 算法(Adaptive Differential Evolution Algorithm,ADEA)[30]。ADEA 在每一次迭代过程中会根据当前 Pareto 前沿数量和当前解的多样性,计算自适应参数 F,以调整算法搜索范围的大小,从而找到 Pareto 解。同时,该算法引入了新的选择算子,将 DE 算法的优势与 Pareto 非劣等级排序、拥挤距离机制相结合,使得算法竞争力得到了进一步的提高。

ADEA 中,交叉概率 CR 在整个搜索过程中保持不变,而 Wang 等[31]认为,如果一个个体经过 5 个进化操作后依然没有产生优秀的个体,则该个体对应的缩放因子 F 和交叉概率 CR 需要调整。他们提出了一种结合 Pareto 占优的自适应 DE 算法来解决多目标优化问题。提议采用外部精英档案,保留在进化过程中发现的非支配解。同时,提出一种拥挤熵多样性测度策略,更准确地测量解的拥挤程度,有效地保持了 Pareto 最优解的多样性。实验结果表明,该算法能够找到具有更好收敛性且在 Pareto 前沿上分布更均匀的解。

陈亮[32]提出了多目标自适应 DE 算法(Multi-Objective Self-adaptive Differential Evolution,MOSDE),该算法采用 3 种差分进化策略和自适应参数调节方案。3 种差分进化策略具体为 jDEbin(DE/rand/1/bin)、jDEexp(DE/rand/1/exp)、jDEbest(DE/best/1/bin)。

在进化过程中,MOSDE 算法随机使用其中一种差分进化策略(上述 3 种策略分别拥有独立的自适应参数 F^s 和 CR^s,$s=1,2,3$,分别对应 3 种差分进化策略)。该算法的基本思想为,根据 Pareto 非支配关系对种群进行排序,每个个体均与其他个体进行比较是否存在支配关系;在种群所有个体中找出非劣解个体归为第一层,并找出剩下个体中的非劣个体归为第二层,重复上述过程直到所有个体都被分属于某一层中为止。

刘红平[33]对单目标优化中的自适应策略进行了改进,提出一种面向多目标优化问题的自适应 DE 算法,保留了 SADE 算法中自适应学习交叉率 CR 的策略,同时,设定缩放因子 F 具有大、中和小三种不同的候选分布模型,分别对应不同的搜索步长,然后根据一定代数内新生成个体的优劣情况自适应地调整各种分布被选中的概率,从而在优化过程中动态地平衡局部和全局搜索的强度。在新个体的优劣判别方面,通过与构建的第三方个体集合的比较来实现,同时基于个体在各个目标函数上的提升量与下降量,提出用优胜累积量的概念作为比较的具体度量,保证最优解质量的同时,大幅度减少了频繁比较消耗的时间。在算法 SADEMOO 中,交叉率 CR 和缩放因子 F 的调整策略均具有一定的学习性能,使得参数的选取变得简单高效。

10.4 基于差分进化算法的调度问题

随着经济的快速发展,大规模批量化生产成为制造业的一种重要生产模式,生产调度作为制造系统中的重要环节,其优化方法至关重要。生产调度,即对生产过程进行作业计划,是整个先进生产制造系统实现管理技术、运筹技术、优化技术、自动化与计算机技术发展的核心[34]。因此,生产调度问题的研究具有重要的理论意义和工程价值。

生产调度问题是指,针对某项可以分解的工作,在一定的约束条件下,如何安排各个部分所占用的资源、加工时间以及先后顺序,从而使得产品制造时间或成本等性能指标最优[35]。通常,生产调度问题表现为多约束、多目标、随机不确定的优化问题,而且问题的规模一般较大,求解时计算复杂度随着规模的增大呈指数级增长,并且已被证明为 NP(Non-deterministic Polynomial)完全问题。

生产调度问题的分类有很多种,根据加工系统的复杂度可分为单机调度、并行机调度、流水车间(flow shop)调度以及作业车间(job shop)调度。

单机调度是指所有加工任务都在单台设备上完成,因此需要解决任务的排队优化问题[36]。并行机调度是指加工系统有一组功能相同的机器,待加工的工件都只有一道工序,可以任选一台机器来加工工件[37]。

流水车间调度研究 m 台机器上 n 个工件的流水加工过程,每个工件在各机器上加工顺序固定且一致,同时约定每个工件在每台机器上只加工一次,每台机器在某一时刻只能加工一个工件,各工件在各机器上所需的加工时间和准备时间已知,要求得到某调度方案使得某项指标最优[38]。流水车间调度问题(Flow Shop Scheduling Problems,FSSP)又称为流水线调度问题,一般可分为阻塞、置换、无等待、有限缓冲、零空闲、批量以及其他多种混合类型的调度问题。

作业车间调度研究 n 个工件在 m 台机器上的加工,已知各操作的加工时间和各工件在机器上的加工次序约束,要求确定与工艺约束条件相容的各机器上所有工件的加工时间或完工时间或加工次序,使加工性能指标达到最优[38]。

DE 算法作为近几十年发展起来的一种群体智能算法,因其结构简单、易于实现、快速聚合和鲁棒性强的特点,成为了解决连续优化问题最好的进化算法之一,并逐渐扩展到离散优化领域,用来解决 TSP、生产调度问题等。

10.4.1 基于差分进化算法的置换流水线调度

置换流水线调度问题(Permutation Flow-shop Scheduling Problem,PFSP)是生产调度问题中的典型例子,同时也是组合优化领域中一个经典的问题,学者们对该问题进行了大量的研究。

PFSP 的描述与 FSSP 的描述类似,即 n 个工件在 m 台机器上加工,每台机器加工工件的顺序相同,n 个工件在各机器上的加工顺序也相同,每台机器一次只能加工一个工件,每个工件在一台机器上只能加工一次,每个工件在机器上的加工时间是已知的。PFSP 的优化目标是求出 n 个工件在每台机器上的加工顺序,使得某个性能指标达到最优,最常用的指标是完工时间(make span)最小,其次是总流经时间(total flow time)最小[39]。

置换流水线调度问题用数学形式表示为:令 $\tau = \{\tau(1), \tau(2), \cdots, \tau(n)\}$ 表示工件的加工顺序,$t_{i,j}$ 表示工件 i 在机器 j 上的加工时间,$C(i,j)$ 表示工件 i 在机器 j 上加工的完成时间,那么 PFSP 问题最优调度方案的完工时间可表示为:

$$\begin{cases} \min C[\pi(n), m] \\ C[\tau(1), 1] = t_{\tau(1), 1} \\ C[\tau(i), 1] = C[\tau(i-1), 1] + t_{\tau(i), 1}, \ i = 2, 3, \cdots, n \\ C[\tau(1), j] = C[\tau(1), j-1] + t_{\tau(1), j}, \ j = 2, 3, \cdots, m \\ C[\tau(i), j] = \max\{C[\tau(i-1), j], C[\tau(i), j-1]\} + t_{\tau(i,j)}, \ i = 2, 3, \cdots, n, j = 2, 3, \cdots, m \end{cases}$$

$$(10-15)$$

针对上述 PFSP 问题,吴粜提出了压缩离散 DE 算法(compact Discrete Differential Evolution,cDDE),利用概率分布来随机初始化种群,对离散 DE 算法的变异操作进行了改进,以基于排列的扰动方式来生成变异个体,同时,引入 Metropolis 准则来判断是否接受当前排列,在算法中融合了基于插入操作的局部搜索算法,有效提高了算法性能[40]。具体算法步骤如下所述。

步骤 1:初始化可行解(当前排列)X_G、精英排列 X_{elite} 和概率模型,设置算法参数。

步骤 2:随机从概率模型中采样得到两个排列 X_{r1}、X_{r2}。

步骤 3:完成离散差分进化过程,根据 DE/best/1 变异策略执行变异操作得到 V_G,根据交叉概率执行交叉操作得到 U_G。

步骤 4:在排列 U_G 上执行局部搜索,根据 Metropolis 准则判断是否接受新排列作为当前排列。

步骤 5:更新算法的概率模型,即更新节点矩阵和边矩阵。

步骤 6:判断是否满足终止条件,若满足,则算法终止,输出最优排列,否则执行步骤 2。

2004 年，Tasgetiren 等最早提出将 DE 算法应用于求解置换流水车间问题[41]。采用最小位置值的方法可将连续空间映射为离散空间，从而使得 DE 算法可用于求解序列调度问题。实验表明，该算法在解决实际生产问题时，表现出良好的性能，在问题规模较大时，算法也有较高的效率。

Pan 等提出了一种以 makepan 为准则的离散 DE 算法，用于求解以总流动时间最小为目标的置换流水线调度问题[42]。该算法设计了一种参考局部搜索，并将该参考局部搜索嵌入在离散 DE 算法中，以进一步提高求解质量。

Zheng 等提出了一种利用量子旋转角进行染色体编码和解码的量子 DE 算法（Quantum Differential Evolution Algorithm，QDEA），用于 PFSP 问题[43]。QDEA 提出了一种基于作业的量子信息来确定作业序列的简单策略，称为最大旋转角值规则，用于 PFSP 的表示。同时，融合差分进化策略、可变邻域搜索和 QEA（Quantum Evolution Algorithm）的优势，通过采用差分进化进行量子门更新和可变邻域搜索，提高了算法局部搜索的性能。

Mokhtari 将带有坐标方向搜索的混合离散差分进化算法与可变邻域搜索相结合[44]，用于求解原始模型分解出的两个子问题——排序问题和资源分配问题，采用统计程序调整算法中的重要参数，优化置换类型调度问题的两个冲突目标函数——完成时间最小化和资源总成本最小化。

针对 PFSP，Lin 和 Yin 设计了一种基于差分进化的 Memetic 算法[45-46]，称为 ODDE 算法，为了使 DE 算法适用于 PFSP，引入了一种基于随机密钥的新规则，将 DE 算法中的连续位置转换为离散作业排列，并将 NEH 启发式方法与随机初始化结合以提高种群质量和多样性。ODDE 算法提出了一种基于人口多样性测度的方法来调整交叉率，提高了算法的全局优化特性，同时，引入了局部搜索帮助算法，摆脱了局部最小值。

10.4.2 基于差分进化算法的有限缓冲区调度

有关流水线调度问题的描述正如 10.4 节所述，而在实际生产中，工件 i 在机器 $j(j \neq m)$ 上加工完毕后有多种可能出现的情况。

（1）在置换流水车间调度问题中，假设相邻机器间的缓冲区为无限大，工件在缓冲区内遵循先进先出的原则，当机器 $j+1$ 空闲时，工件 i 可直接在机器 $j+1$ 继续进行加工，否则暂存在缓冲区；

（2）在阻塞类型的调度问题中，当机器 $j+1$ 空闲时，工件 i 可直接在机器 $j+1$ 继续进行加工，否则将会停留在机器 j 上，造成阻塞；

（3）当缓冲区有限时，若缓冲区存储已满，工件 i 停留在机器 j 上，会造成阻塞；若机器 $j+1$ 正在执行其他加工，缓冲区还有空间，则工件 i 进入缓冲区；若机器 $j+1$ 处于空闲状态，则直接在机器 $j+1$ 上继续加工。

有限缓冲流水车间调度问题（Flow Shop Scheduling Problems With Limited Buffers，FSSPWLB）正是指相邻机器之间具有有限缓冲区的一类调度问题。假设工件 i 在机器 j 上的加工时间为 $t_{i,j}$，第 j 个机器后的缓冲区容量为 b_j，工件的加工顺序为 $\pi = \{\pi(1), \pi(2), \cdots, \pi(n)\}$，工件 i 在机器 j 上的完成时间为 $C(i,j)$，各工件完成加工的时间为：

$$C[\pi(1), 1] = t_{\pi(1), 1} \tag{10-16}$$

$$C[\pi(1), j] = C[\pi(1), j] + t_{\pi(1), j}, \quad j = 2, 3, \cdots, m \tag{10-17}$$

$$C[\pi(i),j)] = \max\{C[\pi(i-1),j], C[\pi(i),j-1]\} + t_{\pi(i),j},$$
$$i = 2,3,\cdots,b_j+1, \quad j = 2,3,\cdots,m-1 \tag{10-18}$$

$$C[\pi(i),j] = \max\{\max\{C[\pi(i-1),j], C[\pi(i),j-1]\} + t_{\pi(i),j},$$
$$C[\pi(i-b_{j-1}),j+1]\}, i > b_j+1, j = 2,3,\cdots,m-1 \tag{10-19}$$

$$C(\pi(i),m) = \max\{C[(\pi(i-1),m], C[\pi(i),m-1]\} + t_{\pi(i),m},$$
$$i = 2,3,\cdots,n \tag{10-20}$$

式(10-16)和式(10-17)表示,第一个工件可直接在所有机器上依次进行加工,不必考虑机器是否空闲或缓冲区的存储空间;式(10-18)表示,当缓存区的工件数目小于或等于 b_j+1 时,不需要考虑工件会在机器上造成阻塞;由式(10-19)可知,当缓存区的工件数目大于 b_j+1 时,需要考虑缓冲区大小和机器约束;而对于最后一台机器,如式(10-20)所示,完成加工的工件离开流水线后,下一个工件直接进入最后一台机器或在前一台机器上完成加工后直接进入。

针对 FSSPWLB 问题,Qian 等提出了一种有效的混合 DE 算法,该算法在 DE 算法的基础上,不仅引入了多种基于进化机制的遗传算子,而且还采用了基于图模型的邻域结构来增强局部搜索,此外,通过最大顺序值(Largest Order Value,LOV)实现 DE 算法应用于工件排序这类离散型优化问题,利用 Pareto 支配来判断当前解的更新,并使用马尔可夫链证明了算法的收敛性[47]。

胡蓉和钱斌提出了一种用于最小化提前/拖后指标和最小化总体完成时间指标的混合 DE 算法 OHTDE[48]。OHTDE 将 DE 算法和最优计算量分配(Optimal Computing Budget Allocation,OCBA)技术以及假设检验(Hypothesis Test,HT)有效结合。DE 算法用于执行全局搜索和局部搜索,OCBA 技术用于对有限计算量进行合理分配,从而保证优质解得到较多的仿真计算量,提高了算法的鲁棒性;HT 用于在统计意义上比较解的性能,从而一定程度上避免在解空间相近区域进行重复搜索。

郭丽提出了一种自适应 DE 算法及其若干变体,用来解决多目标 FSSPWLB[49]。PADE(Parameter self-Adaptive DE)算法使用 LOV 规则完成 DE 个体与工件排序的映射,同时,参数 CR 在进化过程中不断调整,逐渐增强挖掘能力。在 PADE 的基础上,郭丽提出了 MPADE,除了增加选择插入算子(Insert)和非支配解外部存储,还设计了一种基于概率模型的局部搜索算子(Local Search Based on Probability Model,LSBPM)来加强算法局部搜索性能。

10.4.3 基于差分进化算法的作业车间调度

作业车间调度问题(Job Shop Problem,JSP)的一般描述为:现有 n 个工件需要在 m 台机器上进行加工,在满足约束条件的前提下,对共享资源的分配和生产任务进行合理、科学的安排,使其性能评价指标达到最优。

建立 JSP 模型时,通常需要满足如下约束条件[50]。

(1) 对于同一个工件,加工次序必须严格按照顺序进行,且每一道工序对应不同的机器。

(2) 任意一台机器一次只能加工一个工件的某一道工序。

(3) 机器在运作时不能插入新的工序,也不能临时中断。

（4）每一台机器开始加工的时间一定大于或等于零。

（5）预先确定每一道工序所需的加工时间且保持不变。

以下为评价 JSP 调度方案性能的常用指标[51]。

（1）最小化最大完工时间，即所有产品全部完成加工的总时间越短，调度方案越好

$$\min C = \min(\max_{i=1}^{n} C_i) \tag{10-21}$$

其中，C_i 表示第 i 种工件的完工时间。

（2）最小化加工成本，产品的加工成本越低，生产带来的效益越大

$$\min \text{cost} = \min\left[\sum_{j=1}^{m}(Ct_j \cdot Mt_j)\right] \tag{10-22}$$

其中，Ct_j 表示机器 j 的加工成本，Mt_j 表示机器 j 的加工时间。

（3）最大化机器利用率，尽可能提高机器的利用率可以节省资源，降低成本

$$\max \text{cost} = \max\left(\frac{\sum_{j=1}^{m} Mt_j}{\sum_{j=1}^{m} Mr_j}\right) \tag{10-23}$$

其中，Mr_j 表示机器 j 的运行时间。

翁志远等提出了以完工时间最短为目标的改进 DE 算法用于作业车间调度问题的优化[52]。采用自适应的变异和交叉算子，结合两种常用的变异操作的优点，设计了一种新的变异策略，使得算法执行时，初期全局搜索能力较强，后期局部搜索能力较强，同时也加快了算法搜索速度，实验结果表明，该算法可以得到较好的作业车间调度方案，具有一定的实际应用价值。

针对动态多变环境下的作业车间调度问题，在基于周期和事件驱动的滚动窗口再调度策略的基础上，王万良等根据冻结时段思想，建立机器存在不可用时段的动态调度模型，提出了优化作业车间动态调度的混合 DE 算法[53]。该算法借鉴了进化算法中量子旋转门更新量子位的方法，设计了三段式交叉操作，并在算法框架中嵌入了局部搜索的思想，提供了高质量的调度结果。

侍情将 DE 算法和克隆选择进行有效结合，求解多目标作业车间调度问题[50]，文章对 DE 算法进行离散化操作，改变编码方式使其更适合解决离散问题，并且在多目标离散 DE 算法中引入了克隆选择的思想，提高了算法的局部搜索性能，保证了种群的多样性以及所获得解的质量，避免算法陷入局部最优及出现早熟收敛现象。对以最大完工时间最小化和机器利用率最大化为目标的调度问题进行仿真实验，结果表明，该算法能够获得较好的非支配解集。

参考文献

[1] Price K V, Storn R M, Lampinen J A. Differential Evolution—A Practical Approach to Global Optimization[M]. Berlin: Springer-Verlag, 2005.

[2] Mezura-Montes E, Coello C A C, Tun-Morales E I, et al. Simple Feasibility Rules and Differential Evolution for Constrained Optimization[J]. Lecture Notes in Computer Science, 2004, 29(72): 707-716.

［3］ Storn R. On the usage of differential evolution for function optimization［C］//1996 Biennial Conference of the North American. IEEE Xplore,1996.

［4］ Ilonen J,Kamarainen J K,Lampinen J. Differential Evolution Training Algorithm for Feed-Forward Neural Networks[J]. Neural Processing Letters,2003,17(1)：93-105.

［5］ Storn R,Price K. Differential Evolution—A Simple and Efficient Heuristic for Global Optimization over Continuous Spaces[J]. Journal of Global Optimization,1997,11(4)：341-359.

［6］ Price K V. An introduction to differential evolution[M]//New idea in optimization. Corne D. UK：McGraw Hill，1999.

［7］ 赵晓芬. 求解约束优化问题的差分进化算法[D]. 西安：西安电子科技大学,2012.

［8］ Bergey P K,Ragsdale C. Modified differential evolution：a greedy random strategy for genetic recombination[J]. Omega,2005,33(3)：255-265.

［9］ Babu B V,Chakole P G,Mubeen J H S. Multiobjective differential evolution (MODE for optimization of adiabatic styrene reactor[J]. Chemical Engineering Science,2005,60(17)：4822-4837.

［10］ 廖志文. 基于多目标混合差分进化算法的电机优化设计[D]. 广州：中山大学,2010.

［11］ Mezuramontes E,Reyessierra M,Coello C A C. Multi-objective Optimization Using Differential Evolution：A Survey of the State-of-the-Art[J]. Studies in Computational Intelligence Advances in Differential Evolution,2008,143：173-196.

［12］ Abbass H,Sarker R,Newton C. PDE：a Pareto-frontier differential evolution approach for multi-objective optimization problems[C]//Congress on Evolutionary Computation,2001.

［13］ Abbass H A. The self-adaptive Pareto differential evolution algorithm［C］//Congress on Evolutionary Computation. IEEE,2002.

［14］ Madavan N K. Multi-objective optimization using a Pareto differential evolution approach[C]// Evolutionary Computation on CEC02 Congress. IEEE Computer Society,2002.

［15］ Xue F,Sanderson A C,Graves R J. Pareto-based Multi-Objective Differential Evolution［C］// Congress on Evolutionary Computation. IEEE,2003.

［16］ Wang X,Yu G. 一种改进的多目标混合差分进化算法[J]. 计算机应用研究,2014,31(5)：1332-1335.

［17］ Wu Q,Yang W,Lü Z. A tabu search based hybrid evolutionary algorithm for the max-cut problem [J]. Applied Soft Computing,2015,34：827-837.

［18］ 胡鹏飞. 差分进化算法的改进及应用研究[D]. 湘潭：湘潭大学,2011.

［19］ 栾丽君,谭立静,牛奔. 一种基于粒子群优化算法和差分进化算法的新型混合全局优化算法[J]. 信息与控制(6)：708-714.

［20］ 黎延海. 基于粒子群优化与差分进化混合算法的多目标优化及应用[D]. 西安：西安石油学院，2014.

［21］ 易文周,张超英,王强,等. 基于改进 PSO 和 DE 的混合算法[J]. 计算机工程,2010,36(10)：233-235.

［22］ 马永刚,刘俊梅,高岳林. 一种新的双种群 PSO-DE 混合算法[J]. 武汉理工大学学报(交通科学与工程版),2011(06)：163-166.

［23］ 陶新民,徐鹏,刘福荣,等. 一种组合粒子群和差分进化的多目标优化算法[J]. 计算机仿真,2013,30(4)：313-316.

［24］ 王志,胡小兵,何雪海,等. 一种新的差分与粒子群算法的混合算法[J]. 计算机工程与应用,2012,48(6)：46-48.

［25］ Deng L,Lu G,Shao Y,et al. A novel camera calibration technique based on differential evolution particle swarm optimization algorithm[J]. Neurocomputing,2016,174(PA)：456-465.

［26］ Moharam A,El-Hosseini M A,Ali H A. Design of optimal PID controller using hybrid differential evolution and particle swarm optimization with an aging leader and challengers［J］. Applied Soft Computing,2016,38(C)：727-737.

［27］ 范瑜,金荣洪,耿军平,等. 基于差分进化算法和遗传算法的混合优化算法及其在阵列天线方向图综合中的应用［J］. 电子学报,2004,32(12)：1987-1991.

［28］ Chiou J P,Chang C F,Su C T. Ant Direction Hybrid Differential Evolution for Solving Large Capacitor Placement Problems［J］. IEEE Transactions on Power Systems,2004,19(4)：1794-1800.

［29］ 陶文华,刘洪涛. 基于差分进化与 NSGA-Ⅱ 的多目标优化算法［J］. 计算机工程,2016(11)：219-224.

［30］ Qian W,Li A. Adaptive differential evolution algorithm for multiobjective optimization problems［J］. Applied Mathematics and Computation,2008,201(1-2)：431-440.

［31］ Wang Y N,Wu L H,Yuan X F. Multi-objective self-adaptive differential evolution with elitist archive and crowding entropy-based diversity measure［J］. Soft Computing,2010,14(3)：193-209.

［32］ 陈亮. 改进自适应差分进化算法及其应用研究［D］. 上海：东华大学,2012.

［33］ 刘红平,黎福海. 面向多目标优化问题的自适应差分进化算法［J］. 计算机应用与软件,2015,32(12)：249-252.

［34］ 王凌. 遗传算法［M］. 北京：清华大学出版社,2003.

［35］ 徐俊刚,戴国忠,王宏安. 生产调度理论和方法研究综述［J］. 计算机研究与发展,2004(02)：2-12.

［36］ 石锦风. 智能优化算法的车间调度问题的研究［D］. 无锡：江南大学,2008.

［37］ 常桂娟. 基于微粒群算法的车间调度问题研究［D］. 青岛：青岛大学,2008.

［38］ 桑红燕. 基于差分进化和人工蜂群算法的优化调度［D］. 聊城：聊城大学,2010.

［39］ 置换流水车间调度问题的几种智能算法［D］. 西安：西安电子科技大学,2012.

［40］ 吴兼. 基于 DE 和 EDA 混合算法的组合优化问题求解方法研究［D］. 武汉：华中科技大学,2016.

［41］ Tasgetiren M F,Liang Y C,Sevkli M,et al. Differential evolution algorithm for permutation flow shop sequencing problem with makespan criterion［C］//Proceedings of the 4th international symposium on intelligent manufacturing systems,Sakarya,Turkey,2004：442-452.

［42］ Pan Q K,Tasgetiren M F,Liang Y C. A discrete differential evolution algorithm for the permutation flow shop scheduling problem［J］. Computers & Industrial Engineering,2008,55(4)：795-816.

［43］ Zheng T,Yamashiro M. Solving flow shop scheduling problems by quantum differential evolutionary algorithm［J］. International Journal of Advanced Manufacturing Technology,2010,49(5-8)：643-662.

［44］ Mokhtari H,Abadi I N K,Cheraghalikhani A. A multi-objective flow shop scheduling with resource-dependent processing times：trade-off between makespan and cost of resources［J］. International Journal of Production Research,2011,49(19)：5851-5875.

［45］ Li X,Yin M. An opposition-based differential evolution algorithm for permutation flow shop scheduling based on diversity measure［J］. Advances in Engineering Software,2013,55(none)：10-31.

［46］ Liu Y,Yin M,Gu W. An effective differential evolution algorithm for permutation flow shop scheduling problem［J］. Applied Mathematics and Computation,2014,248：143-159.

［47］ Qian B,Wang L,Huang D X,et al. An effective hybrid PSO-based algorithm for flow shop scheduling with limited buffers［J］. Computers & Operations Research,2009,33(1)：2960-2971.

［48］ 胡蓉,钱斌. 一种求解随机有限缓冲区流水线调度的混合差分进化算法［J］. 自动化学报,2009,35(12).

［49］ 郭丽. 自适应差分进化算法解决多目标有限缓冲车间调度问题研究［D］. 郑州：郑州大学,2016.

[50] 侍倩. 基于差分进化算法的多目标优化问题的研究[D]. 上海：东华大学,2016.

[51] 潘全科. 智能制造系统多目标车间调度研究[D]. 南京：南京航空航天大学,2003.

[52] 翁志远,方杰,孔敏,等. 改进差分进化算法的作业车间调度优化策略[J]. 控制工程,2017,24 (006)：1282-1285.

[53] 王万良,王磊,王海燕,等. 基于混合差分进化算法的作业车间动态调度[J]. 计算机集成制造系统, 2012(03)：85-93.

第 11 章

CHAPTER 11

模拟退火算法

模拟退火算法(Simulate Anneal Algorithm,SAA)是一种适合解决大规模组合优化问题的随机搜索算法。与一般的局部搜索算法不同的是,SAA 以一定的概率选择邻域中目标值相对较小的状态,从理论上来说,它是一种全局最优算法。SAA 的思想源自对固体退火这一热力学过程的模拟,早在 1953 年,Metropolis 等就提出了 SAA 的思想,1983 年,Kirkpatrick 等将其应用于组合优化问题,后来发展成一种通用的优化算法,广泛应用于现代计算机科学、图像处理、超大规模集成电路设计等科学领域。

11.1 模拟退火算法起源

11.1.1 固体退火原理

固体退火过程是指将固体加热到熔化,再徐徐冷却使之凝固成规整晶体的热力学过程[1],主要由加温过程、等温过程以及冷却过程 3 个阶段组成。

(1) 加温过程:对固体加热时,随着温度的升高,粒子的热运动不断加强,逐渐偏离平衡位置,粒子排列也呈现出随机状态,此时,宏观上物体表现为液态,这就是熔化现象。熔化过程消除了系统内原先可能存在的非均匀状态[2],同时系统的能量也随着温度升高而增大。

(2) 等温过程:退火过程要求温度缓慢降低,使得系统在每个温度下都达到平衡状态。这一过程可以根据自由能减少定律给出解释:对于与环境发生热量交换而温度保持不变的封闭系统,系统状态的自发变化总是朝着自由能减少的方向进行,当自由能达到最小值时,系统达到平衡态。

(3) 冷却过程:温度的降低使得粒子热运动慢慢减弱,粒子排列渐趋有序,系统能量不断减小,最终得到低能的晶体结构。当液体凝固成固体的晶态时,退火过程完成。

11.1.2 模拟退火算法发展历程

在自然科学、电子工程、图像处理以及控制工程等众多领域,存在着大量复杂的组合优化问题,例如 NP 完全问题,其求解时间会随着问题规模的增大呈指数级增长,在最坏情况下,问题的求解难度是不可预估的。

SAA 是一种通用的随机搜索算法,是局部搜索算法的拓展,最早的思想由 Metropolis 等于 1953 年提出[3]。1983 年,Kirkpatrick 等发现了一般组合优化问题与固体退火过程之间的相似性,如表 11.1 所示。根据这种相似性,依据 Metropolis 准则进行迭代求解,Kirkpatrick 创建了现代的 SAA,成功地将 SAA 引入了组合优化领域中,并广泛应用于实际工程问题[4-6]。

表 11.1 组合优化问题与固体退火过程的相似性

组合优化问题	固体退火过程
解	粒子状态
最优解	能量最低状态
设定初温	熔解过程
Metropolis 抽样过程	等温过程
控制参数的下降	冷却
目标函数	能量

由于 SAA 可以在搜索过程中概率性地跳出局部最优解并最终趋于全局最优[7],有效地解决具有 NP 复杂性的问题,因而备受研究学者们的青睐。但是,随着大数据时代的到来,海量的数据样本和所需处理结果的不断精确化都对随机优化算法提出了越来越高的要求,因此越来越多的专家学者对 SAA 进行了研究改进。

1985 年 Cerny V. 等运用 SAA 来求解 TSP,得到了非常接近真实值的最优解,甚至找到真正的最优解[8]。1986 年 Harolad S. 等提出了一种退火率与时间成反比的快速模拟退火(Fast Simulated Annealing,FSA)算法,与经典 SAA 相比,FSA 算法的速度和收敛性都得到了较大的提高[9-10]。从此,SAA 引起了各个领域的研究兴趣。Laarhoven 于 1987 年出版了 *Simulated Annealing: Theory and Applications*[11],对 SAA 的理论与应用做了比较系统的总结,为学习 SAA 提供了极大的便利,这本书也成为 SAA 发展史上的一块里程碑。

后来的许多年,学者们对 SAA 进行了各种改进,每种改进算法的提出都与其应用范围紧密结合,使得这些算法更好地适用于其应用领域。1990 年徐雷针对模式识别领域提出了改进后的 SAA[12]。同年,Basu A. 等研究了 SAA 中确定临界温度和起始温度的方法[13]。1991 年,谢云等通过分析发现 SAA 在进入局部最优时,温度过低会导致得到最优解的时间代价无限增加,因此,他们提出了单调升温的 SAA[14],在进入局部最优时升高温度,加快了算法的收敛速度。1993 年,Lin F. 等将 SAA 与 GA 结合起来,提高了 SAA 的求解精度,改善了算法的性能[15]。改进后的退火-遗传算法(annealing-genetic algorithm)在解决 NP-hard 问题时有良好的效果。1994 年,康立山等出版《非数值并行算法》,系统概括和总结了并行 SAA[16]。1995 年,Tarek M. 等将并行 SAA 应用于复杂的科学计算和工程计算领域[17]。随后,有关 SAA 并行化计算的研究工作蓬勃发展,目前常见的并行策略包括操作并行策略、进程并行策略、空间并行策略。大量实验表明,并行计算模式下的 SAA 的收敛速度和得到的解的质量都远远优于经典模拟退火算法,将成为求解全局最优问题的主流算法。

2000 年,向阳等提出了效率更高的推广 SAA,介绍了其基本思想和统计基础——Tsallis 概率分布[18],通过一系列标准函数测试了推广 SAA 的性能,探讨了推广 SAA 的效率随体系复杂性的变化[19]。同年,针对 SAA 存在收敛慢、费时较多的缺陷,席自强将单纯形法[20]与 SAA 有机地结合起来,形成一种新的改进型的优化算法——单纯形-模拟退火算法,综合了单纯形法与 SAA 各自的特点[21],提高了解的质量。之后,李文勇等提出了基于有记忆模拟退火的全局优化算法[22],针对SAA面对多极值问题无法判断最终求解的最优解是否曾经得到过的缺点,给算法增加了一个"记忆器",使其能够记住搜索得到的所有的最好结果,提高了算法求得的解的质量。

SAA在其被提出后的几十年得到了广泛的关注,由于它实现简单,求解优化问题时表现优异,使得学者们前赴后继地对它进行了改进和完善。无论是改进SAA的原理或者规则使其更严谨,还是实现SAA的并行化计算以提高效率,抑或是与其他算法结合得到效果更优异的算法[23],都具有很强的实际意义。直到今天,众多专家依然在努力钻研将其一般化,使其具有普遍适用性[24]。

11.2 模拟退火算法实现

11.2.1 模拟退火算法基本思想

SAA是用来在一个大的搜寻空间内找寻最优解的基于概率的算法,采用类似于固体退火的过程,先将固体加温至充分高(相当于算法的随机搜索),然后徐徐冷却(相当于算法的局部搜索),在每一个温度(相当于算法的每一次状态转移)达到平衡态,最终达到物理基态(相当于算法找到最优解)。

根据Metropolis准则,粒子在温度T时趋于平衡的概率为$\exp[-\Delta E/(kT)]$,其中E为温度T时的粒子内能,ΔE为其改变量,k为玻耳兹曼常数。用固体退火模拟组合优化问题,将内能E模拟为目标函数值f,温度T演化成控制参数t,即得到求解组合优化问题的SAA:由初始解i和控制参数初值t开始,对当前解重复"产生新解→计算目标函数增量→接受或舍弃"的迭代,并逐步衰减t值,算法终止时的当前解即为所得近似最优解,这是基于蒙特卡洛迭代求解法的一种启发式随机搜索过程。退火过程由冷却进度表控制,包括控制参数的初值t及其衰减因子Δt、每个t值时的迭代次数L和停止条件等。

11.2.2 模拟退火算法流程

模拟退火算法的步骤如下所述。

步骤1:设置初始温度T(充分大)、初始解状态S、每个T值的循环迭代次数L。

步骤2:对$k=1,2,\cdots,L$,执行步骤3~步骤6。

步骤3:产生新解S'。

步骤4:计算增量$\Delta t'=Q(S')-Q(S)$,其中$Q(S)$为目标函数。

步骤5:若$\Delta t'<0$则接受S'作为新的当前解,否则以概率$\exp(-\Delta t'/T)$接受S'作为新的当前解。

步骤6:如果满足终止条件则输出当前解作为最优解,结束程序。终止条件通常取为连续若干个新解都没有更新时终止算法。

步骤7:T乘以一个大于0小于1的常数,T的值逐渐减少,且$T>0$,然后转步骤2。

根据上述步骤,SAA的流程如图11.1所示。

综上所述,SAA解的选择方式大致为:首先是由目标函数产生当前解空间的新解,然后计算迭代前的解与迭代后的新解的目标函数的差,判断新解是否可以替代迭代前的解,如果目标函数差小于零,则新解作为当前解,否则新解以一定概率成为当前解。以此步骤循环

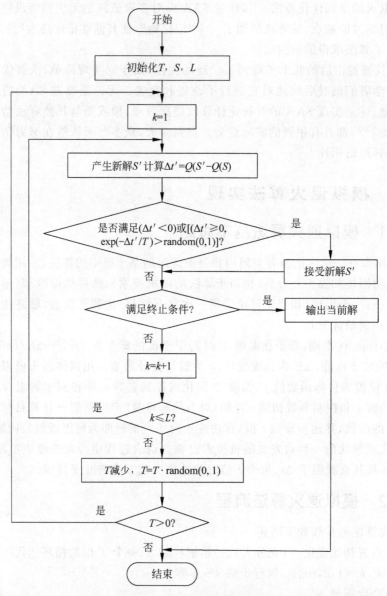

图 11.1　模拟退火算法流程图

迭代,直到温度 T 降为 0。SAA 具有渐近收敛性和并行性,SAA 最终的解不依赖于初始解的选择,该算法是一种以一定概率收敛于全局最优解的全局优化算法。

11.3　基于模拟退火算法的超大规模集成电路研究

SAA 是一种有效求解大规模组合优化问题的算法,特别是对于 NP 完全问题,SAA 在搜索过程中接受优化目标状态的解,同时以一定概率接受使目标状态变差的恶化解,从而跳出局部最优的陷阱,最终趋于全局最优解。近年来,研究人员将 SAA 应用于解决实际生产问题,例如,利用 SAA 优化超大规模集成电路的布线问题。

11.3.1　集成电路布线

集成电路诞生于 20 世纪 60 年代,经历了小规模集成(Small Scale Integration,SSI)、中规模集成(Medium Scale Integration,MSI)、大规模集成(Large Scale Integration,LSI),目前已进入超大规模集成(Very Large Scale Integration,VLSI)和特大规模集成(Ultra Large Scale Integration,ULSI)阶段[25]。集成电路产业的发展极大地推动了信息技术的革新与进步,而信息科学的发展又对集成电路的设计提出了更高的要求。随着电路集成度的不断提高,如何设计几百万个电子元件间的布线便成为了亟待解决的 NP-hard 问题,借助 SAA,可以找到比较满意的近似最优解。

VLSI 通过布局设计确定了每个电子模块在芯片上的位置和模块上各引脚的位置,并以网表的形式提供了各引脚间的互连信息。布线过程就是实现各个模块之间的连接,在确保连接性的前提下,尽可能优化布线结果,如减少通孔的个数、提高电学性能、优化总线长等[26]。如图 11.2 所示,芯片上除去电子模块占用的空间,剩余的部分称为布线区域。

通常有两种方法来实现布线过程,第一种方法是直接对各线网的节点进行布线,称为区域布线;另一种更为常用的方法是将布线过程分为两个阶段:总体布线和详细布线。在总体布线阶段,只需要把线网合理地分配到各个布线区域内,设定好线网经过的路线,但不要求实际布线方法。详细布线则用来确定线网各个连线在布线区域内的具体位置。根据节点位置,详细布线可分为两边通道布线和开关盒布线。

区域布线省略了总体布线的阶段,直接在一个区域内进行布线(可多层进行布线)。因此,通常只能解决规模较小的问题。对现代电路来说,"分而治之"的方法更加实际[27]。

图 11.2　布线区域示意图

总体布线需要确定设计好的布局是否可以布线,并在布线区域中确定线网的粗略布线。总体布线问题是一个典型的图论问题,布线区域及其布线的容量、区域之间的相互关系等都可以抽象为一张布线图。不同的设计会对图模型产生不同的影响,下面介绍一种最常用的图模型——通道相交模型[28],这种总体布线图可以准确地表达规划信息。给定版图布局,定义通道相交图 $G = \{V, E\}$,其中,V 表示版图中一个通道与另一个通道的相交点的集合。若 $\forall v_i, v_j \in V$,且这两个顶点间存在一个通道,则 v_i 和 v_j 相邻,即在图 G 中存在一条边 $e_{ij} \in E$ 连接 v_i 和 v_j。

电子模块的引脚映射到总体规划图对应的边上形成新的节点,这样总体规划图便扩展为一个带有布线信息的总体布线图[25],如图 11.3 所示。

　　总体布线算法的设计目标是寻找最优的布线路径。根据给定的版图布局定义总体布线图,边和相应的顶点对应芯片上的布线区域,然后将各模块的引脚映射到图中,执行布线算法,最终得到连接各个线网的最优方案。为了找到最短的布线路径,线网 N_1 和 N_2 的分配结果如图 11.4(b)所示。总体布线算法将区域定义为图的顶点,区域之间连通的电路定义为图的边,这样总体布线问题就转化为图论中的斯坦纳树(Steiner tree)问题。然而,所有的斯坦纳树问题都是 NP-hard 问题,没有高效的办法找到最优的结果[27]。

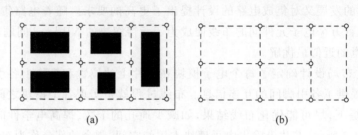

(a) (b)

图 11.3　总体规划图

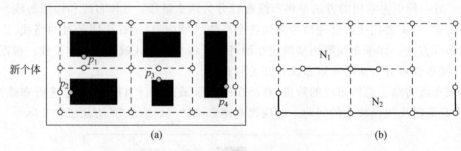

新个体

(a) (b)

图 11.4　总体布线图

　　如前所述,详细布线将确定线网各个线段在布线区域内的最终位置。根据引脚的分布,详细布线可分为两边通道布线和开关盒布线,如图 11.5 所示。两边通道布线的引脚分布在通道的两侧,而开关盒布线的引脚位置则在区域的四周,因此开关盒布线又称为四边通道布线。通常将上述统称为通道布线。

(a) (b)

图 11.5　两边通道布线和开关盒布线

11.3.2　优化目标

　　前面简单阐述了 VLSI 布线的一些背景知识,下面将主要介绍 SAA 如何求解布线问题。

由 SAA 的流程可以看出,该算法的实现是不断产生和接受或舍弃新解的迭代过程,因此应用 SAA 解决实际问题时,最关键的问题是算法如何产生新解以及怎样去计算该解的代价函数。

首先,假设布线的引脚的个数为 n,解空间 $S=\{(\pi_1,\pi_2,\cdots,\pi_n)\}$ 表示点 $\{1,2,\cdots,n\}$ 的所有循环排列,其中每一个循环排列会遍历 n 个点形成一条回路,$\pi_i=j$ 表示第 i 个访问的点是 j 点,且要求 $\pi_{n+1}=\pi_1$,因此,可以在当前解的基础上利用 k 变换($k=2$)来产生新解。

其次,设 n 引脚之间的距离矩阵为 $\boldsymbol{D}=[d_{ij}]$,d_{ij} 表示点 i 到点 j 的距离,则问题的优化目标为求解空间 S 中路径总长最短的一组循环排列,即代价函数 $f(\pi_1,\pi_2,\cdots,\pi_n)=\sum_{i=1}^n d_{\pi_i\pi_{i+1}}$,代价函数之差 $\Delta f=(d_{\pi_{\mu-1}\pi_v}+d_{\pi_v\pi_{v+1}})-(d_{\pi_{\mu-1}\pi_\mu}+d_{\pi_v\pi_{v+1}})$。因此,对于产生的新解,通过邻接矩阵计算其代价函数,根据代价函数和 Metropolis 接受准则确定是否接受新解[29]。

那么 SAA 是怎样优化集成电路中的布线问题的呢? 文献[29]中通过随机初始化产生 n 个二维坐标来表示待连接的 n 个点,计算任意两点之间的距离得到邻接矩阵 $\boldsymbol{D}$,同时,随机产生一组排列作为问题的初始解,然后,从参数选取、算法实现以及性能优化 3 个方面具体介绍了布线问题中 SAA 的关键步骤。

(1) 参数的选取。SAA 的退火过程要求温度缓慢降低,使系统在每一个温度下达到平衡状态,因此选取合适的冷却进度表十分重要。例如,采用 $t=t_0 dt$ 作为控制衰减函数,其中,t_0 表示初始温度,dt 表示变化因子,算法终止条件为不再接受新解。

(2) 算法实现。该算法中,接受新解以更新当前解的概率为:

$$A_{ij}(T_k)=\exp\left(-\frac{f(j)-f(i)}{T_k}\right) \tag{11-1}$$

其中,T_k 表示降温因子。

(3) 性能优化。控制参数 t 的递减率 dt 的值影响着算法的收敛性,若 dt 太小,控制参数下降速度会加快,降低了算法接受较差解的概率,从而影响最终解的质量;若 dt 太大,计算所需的时间代价会增大,影响算法的效率[29]。

11.4 基于模拟退火算法的图像处理

11.4.1 基于模拟退火算法的图像复原

随着科技的发展,图像处理技术已经成为科学研究领域中不可或缺的工具,而图像复原是图像处理中至关重要的一部分。图像复原的研究思路是找到近似拟合图像退化现象过程的数学模型,然后根据数学模型重建原始图像或近似图像。因此,图像复原趋向于将退化现象模型化并用相反的处理步骤来构建图像。现有的图像复原方法主要有维纳滤波法、最大熵恢复法、贝叶斯估计方法以及最小二乘滤波法等,这些算法都需要较多的先验知识(比如,原始图像的特征参数等),否则算法的稳定性将会明显降低。

针对现有的图像复原方法的不确定性,提出了一种基于图像稀疏表达的模拟退火的图像复原方法来恢复模糊图像[32],该算法以 SAA 为基础,建立新的价格函数,同时,借助图像模糊因子确定相关参数。针对自然图像具有稀疏性的特性,在价格函数的约束项中引入图像的稀疏性,并设计了一种新的扰动方式,根据价格函数的变化判断是否接受扰动解。实验证明,该算法能够有效提高复原图像的质量。

基于粒子群和模拟退火的图像恢复算法[33]结合了粒子群优化快速的全局搜索能力和 SAA 局部搜索能力强的优点,具有较快的收敛速度和良好的全局收敛性,同时,设计合理的种群初始化方法和适应度函数,使得算法能应用于不同类型退化图像的恢复。结果表明,该算法可使图像恢复效果得到改进和提高,是一种有效的图像恢复方法。

McCallum 首次将 SAA 应用于图像的盲解卷积,取得了较好的图像复原效果[34]。但该算法的鲁棒性和收敛性较差。针对这个问题,张红英等分析影响 SAA 效率的关键因素,对比了均匀(Uniform)分布与柯西(Cauchy)分布的分布机制,对 McCallum 的算法进行了改进,提出了一种改进的模拟退火图像盲复原算法[35],该算法选择 Cauchy 分布作为随机扰动量产生状态扰动函数,有效提高了算法对初值的鲁棒性,同时,算法收敛到最优解的速度要比 McCallum 的方法快两倍。

经过几十年广泛而深入的研究,专家学者发现将 Hopfield 离散神经网络和 SAA 相结合,能够使能量函数达到全局最小值,有效提高图像的恢复效果。然而,为了避免退火过程过早收敛,传统基于模拟退火算法的神经网络降质图像复原算法,要求温度必须缓慢下降,导致算法的运行时间过长。为了解决这个问题,采用含回火过程的改进模拟退火算法来实现降温[36]。该算法引入的回火过程是指,当算法收敛到局部最优时,利用回火再退火的触发条件(即通过多次退火过程后解的质量没有得到提高),提高温度 T 的值,使算法跳出局部最优点,重新进行退火过程。这样,既加快了收敛速度,又能保证算法不陷入局部最优的陷阱。基于改进模拟退火的神经网络降质图像恢复算法的具体步骤如下,主要包括了 Metropolis 抽取过程(步骤 2～步骤 4)和退火过程(步骤 5)。

步骤 1:初始值。设定能量函数作为算法的目标函数,降质图像作为函数的初始值以及初始温度、终止温度、回火过程的触发条件等算法相关参数。

步骤 2:在温度 T 下,按序遍历降质图像的所有像素点,改变网络中的每个神经元的状态,并计算相应的能量增量 ΔE_{ij}。

步骤 3:若 $\Delta E_{ij} < 0$,则接受状态的改变;若 $\Delta E_{ij} > 0$,则计算接受概率 $\exp(-\Delta E_{ij}/T)$,且当接受概率大于随机数 $random(0,1)$ 时,依然接受状态的改变;否则放弃改变当前状态。

步骤 4:重复执行步骤 2 和步骤 3,当相应次数大于预先设定的条件时,满足回火过程的触发条件(即在某一温度下,重复一定次数的抽取过程,解的质量没有任何的改变,即可进入回火过程),则提高温度 T,重新开始上述抽取过程和接受过程。

步骤 5:按照改进的快速降温方法得到一个新的温度值 T,判断是否满足小于终止温度的条件,若满足,则算法结束,输出当前解作为最终的复原图像;否则转到步骤 2。

11.4.2　基于模拟退火算法的图像去噪

在图像的形成、传输、变换过程中,多种外在因素的影响会导致图像产生一些干扰信息,也就是噪声,因此,图像去噪成为图像处理过程中非常关键的一步,图像去噪的好坏直接影响到接下来的工作步骤。

SAA 通过赋予搜索过程一种时变和最终趋于零的概率突变性,来避免陷入局部最小值从而达到全局最优；而 GA 则是基于概率意义下的"优胜劣汰"思想来指导群体进化，从而实现优化的目标。结合两种优化方法的优点，提出了基于 GA 的混合 SAA 用于图像的降噪处理[37]。该算法在随机产生的初始值中利用侧重于全局搜索的 GA 生成新的个体，然后通过侧重于局部搜索的 SAA 进一步优化个体从而产生下一代种群。反复进行上述模拟退火遗传算法的进化操作，直到算法收敛于最优解。该算法应用于图像降噪的研究时，首先对原始图像和噪声图像每个像素点上的灰度对应关系进行编码，然后根据图像质量评价标准对种群中的个体进行适应度评估，并顺序完成 GA 的进化操作，对遗传得到的种群应用 SAA 进行寻优，利用局部搜索的最优解来调整搜索范围，反复迭代执行，直到找到最优或近似最优的灰度变换关系，从而完成图像的降噪过程。该算法融合了 GA 和 SAA 两种优化机制，同时增强了算法在全局和局部条件下的搜索性能和效率。

针对医学图像中内部噪声（主要形式为伪影）的存在严重影响图像质量的问题，曲延华等提出了一种基于模拟退火的修正算法，用于抑制医学图像中的运动伪影，从而有效提高医学图像特征提取的准确率。该算法的实现步骤如下所述。

步骤 1：通过频谱平移理论去除伪影图像中多个频率编码方向的平移伪影，仅保留 X 方向和 Y 方向上的亚像素级伪影。

步骤 2：利用 Snake 算法对处理过的伪影图像进行边界提取，通过得到的边界对目标图像构建掩膜并进行掩膜处理，由此得到感兴趣区（Region Of Interest，ROI），且除 ROI 区域以外的部分均设为背景区。

步骤 3：在掩膜处理后的图像上完成二维傅里叶变换的操作，得到 K 空间的数据。

步骤 4：确定求解问题的目标函数，设 SAA 中初始能量 $E_{min} =$ MAX，即初始能量的值足够大，初始温度为 T_0，终止温度为 T_{min}，在某一恒温条件重复迭代的次数为 L。借助 SAA 求解得到的最优相位偏移值来修正 K 空间的数据，并对其进行逆傅里叶变换，以此得到修正后的图像。因此，相位能量函数为：

$$E = \sum_{k_x=1}^{m} W(k_x,k_y)\{\theta_{j+1}(k_x,k_y) - 2\pi[k_x\delta_x(k_y) + k_x\delta_y(k_x)]\} \tag{11-2}$$

步骤 5：令 $T = aT$，当 $T > T_{min}$ 时，转步骤 1，否则，算法终止。

11.4.3 基于模拟退火算法的图像分割

图像分割是数字图像处理领域中一项极为重要的研究内容，长期以来受到众多专家学者的关注和研究，更是广泛应用于工程实践问题中。图像分割是利用图像信息中部分特征将图像中若干感兴趣的区域提取出来的技术和过程，它不仅可以大规模压缩数据，降低存储需求，还极大地简化了后续的图像处理的步骤。

目前，常用的分割方法可分为三类：阈值分割法、边缘检测法以及区域分割法，其中，阈值分割法是通过比较图像中目标与背景在灰度特征上的差异将图像划分为若干部分，因其实现简单而成为了广泛使用的图像分割技术之一。常用的阈值法有最大类间方差法、迭代法、最小误差法以及最大信息熵法等。

阈值分割法的关键在于确定阈值的个数，由此，图像阈值分割法可分为单阈值分割和多阈值分割。对于复杂图像进行分割时，单阈值分割法常常不能满足分割要求，比如对火炮身管弯曲度测量系统中采集的光靶图像同时提取标定图案和激光光斑。因此，双阈值图像分割方法[38]引入了模糊数学理论和最大模糊熵判据,将光靶图像中的像素灰度级分为黑、灰和亮 3 个模糊子集,黑模糊子集用来检测标定图案,亮模糊子集则用于识别激光光斑。同时,使用 SAA 替代穷举法,快速获得最优的模糊熵参数组合以及近似最优的图像分割阈值,有效降低了计算复杂度,减小了算法的搜索空间。

传统的 Otsu 算法的思想是按序遍历直到找到使得类间方差最大的阈值 T,导致算法的计算复杂度随着分类数的增加呈几何级数增长,因此,在很多情况下 Otsu 算法是不适用的。采用基于模拟退火算法的阈值选取方法[39]可以解决多阈值分割时,Otsu 算法计算量过大的问题。该算法利用 SAA 替代穷举法,克服了穷举造成的计算复杂度过大的缺点。根据最大类间方差准则,利用直方图分析处理,将图像的分类信息以初始阈值向量的形式引入 SAA,同时,利用改进的 SAA 逼近最优阈值向量,简化了寻优的搜索过程,提高了算法的收敛速度。较之传统的 Otsu 算法,该算法的计算量大幅度减小,并且,结果表明,该算法能够快速、准确地实现多阈值图像分割。

上述基于 SAA 的阈值选取方法虽然有效提高了图像分割算法的运行效率,但应用于遥感图像时,由于这类图像存在灰度级多、信息量大、边界模糊等问题,分割结果依然较差。因此,通过分析传统的 Otsu 的原理,并结合一些改进的算法以及遥感图像的特点,提出了一种新的多阈值 Otsu 算法[40],该算法结合了 SAA 寻求全局最优的特点,实现了良好的遥感图像分割效果,不仅分割精度有所提高,而且运行效率也会随着阈值个数的增加而进一步提升。

模糊 C-均值(FCM)聚类算法是一种有效的基于无监督聚类和模糊集合概念的图像分割方法,但该方法受初始聚类中心和隶属度矩阵的影响,极易陷入局部最优的陷阱。结合 SAA 与模糊 C-均值聚类算法各自的优点,选择合适的冷却进度表,可以得到模拟退火与模糊 C-均值聚类相结合的图像分割算法[41]。此算法根据模糊 C-均值聚类算法设计 SAA 的目标函数来实现基于模拟退火的模糊 C-均值聚类图像分割算法,提高了算法的全局搜索能力,并得到较好的图像分割结果。而针对模糊 C-均值聚类算法中计算量大和易陷入局部最优的问题,同样引入了 SAA,可以将改进后的模糊 C-均值聚类算法应用到储粮害虫图像分割中[42],该算法初期时将以较快的速度找到最优区域,引导搜索方向趋近于最终的全局最优解。

结合 GA 能全局寻优的优势和 SAA 的爬山性能,基于模拟退火并行遗传算法的 Otsu 双阈值医学图像分割算法[43]将多个不同的子种群中并行进化,同时,利用 SAA 的爬山性能,避免进化过程中某个种群过早的收敛,以此提高算法的收敛速度。实验证明,这种图像分割算法不仅具有较为精确的分割效果,而且算法相对稳定。将改进的 GA 和 SAA 结合,基于改进遗传算法的图像阈值分割算法[44]主要是对 GA 的交叉、变异算子进行了自适应改进,同时融入 SAA,使个体的适应度评价更合理,既克服了退化现象,又改善了算法的全局搜索能力,避免陷入局部最优。

11.5 基于模拟退火算法的组合优化

在生产生活中,人们经常会遇到难以解决的组合优化问题,并且,科学研究已证明,许多问题都属于 NP 完全问题,对其求解时算法的时间复杂度呈指数增长。模拟退火算法被认为是快速求解 NP-hard 问题最成功的算法之一。本节将具体介绍 SAA 在组合优化问题中的应用。

11.5.1 基于模拟退火算法的 0-1 背包问题

SAA 求解 0-1 背包问题的具体描述如下。

（1）解空间：

$$S = \left\{ x(1), x(2), \cdots, x(n) \, \middle| \, \sum_{i=1}^{n} w(i)x(x) \leqslant C, x(i) \in \{0,1\} \right\} \quad (11\text{-}3)$$

其中 n 为物品的数量，$w(i)$ 表示物品 i 的重量，C 表示背包的容量。当 $x(i)=1$ 时，物品 i 在背包内；当 $x(i)=0$ 时，物品 i 则不在背包内。因为最优解不太依赖初始解，所以可以随机选择一组初始解[45]。

（2）目标函数：背包内物品价值最大的数学表示为：

$$\max f = \sum_{i=1}^{n} p(i)x(i)$$

$$\text{s. t. } \sum_{i=1}^{n} w(i)x(i) \leqslant C, x(i) \in \{0,1\}, \, i=1,2,\cdots,n \quad (11\text{-}4)$$

（3）新解的产生。选择任意一个物品 i，判断该物品是否在背包中。若物品 i 不在背包中，则将其放入背包中，或者同时从背包中随机取出任一物品 j；若物品 i 在背包中，则将其取出，并同时随机装入另一物品 j[44]。

（4）背包中物品的重量变化和价值变化。根据新解的产生方式可知，算法迭代一次后，背包中重量的变化为：

$$\Delta m = \begin{cases} w(i), & \text{将物品 } i \text{ 直接装入背包} \\ w(i) - w(j), & \text{将物品 } i \text{ 装入且取出物品 } j \\ w(j) - w(i), & \text{将物品 } i \text{ 取出且装入物品 } j \end{cases} \quad (11\text{-}5)$$

价值的变化为：

$$\Delta f = \begin{cases} p(i), & \text{将物品 } i \text{ 直接装入背包} \\ p(i) - p(j), & \text{将物品 } i \text{ 装入且取出物品 } j \\ p(j) - p(i), & \text{将物品 } i \text{ 取出且装入物品 } j \end{cases} \quad (11\text{-}6)$$

（5）接受准则：0-1 背包问题是一个有约束的优化问题，所以此处采用扩充后的 Metropolis 准则

$$P = \begin{cases} 0, & m + \Delta m > C \\ 1, & m + \Delta m \leqslant C \text{ 且 } \Delta f > 0 \\ \exp(\Delta f/t), & \text{其他} \end{cases} \quad (11\text{-}7)$$

其中，t 为温度控制参数。

耿亚等[46]结合直觉模糊熵[47]较好的模糊信息[48-49]处理能力和退火算法较强的局部寻优能力，与 PSO 算法进行优势互补，提出一种基于直觉模糊熵的粒子群-模拟退火算法（a hybrid algorithm of Particle Swarm Optimization and Simulated Annealing based on Intuitionistic Fuzzy Entropy，IFEPSO-SA）。该算法以种群的直觉模糊熵（IFE）为测量标准，设计了基于熵值的自适应惯性权重和新的变异策略，用以维持种群的多样性和控制算法的收敛程度；同时，对 PSO 算法产生的局部最优解进行交叉操作和基于模拟退火机制的选择操作，以得到满足更

多约束条件且适应度值更好的局部最优解,从而引导算法找到更好的全局最优解。实验结果表明,该算法具有较好的鲁棒性和寻优能力,能有效求解 0-1 背包组合优化问题。

许小勇[50]以传统的贪心算法为基础,提出一种改进的具有变异和倒位算子的 SAA。该算法融合了遗传算法中变异算子和倒位算子的思想,扩大了解的搜索范围,同时,在迭代过程中,对每一代产生的不可行解利用贪心算法进行修正。实验结果表明,该算法在一定程度上提高了 SAA 的全局寻优能力,能求得最优解或近似最优解。

GA、蚁群算法、差分进化算法以及 SAA 等启发式算法是模拟自然界和生物行为的一类新型算法,具有求解速度快、解的质量高等一系列优点,十分适合用于求解 0-1 背包问题。然而,GA 的收敛速度和全局收敛性较差,而 SAA 能避免算法陷入局部最优,同时能加快算法的收敛速度。因此,吕学勤等提出一种自适应遗传退火算法用于解决高维约束优化问题[51]。该算法提出了一种新的自适应交叉、变异概率,并采用轮盘赌和最优保存策略混合的选择机制,还引入了 SAA,提高了算法的收敛性。实验证明,自适应遗传退火算法在 0-1 背包应用中具有高效性和精确性。

11.5.2 基于模拟退火算法的图着色问题

图着色问题是现代图论中非常热门的研究课题之一,它也是科学计算和工程设计中一个重要且基本的问题。实际工程中的许多问题比如电路布线问题、工序问题、排课表问题以及任务分配问题等都可以转化为图着色问题及其拓展,因此图着色问题有着良好的应用背景。

图着色问题主要可分为两类,一类是求解图 G 的色数 $X(G)$,另一类则是给定图 G 的颜色数 k,对图的顶点或边进行上色。然而,无论是哪一类图着色问题,常规算法都无法在多项式的时间内找到它的解,因此图着色问题是一个 NP 问题。

以图的 k-顶点着色问题为例,简单介绍图着色问题的数学模型。图 k-顶点着色是指用 k 种颜色对图 G 中的所有顶点逐一上色,并且要求图中任意两个相邻的顶点的颜色互不相同。设图 $G(V,E)$ 中,$V=\{V_1,V_2,\cdots,V_n\}$ 表示 n 个顶点的集合,E 表示边的集合,则图的 k-顶点着色问题可以描述为:

$$F: V \rightarrow X$$
$$\text{s. t. } \forall V_i, V_j \in V \text{ 且} \{V_i,V_j\} \in E, F(V_i) \neq F(V_j) \tag{11-8}$$

其中 $X=\{x_1,x_2,\cdots,x_n\}$ 表示 V 中每个顶点的颜色,$x_i \in \{1,2,\cdots,k\}$。

文献[52]提出了一种接近日常退火机制的快速单元自退火算法,克服了传统 SAA 的不足,加快了算法求解速度,同时不再需要人为的设置退火过程,应用于求解图的着色问题时,该算法表现出了较好的综合性能。

曹莉等基于对着色进行评估的目标函数,提出了一种应用于图着色问题的混合算法(Genetic Algorithm-Adaptive Simulated Annealing operator and Tabu Search operator,GA-ASATS)[53]。该算法结合遗传算法、自适应模拟退火方法以及禁忌搜索方法,自适应模拟退火算子(Adaptive Simulated Annealing operator,ASA)用于在局部寻优过程中进行上山或下山搜索,提高收敛速度,同时避免算法早熟收敛;而禁忌搜索算子(Tabu Search operator,TS)通过记忆能力防止进化过程出现反复循环来提高全局寻优能力,同时,GA 的交叉、变异和选择算子用于控制种群的进化过程,实现全局搜索。实验表明,该混合算法在稠密图上具有良好的寻优性能,在稀疏图上效率则略有下降。

为了提高图着色算法的寻优效率,提出将 SAA 与 GA 相结合,即利用 SAA 对 GA 产生的新的种群进行局部优化,优化后的种群才能作为下一代种群继续使用,这种方法虽然同时提高了算法全局优化和局部优化的能力,但是对于规模较大的图着色问题,随着顶点的个数增加,种群的规模也会相应增大,最终导致算法的计算复杂度大幅度增加,影响收敛速度和寻优效率。因此,根据图着色问题的特点,余珮嘉提出基于启发式的模拟退火遗传算法。启发式算法可以指导搜索向最有希望的方向前进,从而降低计算复杂性。因此,该算法将启发式算法引入模拟退火遗传算法中,指导图着色方案朝最优的方向前进,降低了图着色问题的复杂性,减少了迭代次数[54]。

11.5.3　基于模拟退火算法的旅行商问题

TSP 是典型的 NP-hard 组合优化问题,遗传算法是成功求解此类问题的方法之一[55,56],但 GA 存在求解速度较慢,且容易"早熟"收敛的缺陷。针对上述问题,杜宗宗和刘国栋[57]结合 TSP 的特点,提出了将 GA 与 SAA 相结合形成的遗传模拟退火算法。为了解决种群的多样性和收敛速度之间的矛盾,该算法采用了部分近邻法来生成初始种群,生成的初始种群优于随机产生的初始种群。仿真实验结果表明,该算法在收敛速度、搜索质量以及最优解输出概率方面均有明显的提高。

孙燮华改进了求解 TSP 的 SAA,在原算法的基础上增加了一个产生新解的函数[58],同时,修改了原算法计算旅行回路总长度的代价函数,用混沌随机序列替代不适宜的随机函数,并用 Turbo C 实现了改进算法。

同样,杨卫波和赵燕伟通过分析传统 SAA 的原理和存在的不足,提出了一个用于求解 TSP 问题的改进 SAA[59]。该算法增加了记忆当前最好状态的功能以避免遗失当前最优解,并设置双阈值使得在尽量保持最优性的前提下减少计算量。作者根据 TSP 和 SAA 的特征设计了个体邻域搜索方法和高效的计算能量增量方法,加快了算法的运行速度。实验测试的结果表明,相比于传统的 SAA,该算法具有更快的收敛速度并且求得了更优质的解。

郭茂祖和洪家荣提出一个基于 SAA 求解 TSP 的算法,并将它在并行设计环境 Multi-pascal 中加以实现[60]。由于模拟退火具有内在的串行性,即每次状态的改变都是在上一次得到的状态的基础上进行的,这种依赖性使得 SAA 只能进行部分并行计算。该算法以两部分对 SAA 实现并行计算:第一部分是在随机初始化时,将计算任意两个城市间距离的过程并行处理;第二部分是在每一温度 T 时,由于马尔可夫链长 L 值一般比较大,所以并行处理每一温度下的循环,但在每一循环体内,热平衡过程,即 Metropolis 过程必须串行执行,作者通过语句 LOCK 与 UNLOCK 建立临界区来实现 Metropolis 过程的串行执行。

参考文献

[1] 魏延,谢开贵. 模拟退火算法[J]. 蒙自师范高等专科学校学报,1999(4):7-11.

[2] 石利平,SHILi-ping. 模拟退火算法及改进研究[J]. 信息技术,2013(2):176-178.

[3] Steinbrunn M,Moerkotte G,Kemper A. Heuristic and Ran2 domized Optimization for the Join Ordering Problem[J]. The VLDB Journal,1997,6(3):8-17.

[4]   Kirkpatrick S,Gelatt C D,Vecchi M P. Optimization by Simulated Annealing[J]. Science,1982:220.

[5]   Chiang T S,Hwang C R,Sheu S J. Diffusion for Global Optimization in $ \\mathbb{R^n $ [J]. SIAM Journal on Control and Optimization,1987,25(3):737-753.

[6]   Bolte A,Thonemann U W. Optimizing simulated annealing schedules with genetic programming[J]. European Journal of Operational Research,1996,92(2):402-416.

[7]   卢宇婷,林禹攸,彭乔姿,等. 模拟退火算法改进综述及参数探究[J]. 大学数学,2015,31(6):96-103.

[8]   Černý V. Thermodynamical approach to the traveling salesman problem:An efficient simulation algorithm[J]. Journal of Optimization Theory & Applications,1985,45(1):41-51.

[9]   Szu H. Fast simulated annealing[J]. American Institute of Physics,1986:420-425.

[10]   Szu H,Hartley R. Fast simulated annealing[J]. Physics Letters A,1987,122(3):157-162.

[11]   Laarhoven P V,Aarts E. Simulated Annealing:Theory and Applications[M]. 出版地不详:Riedal Pub Co,1987.

[12]   徐雷. 一种改进的模拟退火组合优化法[J]. 信息与控制,1990(3):1-7.

[13]   Basu A,Frazer L N. Rapid Determination of the Critical Temperature in Simulated Annealing Inversion[J]. Science,1990,249(4975):1409-1412.

[14]   谢云,尤矢勇. 一种并行模拟退火算法——加温-退火法[J]. 武汉大学学报,1991.

[15]   Lin F T,Kao C Y,Hsu C C. Applying the genetic approach to simulated annealing in solving some NP-hard problems [J]. IEEE Transactions on Systems,Man and Cybernetics,1993,23(6):1752-1767.

[16]   康立山. 非数值并行算法(第一册):模拟退火算法[M]. 北京:科学出版社,1994.

[17]   Nabhan T M,Zomaya A Y. Parallel simulated annealing algorithm with low communication overhead [J]. IEEE Transactions on Parallel and Distributed Systems,1996,6(12):1226-1233.

[18]   Tsallis C,Stariolo D A. Generalized simulated annealing[J]. Physica A Statistical Mechanics & Its Applications,1995,233(1-2):395-406.

[19]   向阳,龚新高. 推广模拟退火方法及其应用[J]. 物理学进展,2000,20(3):319-334.

[20]   范鸣玉,张莹. 最优化技术基础[M]. 北京:清华大学出版社,1982.

[21]   席自强. 单纯形——模拟退火算法[J]. 湖北工业大学学报,2000,15(1):27-29.

[22]   李文勇,李泉永. 基于模拟退火的全局优化算法[J]. 桂林电子科技大学学报,2001(2):33-37.

[23]   庞峰. 模拟退火算法的原理及算法在优化问题上的应用[D]. 长春:吉林大学,2006.

[24]   朱颢东,钟勇. 一种改进的模拟退火算法[J]. 计算机技术与发展,2009(6):32-35.

[25]   李毛毛. 蚁群算法在集成电路布线问题中的应用[D]. 兰州:兰州大学,2008.

[26]   褚静. 超大规模集成电路布线中的图论问题研究[D]. 淮南:安徽理工大学,2017.

[27]   庄昌文. 超大规模集成电路若干布线算法研究[D]. 成都:电子科技大学,2001.

[28]   洪先龙,严晓浪,乔长阁. 超大规模集成电路布图理论与算法[M]. 北京:科学出版社,1998.

[29]   宋明慧,黄金明. 集成电路设计中布线问题的模拟退火算法[J]. 曲阜师范大学学报(自然科学版),2013(1):38-40.

[30]   周荫清. 随机过程导论[M]. 北京:北京航空航天大学,1987.

[31]   陆大絟. 随机过程及其应用[M]. 北京:清华大学出版社,2012.

[32]   周箩鱼,汤佳欣. 基于图像稀疏表达的模拟退火图像复原[J]. 光电子.激光,2018,29(272):218-223.

[33]   周鲜成,申群太. 基于微粒群和模拟退火的图像恢复研究[J]. 微电子学与计算机,2009(01):165-167+171.

[34]   McCallum B C. Blind deconvolution by simulated annealing[J]. Optics Communications,75(2):101-105.

[35] 张红英,彭启琮. 一种改进的模拟退火图像盲复原算法[J]. 电子科技大学学报,2006(5):767-769.

[36] 潘梅森,肖政宏,等. 基于改进模拟退火的神经网络降质图像恢复[J]. 计算机工程与设计,2006,27(24):4684-4686.

[37] 杨学星,丁海军. 基于模拟退火算法和遗传算法的图像降噪研究[J]. 计算机工程与应用,2006(04):83-84+90.

[38] 郑毅,郑苹. 基于模糊熵和模拟退火算法的双阈值图像分割[J]. 电子测量与仪器学报,2014(04):24-31.

[39] 赵于前,李慧芬,王小芳,等. 基于模拟退火算法的多阈值图像分割[J]. 计算机应用研究,2010(1):380-382.

[40] 陈明,王行风. 基于模拟退火改进的多阈值遥感图像分割[J]. 信息系统工程,2011(8):73-75.

[41] 刘晓龙,张佑生,谢颖. 模拟退火与模糊C-均值聚类相结合的图像分割算法[J]. 工程图学学报,2007(01):95-99.

[42] 周龙,牟怿,尤新革. 模拟退火算法在粮虫图像分割中的应用[J]. 华中科技大学学报(自然科学版,2010(5):72-74.

[43] 许良凤,林辉,胡敏,等. 基于模拟退火并行遗传算法的Otsu双阈值医学图像分割[J]. 工程图学学报,2011(5):25-29.

[44] 刘紫燕,吴俊熊,毛攀,帅旸. 基于遗传模拟退火算法的Otsu图像分割研究[J]. 电视技术,2016(8):15-18.

[45] Sachs,Lothar. Applied Statistics A Handbook of Techniques[M]. Brelin:Springer-Verlag,1982.

[46] 耿亚,吴访升. 基于粒子群-模拟退火算法的背包问题研究[J]. 控制工程,2019(5):991-996.

[47] Zadeh L A. Fuzzy Sets,Fuzzy Logic,& Fuzzy System[M]. Singapore:World Scientific Publishing Co. Inc. ,1996.

[48] Szmidt E,Kacprzyk J. Entropy for intuitionistic fuzzy sets[J]. Fuzzy Sets and Systems,2001,118(3):467-477.

[49] 王毅,雷英杰. 一种直觉模糊熵的构造方法[J]. 控制与决策,2007(12):72-76.

[50] 许小勇. 基于改进的模拟退火算法求解0/1背包问题[J]. 海南大学学报(自然科学版),2008(04):59-62.

[51] 吕学勤,陈树果,林静. 求解0/1背包问题的自适应遗传退火算法[J]. 重庆邮电大学学报(自然科学版),2013(01):142-146.

[52] 贾瑞玉. 一个快速的自退火算法及其应用[J]. 微机发展,1998(06):27-29.

[53] 曹莉,程灏,许钟. 一种应用于图着色问题的新型混合遗传算法[J]. 陕西师范大学学报(自然科学版),2007(03):30-33.

[54] 余珮嘉. 基于模拟退火遗传算法的图着色研究[D]. 贵阳:贵州大学,2011.

[55] Suprunenko D A. The traveling-salesman problem[J]. Cybernetics,1975,11(5):799-803.

[56] Clarke G,Wright J W. Scheduling of Vehicles from a Central Depot to a Number of Delivery Points[J]. Operations Research,12(4):568-581.

[57] 杜宗宗. 基于混合遗传模拟退火算法求解TSP[J]. 计算机工程与应用,2006,46(29):40-42.

[58] 孙燮华. 用模拟退火算法解旅行商问题[J]. 中国计量学院学报,2005,16(1):66-71.

[59] 杨卫波. 求解TSP的改进模拟退火算法[J]. 计算机工程与应用,2010,46(15):34-36.

[60] 郭茂祖,洪家荣. 基于模拟退火算法旅行商问题的并行实现[J]. 哈尔滨理工大学学报,1997(05):82-85.

第 12 章

CHAPTER 12

贪 心 算 法

贪心算法(greedy algorithm),又称为贪婪算法,通过一系列的选择得到一个问题的解,每一次做出的选择都是当前看来最优的选择,即贪心选择。也就是说贪心选择并不从整体最优上加以考虑,它做出的选择只是某种意义上的局部最优解。当某一个问题具有贪心性质和最优子结构的时候,就可以采用贪心算法来解决。对于不满足以上两种性质的问题,可以用贪心算法来求得近似解[1]。利用贪心算法可以解决很多领域的问题,例如背包问题、TSP、图的着色问题及调度问题等等。

12.1 从背包问题了解贪心算法

背包问题是一种组合优化问题,以一般背包问题为例,给定 n 个物品和一个背包,第 i 个物品价值为 v_i,重量为 w_i,背包的总容量为 C。在将物品放入背包时,可以选择放入物品的一部分,而不必全部放入背包。在物品重量总和不超过背包容量的前提下,如何选择装入的物品,使背包中物品的总价值最大?

显然,为了解决背包问题,每一次放入的物品都应当是当前最佳的选择,也就是说,每次都要从剩余物品中选择价值密度(v_i/w_i)最大的物品放入背包,直到装满为止,这就是典型的贪心算法。用贪心算法求解背包问题的基本步骤为:首先计算每种物品单位重量的价值v_i/w_i,然后尽可能多地将单位重量价值最高的物品装入背包。若将这种物品全部装入背包后,背包内的物品总重量没有超过 C,则选择单位重量价值次高的物品尽可能多地装入背包。依此策略重复地进行下去,直到背包装满,算法停止。

虽然贪心算法不能对所有问题求得全局最优解,但是它对许多问题都能产生整体最优解。对于一个具体的问题,是否可以使用贪心算法求解,需要考虑问题的特征和性质。在回答上述问题之前,先分析贪心算法的基本要素。

可以用贪心算法求解的问题一般具有两个重要性质。

一是贪心选择性质,所谓贪心选择是指所求问题的整体最优解可以通过一系列局部最优的选择来达到。这是贪心算法可行的第一个基本要素。贪心策略通常是从顶向下进行选择,将问题转换成一个相似的、规模更小的问题。对于一个具体问题,要确定它是否具有贪心选择的性质,必须证明每一步所做的贪心选择最终能得到问题的最优解。首先,证明问题的一个整体最优解是从贪心选择开始的,而且作了贪心选择后,原问题简化为一个规模更小的类似子问题。然后,用数学归纳法证明,通过每一步贪心选择,最终可得到问题的一个整体最优解[1]。贪心选择可能依赖于已经做出的选择,但不依赖将要进行的选择或子问题的解。从求解的全过程来看,每一次选择都将当前问题归纳为规模更小的相似子问题,而每个选择都只做一次,无重复回溯过程,因此贪心法有较高的时间效率[2]。

二是最优子结构性质,当一个问题的最优解包含其子问题的最优解时,称此问题具有最优子结构性质。运用贪心策略在每一次转化时都取得了最优解。问题具有最优子结构性质是该问题可用贪心算法的关键特征[3]。

12.2 贪心算法实现

12.2.1 局部最优解概念

局部最优是指问题的可行解只在一定范围内最优,或者说,解决问题的手段在一定范围或限制区域内最优。

针对一定条件/环境下的一个问题/目标,若一项决策和所有解决该问题的决策相比是最优的,则称为全局最优。和全局最优不同,局部最优不要求在所有决策中是最好的。针对一定条件/环境下的一个问题/目标,若一项决策和部分解决该问题的决策相比是最优的,就可以被称为局部最优。

对于优化问题,特别是最优化问题,我们希望找到全局最优解。然而,当问题的复杂度较高,并且要考虑的因素和处理的信息量比较多时,更倾向于选择局部最优解,因为局部最优解的质量不一定都是差的。

12.2.2 贪心算法流程

贪心算法的基本思路是利用局部最优解来构造全局解,即从问题的某个初始解出发逐步逼近目标,根据优化标准,每一步都确保能够获得当前状态下的最优解。每一步只考虑一个数据,它的选取应该满足局部优化的条件。若下个数据和部分最优解连在一起不再是可行解,就不把该数据添加到部分解中,直到把所有数据枚举完,或者不能再添加时,算法停止[4]。

贪心算法的本质是分治思想。它自顶向下以迭代的方法做出相继的贪心选择。每做出一次选择后,所求问题将会简化成一个规模更小的子问题,从而通过每一步的局部最优解得到问题的整体最优解。算法的实现流程如下。

(1)建立数学模型来描述问题。

(2)应用某一规则把求解的问题分成若干个规模较小的子问题。

(3)对每个子问题求解,得到局部最优解。

(4)由所有子问题的局部最优解合成原问题的一个可行解。

12.3 基于贪心算法的组合优化

贪心算法是一种应用广泛的优化算法,由于它过程简洁高效,并且结果有效,因此在求解大部分组合优化问题时,比传统优化算法更受欢迎。有些优化问题是可以直接用贪心算法求解的,如最大权森林(Maximum Weight Forest,MWF)、最小生成树(Minimum Spanning Tree,MST)问题。当然,贪心算法并不是万能的,在一些情况下,贪心算法不能求得整体最优解,如 TSP、0-1 背包问题,但其最终结果是最优解的近似。如果不要求绝对的最优解,那么简单高效得到近似最优解的贪心算法相比一般产生准确答案的复杂算法更受人们的喜爱。

12.3.1 基于贪心算法的背包问题

给定一个容量为 C 的背包及 n 个价值为 v_i、重量为 w_i 的物品,$1 \leqslant i \leqslant n$,要求将背包装满的同时且背包中物品的总价值最大,这类问题被称为背包问题。背包问题可分为一般背包问题和 0-1 背包问题,一般背包问题中,物品是可以分割的,即可以选择物品的一部分放入背包;而在 0-1 背包问题中,物品不可分割,对于每个物品而言只有两种选择,即装入背包或不装入背包。

1. 一般背包问题

在 12.1 节中已经介绍了一般背包问题,此问题的形式化描述表示如下。

目标函数:

$$\max \sum_{i=1}^{n} v_i x_i \tag{12-1}$$

约束条件:

$$\sum_{i=1}^{n} w_i x_i \leqslant C, \, 0 \leqslant x_i \leqslant 1 \tag{12-2}$$

应用贪心算法解决背包问题时,有 3 种比较简单的贪心策略,分别是:优先选择重量最小的物品;优先选择价值最高的物品;优先选择单位重量内价值高的物品。显然第三种贪心策略能较好地解决背包问题,具体算法描述如下:

```
float Knapsack(int n,float C,float w[],float v[],float x[])
{
    int i;
    Sort(n,w,v);
    for(i=0; i<n; i++)
        x[i]=0;                //初始化
    float c=C;
    for(i=0; i<n; i++)
    {
        if w[i]>c
            break;
        x[i]=1;
        c=w[i];
    }
    if (i<=n)
        x[i]=c/w[i];
}
```

算法 Knapsack 的计算时间主要在于对所有物品按照单位重量的价值进行降序排序,因此算法的时间复杂度为 $O(n \log n)$。此外,为了证明算法的正确性,还需要证明背包问题具有贪心选择性质。

2. 0-1 背包问题

与一般背包问题类似,不同的是选择物品 i 装入背包时,只能选择装入或者不装入,即 $x_i \in \{0, 1\}$。

如图 12.1 中的例子,假设背包容量 $C = 50$kg,有 3 种物品($n = 3$)。物品 1 的重量 $w_1 = 10$kg,价值 $v_1 = 60$ 元;物品 2 的重量 $w_2 = 20$kg,价值 $v_2 = 100$ 元;物品 3 的重量 $w_3 = 30$kg,价值 $v_3 = 120$ 元。因此,物品 1 每千克价值 6 元,物品 2 每千克价值 5 元,物品 3 每千克价值 4 元。根据贪心策略,应该首先选择物品 1 装入背包,然而,从图 12.1(b)中可以看出,最优的选择方案并不是首选物品 1 的两种情况,而是选择物品 2 和物品 3 放入背包。若此问题转化为一般背包问题,则贪心算法可以求得最优解,选择方案如图 12.1(c)所示。

对于 0-1 背包问题,贪心算法之所以不能得到最优解,是因为在物品不可分割的前提条件下,贪心选择无法保证最终能装满背包,可能存在的闲置空间降低了背包中单位空间的价值。因此,在求解 0-1 背包问题时,应该比较物品选择与不选择所导致的结果,然后做出最合适的选择。

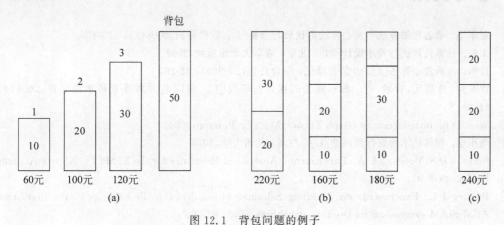

图 12.1 背包问题的例子

12.3.2 基于贪心算法的旅行商问题

TSP 是著名的 NP-hard 问题,问题可描述为:已知 n 个城市之间的距离,假设有一名推销员要到这 n 个城市去推销商品,要求从某个城市出发,仅经过每个城市一次,最后回到出发地,怎样安排才能使他走的总路程最短?

TSP 可以用图论的术语描述为[5]:设完全图 $G = (V, E)$,其中 $V = \{1, 2, \cdots, n\}$ 为顶点,E 为边集,d_{ij} 为边 (i, j) 上的权值,即顶点 i 和顶点 j 之间的距离,$i, j = 1, 2, \cdots, n$。G 的环路会经过 V 中所有顶点且每个顶点只通过一次,TSP 就是求出权值最小的一条环路。

应用贪心算法求解 TSP 问题时,常用的贪心策略是最近邻算法(nearest-neighbor algorithm):选择任意一个顶点作为起点 v_1,之后每次选择与当前顶点距离最近且没有经过的顶点作为下一个访问目标,直至遍历 V 中所有顶点,算法停止。最终,该方法构造了一个环路,$C = \{v_1, v_2, \cdots, v_n\}$。具体算法如下[6]:

步骤 1:随机选择初始顶点 v_1,$V = V - \{v_1\}$,$u = v_1$。

步骤 2:搜索与顶点 u 距离最近(即权值最小)且属于 V 的顶点 v,$V = V - \{v\}$,$u = v$。

步骤 3：重复执行步骤 2，直至 V 为空集。求得一条环路 C。

上述以最近邻法为策略的贪心算法的时间复杂度为 $O(n^2)$。由于初始顶点 v_1 的选择完全随机，因此从不同的顶点出发，得到的 TSP 环路很有可能不同，可以分别将 V 中所有顶点设为初始顶点重复执行上述步骤，比较得到的所有环路，选择最短的作为最终结果。

Johnson[7]、Applegate、Bentley[8-9] 等分别实现了标准的最近邻算法，此外 Bentley 等还提出了几种标准最近邻算法的改进方法，包括 nearest insertion、double-ended nearest neighbor、nearest addition 等。

相比于利用传统方法求解 TSP，贪心算法的优点在于直观可行，容易实现。由于不需要迭代，因此贪心算法的运行速率远高于其他算法。然而，只考虑当前最优解的思想使得贪心算法容易陷入局部最优解而得不到全局最优解，导致了贪心算法在解决 TSP 时运算效率较低。

参考文献

[1] 董军军. 动态规划算法和贪心算法的比较与分析[J]. 软件导刊，2008(2)：129-130.

[2] 朱青. 计算机算法与程序设计[M]. 北京：清华大学出版社，2009.

[3] 肖衡. 浅析贪心算法[J]. 办公自动化：综合月刊，2009(9)：25-26.

[4] 常友渠，肖贵元，曾敏，等. 贪心算法的探讨与研究[J]. 重庆电力高等专科学校学报，2008(3)：41-42.

[5] West D B. Introduction to Graph Theory[M]. 2nd. Pearson，2004.

[6] 南小康. 树算法求解旅行商问题[D]. 兰州：兰州大学，2008.

[7] Johnson D S，McGeoch L A. Experimental Analysis of Heuristics for the STSP[J]. Kluwer Academic Publishers，2002：369-443.

[8] Bentley J L. Experiments on Traveling Salesman Heuristics[C]//Proceedings of the first annual ACM-SIAM symposium on Discrete algorithms，1990：91-99.

[9] Bentley J L. Fast Algorithms for Geometric Traveling Salesman Problems[J]. ORSA Journal on Computing，1992(4)：387-441.

第 13 章

CHAPTER 13

雨 滴 算 法

13.1　自然降雨现象启发下的雨滴算法

不失一般性的情况下,考虑如下的最小化边界约束问题:

$$
\begin{aligned}
&\min f(\boldsymbol{x}) \\
&\text{s. t. } \boldsymbol{x} \in \Omega \subset \mathscr{R}^D
\end{aligned}
\tag{13-1}
$$

其中,$\boldsymbol{x}$ 是决策向量;$f(\boldsymbol{x})$ 是目标函数;D 为决策变量的维数;L_i 和 U_i 分别是第 i 维决策变量的下界和上界;$\Omega = \prod_{i=1}^{D} [L_i, U_i]$ 为搜索空间。

一般地,传统优化方法求解的迭代格式可以描述成如下的统一形式:

$$
\boldsymbol{x}^{G+1} = \boldsymbol{x}^G + \alpha^G \boldsymbol{d}^G, \quad G = 1, 2, \cdots
\tag{13-2}
$$

其中,$\boldsymbol{d}^G$ 为 $f(\boldsymbol{x})$ 在 G 代的 $\boldsymbol{x}^G$ 处的一个下降方向,通常需要用到 $f(\boldsymbol{x})$ 的一阶或二阶导数信息来构造,而搜索步长 α^G 由不精确或精确线性搜索来确定。基于不同的下降方向 $\boldsymbol{d}^G$,产生了不同的优化算法,例如最速下降法、共轭梯度法、牛顿法、拟牛顿法以及信赖域方法等。对于一些相对简单而理想的优化问题,利用传统的优化方法已经得到了很好的解决。

然而,随着人们认识世界和改造世界的不断加深,无论是实际工程还是科学领域都遇到大量高度复杂的优化问题(如全局最优化问题),这些对传统的优化方法提出了极大的挑战。一方面,由于传统的优化方法通常是利用某个单点的函数信息和所在点的导数信息来构造下降方向,这些导数信息只能反映目标函数的局部特性,不能反映距离当前解较远处的函数的特性。因此,基于导数构造出的传统算法往往只能求出局部最优解,难以求出全局最优解。另一方面,在大量的实际问题中,目标函数的导数不容易求得或者不存在,导致传统的优化方法无法使用。基于这些考虑,如何设计一类有效的算法来解决这些难以用传统的优化方法来解决的实际问题是目前亟待解决的重要课题,同时也是对传统优化方法的一个有效补充。

基于自然启发的优化方法正是在这种背景下诞生的一类新型优化算法,它们是模仿自然界的各种现象或规律而设计的一类随机搜索的优化算法。相比于这些传统的优化方法,启发式优化方法具有自适应、自组织、自学习以及本质的并行性等智能行为,以及不依赖问题的类型和特征。这些特点弥补了传统优化的不足,基于种群的搜索机制使得它们能以更高的概率找到全局最优解,它们也成为求解全局优化问题的有力工具。由于它们不强求被优化的目标函数是可导的,并且能在容许的时间内找到优化问题的满意解,从而受到学术界和工业界的普遍关注。

人工雨滴算法(Artificial Raindrop Algorithm,ARA)的灵感来自自然界的降雨,对整个降雨过程进行分析发现,水汽聚集形成云层,云层中的水汽凝结形成雨滴,雨滴的质量不断增加,当超过云层的承受能力时,则从云层开始降落。雨滴落到地面,与地面发生碰撞分散成许多小雨滴,这些小雨滴受重力作用的影响向地面海拔低的地方流动,最后,部分小雨滴蒸发成水汽回到大气中。受此过程启发,联想到优化过程,使用计算机模拟降雨过程得到 ARA[8]。

基本的 ARA 是在 2014 年由江巧永、王磊等提出[6],ARA 在一定程度上还原了降雨的整个过程,在算法中,将降雨过程分为 5 个阶段:雨滴形成、雨滴碰撞、雨滴流动、雨滴池更新和水汽更新。这个过程较完整地还原了降雨的循环过程。对算法的性能进行分析,将算法应用于两个固定搜索间隔的典型稳定线性系统的最优近似,数值结果表明 ARA 是一种有希望的方法。

13.2 雨滴算法理论基础

ARA 是受降雨启发而设计的。根据对降雨过程的分析将 ARA 分为 5 个阶段:雨滴形成、雨滴碰撞、雨滴流动、雨滴池更新和水汽更新。算法的初始种群随机生成,从全局数据中随机采样选取 N 个粒子生成雨滴,雨滴降落到地面后呈拟正态形式分布,分散后的粒子被引导对凹点进行搜索,将流动后的种群与初始化种群择优进入下一代迭代中[5]。算法示意如图 13.1 所示。

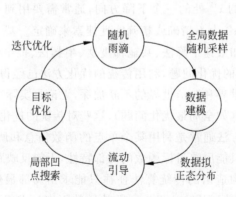

图 13.1 ARA 算法示意图

ARA 算法的一大特色为全局优化和局部优化的有机结合,在该算法中采用数据拟正态分布完成对目标的覆盖,进行全局范围内的搜索。同时,利用水滴在地面流动过程中对局部范围内的搜索,改善全局搜索时间长的缺点。该算法利用全局搜索和局部搜索的优势互补,有效地对目标进行优化。

基本的 ARA 将降雨的过程抽象为数学模型,并尊重自然界的规律,采用了一系列的模拟函数完成对自然现象的最大程度还原,同时,降雨过程蕴含的搜索机制也为算法改善了全局优化和局部优化各自的缺点。ARA 算法描述了从雨滴形成到水汽更新的全过程,在降雨过程的不同阶段设计了不同的算子,用以表示雨滴的位置信息变化,记录最低点的位置。与其他大多数启发式算法一样,ARA 开始于一个随机初始化种群,这个初始种群由 $N \times D$ 维实值参数向量构成,其中每一个行向量被称为水汽向量。这些行向量的全体组成了被优化问题的候选解集。在 G 代种群的第 i 个水汽向量可定义如下:

$$\mathbf{Vapor}_i^G = [\mathrm{vapor}_{i,1}^G, \mathrm{vapor}_{i,2}^G, \cdots, \mathrm{vapor}_{i,D}^G], \quad i = 1, 2 \cdots, N \tag{13-3}$$

其中,N 为种群规模;D 为决策变量的维数。

由于自然界中水汽主要依靠不断吸收周围的水汽来增大其体积和质量,这种过程不断持续下去,最终形成雨滴。因此,在 ARA 中,形成雨滴 $\mathbf{Raindrop}^G$ 的位置被定义为水汽种群的几何中心。于是,雨滴形成算子 φ_R^G 可表示如下:

$$\mathbf{Raindrop}^G = \left(\frac{1}{N} \sum_{i=1}^N \mathrm{vapor}_{i,1}^G, \frac{1}{N} \sum_{i=1}^N \mathrm{vapor}_{i,2}^G, \cdots, \frac{1}{N} \sum_{i=1}^N \mathrm{vapor}_{i,D}^G \right) \tag{13-4}$$

在不考虑风等外界因素干扰的情况下,产生的雨滴 $\mathbf{Raindrop}^G$ 将竖直下落到地面得到新雨滴 $\mathbf{New\_Raindrop}^G$ 并且 $\mathbf{Raindrop}^G$ 在某个维度上的坐标 $\mathbf{Raindrop}_j^G$ 发生改变。于是,雨滴下降算子 φ_R^D 可表示为:

$$\mathbf{New\_Raindrop}_j^G = \begin{cases} \mathrm{rand}(L_d, U_d), & j = d \\ \mathbf{Raindrop}_j^G, & \text{其他} \end{cases} \tag{13-5}$$

其中,$\mathrm{rand}(L_d, U_d)$ 为介于 L_d 和 U_d 之间的任意随机数。

当新雨滴 $\mathbf{New\_Raindrop}^G$ 接触到地表面的时候,它将会被撞击成若干个小雨滴。为减少计算量,这里假定小雨滴的个数等于种群规模 N。此后这些小雨滴 $\mathbf{Small\_Raindrop}_i^G$ $(i = 1, 2, \cdots, N)$ 将以拟正态分布的形式向四处飞溅。于是,雨滴下降算子 φ_R^C 可表示为:

$$\mathbf{Small\_Raindrop}_i^G = \mathbf{New\_Raindrop}^G$$
$$+ \mathrm{sign}(\alpha - 0.5) \cdot \log\beta \cdot (\mathbf{New\_Raindrop}^G - \mathbf{Vapor}_k^G) \tag{13-6}$$

其中,α 和 β 是 0 和 1 之间的随机数,$\mathrm{sign}(\cdot)$ 为符号函数,$\mathbf{Vapor}_k^G$ 为水汽种群任意一个水汽。每一个 $\mathbf{Small\_Raindrop}_i^G$ 将流向海拔较低的位置 $\mathbf{New\_Small\_Raindrop}_i^G$。这个 $\mathbf{Small\_Raindrop}_i^G$ 的流动方向通过两个子方向 $\mathbf{d}1_i$ 和 $\mathbf{d}2_i$ 的线性组合来确定,它们被表示成如下形式:

$$\begin{cases} \mathbf{d}1_i = \mathrm{sign}\left[f(\mathbf{RP}_{k_1}^C) - f(\mathbf{Small\_Raindrop}_i^G) \right] \cdot (\mathbf{RP}_{k_1}^C - \mathbf{Small\_Raindrop}_i^C) \\ \mathbf{d}2_i = \mathrm{sign}\left[f(\mathbf{RP}_{k_2}^C) - f(\mathbf{Small\_Raindrop}_i^G) \right] \cdot (\mathbf{RP}_{k_2}^C - \mathbf{Small\_Raindrop}_i^C) \\ d_i = \tau \cdot \mathrm{rand}\,1_i \cdot \mathbf{d}1_i + \tau \cdot \mathrm{rand}\,2_i \cdot \mathbf{d}2_i \end{cases} \tag{13-7}$$

其中,$\mathbf{RP}_{k_1}^C$ 和 $\mathbf{RP}_{k_2}^C$ 为雨滴池中任意两个位置,τ 为流动因子,$\mathrm{rand}\,1_i$ 和 $\mathrm{rand}\,2_i$ 是 0 与 1 之间的两个随机数。于是,$\mathbf{New\_Small\_Raindrop}_i^G$ 可通过雨滴流动算子 φ_R^F 表示为:

$$\mathbf{New\_Small\_Raindrop}_i^G = \mathbf{Small\_Raindrop}_i^G + d_i, \quad i = 1, 2, \cdots, N \tag{13-8}$$

如果 $\mathbf{New\_Small\_Raindrop}_i^G$ 的海拔高于 $\mathbf{Small\_Raindrop}_i^G$,则流动方向 d_i 被认为是错误的流动方向;否则 $\mathbf{Small\_Raindrop}_i^G$ 将沿着 d_i 不断流动。考虑到在真实的自然环境里面,雨滴不可能一直在流动。于是在算法设计中引入一个参数 MNF 来控制雨滴的最大流动次数。在每一代迭代过程中,将 $\mathbf{New\_Small\_Raindrop}_i^G$ $(i = 1, 2, \cdots, N)$ 中最优的位置添加到雨滴池 $\mathbf{RP}^G$ 中进行更新。如果 $\mathbf{RP}^G$ 的规模超过预先给定的规模 N,则随机删除冗余的粒子来减少资源的消耗。

最后,为了保证算法的收敛和计算效率,雨滴更新算子 φ_R^U 的设计如下:在 **New_Small_Raindrop**$_i^G$($i=1,2,\cdots,N$)和 **Vapor**^{G} 通过冒泡排序的方法选取前 N 个最好的粒子作为新的水汽种群 **Vapor**$^{G+1}$。

13.3 基于雨滴算法的多目标优化问题

13.3.1 基于雨滴算法的多目标应急物资路径优化

应急物流通常指的是为应对自然灾害或灾难性的突发事件[3],对保障性生活用品、救援物资和人员的紧急调运安排的一类特殊的物流管理活动。与普通物流活动不同,应急物流更强调时间的紧迫性和突发性等特征,因此,必须对应急救援物资的合理分配和运输配送车辆的行驶路径进行科学决策。如何在最短的时间内以最低的成本完成突发事件下应急药品的配送问题,成为国内外学者广泛关注的焦点。

根据以往的应急救援的开展情况可以看出,进行应急物资配送优化工作还要解决 3 个关键问题。首先,考虑当前储存的应急物资种类和数量以及各受灾点的需求量,合理分配应急物资;其次,根据各受灾点的物资需求量和地理位置关系,对临时应急设施的位置和数量进行合理规划;最后,根据灾后各受灾点的位置以及受灾地区的道路状况,考虑当前配送车辆的数量和容量的约束,选择合适的车辆配送路径。

Chang 等提出了应急物流车辆调度模型的改进遗传算法,Sascha 等分析了确定性需求条件下应急救援车辆的动态路径问题,王新平等运用遗传算法求解了多疫区多周期的应急物资配送路径优化问题[9],刘长石等运用启发式算法求解多目标应急物流定位路径问题。司静针对当前自然计算模型中普遍存在的全局与局域搜索过程之间的平衡问题[7],借鉴自然界下雨及雨滴受重力影响沿地形垂直径向局部流动的动态过程,探讨了一种雨滴计算模型的实现方法。

与传统的遗传算法、蚁群算法等进化算法不同,智能水滴(Intelligent Water Drop algorithm,IWD)算法基于水滴自主选择路径,更贴合车辆的配送路径优化过程。蒋杰辉等于 2016 年提出的改进水滴算法创新点[2],主要在于水滴选择下一个节点的概率由路径泥土量与路径的长短决定,且为防止某段路径上的泥土量改变过快而导致算法提早进入局部收敛的情况,设置了该泥土变量的上下限值。针对医疗物资紧急配送问题,他们首先运用 Holling-Ⅱ 函数构建了一个 SIP 疾病传播模型,通过疾病传播模型可以预测不同时刻各阶段感染疾病的患者人数;其次,通过经典的需求预测模型预测不同疫区在不同阶段对治愈疾病的药品需求量;最后,采用改进的智能水滴算法对不同爆发时刻的多疫区的多目标应急物流配送问题进行优化,获得最优的应急药品调运方案。

13.3.2 基于雨滴算法的混合时间窗车辆路径问题

车辆路径问题(Vehicle Routing Problem,VRP)属于组合优化中一类 NP-hard 问题,由 Dantzig 等提出[10]。Solomon 于 1979 年首次将时间窗因素引入车辆路径问题,提出带时间窗的车辆路径问题(Vehicle Routing Problem with Time Window,VRPTW),也称为准

时车辆路径问题[11]。

　　VRPTW 必须额外考虑运送时间与时间窗口,其主要的原因来自顾客有服务时间的最后期限和最早开始服务时间的限制。故在此限制条件之下,原本 VRP 问题除了空间方面的路径(Routing)考虑之外,还必须要加上时间上的排程(Scheduling)考虑,同时由于场站也有时间窗的限制,也间接造成路径长度的限制,由此可知 VRPTW 的总巡航成本不仅包含运送成本,还需要考虑时间成本,以及未在时间窗限制内送达的处罚成本。因此,若要得到一个好的解,时间和空间问题的探讨是非常重要的。

　　由于 VRPTW 比 VRP 问题多考虑了时间窗的因素,因此在解法上较 VRP 问题更为复杂,而根据 Taillard 等的分类,求解 VRPTW 的方法可以分为 6 种。

　　(1) 基于分枝界限法的精确算法(Exact Algorithm Based on Branch-and-Bound Techniques)。Kolen 利用这种方式可以求得精确解[12],但是只能解决 6～15 个节点的问题,因此求解的范围过小,仅适用于小型问题。

　　(2) 途程建构启发式(Route Construction Heuristics,RCH)算法。以某节点选择原则或是路线安排原则,将需求点一一纳入途程路线的解法,如 Soloman 的循序建构法(Sequential Insertion Heuristics,SIH)。

　　(3) 途程改善启发式(Route Improvement Heuristics,RIH)算法。先决定一个可行途程,也就是一个起始解,之后对起始解一直做改善,直到不能改善为止。而常见的是边交换程序(Edge Exchange Procedure,EEP),如 Lin 所提出的 K-Optimal,以及 Potvin 与 Rousseau 提出的考虑旅行方向的交换算法[13]。

　　(4) 合成启发式(Composite Heuristics)算法。此算法混合了途程建构启发式算法与途程改善启发式算法[14],如 Russell 所提出的 Hybrid Heuristics 便是采用了 Potvin 与 Rousseau 所提出的平行插入法,并在其中加入路线改善法的合成启发式算法;Roberto 也提出了基于平行插入法与内部交换改善法的合成启发式算法来求解 VRPTW 的问题。

　　(5) 依据最佳化之启发式(Optimization-Based Heuristics)算法。如 Koskosidis 等利用混合整数规划模块,再通过启发式算法,将原始问题分解成一系列巡行子问题。

　　(6) 通用启发式(Metaheuristics)算法。传统区域搜寻方法的最佳解常因起始解的特性或搜寻方法的限制,而只能获得局部最佳解,为了改善此缺点,近年来提出了许多新一代的启发式解法,包含禁忌法(Tabu Search)、SAA、GA 和门槛接受(Threshold Accepting)等,可以有效解决局部最优化的困扰。如 Potvin、Taillard 等均利用 Tabu Search 的方式来求解 VRPTW 的问题。

　　2014 年,李振平等设计了一种改进水滴算法来尝试解决该类问题,仿真结果表明,此算法具有较好的寻优能力,消耗更少的搜索时间,且如果增加算法中的丢弃次数,有更大概率搜索到全局最优点。2015 年,周虹等针对标准 IWD 算法在泥土更新上过于单一的缺点,设计了旁域更新的泥土含量更新机制,考虑整个河道的泥土信息变化,增加了其他水滴到达目标节点的概率[1]。他们据此提出了车辆路径 IWD 算法的编码方式,并基于改进的旁域更新 IWD 算法设计了软时间窗车辆路径优化算法。与标准 IWD 算法及粒子群算法的车辆路径优化结果,该算法收敛速度更快,收敛精度更高。王涛于 2019 年发表了改进智能水滴算法求解混合时间窗车辆路径问题的文章[3],在分析智能水滴算法求解类似离散问题时存在的局限性基础上,运用多种方式对其进行改进,引入遗传算法选择及重组算子提高其性能,构建出两种改进智能水滴遗传混合算法,并运用 Solomon 标准对测试算例和实际算例进行验证。改进后的混合算法能够有效解决离散问题,在持续寻优能力上较传统智能水滴算法和遗传算法更优,并且竞争选择改进智能水滴遗传混合算法求解算例效果最优。

参考文献

[1] 周虹,张磊,谭阳. 旁域更新智能水滴算法软时间窗车辆路径优化[J]. 计算机工程与应用,2015,51(20):253-258.

[2] 蒋杰辉,马良. 多目标应急物资路径优化及其改进智能水滴算法[J]. 计算机应用研究,2016(12):3602-3605.

[3] 王奕璇,陈荔,王涛. 基于改进智能水滴算法的混合时间窗电商物流路径优化研究[J]. 科技管理研究,2018,38(405):218-225.

[4] 张泽川. 应急条件下基于多目标的物资配送优化研究[D].

[5] 席禾. 先验驱动的多目标人工雨滴算法及其应用研究[D]. 西安:西安理工大学,2017.

[6] 江巧永. 人工雨滴算法及其应用研究[D]. 西安:西安理工大学,2017.

[7] 司静. 雨滴计算模型的研究[D]. 西安:西安理工大学,2011.

[8] 马廷,周成虎. 基于雨滴谱函数的降雨动能理论计算模型[J]. 自然科学进展,2006,16(10):1251-1256.

[9] 王新平,王海燕. 多疫区多周期应急物资协同优化调度[J]. 系统工程理论与实践,2012,32(2):283-291.

[10] Dantzig. The vehicle routing problem[M]. Society for Industrial and Applied Mathematics,2002.

[11] Thompson R F,Solomon P R,Weisz D J. "Model systems" versus "neuroethological" approach to hippocampal function[J]. Behavioral and Brain Sciences,1979,2(4):517-518.

[12] Friedrich M,Hofsaess I,Wekeck S. Timetable-based transit assignment using branch and bound techniques[J]. Transportation Research Record,2001,1752(1):100-107.

[13] Potvin J Y,Rousseau J M. A parallel route building algorithm for the vehicle routing and scheduling problem with time windows[J]. European Journal of Operational Research,1993,66(3):331-340.

[14] Russell R A. Hybrid heuristics for the vehicle routing problem with time windows [J]. Transportation science,1995,29(2):156-166.

第 14 章

CHAPTER 14

禁忌搜索算法

14.1 禁忌搜索算法起源

14.1.1 禁忌搜索算法发展历程

禁忌搜索算法(Taboo 搜索算法或 Tabu 搜索算法)[1] 是局部邻域搜索算法的推广,是一种全局逐步寻优算法。局部邻域搜索,又称爬山启发式算法,是基于贪心算法持续地在当前解的邻域中进行搜索。从当前的节点开始,和周围的邻居节点值进行比较。如果当前节点是最大的,那么返回当前节点,作为最大值(即山峰最高点);反之就用最高的邻居节点替换当前节点,从而实现向山峰的高处攀爬的目的。局部邻域搜索虽然算法通用易实现,且容易理解,但其搜索性能完全依赖于邻域结构和初始解,尤其易陷入局部极小而无法保证全局优化性。禁忌搜索算法是一种亚启发式随机搜索算法,它从一个初始可行解出发,选择一系列的特定搜索方向(移动)作为试探,选择实现让特定的目标函数值变化最多的移动。为了避免陷入局部最优解,禁忌搜索算法中采用了一种灵活的"记忆"技术,对已经进行的优化过程进行记录和选择,指导下一步的搜索方向,这就是 Tabu 表的建立。Glover 等在 1986 年首次提出禁忌搜索算法的概念,形成了一套完整的算法[2]。Glover 提出禁忌搜索算法最早是针对组合优化问题的。该算法能够解决 NP-hard 问题,它利用禁止向某些邻域移动的策略来跳出局部最优。Taillard 在 1989 年首次把禁忌搜索算法用于求解调度问题[3]。Nowicki 和 Smutnicki 方法[4] 被认为是当前求解车间调度问题最有效的禁忌搜索算法之一。由于禁忌搜索方法的灵活性,很容易和其他方法及特定问题的具体知识结合起来,组成面向具体问题的实用算法。

禁忌搜索与模拟退火算法、蚁群算法、粒子群优化、进化计算、AIS 等都属于自然计算的研究范畴,而禁忌搜索以其灵活存储结果的能力和相应的禁忌准则实现避免迂回搜索的目的,因而得到广泛的应用。它的核心是"已经被找过的解在一定的步骤内不会再次被寻找",是一种在组合优化问题中寻找近似最优解的启发式方法。禁忌搜索模拟人类进行"思考、记忆",通过自身对已知解的记忆,把这些解加入到自己的记忆库中(即禁忌表中),从而可以接收到更多的解,避免陷入局部性的搜索中。

14.1.2 禁忌搜索算法基本思想

禁忌搜索算法最重要的思想是标记对应已搜索的局部最优解的一些对象,并在进一步的迭代搜索中尽量避开这些对象(而不是绝对禁止循环),从而保证对不同的有效搜索途径的探索。禁忌搜索首先从一个可行的初始解出发,进而根据问题选择一些特定搜索方向作为试探。为了避免陷入局部最优解而无法突破,禁忌搜索采用一种灵活技术相似于智能的"记忆",即记录和选择已经搜索过的优化步骤,并据此指导进一步的搜索方向,禁忌表中存储最近若干次迭代过程中所实现的移动。正处于禁忌表中的移动,在最新的迭代过程中是被禁用的,这样可有效帮助算法避免陷入局部最优解。另外,为了尽可能保存产生最优解的移动,禁忌搜索算法采用"蔑视准则"来赦免一些被禁忌的优良状态,进而保证搜索的多样化。执行禁忌搜索有几个步骤[5]:编码方法、适应度函数的构造、初始解的获得、移动与邻域移动、禁忌表、选择策略、渴望水平函数、停止准则。禁忌搜索算法立足于邻域搜索,所以初始解的优劣对该算法性能影响比较大。对于较为复杂的约束问题,如果随机产生禁忌搜索算法的初始解,这些初始解可能不是可行解,此时应该采用一些启发式方法确保禁忌搜索的初始解是可行解。

14.2 禁忌搜索算法实现

14.2.1 禁忌搜索算法构成要素

禁忌搜索包含一些基本的概念,如移动、邻域、候选集合、禁忌表、期望条件、迭代次数等。

(1) 移动是从当前解产生新解的途径,是一个解到另外一个解的变化。

(2) 邻域是候选移动的集合或者称之为待选解集,它是解空间的一个子集,这里的解指可以从当前解中一步得到或者在距离当前解有些许距离的范围内。部分局部搜索算法仅仅保留改进的移动,而禁忌搜索接受非改进移动,可能不会带来更好的解,但是可以使得算法跳出局部最优。

(3) 候选集合一般由邻域中的邻居组成,可以将某解的所有邻居作为候选集合,也可以通过最优提取或随机提取。

(4) 禁忌表包括禁忌对象和禁忌长度。禁忌算法中,由于要避免一些操作的重复进行,就要将一些元素放到禁忌表中,禁止对这些元素进行操作,这些元素就是禁忌对象。禁忌长度是禁忌表所能接受的最多禁忌对象的数量,若设置得太多则可能会造成耗时较长或者算法停止,若太少则会造成重复搜索。引入禁忌表的目的是避免盲目搜索,凡是已经移动过的元素都放入禁忌表中,下次属于禁忌表的移动均被禁止。一般禁忌搜索可以用一个队列表示,队列的长度可以是定长的,也可以是非定长的。如果禁忌表已经写满,则位于队列头的项被解放,当然这个过程也可以用禁忌周期来控制。

禁忌表通常有两种形式,一种是直接禁止解,用一个长度为某个常数 maxT(控制参数)的队列形成一个先进先出的禁忌表,记录刚刚搜索过的解,在以后的 maxT 步之内,禁止向这些解移动。另一种是禁止解的属性,记录最近搜索过的 maxT 个解的属性,在以后的搜索中禁止那些有着与禁忌表中记录的同属性的解移动。

实际应用中,禁止表的操作可以非常灵活。可以把各种先验知识、履历和解的性质等以禁止集合的形式记录下来,从而控制以后的搜索过程。例如,可以把搜索中解的变量出现的频率和变化的方向存储起来,并用这些信息调节搜索过程,在候选解出现较多有希望得到最优解的区域内进行更详细的搜索。同时有意识地向未搜索或搜索不充分的区域移动,以增加搜索的广泛性。

(5) 期望条件主要用于将那些虽处于禁忌表中,但对算法有利的移动释放。如果满足期望条件,则解禁,忽视它所处的状态。

(6) 特赦规则(或藐视准则)。在禁忌搜索算法的迭代过程中,会出现候选集中的全部对象都被禁忌;或有一对象被禁,但若解禁则其目标值将会大幅度下降的情况;或者迭代的某一步会出现候选集的某一个元素被禁止搜索,但是若解禁该元素,则会使评价函数有所改善。在这样的情况下,设置一个特赦规则,当满足相应条件时该元素从禁忌表中跳出,这种方法称为特赦,相应的规则称为特赦规则。

(7) 评价函数是候选集合元素选取的一个评价公式,候选集合的元素通过评价函数值来选取。例如 TSP 中的评价函数通常是总旅程距离。以目标函数作为评价函数是比较容易理解的。目标值是一个非常直观的指标,但有时为了方便或易于计算,会用其他函数取代目标函数。

(8) 迭代次数最大值指的是非优化移动的最大循环次数,若算法得到的结果连续在最大迭代次数中都没有得到改善,则退出循环。

(9) 终止规则给定最大迭代步数是最常用的一种终止规则,其次是设定某个对象的最大禁忌频率,还有一种终止规则是设定适配值的偏离阈值。

14.2.2 禁忌搜索算法流程

禁忌搜索算法在局部邻域搜索的基础上引入了禁忌表、长期表和中期表,并且接受劣解,模拟了人类的记忆功能,避免了在搜索过程中的循环。在利用禁忌搜索算法解决实际问题时,应该注意以下 6 点。

(1) 禁忌搜索是局部邻域搜索的一种扩充,邻域结构的设计决定了当前解的邻域解的产生形式和数目,以及各个解之间的关系。

(2) 禁忌长度决定禁忌对象的任期,其大小直接影响整个算法的搜索进程和行为。

(3) 藐视准则的设置是算法避免遗失优良状态,激励对优良状态的局部搜索,进而实现全局优化的关键步骤。

(4) 对于非禁忌候选状态,如果忽视其与当前状态的适配值的优劣关系,而仅考虑其中的最佳状态为下一步决策,则可实现对局部极小的突跳(属于一种确定性策略)。

(5) 设置合理的终止准则可以使算法具有优良的优化性能或时间性能。

(6) 通常情况下,禁忌次数越高,则出现循环搜索的概率越大。

图 14.1 为禁忌搜索算法的基本流程图。

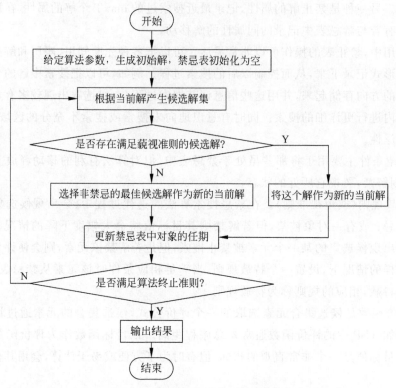

图 14.1 禁忌搜索算法的基本流程图

14.3 基于禁忌搜索的飞蜂窝网络频谱分配方法

为了能够在区域内通信,在 20 世纪 80 年代,人们使用蜂窝网络覆盖整个区域。蜂窝网络建网初期出现的宏蜂窝覆盖半径较大,但是随着人们对语音和数据业务需求的迅猛增长,加之对传输质量和速率的要求也相应提高,传统的宏蜂窝越来越难以满足用户对信号质量和速率的要求。研究表明:超过 50% 的语音通信和 70% 的数据通信都发生在室内[6],于是出现了飞蜂窝,它可以有效解决室内语音和数据业务。飞蜂窝是一种可以提供室内无线宽带覆盖的低功率、微型无线接入技术,可以有效解决移动蜂窝网络所面临的巨大容量压力[7-8]。飞蜂窝的引入虽然解决了信号覆盖的问题,但是同时也给移动蜂窝系统带来了许多技术问题,比如干扰管理、资源的管理与分配等。引入飞蜂窝造成了蜂窝网络系统干扰结构更加复杂,在实际部署建设飞蜂窝时,其大规模密集部署会造成区域的重叠覆盖,导致信号干扰严重、频谱资源紧缺等现实问题。因此,如何有效解决飞蜂窝网络系统中的干扰问题并且合理利用频谱资源成为飞蜂窝发展的重要挑战和问题[9-10]。

14.3.1 算法主要思想及流程

基于禁忌搜索算法的飞蜂窝网络频谱分配方法,可用于无线通信技术领域的宏蜂窝与飞蜂窝混合组网(FMOS),针对非干扰敏感区域(NISA)的飞蜂窝之间的相互干扰,对FMOS可利用频谱带进行分配。从经典的图着色问题的角度来考虑飞蜂窝网络频谱分配问题,图着色问题作为经典的组合优化问题有很多效果很好的算法。首先,为飞蜂窝网络频谱分配问题建立无向图模型,顶点对应飞蜂窝,边连接相互干扰的飞蜂窝,将其转化成图着色模型,相互干扰的飞蜂窝之间不能共用同一频谱带,即相当于图着色中相邻顶点不能用同一种颜色着色。其次,从图着色问题的一个初始解出发,通过禁忌搜索,在其邻域内不断搜索寻优,得到问题的近似最优解。最后,得到一种合理的飞蜂窝网络频谱分配方案,确定所需的最少频谱数。

　　基于禁忌搜索算法的飞蜂窝网络频谱分配方法可以解决现有飞蜂窝网络频谱分配方法分配效果差的问题。算法流程图如图 14.2 所示。

　　该方法能在飞蜂窝网络密集分布时,获得较好的频谱分配方案,可用于宏蜂窝与飞蜂窝混合组网。

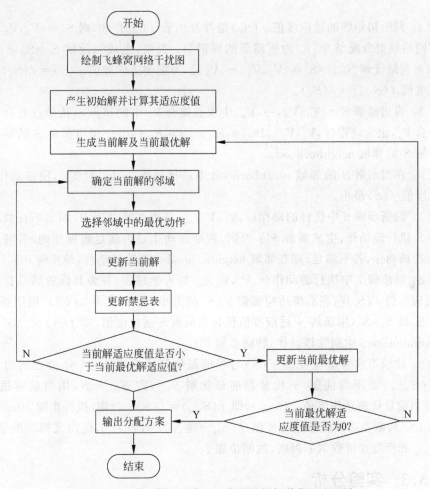

图 14.2　基于禁忌搜索的飞蜂窝网络频谱分配流程图

14.3.2　算法实现具体步骤

结合图 14.2,基于禁忌搜索的飞蜂窝网络频谱分配方法步骤如下。

步骤 1:将宏蜂窝与飞蜂窝混合组网中非干扰敏感区域的飞蜂窝用顶点表示,用边连接相互干扰的飞蜂窝所对应的顶点,得到干扰图 $H = \{N, V, E\}$,其中 N 是顶点个数;V 是顶点的集合,$V = \{1, 2, \cdots, N\}$;E 是边的集合。

步骤 2:将干扰图 H 中所有顶点随机分入 K 个顶点集合,得到飞蜂窝网络频谱分配问题的初始解 $S_0 = \{V_1, V_2, \cdots, V_k\}$,其中 $V_1, V_2, \cdots, V_k$ 分别表示顶点集合 $1, 2, \cdots, K$。

步骤 3:求解初始解的适应度值 $f(S_0) = \sum \delta_{uv}$,

$$\delta_{uv} = \begin{cases} 1 & u, v \in V_l \\ 0, & \text{其他} \end{cases}$$

其中,u, v 表示两个相互干扰的顶点;V_l 表示顶点集合 l,$1 \leqslant l \leqslant K$。当两个相互干扰的顶点 u, v 都属于顶点集合 V_l 时,$\delta_{uv} = 1$,否则 $\delta_{uv} = 0$。$f(S_0)$ 表示初始解 S_0 中存在的干扰总和。

步骤 4:判断初始解的适应度值 $f(S_0)$ 是否为 0,若 $f(S_0) = 0$,则 $S_0 = \{V_1, V_2, \cdots, V_k\}$ 为飞蜂窝网络频谱分配结果,K 为所需的频谱数;否则,生成当前解 $S = S_0 = \{V_1, V_2, \cdots, V_k\}$ 和当前最优解 $S_{best} = S_0 = \{V_1, V_2, \cdots, V_k\}$。当前解适应度值 $f(S) = f(S_0)$,当前最优解适应度值 $f(S_{best}) = f(S_0)$。

步骤 5:将当前解 $S = \{V_1, V_2, \cdots, V_k\}$ 中顶点集合 V_i 中的顶点 c,从顶点集合 V_i 移动到顶点集合 V_j,记为动作 (c, V_i, V_j),$1 \leqslant i \leqslant K$,$1 \leqslant j \leqslant K$,$i \neq j$。用当前解 S 的所有动作,构成当前解 S 的邻域 neighborhood。

步骤 6:在当前解 S 的邻域 neighborhood 中选择动作 $(c, V_i, V_j)_{min}$,使该动作执行后对应适应度值 $f(S)$ 最小。

步骤 7:判断步骤 6 中选择的动作 $(c, V_i, V_j)_{min}$ 是否在禁忌表中,如果不在禁忌表中,对当前解 S 执行该动作,生成新解 S';否则,判断该动作是否满足藐视准则,若满足,对当前解 S 执行该动作,若不满足,则在邻域 neighborhood 中删除该动作,跳步骤 6。

步骤 8:将步骤 7 中执行的动作 $(c, V_i, V_j)_{min}$ 加入禁忌表,并为其设置禁忌长度,比较新解 S' 适应度值 $f(S')$ 与当前解适应度值 $f(S)$ 的大小,若 $f(S') < f(S)$,则用新解 S' 代替当前解 S,即 $S = S'$,用新解 S' 适应度值代替当前解 S 适应度值,即 $f(S) = f(S')$,否则,在邻域 neighborhood 中删除该动作,转向步骤 6。

步骤 9:比较当前解适应度值 $f(S)$ 与当前最优解适应度值 $f(S_{best})$ 之间的大小,若 $f(S) < f(S_{best})$,则用当前解 S 代替当前最优解 S_{best},即 $S_{best} = S$,用当前解适应度值 $f(S)$ 代替当前最优解适应度值 $f(S_{best})$,即 $f(S_{best}) = f(S)$;否则,执行步骤 10。

步骤 10:判断当前最优解适应度值 $f(S_{best})$ 是否为 0,若为 0,输出飞蜂窝网络频谱分配方案 S_{best} 和所需频谱数 K;否则,跳回步骤 2。

14.3.3　实验分析

在进行仿真实验之前,首先对实际网络中存在的飞蜂窝基站,根据其各项参数以及干扰临界距离公式,计算出实际网络中飞蜂窝两两之间的干扰临界距离,再根据两两之间实际距离与干扰临界距离之间的大小关系,确定出飞蜂窝网络之间的干扰情况,将飞蜂窝作为无向图顶点,连接相互干扰的飞蜂窝,绘制出干扰图。将绘制好的干扰图作为图着色模型,就可以根据 14.3.2 节所述步骤进行实验,得到飞蜂窝网络所需最少频谱个数以及频谱分配方案。为了测试本章介绍的禁忌搜索算法在求解飞蜂窝网络频谱分配上的正确性以及有效性,本节对两组网络进行仿真。

1. 实验 1

实验 1 主要针对 3 个结构相对简单的飞蜂窝网络进行频谱分配,这 3 个飞蜂窝网络分别用网络 1[11]、网络 2[12] 和网络 3[13] 表示,具体网络结构图如图 14.3 所示。表 14.1 中为实验 1 中飞蜂窝网络的频谱分配情况。

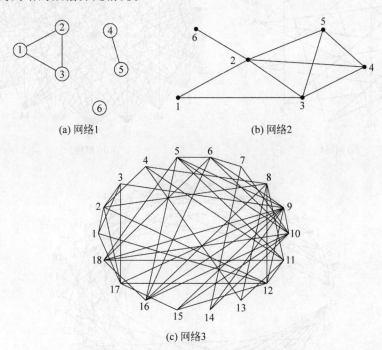

(a) 网络1　　　　　　　　　(b) 网络2

(c) 网络3

图 14.3 3 个相对简单的飞蜂窝网络结构图

表 14.1　实验 1 中飞蜂窝网络的频谱分配情况

	节点数	频谱个数	分配结果	T/s
网络 1	6	3	{1}{2,4}{3,5,6}	0.001
网络 2	6	4	{1,4}{2}{3}{5,6}	0.001
网络 3	18	6	{1,7,8,9}{2,10,11}{4,16,17}{5}{6}{3,12,13,14,15,18}	0.002

从表 14.1 可以看出本章介绍的禁忌搜索算法可以有效求解飞蜂窝网络频谱分配问题,给出网络所需的最少频谱个数以及合理的频谱分配方案。网络 1 中的 6 个节点被分成了 3 组,该网络需要 3 个频谱带;网络 2 中同样有 6 个节点,却被分成了 4 组;网络 3 有 18 个节点,需要 6 个频谱带。不难发现,对于网络 1 和网络 2,虽然拥有相同的飞蜂窝基站数,但是由于飞蜂窝之间的干扰情况不同,得出的频谱分配结果也不同,干扰较多的网络 2 节点被分成了更多组。因此可以得出结论:对于相同规模的飞蜂窝网络,如果基站之间的信号干扰越多,频谱分配结果越复杂,可能需要分配更多数量的频谱带来满足正常的通信需求。

2. 实验 2

为了说明禁忌搜索算法求解飞蜂窝络频谱分配问题的普遍性及优势,实验 2 主要针对

3 个结构相对复杂的飞蜂窝网络进行频谱分配,分别用网络 4、网络 5、网络 6 来表示,其具体网络结构如图 14.4 所示。表 14.2 中为实验 2 中飞蜂窝网络的频谱分配情况。

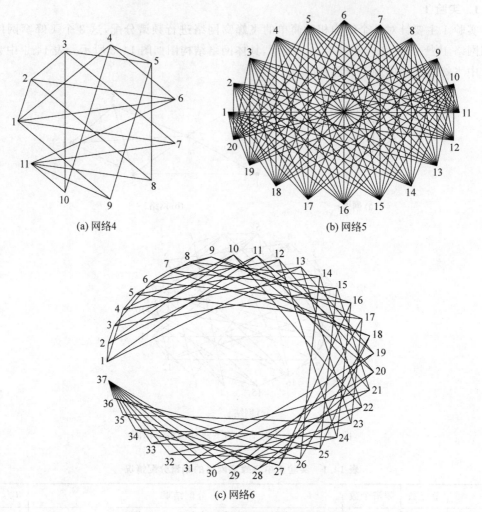

(a) 网络4

(b) 网络5

(c) 网络6

图 14.4 3 个相对复杂的飞蜂窝网络结构图

表 14.2 实验 2 中飞蜂窝网络的频谱分配情况

	节点数	频谱个数	分配结果	T/s
网络 4	11	4	{1}{2,5}{3,4,11}{6,7,8,9,10}	0.015
网络 5	20	2	{1,2,3,4,5,6,7,8,9,10}{11,12,13,14,15,16,17,18,19,20}	0.012
网络 6	37	4	{1,19,20,21,22,23,24,25,26,27,37}{2,5,6,9}{3,4,7,8}{10,11,12,13,14,15,16,17,18,28,29,30,31,32,33,34,35,36}	0.018

从表 14.2 可以看出本章所提出的禁忌搜索算法不仅可以有效求解结构较简单的飞蜂窝网络频谱分配问题,对于飞蜂窝基站数较多,干扰情况较复杂的网络依然有效。网络 4 中的 11 个节点被分成了 4 组,该网络需要 4 个频谱带。网络 5 有 20 个节点,却被分成了 2 组。网络 6 有 37 个节点,需要 4 个频谱带。与实验 1 的网络 1 和网络 2 相比,虽然网络 5

和网络 6 中基站数增多了,但是它们所需要的频谱数并没有增多,甚至网络 5 的所需频谱数更少。因此,可以得出结论:对于飞蜂窝网络进行频谱分配,随着网络节点数的增多,并不一定需要更多数量的频谱,进行频谱分配时,更重要的因素是网络基站之间信号的相互干扰情况。

参考文献

[1] Rego C,Alidaee B. Metaheuristic optimization via memory and evolution: tabu search and scatter search[M]. Berlin: Springer Science & Business Media,2006.

[2] Glover F. Future paths for integer programming and links to artificial intelligence[J]. Computers & operations research,1986,13(5): 533-549.

[3] Taillard C. Les régimes politiques passent···Les échelles d'organisation de l'espace demeurent: Essai sur l'héritage des systèmes politiques thaï au Laos[J]. Tropiques,1989: 465.

[4] Watson J P,Howe A E,Whitley L D. Deconstructing Nowicki and Smutnicki's i-TSAB tabu search algorithm for the job-shop scheduling problem[J]. Computers & Operations Research,2006,33(9): 2623-2644.

[5] Glover F,Laguna M. Tabu search in Modern heuristic techniques for combinatorial problems[M]. New York: John Wiley, 1993.

[6] 李宏佳. Femtocell 辅助蜂窝系统关键技术研究[D]. 北京: 北京邮电大学,2011.

[7] De La Roche G,Valcarce A, et al. Access control mechanisms for femtocells [J]. IEEE Communications Magazine,2010,48(1): 33-39.

[8] Ho L T W,Claussen H. Effects of user-deployed,co-channel femtocells on the call drop probability in a residential scenario[C]//IEEE 18th International Symposium on Personal,Indoor and Mobile Radio Communications. IEEE,2007: 1-5.

[9] Claussen H. Performance of macro-and co-channel femtocells in a hierarchical cell structure[C]// 2007 IEEE 18th International Symposium on Personal,Indoor and Mobile Radio Communications. IEEE,2007: 1-5.

[10] Guvenc I,Jeong M R,Watanabe F,et al. A hybrid frequency assignment for femtocells and coverage area analysis for co-channel operation[J]. IEEE Communications Letters,2008,12(12): 880-882.

[11] Li H,Xu X,Hu D,et al. Clustering strategy based on graph method and power control for frequency resource management in femtocell and macrocell overlaid system[J]. Journal of Communications and Networks,2011,13(6): 664-677.

[12] Shi Y,MacKenzie A B,DaSilva L A,et al. On resource reuse for cellular networks with femto-and macrocell coexistence[C]//2010 IEEE Global Telecommunications Conference GLOBECOM 2010. IEEE,2010: 1-6.

[13] Uygungelen S,Auer G,Bharucha Z. Graph-based dynamic frequency reuse in femtocell networks [C]//2011 IEEE Vehicular Technology Conference (VTC) Spring. IEEE,2011: 1-6.

第 15 章

量子搜索与优化

量子计算（Quantum Computation，QC）的研究开始于 1982 年，QC 首先被诺贝尔物理学奖获得者 Richard Feynman 看成是一个物理过程，现在它已经成为当今世界各国紧密跟踪的前沿学科之一。量子计算的并行性、指数级存储容量和指数加速特征展示了其强大的运算能力[1-2]，1994 年 Peter Shor 就提出了分解大数质因子的量子算法，它仅需几分钟就可以完成用 1600 台经典计算机需要 250 天才能完成的 RSA-129 问题（一种公钥密码系统），当前公认为最安全的、经典计算机不能破译的公钥系统 RSA 可以用量子计算机很容易地破译[3]；1996 年，Grover 提出量子搜索算法，证明量子计算机在穷尽搜索问题中比经典计算机有 $O(\sqrt{N})$ 的加速[4]，用此算法，可以仅用 2 亿步代替经典计算机的大约 3.5×10^{16} 步，破译广泛使用的 56 位数据编码标准 DES（一种被用于保护银行间和其他方面金融事务的标准）。目前量子计算已经在保密通信、密码系统、数据库搜索等领域得到成功的应用。美国早在 1999 年就研制出量子计算机运算器的雏形[5]，计算专家们更是预言，随着量子计算研究中一个个难题的解决，21 世纪将出现并运用比现在电子计算机的运算器速度快 1000 倍以上的量子计算机。2020 年 12 月 4 日，中国科学技术大学宣布该校潘建伟等人成功构建 76 个光子的量子计算原型机"九章"，求解数学算法高斯玻色取样只需 200 秒。

虽然建造量子计算机理论上和原则上没有根本的障碍，但在实际上和技术上仍然是个巨大的挑战，尤其是实用的、具备一定规模的量子计算实现尚在探索之中[6-7]，然而关于量子计算的更为永恒和令人激动的理由是它所导致的思考物理学基本定律的心得，以及它为其他科学技术所带来的有创见的方法。例如，计算智能的研究也可以建立在一个物理的基础之上，量子机理和特性会为计算智能的研究另辟蹊径，有效利用量子理论的原理和概念，将会在应用中取得明显优于传统智能计算模型的结果[8]。因此量子计算智能（Quantum Computational Intelligence，QCI）的出现结合了量子计算和传统智能计算各自的优势，具有很高的理论价值和发展潜力。

15.1 量子计算原理

量子算法是相对于经典算法而言的，它最本质的特征就是利用了量子态的叠加性和相干性，以及量子比特之间的纠缠性，是量子力学直接进入算法领域的产物，它和其他经典算法最本质的区别就在于它具有量子并行性[9-10]。在概率算法中，系统不再处于一个固定的状态,而是对应于各个可能状态有一个概率,即状态概率向量。如果知道初始状态概率向量和状态转移矩阵,通过状态概率向量和状态转移矩阵相乘可以得到任何时刻的概率向量[11]。量子算法与此类似,只不过需要考虑量子态的概率幅,因为它们是平方归一的,所以概率幅度相对于经典概率有 $\sqrt{N}$ 倍的放大,状态转移矩阵则用 Walsh-Hadamard 变换 (Walsh-Hadamard Transform,WHT)、旋转相位操作等求正变换实现[12]。

15.1.1 状态的叠加

在经典数字计算机中,信息被编码为位链,1 比特信息就是两种可能情况中的一种:0 或 1、假或真、对或错。例如,电容器的板极间的电压可以代表 1 比特信息:带电电容表示 1,而放电电容表示 0。在量子计算机中,基本的存储单元是一个量子位(Qubit),一个简单的量子位是一个双态系统,例如半自旋或两能级原子:自旋向上表示 0,向下表示 1;或者基态代表 0,激发态代表 1。不同于经典比特,量子比特不仅可以处于 0 或 1 的两个状态之一,而且还可以处于两个状态的任意叠加形式。一个 n 位的普通寄存器处于唯一的状态中,而由量子力学的基本假设,一个 n 位的量子寄存器可处于 2^n 个基态的相干叠加态 $|\phi\rangle$ 中,即可以同时表示 2^n 个数。叠加态和基态的关系可以表示为:

$$|\phi\rangle = \sum_i c_i |\phi_i\rangle \tag{15-1}$$

其中,c_i 为状态 $|\phi_i\rangle$ 的概率幅;$|c_i|^2$ 表示 ϕ 在受到量子计算机系统和纠缠的测量仪器观测时坍塌到基态 $|\phi_i\rangle$ 的概率,即对应得到结果为 i 的概率,因此有:

$$\sum_i |c_i|^2 = 1 \tag{15-2}$$

15.1.2 状态的相干

量子计算的一个主要原理就是:使构成叠加态的各个基态通过量子门的作用发生干涉,从而改变它们之间的相对相位。如一个叠加态为 $|\phi\rangle = \frac{2}{\sqrt{5}}|0\rangle + \frac{1}{\sqrt{5}}|1\rangle = \frac{1}{\sqrt{5}}\binom{2}{1}$,设量子门 $\hat{U} = \frac{1}{\sqrt{2}}\begin{pmatrix} 1 & 1 \\ 1 & -1 \end{pmatrix}$ 作用其上,则两者的作用结果是 $|\phi'\rangle = \frac{3}{\sqrt{10}}|0\rangle + \frac{1}{\sqrt{10}}|1\rangle$,可以看到,基态 $|0\rangle$ 的概率幅增大,而 $|1\rangle$ 的概率幅减小。若量子系统 $|\phi\rangle$ 处于基态的线性叠加状态,称系统为相干的。当一个相干的系统和它周围的环境发生相互作用时,线性叠加就会消失,具体坍塌到某个基态 $|\phi_i\rangle$ 的概率由 $|c_i|^2$ 决定,如对上述 $|\phi'\rangle$ 进行测量,其坍塌到 $|0\rangle$ 的概率为 0.9,这个过程称之为消相干[13]。Grover 等量子算法主要利用了这一量子机制[14-15]。

15.1.3 状态的纠缠

量子计算另一个重要的机制是量子纠缠态。对于发生相互作用的两个子系统中所存在的一些态,若不能表示成两个子系统态的张量积,就称为纠缠态。对处于纠缠态的量子位的某几位进行操作,不但会改变这些量子位的状态,还会改变与它们相纠缠的其他量子位的状态。在 Shor 算法中得到量子傅里叶变换所需要的状态时,就用到了这一经典量子力学特性[16]。量子计算能够充分实现,也是利用了量子态的纠缠特性。

15.1.4　量子并行性

在经典计算机中,信息的处理是通过逻辑门进行的[17]。量子寄存器中的量子态则是通过量子门的作用进行演化。量子门的作用与逻辑电路门类似,在指定基态的条件下,量子门可以由作用于希尔伯特空间(Hilbert space)中的矩阵 $\hat{A}$ 描述。由于量子门的线性约束,量子门对希尔伯特空间中量子状态的作用将同时作用于所有基态上,对应到 n 位量子计算机模型中,相当于同时对 2^n 个数进行运算,而任何经典计算机为了完成相同的任务必须重复 2^n 次相同的计算,或者必须使用 2^n 个不同的并行工作的处理器,这就是量子并行性。换言之,量子计算机利用了量子信息的叠加和纠缠的性质,使用相同时间和存储量的计算资源,却提供了巨大的增益,Shor 算法充分利用了这一点。

15.2　量子计算智能的几种模型

量子计算理论用于计算智能早在前几年就已出现,在简单的专家系统中得到成功应用后,量子计算已经和联想记忆、人工神经网络(Artificial Neural Network,ANN)、模糊逻辑等智能方法结合,获得了更加广泛的应用。

15.2.1　量子人工神经网络

从神经元的 M-P 模型首先提出至今,ANN 的研究已在各个领域得到广泛的应用。几十年来 ANN 取得了很大的进展,但也暴露出了不少问题,主要是因为它是建立在极其简化的神经元模型基础之上的,它无法更好地满足信息量和信息复杂度增加的需求。因此,构建更加外向的神经网络理论,为神经网络理论赋予更广泛的数学基础、生物学特征乃至物理特征是 ANN 进一步发展和研究的方向之一。

正像生物神经系统的研究激发了 ANN 的研究一样,量子效应在人类认知领域中也起着重要的作用。20 世纪 90 年代以来的一些研究成果表明:人脑信息处理的过程可能与量子现象有关[18]。英国 Oxford 大学 Penrose 教授对量子理论和人脑意识的研究证明人体内的某些细胞对单个量子敏感,因此大脑中可能存在量子力学效应。1994 年美国 Arizona 大学 Hameroff 教授指出:在神经元细胞内架的微管之中或周围,意识是作为一个宏观量子态由量子级事件相干的一个临界极突现出来的。1996 年 Perus 博士认为量子波函数的坍塌十分类似于人脑记忆中的模式重构现象[19]。所有研究结果均表明:量子系统是所有物理过程的微观系统基础,同样也应该是生物和心理过程的基础;量子系统具有和生物神经网络相似的动力学特征[20],因而将 ANN 和量子理论结合会更好地模拟人脑的信息处理过程。

量子计算与神经网络的结合是当前人工神经网络理论研究的一个前沿课题[21],当然,量子神经网络(Quantum Neural Network,QNN)的相关研究才刚刚起步[22]。从 Perus 最先发表了对量子形式和 ANN 理论数学相似性的评述开始,目前在国内外已有不少有关 QNN 的研究成果。Menneer 和 Narayanan 提出了一种将量子机理中的"多宇宙"论引入网络训练,对应训练集中的每一个样本都有一个神经网络与之对应,最后得到的网络是这些网络的叠加。Behrman 等也提出了用量子点实现 QNN 的方法,对于每个输入采用一个量子点,系统按量子机理进行时间进化,观察则在固定的时间间隔,不同的时间切片作为 QNN 中隐层的神经元;因此,越多的时间切片,将有越多的隐层单元。QNN 研究的代表人物[23-25]提出了很多论点,研究的方向大致可分为:量子联想记忆[26-28]、量子竞争学习[29]、使用量子点的神经网络[30]、具有量子特性的传递函数的传统神经网络[31]、量子 Hopfield 网络[32]等。

15.2.2　基于量子染色体的进化算法

虽然理论上可以证明,进化算法能在概率的意义上以随机的方式寻求到问题的最优解,由于自然进化和生命现象的不可知性,导致了进化算法的本质缺陷。进化算法最明显的缺点就是收敛问题,包括收敛速度慢和未成熟收敛,虽然已有很多算法对它进行了改进,但很难有本质上的突破。进化算法之所以能使个体得到进化,首先是采用选择操作尽量选出比较好的若干个体,保证下一代个体一般不差于前代,使个体趋于最优解,同时采用进化操作——交叉和变异(进化规划中没有用交叉),通过它们的破坏性影响产生新的个体,从而生成更好的个体,更重要的是借以维持群体的多样性。

分析进化算法可以看出:虽然在进化过程中,进化算法尽量维持个体多样性和群体收敛性之间的平衡;但是它没有利用进化中未成熟优良子群体所提供的信息,因此收敛速度很慢。如果能在进化中引入记忆和定向学习的机制,增强算法的智能性,则可以大大提高搜索效率,解决进化算法中的早熟和收敛速度问题。基于以上考虑,将进化算法和量子理论结合,探讨量子进化理论及其学习算法克服进化算法缺陷的可行之道。

15.2.3　基于量子特性的优化算法

Grover 算法是最能体现量子并行性的算法,也是搜索算法中最快的算法。利用量子计算巨大的并行性,它可以很容易地实现对所有可能状态的穷尽搜索,解决所有"求解困难而验证容易"的 NP 问题[33]。

遍历搜索的目的是从一个杂乱无序的集合中找到满足某种要求的元素,要验证一个元素满足要求容易,但反过来,查找合乎要求的元素则往往要大费周折,因为这些元素可能并没有按照这种要求有序地进行排列,并且这些元素的数目又很大,在经典算法中,只有逐个试下去,这也正是"遍历搜索"这一名称的由来。显然,在经典算法中,运算步骤和被搜索集合元素数 N 成正比。若该集合中只有一个元素符合要求,为使搜索成功率达到 100%,一般说来步骤数要接近 N;而在 Grover 算法中,搜索成功的运算步骤只与 $\sqrt{N}$ 成正比[34],它对状态空间的快速搜索是通过概率的求反放大实现的。由此可以设想,它对优化问题也能构成快速搜索。使用改进的 Grover 算法不仅可以求解简单的决策问题,而且可以在并行计算函数值的同时使高函数值状态凸现出来[35],即解决优化问题,而算法的参数可以参考经典算法学习。

15.2.4　量子聚类算法

聚类分析是研究如何用数学的方法将一组样品(对象、指标、属性)进行分类的方法。聚类算法包括统计算法、机器学习方法、神经网络方法和面向数据库的方法等。聚类是模式识别中一个重要的问题,目前常用的基于距离分割的聚类方法,仅仅根据数据间的几何相似性进行分类,是一种无监督的学习方法,效果一般并不如人意。而且现有的聚类算法中聚类数目一般需要事先指定,然而,类别数在很多情况下是不可知的。另外,现有的聚类算法的结果一般都依赖于初值,即使类别数目保持不变,聚类的结果也相差很大。

受到物理学中量子机理和特性的启发,可以利用量子理论解决此类问题,一个很好的例子就是基于相关的 Pott 自旋和统计机理提出的量子聚类模型,它把聚类问题看作一个物理系统,通过求解一系列随温度变化的自由能函数的全局极小值得到聚类问题的最优解。许多算例均表明,相对于传统聚类算法无能为力的几种聚类问题,该算法都得到了比较满意的结果。

15.2.5　量子模式识别算法

Feynman 将应用量子系统的连续特性构造的量子计算机,与使用仅有两个状态的晶体管构造的数字电子计算机比较的研究表明[36-38]:基于统计物理模型的算法可以广泛应用于数据分析、图像识别、神经网络的学习等。这是因为量子算法远远快于传统算法(如黑箱问题、Shor 算法和 Grover 算法等),因此利用量子机理的模式识别方法也是指数加速的。

模式识别是人工智能中一个基本的问题,除了模式的检测和定位外,模板的匹配也是一个有意义的研究内容,它通常要用特定的分类器实现。有研究者就以用量子系统执行图像分析中的模板匹配的任务为例,讨论了量子模式识别的实现,它需要根据问题,使用量子系统构造对应的模型,选取同量子定理一致的算法模型,其中要用到一些在联想记忆、图像识别和并行分布式处理都要用到的线性操作和向量空间的概念,由于量子系统高维的状态存储空间,以及能够模拟计算中数据分析不同的线性模型的能力,量子模式识别可以不需要大量的量子位数,无须将完全模式集存储到一个量子存储器中,就能实现快速的图像匹配的算法。

15.2.6　量子小波与小波包算法

子波分析(wavelet analysis)又称为小波变换,是一门既有坚实的数理论基础,又有广泛实际应用背景的新学科。1992 年,Wicherhauser 和 Coifman 等沿着频带划分的思想,用一个尺度函数生成一组包括子波函数在内的"子波包",实现了全频域的渐细估计,为信号的自适应频带划分提供了工具。最近,Andreas Klappenecker 指出:在量子计算机上可以实现周期化的小波包变换和小波变换,而且实现周期化的小波包变换要比实现小波变换容易,并且给出了具体量子电路的实现方法。

假设信号可以用 n 个量子比特表示,$N = 2^n$ 为输入信号的长度,在经典计算机上需要 $O(N)$ 步运算来实现小波变换,$O(N\log N)$ 步来实现小波包变换。在量子计算机上,则只需要 $O(\log^2 N)$ 个基本量子门运算来实现小波与小波包变换,而且实现小波包算法比小波算法需要更少的计算量。

15.2.7　量子退火算法

量子退火算法是一类新的量子优化算法,不同于经典模拟退火算法利用热波动来搜寻问题的最优解,量子退火算法利用量子波动产生的量子隧穿效应(或隧道效应)来使算法摆脱局部最优。

1982 年,Kirkpatrick 等将退火思想引入优化领域,提出模拟退火算法。Tadashi 利用量子退火研究最优化问题[39],并把这种思想应用于横向伊辛(Ising)模型和 TSP,综合讨论量子退火相对于模拟退火的优越性及其原因;Trugenberger 利用量子退火对组合优化问题进行了研究[40];Martonak 等提出了关于对称 TSP 的路径积分蒙特卡洛量子退火,并和标准的热力学模拟退火进行比较[41]。综合来看,与模拟退火方法相比较,量子退火在退火收敛速度和避免陷入局部极小方面有一定优势,这主要是因为量子的隧道效应使粒子能够穿过比其自身能量高的势垒直接达到低能量状态。

量子退火主要利用量子涨落的机制,即量子跃迁的隧道效应,来完成最优化过程。设无外力作用时体系的 Hamilton 量为 H_0,$H'(t)$ 表示外力作用的结果,则体系的 Hamilton 量可表示为:

$$H = H_0 + H'(t) \tag{15-3}$$

在具体的应用中,最优化问题被编码为 H_0,$H'(t)$ 为外加场,通常被设定为横向场 $\tau(t)\sum_i \delta_i^{x}$[42],则体系的 Hamilton 量可表示为:

$$H = H_0 + \tau(t)\sum_i \delta_i^x \tag{15-4}$$

通过路径积分蒙特卡洛方法,可以将经典的势能转换为量子势能的形式:

$$\varphi_P = \left(\frac{Pm}{2\beta^2 E^2}\right)\sum_{i=1}^{N}\sum_{t=1}^{P}|r_{i,t} - r_{i,t+1}|^2 + \frac{1}{P}\sum_{t=1}^{P}V(\{r;t\}) \tag{15-5}$$

其中,$r_{i,t}$ 表示了三维向量中(由上面的过程很容易拓展到 N 维空间)第 i 个粒子在第 t 个时间片上的坐标。E 是一个类似于模拟退火中 T 的可调参数,由一个初值逐渐减小到零,从而控制动能项逐渐减小到零。$\beta = 1/kT$ 是反转温度。

基于上述过程,路径积分蒙特卡洛量子退火的工作流程如下。

步骤 1:选定 Trotter 数 P 并设定初始的算法执行次数和初始的动能值。

步骤 2:根据式(15-3)将经典系统的势能(即优化目标)量子化,得到量子化的势能如下:

$$H = H_q + H_{kim}(t) \tag{15-6}$$

步骤 3:对式(15-6)运用蒙特卡洛方法进行采样,寻找最优解(产生新解的移动策略可以是局部移动、全局移动等)。

步骤 4:按照某一策略衰减 E,如果未达到算法的执行次数或者 E 的下限,返回步骤 3。

步骤 5:得到量子化的能量最优解。

步骤 6:将步骤 5 得到的最优解转化为经典能量的形式,就得到搜索到的目标最优解。

该算法在一些应用问题上取得了较好的效果,例如,经典的 LJ 团簇问题的基态结构求解[43]、随机 Ising 模型[44]、随机场 Ising 模型的基态问题[45]、TSP 等。

15.3 量子进化算法

量子进化算法是结合量子计算机制的一种新的进化算法。1996 年,Narayanan 等首次将量子理论与进化算法相结合,提出了量子遗传算法的概念[46]。相较于传统的进化算法,量子进化算法具有种群分散性好、全局搜索能力强、搜索速度快、易于与其他算法结合等优点,随后,量子进化算法得到了广泛的关注,并产生了大量研究成果。2000 年,Han 等提出了一种量子遗传算法,然后又扩展为量子进化算法,实现了组合优化问题的求解[47]。随后,Sun 等又提出了具有量子行为的粒子群优化算法,将量子机制与群智能结合[48]。Wang 等将量子粒子群进化算法(QPSO)推广到多目标优化领域[49]。

根据解的编码及再生方式的不同,把量子进化算法分为两类:一类是基于量子旋转门的量子进化算法;另一类是基于吸引子的量子进化算法。

15.3.1 基于量子旋转门的进化算法

基于量子旋转门的量子进化算法以量子比特对种群中的每一个个体进行编码,例如,以 $Q(t)=\{q_1^t, q_2^t, \cdots, q_n^t\}$ 表示一个量子种群,其中 t 表示当前的迭代代数,n 表示种群规模,则第 t 代第 j 个个体的编码可以表示为:

$$q_j^t = \begin{bmatrix} \alpha_{j1}^t & \alpha_{j2}^t & \cdots & \alpha_{jm}^t \\ \beta_{j1}^t & \beta_{j2}^t & \cdots & \beta_{jm}^t \end{bmatrix} \tag{15-7}$$

其中,对于任意一列 α 和 β,满足 $\alpha^2 + \beta^2 = 1$,α 表示该位取 0 的概率幅,β 表示该位取 1 的概率幅。这种编码的方式使一条量子染色体可以表示 2^m 个基态的概率幅,扩展了进化算法中染色体的信息容量。当 α 或者 β 趋近于 0 或者 1 时,量子染色体以大概率坍缩到一个确定的解。

QEA 的工作流程可以描述为下列步骤。

步骤 1:初始种群 $Q(t)$,$t=0$。将初始量子种群 $Q(t)$ 中的每个量子染色体的每个量子位的 α 和 β 都初始为 $\dfrac{1}{\sqrt{2}}$。

步骤 2:测量每一条量子染色体。对每一条量子染色体 q_j^t 进行测量,得到一个状态 x_j^t,x_j^t 为一条 m 位的串,且每一位或者为 0 或者为 1。测量过程:对 q_j^t 的每一位,在 $[0,1]$ 之间产生一个随机数 r,如果 r 大于该位对应的 α^2,则 x_j^t 中该位设置为 1,否则,x_j^t 中该位设置为 0。

步骤 3:用测试函数 f 评测步骤 2 中产生的 n 个状态,并将其中最好的状态 b_j^t 与当前最好的状态 b 对比。如果 b_j^t 的函数值优于 b 的函数值,则将 b_j^t 赋给 b。

步骤 4:利用量子门 $U(\Delta\theta)$ 更新 $Q(t)$ 中每个量子染色体的每个量子比特位,从而得到 $Q(t+1)$,其中 $U(\Delta\theta)$ 表示如下:

$$U(\Delta\theta) = \begin{bmatrix} \cos\Delta\theta & -\sin\Delta\theta \\ \sin\Delta\theta & \cos\Delta\theta \end{bmatrix} \tag{15-8}$$

其中,$\Delta\theta$ 根据具体问题设定,通常由 x_j^t 及其对应的函数值与 b 及其对应的函数值的相对关系设计。

步骤 5:如果满足停止条件,输出状态 b 及其对应的函数值,否则 $t=t+1$,跳转至步骤 2。

基于量子门的量子进化算法采用量子编码,在原有最优状态的基础上,通过量子门更新,以较大概率产生性能更优的下一代种群,因为采用了容量更大的量子染色体作为种群的构造单元,基于旋转门的量子进化算法具有如下优势。

（1）易于并行处理，因为量子染色体之间交流较少，算法本身并行程度较高，具有处理大规模数据的潜力。

（2）寻优性能鲁棒。因为算法中存在多个量子染色体同时进行搜索，而且每一个量子染色体相对独立，对搜索空间覆盖较完整，能够有效降低局部最优的影响，提高鲁棒性。

15.3.2 基于吸引子的进化算法

相较于基于旋转门的量子进化算法，基于吸引子的量子进化算法更适合于连续优化问题。此类算法的代表成果有量子粒子群算法。

按照经典力学，一个粒子在确定了位置 x 和速度向量 v 之后，将沿着一个确定的轨道运动。因此，经典的粒子群优化可以用如下过程描述。

步骤 1：随机初始化粒子的当前位置集合 P，并初始化局部最优解集 $L=P$，全局最优解为 b。

步骤 2：L 适应度值最好的解如果比 b 的适应度值好，则用 L 中最好的解更新 b。

步骤 3：更新速度 v，再通过速度 v 与 P 中解组合产生新解，并更新 P 中对应的解。

步骤 4：若产生的新解比相应的 L 中的解具有更好的适应度值，则将 L 中相应的解用新解更新。

步骤 5：若满足停止条件，则输出 b，否则转到步骤 2 继续运行算法。

在步骤 4 中，更新速度 v 的常用算式如下：

$$v(t+1)=wv(t)+w_1(l-p)+w_2(b-p) \tag{15-9}$$

其中，w、w_1、w_2 为常数。t 表示迭代代数，l 是 L 中的元素，p 是相应的 P 中的元素，新解产生：

$$x(t+1)=x(t)+v(t+1) \tag{15-10}$$

传统的粒子群优化算法，在经典力学空间中，粒子的移动状态由速度和当前状态决定了规定的运动轨迹。但是在量子力学中，粒子的运动是不确定的，没有运动轨道的概念，用波函数 $\psi(x,t)$ 来描述粒子的状态。在一个三维空间中，波函数可以表示为：

$$|\psi|^2 \mathrm{d}x\mathrm{d}y\mathrm{d}z=Q\mathrm{d}x\mathrm{d}y\mathrm{d}z \tag{15-11}$$

其中，$Q\mathrm{d}x\mathrm{d}y\mathrm{d}z$ 表示粒子在时刻 t 出现在位置 (x,y,z) 的概率。$|\psi|^2$ 是概率密度函数，并且满足如下条件：

$$\int_{-\infty}^{\infty}|\psi|^2\mathrm{d}x\mathrm{d}y\mathrm{d}z=\int_{-\infty}^{\infty}Q\mathrm{d}x\mathrm{d}y\mathrm{d}z=1 \tag{15-12}$$

$\psi(x,t)$ 与时间的关联函数可以由如下所示的薛定谔方程给出：

$$ih\frac{\partial}{\partial t}\psi(x,t)=\hat{H}\psi(x,t) \tag{15-13}$$

其中，$\hat{H}$ 是汉密尔顿算子，h 为普朗克常量。对于一个质量为 m 的处于势场 $V(x)$ 的单个粒子，汉密尔顿算子可以表示为：

$$\hat{H}=-\frac{h^2}{2m}\nabla^2+V(x) \tag{15-14}$$

对于量子粒子群系统，假设粒子处于 δ 势阱中，势阱的中心为 p。简单起见，以一维空间的粒子为例，势能函数可以表示为：

$$V(x) = -\gamma \delta(x - p) = -\gamma \delta(y) \tag{15-15}$$

其中 $y = x - p$，那么汉密尔顿算子可以表示为：

$$\hat{H} = -\frac{h^2}{2m}\frac{\mathrm{d}^2}{\mathrm{d}y^2} - \gamma \delta(y) \tag{15-16}$$

则针对此模型的薛定谔方程可以变换为：

$$\frac{\mathrm{d}^2\psi}{\mathrm{d}y^2} + \frac{2m}{h^2}[E + \gamma\delta(y)]\psi = 0 \tag{15-17}$$

通过 $\int_{-\varepsilon}^{\varepsilon}\mathrm{d}x$，$\varepsilon \to 0^+$，可得：

$$\psi'(0^+) - \psi'(0^-) = -\frac{2m\gamma}{h^2}\psi(0) \tag{15-18}$$

对于 $y \neq 0$，可以表示为：

$$\frac{\mathrm{d}^2\psi}{\mathrm{d}y^2} - \beta^2\psi = 0 \\ \beta = \sqrt{-2mE/h^2} \quad (E < 0) \tag{15-19}$$

在满足约束条件的情况下：

$$|y| \to \infty, \ \psi \to 0 \tag{15-20}$$

解可以表示为：

$$\psi(y) \approx \mathrm{e}^{-\beta|y|} \tag{15-21}$$

考虑如下所示的解的形式：

$$\psi(y) = \begin{cases} C\mathrm{e}^{-\beta y}, & y > 0 \\ C\mathrm{e}^{\beta y}, & y < 0 \end{cases} \tag{15-22}$$

其中，C 为一个常量，可得：

$$-2C\beta = -\frac{2m\gamma}{h^2}C \tag{15-23}$$

$$\beta = \frac{m\gamma}{h^2} \tag{15-24}$$

$$E = E_0 = -\frac{h^2\beta^2}{2m} = -\frac{m\gamma^2}{2h^2} \tag{15-25}$$

由于波函数需要满足归一条件，则式（15-26）成立：

$$\int_{-\infty}^{+\infty}|\psi(y)|^2\mathrm{d}y = \frac{|C|^2}{\beta} = 1 \tag{15-26}$$

则可得 $|C| = \sqrt{\beta}$。另 $L = 1/\beta = h^2/m\gamma$，$L$ 叫作势阱的特征长度。那么归一化的波函数可以表示为：

$$\psi(y) = \frac{1}{\sqrt{L}}\mathrm{e}^{-|y|/L} \tag{15-27}$$

相应的概率密度函数 Q 可以表示为：

$$Q(y) = |\psi(y)|^2 = \frac{1}{L}\mathrm{e}^{-2|y|/L} \tag{15-28}$$

式（15-28）给出了粒子在量子空间中的波函数，用蒙特卡洛法模拟量子态的坍缩过程，即由量子态得到经典力学空间中粒子的位置。另 s 为 $[0,1/L]$ 之间均匀分布的随机数，则有：

$$s = \frac{1}{L}\mathrm{rand}(0,1) = \frac{1}{L}u, \quad u = \mathrm{rand}(0,1) \tag{15-29}$$

用 s 代替 Q，可得：

$$s = \frac{1}{\sqrt{L}}\mathrm{e}^{-|y|/L} \tag{15-30}$$

进而可得：

$$y = \pm\frac{L}{2}\ln(1/u) \tag{15-31}$$

因为 $y = x - p$，则可得：

$$x = p \pm \frac{L}{2}\ln(1/u) \tag{15-32}$$

其中，u 为 $0 \sim 1$ 均匀分布的随机数。实现对量子空间中粒子准确位置的测量。它是量子粒子群算法的核心迭代公式，通过不断更新吸引子 p 和特征长度 L，实现了粒子按照量子力学的运动形式在整个决策空间的高效搜索。

吸引子和特征长度有多样的构造方式。在很多算法中，粒子的局部最优常被用来作为吸引子[49]。在文献[50]中粒子当前位置和局部最优的距离，当前位置与局部最优的平均值的距离都被尝试用来构建特征长度。对于多目标优化问题，在文献[49]中，子问题的全局最优和局部最优被用来构造特征长度。

算法流程方面，量子粒子群算法与经典粒子群算法并没有显著差别，只是在步骤 3 中，不需要更新速度 v，改用通过波函数得来的概率模型来产生新解。

近十年，量子粒子群算法获得了长足的发展。PSO 算法创始人 Kennedy 称之为最具有发展潜力的 PSO 改进算法[51]，越来越多的学者对 QPSO 算法进行研究，提出了各种基于 QPSO 算法的改进算法及应用。针对 QPSO 算法中控制参数的选择，文献[52]指出 QPSO 算法的控制参数即收缩－扩张因子的值小于 1.78 时能够保证算法收敛，并提出两种参数控制方法：线性递减和自适应调整；文献[53]提出了另一种基于种群多样性的 CE 参数选择方法，文献[54]使用高斯概率分布产生随机数替代原算法中的不同参数，能够有效改进粒子的早熟问题。

参考文献

[1] Barenco A, Deutsch D, Ekert A, et al. Conditional quantum dynamics and logic gates[J]. Phys. Rev. Lett., 1995, 74(20): 4083-4086.

[2] Deutsch D, Jozsa R. Rapid solution of the problems by quantum computation[J]. Proc. Royal Society of London A, 1992, 439: 553-558.

[3] Simon D R. On the power of quantum computation[J]. SIAM Journal on Computing, 1997, 26(5): 1474-1483.

[4] Abrams D S, Lloyd S. Nonlinear quantum mechanism implies polynomial-time solution for NP-complete and ♯P problems[J]. Phys. Rev. Lett., 1998, 81: 3992-3995.

[5] 李承祖, 等. 量子通信和量子计算[M]. 长沙：国防科学大学出版社. 2000.

[6] Benioff P. The computer as a physical system: A microscopic quantum mechanical Hamiltonian model of computers as represented by Turning machine[J]. Journal of Statistical Physics,1980(22): 563-591.

[7] Knight P. Quantum information processing without entanglement[J]. Science,2000(287): 441-442.

[8] Narayanan A,Moore M. Quantum-inspired genetic algorithms[C]//Proceedings of the International Congress on Evolutionary Computation,Piscataway,NJ: IEEE Press,1996: 61-66.

[9] Pittenger A O. An introduction to Quantum Computing Algorithms [M]. Basel, Swiss: Birkhauser,2000.

[10] Bhrman H,Cleve R, Wgderson A. Quantum vs. classical communication and computation[C]// Proc. 30th Symp. on Theory of Comp. ,1998: 63-68.

[11] Nielsen M A,Chuang I L. Quantum computation and quantum information [M]. Cambridge: Cambridge University Press,2000.

[12] Bennett C,Berstein B,brassard G,et al. Strength and weakness of quantum computing[J]. SIAM J. Comp. ,1997,26(5): 1510-1523.

[13] Caldiera A O,Leggett A J. Quantum tunneling in a dissipative system[J]. Ann. Phys. (NY),1983: 347-456.

[14] Grover L K. Quantum mechanics helps in searching for a needle in a haystack[J]. Phy. Rev,1997: 325-328.

[15] Grover L K. A fast quantum mechanical algorithm for database search[C]//Processing of the 28th Annual ACM Symposium on the Theory of Computing,ACM,New York,1996: 212-219.

[16] Shor. P. W. Polynomial-time algorithms for prime factorization and discrete logarithms on a quantum computer[J]. SIAM Journal of Computing,1997,26(5): 1484-1509.

[17] Kuwamura N,Tanignchi K, Hamaguchi C. Simulation of the single-electron logic circuits [J]. Trans,IEEE,1994: 221-228.

[18] Beck F,Eccles J C. Quantum aspects of brain activity and the role of consciousness[C]//Proc. Natl. Acad. Sci. USA 1992: 11357-11361.

[19] Perus M. Neuro-Quantum Parallelism in Brain-Mind and Computers[J]. Information Sciences, 1996,20: 173-183.

[20] Penrose R. Shadows of the mind: A search for the missing science of consciousness[M]. London: Oxford Univercity Press,1994: 122-132.

[21] Menner T,Narayanan A. Quantum-inspired neural networks[R]. UK: Univercity of Exeter,1995.

[22] Ventura D. Quantum computing and neural information processing[J]. Information Sciences,2000 (128): 147-148.

[23] Kak S C. On quantum neural computing[J]. Information Sciences,1995(83): 143-160.

[24] Weigang L. A study of parallel self-organizing map[EB/OL]. http: //xxx. lanl. gov/lanl eprint quant-ph/9808025.

[25] 解光军,庄镇泉. 量子神经网络[J]. 计算机科学,2001,28(7): 1-6.

[26] Ventura D,Martinez T R. Quantum associative memory[J]. Information Sciences,2000(124): 273-296.

[27] Ventura D,Martinez T R. Quantum associative memory[J]. Information Sciences,1999 (115): 97-102.

[28] Perus M,Ecimovic P. Memory and pattern recognition in associative neural network [J]. International Journal of Applied Science and Computation,1998(4): 283-310.

[29] Pyllkkanen P,Pylkko P. New Directions in Cognitive Science[C]//Proceedings of the International Symposium,Saariselka,1995: 77-89.

［30］ Behrman E. A quantum dot neural network［C］//Proc Workshop Physics of Computation. New England Complex Sys. Inst. ,Cambridge,Mass. ,1996：22-24.

［31］ Ventura D,Matinez T R. An artificial neuron with quantum mechanism properties［C］//Proceedings of the International Conference on Artificial Neural Networks and Genetic Algorithms,1997：482-485.

［32］ M. Akazawa. Quantum Hopfield network using single-electron circuits. Extended Abstracts of the Int. Conf. On Solid State Devices and Materials,1997：306-307.

［33］ Garcy M,Johnson D. Computers and intractability：a guide to the theory of NP-completeness［M］. 出版地不详：W. H. Freeman & Company,1979.

［34］ Hogg T. A framework for structured quantum search［EB/OL］. http://xxx. lanl. gov/lanl e-print quant-ph/9701013.

［35］ Trugenberger C A. Quantum optimization for combinational searches［EB/OL］. http://xxx. lanl. gov/lanle-print quant-ph/ 0107081.

［36］ Feynman R P,Hibbs A R. Quantum mechanism and path integrals［M］. New York：McGraw-Hill,1965：64-85.

［37］ Feynman R P. Quantum mechanism computers［J］. Found. Phys. ,1986(16)：507-531.

［38］ Feynman R P. Simulating physics with computers［J］. Int J Theor Phys,1982,21(6-7)：467-488.

［39］ Kadowaki T. Study of optimization problems by quantum annealing［D］. Tokyo：Tokyo Institute of Technology,2002.

［40］ Trugenberger C A. Quantum Optimization for Combinatorial Searches［J］. New Journal of Physics,2001,4(1)：26.

［41］ Martonák R,Santoro G E,Tosatti E. Quantum annealing of the traveling-salesman problem［J］. Physical Review E Statistical Nonlinear & Soft Matter Physics,2004,70(5)：1-4.

［42］ Du W L,Li B,Tian Y. Research progress of quantum annealing algorithm［J］. Journal of Computer Research and Development,2008,45(9)：1501-1508.

［43］ Liu P,Berne B J. Quantum path minimization：An efficient method for global optimization［J］. Journal of Chemical Physics,2003,118(7)：2999-3005.

［44］ Santoro G E,Martoňák R,Tosatti E,et al. Theory of quantum annealing of an Ising spin glass. ［J］. Science,2002,295(5564)：2427-2430.

［45］ Sarjala M,Petäjä V,Alava M. Optimization in random field Ising models by quantum annealing［J］. Journal of Statistical Mechanics Theory & Experiment,2005,16(1)：79-107.

［46］ Narayanan A,Moore M. Quantum-inspired genetic algorithms［C］//IEEE International Conference on Evolutionary Computation. IEEE,1996：61-66.

［47］ Han K H,Kim J H. Genetic quantum algorithm and its application to combinatorial optimization problem［C］//Proceedings of the 2000 Congress on Evolutionary Computation. IEEE,2000：1354-1360.

［48］ Sun J,Feng B,Xu W. Particle swarm optimization with particles having quantum behavior［C］//Proceedings of the 2004 Congress on Evolutionary Computation. IEEE,2004：1571-1580.

［49］ Wang Y,Li Y,Jiao L. Quantum-inspired multi-objective optimization evolutionary algorithm based on decomposition［J］. Soft Computing,2015：1-16.

［50］ Sun J,Fang W,Wu X,et al. Quantum-Behaved Particle Swarm Optimization：Analysis of Individual Particle Behavior and Parameter Selection［J］. Evolutionary Computation,2012,20(3)：349-393.

［51］ Kennedy J. Some Issues and Practices for Particle Swarms［C］//Swarm Intelligence Symposium,Sis. 2007：162-169.

［52］ Kang Y,Sun J. Parameter selection of quantum-behaved particle swarm optimization［M］//Advances in Natural Computation. Berlin Heidelberg: Springer, 2005: 2225-2235.

[53] Sun J, Xu W, Feng B. Adaptive parameter control for quantum-behaved particle swarm optimization on individual level[C]//IEEE International Conference on Systems, Man and Cybernetics. 2005(4): 3049-3054.

[54] Coelho L S. Novel Gaussian quantum-behaved particle swarm optimiser applied to electromagnetic design[J]. Iet Science Measurement Technology, 2007, 1(5): 290-294.

第 16 章

CHAPTER 16

量子粒子群优化

引入了量子模型的概率化粒子群优化算法,是群体智能优化算法的典型代表之一,已经成为随机优化领域的一个研究热点[1]。

PSO 算法在 1995 年由美国的 Kennedy 等提出,基本思想受到了鸟群群体行为的启发[2],Reynolds 提出了 BOID 模型[3],随后,Heppner 等进一步提出了鸟类群聚模拟,加入了鸟群受到栖息地的吸引的特点[4],至此基本粒子群算法成型。随后,Yuhui Shi 提出了带有惯性权重的改进粒子群算法[5],目前,有关 PSO 算法的研究大多以带惯性权重的 PSO 算法为基础进行扩展和修正。有关 PSO 算法的详细介绍可参考第 4 章。

16.1 量子行为粒子群算法

16.1.1 思想来源

人类的智能行为与量子空间中粒子的行为很相似。量子系统由于态叠加性而具有很强的不确定性,而人类思维也具有不确定性,用量子模型描述人类思维和智能是合乎逻辑的。研究表明,聚集性是群体智能最基本的特点。所谓聚集性就是群体中个体的差异是有限的,不可能趋向无穷大。聚集性是由群体中的个体具有相互学习的特点决定的,个体的学习有追随性、记忆性、创造性等特点。从算法的角度分析,追随性和记忆性的共同作用代表局部搜索能力,创造性代表全局搜索能力。

在考虑建立 QPSO 算法的模型时,决策变量用同样粒子的当前位置表示,代表个体的当前思维状态;粒子经验中搜索到的具有最好适应度值(目标函数值)的位置代表个体经验知识;当前群体中的具有最好适应度值的粒子位置代表群体最好知识。在力学中,用粒子的束缚态来描述聚集性。产生束缚态的原因是在粒子运动的中心存在某种吸引势场。为此可以建立一个量子化的吸引势场来束缚粒子(个体),使群体具有聚集态。处于量子束缚态的粒子可以以一定的概率密度出现在空间任何点,它只要求当粒子与中心的距离趋向无穷时,概率密度趋近 0。因此量子模型的随机性更大,关键问题就是确定如何建立以及采用何种形式的势能场。

16.1.2 δ 势阱模型

在量子空间中,粒子的速度和位置是不能同时确定的,因此粒子的状态必须用所谓的波

函数 $LY(x,t)$ 来描述,其中 $\boldsymbol{X}=(x,y,z)$ 是粒子在三维空间中的位置向量。波函数的物理意义是波函数模的平方是粒子在空间某一点出现的概率密度,即:

$$|\Psi|^2\mathrm{d}x\mathrm{d}y\mathrm{d}z=Q\mathrm{d}x\mathrm{d}y\mathrm{d}z \tag{16-1}$$

其中,Q 为概率密度函数。当然这个概率分布密度函数满足归一化条件:

$$\int_{-\infty}^{+\infty}|\Psi|^2\mathrm{d}x\mathrm{d}y\mathrm{d}z=\int_{-\infty}^{+\infty}Q\mathrm{d}x\mathrm{d}y\mathrm{d}z=1 \tag{16-2}$$

在量子空间中粒子运动的动力学方程是:

$$i\hbar\frac{\partial}{\partial t}\Psi(\boldsymbol{X},t)=\hat{H}\Psi(\boldsymbol{X},t) \tag{16-3}$$

其中,$\hat{H}$ 是哈密顿算子;$\hbar$ 称为普朗克常数。而哈密顿算子 $\hat{H}$ 具有以下形式:

$$\hat{H}=-\frac{\hbar^2}{2m}\nabla^2+V(\boldsymbol{X}) \tag{16-4}$$

其中,m 是粒子的质量;$V(\boldsymbol{X})$ 是粒子所在的势场。

现在假定粒子群系统是一个量子粒子系统,每一个粒子具有量子行为,由波函数来描述其状态。根据对 PSO 算法中粒子收敛行为的分析,必然存在以点 P_i 为中心的某种形式吸引势场。为简单起见,先考虑单个粒子在一维空间中运动的情形,并且将 P_i,记为 P,粒子的位置为 X。在 P 点建立一维 δ 势阱,其势能函数表示为:

$$V(x)=-\gamma\delta(X-p)=-\gamma\delta(Y) \tag{16-5}$$

其中,$Y=X-p$,m 为粒子的质量,因此该问题的哈密顿算子为:

$$\hat{H}=-\frac{\hbar^2}{2m}\frac{\mathrm{d}^2}{\mathrm{d}Y^2}-\gamma\delta(Y) \tag{16-6}$$

粒子在 δ 势阱中的定态 Schrodinger 方程为:

$$\frac{\mathrm{d}^2\psi}{\mathrm{d}Y^2}+\frac{2m}{\hbar^2}[E+\gamma\delta(Y)]\psi=0 \tag{16-7}$$

其中,E 是粒子的能量。

16.1.3 算法流程

这里概括地说明一下 QPSO 算法的基本过程,然后给出算法的流程。在一个 N 维的目标搜索空间中,QPSO 算法由 M 个代表潜在问题解的粒子组成群体 $X=\{X_1,X_2,\cdots,X_M\}$,在 t 时刻,第 i 个粒子位置为 $X_i(t)=[X_{i,1}(t),X_{i,2}(t),\cdots,X_{i,N}(t)]$,$i=1,2,\cdots,m$,粒子没有速度向量。个体最好位置表示为 $P_i(t)=[P_{i,1}(t),P_{i,2}(t),\cdots,P_{i,N}(t)]$,群体的全局最好位置为 $G(t)=[G_1(t),G_2(t),\cdots,G_N(t)]$,且 $G(t)=P_g(t)$,其中 g 为处于全局最好位置粒子的下标,$g\in\{1,2,\cdots,M\}$。

对于最小化问题,目标函数 f 的值越小,对应的适应度值越好。粒子 t 的个体最好位置为:

$$P_i(t)=\begin{cases}X_i(t), & f[X_i(t)]<f[P_i(t-1)]\\ P_i(t-1), & f[X_i(t)]\geqslant f[P_i(t_i-1)]\end{cases} \tag{16-8}$$

群体的全局最好位置如下确定:

$$g=\underset{1\leqslant i\leqslant M}{\arg\min}\{f[P_i(t)]\} \tag{16-9}$$

$$G(t)=P_g(t) \tag{16-10}$$

QPSO 算法的粒子位置更新方程为：

$$p_{i,j}(t) = \varphi_j(t) \cdot P_{i,j}(t) + [1 - \varphi_j(t)] \cdot G_j(t) \quad \varphi_j(t) \tilde{\ } U(0,1) \tag{16-11}$$

$$X_{i,j}(t+1) = p_{i,j}(t) \pm \alpha \cdot |C_j(t) - X_{i,j}(t)| \cdot \ln[|\mu_{i,j}(t)] \quad u_{i,j}(t) \tilde{\ } U(0,1) \tag{16-12}$$

其中

$$C(t) = [C_1(t), C_2(t), \cdots, C_N(t)] = \frac{1}{M} \sum_{i=1}^{M} P_i(t)$$

$$= \left(\frac{1}{M} \sum_{i=1}^{M} P_{i,1}(t), \frac{1}{M} \sum_{i=1}^{M} P_{i,2}(t), \cdots, \frac{1}{M} \sum_{i=1}^{M} P_{i,N}(t) \right) \tag{16-13}$$

算法 16-1：QPSO 算法

步骤 1：在问题空间中初始化粒子群中粒子的位置。

步骤 2：计算粒子群的平均最优位置。

步骤 3：计算粒子的当前适应度值，并与前一次迭代的适应度值比较，如果当前适应度值小于前一次迭代的适应度值，则根据粒子的位置更新为粒子当前的位置，即如果 $f[X_i(t+1)] < f[P_i(t)]$，则 $P_i(t+1) = X_i(t+1)$。

步骤 4：计算群体当前的全局最优位置，即 $G(t) = P_g(t)$，$g = \underset{1 \leqslant i \leqslant M}{\arg\min} \{ f[P_i(t)] \}$。

步骤 5：比较当前全局最优位置与前一次迭代的全局最优位置，如果当前全局最优位置较好，则群体的全局最优位置更新为它的值。

步骤 6：对粒子的每一维，计算一个随机点的位置。

步骤 7：计算粒子的新位置。

步骤 8：重复步骤 2～7，直至满足一定的循环结束条件。

16.2　协同量子粒子群优化

量子机制的 PSO 算法是指粒子的搜索过程是满足量子行为的粒子的运动过程，和粒子群算法是两种不同的运动方式，并不是在粒子群算法的基础上添加算子，因此理论上并不会增加算法复杂度，即 QPSO 算法和 PSO 算法的复杂度是相当的。

虽然 QPSO 算法的全局搜索能力远远优于一般的 PSO 算法。但是与标准的 PSO 算法一样，QPSO 算法同样存在早熟的趋势，也就是当群体进化时，群体的多样性不可避免地减少。这是因为每个粒子都是通过学习自身的当前局部最优值和全局最优值进行下一步的搜索，而不管自身的信息是否有局部最优的倾向。如果搜索空间是有许多局部最优值的复杂系统，在这种情况下，粒子很有可能陷入局部最优。

16.2.1　协同量子粒子群算法

近几年来国内外学者提出了多种关于协作思想的算法。

Van Den Bergh 提出一种协作的方法，将粒子间的协作思想加入到粒子群算法中[6]。在 PSO 算法中，每个粒子都代表一个潜在的解，每一步更新都在这个粒子的所有维的基础上更新，这将会导致粒子中的某些分量越来越靠近最优解而另一些分量越来越远离最优解。

但是粒子群的更新过程却只考虑这个粒子良好的整体性能,忽略了其中很差的一些分量,因此对于一个高维的问题就很难去找到全局最优解。

H. Gao 等又将协作的思想引入 QPSO 中,提出协同量子粒子群算法,全局搜索能力进一步提高[7]。与以往量子粒子群算法不同,在协同量子粒子群算法中,每一个粒子需要一维一维地优化,而不是整体去优化一个个体。也就是说不仅从这个粒子的整体来评价测试这个粒子的好坏,还去评价它的每一维的好坏。

对每个粒子的分量分别去优化,就不能直接计算这个粒子的适应度值,因为在不同的个体中它在每一维的贡献是无法直接描述的。为了解决这个问题,提出了背景向量的概念,它提供一个合适的背景使得粒子的每一维能在一个公平的环境下进行评价,用全局最优 g_{best} 作为背景变量。为了计算粒子第 d 维的适应度值,背景向量的第 d 维被粒子的第 d 维代替,然后计算这个更新后的背景向量来评价这个粒子在第 d 维上是否得到了一个比个体最优和全局最优更精确的值。因此这个方法中粒子的每一维都对种群做出了贡献。这样就完成了粒子间的协作。

下面介绍一个证明协作的重要性例子。给一个三维向量 X 和一个误差函数 $f(x) = \parallel X - A \parallel^2$,其中 $A = (20, 20, 20)$。也就是全局最优 X^* 等于 A。现在,假设一个种群包含由量子粒子群更新公式得到的两个个体 X_1 和 X_2,假设在 t 代个体为:

$$g_{best} = (18, 3, 15) \tag{16-14}$$

$$X_1(t) = (5, 15, 13) \tag{16-15}$$

$$X_2(t) = (20, 7, 5) \tag{16-16}$$

利用上面的误差函数评价上面的个体可以得到 $f(g_{best}) = 318$,$f(X_1(t)) = 299$,$f(X_2(t)) = 394$,这表明 $f(X_1(t)) = 299$ 比全局最优位置好,如果是没有协作的量子粒子群算法,那么 g_{best} 直接被 $X_1(t)$ 所代替,而 $X_2(t)$ 就会被丢弃掉。然而,$X_2(t)$ 的第一维分量 20 是最优值的一个分量,它却没有为全局最优 g_{best} 做任何贡献,而 g_{best} 只得到了比较差的分量 $X_1(t)$ 中的 5。协作方法可以帮助 g_{best} 取得合适的分量。用背景向量 g_{best} 分别一维一维去评价 $X_2(t)$ 的各个分量可以得到 $f(20, 15, 13) = 74$,$f(5, 7, 13) = 443$,$f(5, 15, 5) = 475$,因此说明 $X_2(t)$ 的第一维分量是可以给全局最优做出贡献的,用此维数据去代替全局最优的此维数据,得到最终的全局最优位置为 $(20, 15, 13)$,这样就得到了一个比没有协作思想的量子粒子群算法更精确的值。

基于上面的思想,H. Gao 等提出了协同量子粒子群算法(Cooperative Quantum-behaved Particle Swarm Optimization, CQPSO),算法的性能得到了提高。

16.2.2 改进的协同量子粒子群算法

1. 算法提出

大多数的随机搜索算法(包括粒子群算法和遗传算法)都存在维数问题,性能会随着维数的增多而下降。

种群中的每个粒子的适应度值(fitness value)都是同时由它的每一维决定的,所以有些粒子的某一维可能已经达到全局最优却因为其他维的坏的搜索结果而要被放弃,这种情况下个体中好的分量就被丢弃了。

从前面的描述可以看出协作思想的重要性,这种思想避免了消耗大量时间得到的新个体因为整体的不好而直接丢弃掉造成的浪费,可以分别去评价每一维数据,将有用的信息保存下来,加快收敛速度,对于多维问题的优化是有很大帮助的。受此启发,本书提出了改进的协同量子粒子群算法(Improved Cooperative Quantum-behaved Particle Swarm Optimization,ICQPSO),并将其在函数优化上进行了测试。

量子力学中的不确定性告诉我们,量子世界是概率支配的世界,不存在精确预言,只有发生某一件事的概率。即 QPSO 算法在更新的过程中是遵循量子力学中量子世界的运动规律的,它是一个完全不确定的位置,它可以搜索到远离目前个体最优的位置。正因为如此,它跳出局部最优的可能才大大提高了,但是要评价一个粒子的好坏必须有它的具体位置。利用蒙特卡洛思想进行观测,以往存在的量子粒子群算法,一个个体更新只进行了一次观测得到一个新位置,这样并没有充分利用到量子的思想。在文献[8]中,作者提到了"对每个量子染色体按不同的观察方式产生 n 个个体",受此启发并为了充分利用量子力学的不确定性原理,本书基于 QPSO 算法,引入多次测量的概念,并利用协作思想,提出了改进的协作量子粒子群算法。

2. 算法描述

QPSO 算法粒子更新过程中,通过观测可以得到新个体,观测之前粒子处在一个未知的状态,而且以一定的概率出现在一个位置,即给定一个概率去观测它,那么就会得到它的一个位置。对于一个个体,随机产生多个概率,利用蒙特卡洛测量进行了多次观测,得到多个个体,并选这多个个体中适应度值最好的与个体最优值进行比较,然后选取个体最优作为背景个体,再来依次评价其余个体的每一维分量,最终得到下一代个体,如此进行一步步搜索。

改进的协同量子粒子群算法改进部分在多次测量产生多个个体和通过协作产生新个体部分,其中多次测量是根据 QPSO 算法更新公式给定不同的随机数即可分别产生多个个体,假设产生了 5 个新个体 $X_{l1}(x_{11},x_{12},\cdots,x_{1D})$,$X_{l2}(x_{21},x_{22},\cdots,x_{2D})$,$X_{l3}(x_{31},x_{32},\cdots,x_{3D})$,$X_{l4}(x_{41},x_{42},\cdots,x_{4D})$,$X_{l5}(x_{51},x_{52},\cdots,x_{5D})$,

$$m_{\text{best}} = \sum_{i=1}^{M} P(t)_i/M = \frac{1}{M}\Big[\sum_{i=1}^{M} P_{i1}(t),\sum_{i=1}^{M} P_{i2}(t),\cdots,\sum_{i=1}^{M} P_{id}(t)\Big] \tag{16-17}$$

$$X_{id}(t+1) = p_{id} \pm \alpha^* \mid m_{\text{best}i} - X_{id}(t) \mid \ln(1/u) \tag{16-18}$$

观测次数越多,不确定性利用越充分,收敛速度也越快,但是同时时间也是呈线性增长的,因此实际问题中可以根据需要设置观测的次数。算法的流程图如图 16.1 所示。

协作的具体操作方法为,从多次测量得到的 5 个个体中根据适应度值选出适应度最好的一个个体,假设为 $X_{l1}(x_{11},x_{12},\cdots,x_{1D})$,将设为背景向量(context vector)$X_c$ 即 $X_c = X_{l1}$,并令 $X_i = X_{l1}$,分别用 $X_{l2}(x_{21},x_{22},\cdots,x_{2D})$、$X_{l3}(x_{31},x_{32},\cdots,x_{3D})$、$X_{l4}(x_{41},x_{42},\cdots,x_{4D})$、$X_{l5}(x_{51},x_{52},\cdots,x_{5D})$ 的每一维分量来代替背景向量 X_c 的相应维度,得到新的背景向量 X_c',然后计算此时的背景向量 X_c' 的适应度值,若好于 X_c,则说明这一维分量可以为全局最优做贡献,用这个数据来替代 X_i 的相应维度的数据,这样用 X_c 就可依次将其余 4 个个体中较好维度的信息评价出来,得到最后的 X_i,就可根据 QPSO 算法进化原则求得个体最优和全局最优个体。改进的协同量子群算法过程如图 16.2 所示,其协作过程可参考图 16.3。

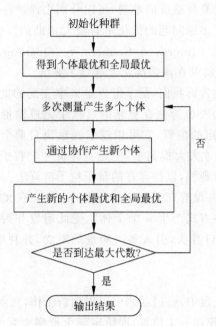

图 16.1　改进的协同量子粒子群算法流程图

过程：

初始化种群：X_i
Pbest$=X_i$
Gbest$=$best Pbest
if $t <$ Gmax
　　for each particle
　　　　根据 QPSO 更新公式产生 5 个粒子
　　　　令 $X_i = X_L$
　　　　$X_c = X_{ij}$
　　　　for each particle X_k
　　　　　for each dimension j
　　　　　　if $f(X_c(j, X_{kj})) < f(X_c)$
　　　　　　　$X_{ij} = X_{kj}$
　　　　　endif
　　　　　$X_c = X_L$
　　　　end
　　　end
　　　if $f(X_i) < f(\text{Pbest}_i)$
　　　　Pbest$_i = X_i$
　　　endif
　　　if $f(\text{Pbest}_i) < f(\text{Gbest})$
　　　　Gbest$=$Pbest$_i$
　　　endif
　　end
endif

图 16.2　改进的协同量子粒子群算法

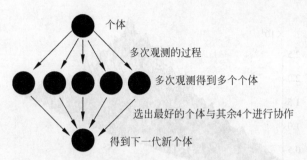

个体

多次观测的过程

多次观测得到多个个体

选出最好的个体与其余4个进行协作

得到下一代新个体

图 16.3 改进的协同量子粒子群算法协作过程

16.2.3 实验结果及分析

1. 实验条件

为了能够直观考察"改进的协同量子粒子群算法"的性能,本书列举了 ICQPSO、QPSO[9]、带权值的量子粒子群算法(Quantum-behaved Particle Swarm Optimization algorithm with Weighted mean best position,WQPSO)[10]、CQPSO[7]的比较。

测试的函数包括表 16.1 中的 5 个基准函数 f1、f2、f3、f4 和 f5,以及文献[11]中的复杂函数。其中基准函数是最小值为 0 的最小化问题,初始化范围和限制范围在表 16.1 中,下面详细描述测试的复杂函数(包括 F4、F5、F7、F8、F13 和 F14)。

表 16.1 基准函数

函数名	表达式	初始化区间	最大范围
Sphere function	$f1(x) = \sum_{i=1}^{n} x_i^2$	$(-50,100)$	100
Rosenbrock function	$f2(x) = \sum_{i=1}^{n} (100(x_{i+1} - x_i^2) + (x_i - 1)^2)$	$(15,30)$	100
Rastrigrin function	$f3(x) = \sum_{i=1}^{n} (x_i^2 - 10\cos(2\pi x_i) + 10)$	$(2.56,5.12)$	10
Griewank function	$f4(x) = \frac{1}{4000} \sum_{i=1}^{n} x_i^2 - \prod_{i=1}^{n} \cos\left(\frac{x_i}{\sqrt{i}}\right) + 1$	$(-300,600)$	600
De Jong's function	$f5(x) = \sum_{i=1}^{n} i x_i^4$	$(-30,100)$	100

图 16.4 所示的函数 F4(Shifted Schwefel's Problem 1.2 with Noise in Fitness)是一个对基本 Schwefel's 问题进行旋转加噪声的问题:

$$F4(x) = \left(\sum_{i=1}^{D} \left(\sum_{j=1}^{i} z_j\right)^2\right) \times (1 + 0.4 \mid N(0,1) \mid) + \text{f\_bias}_4 \qquad (16\text{-}19)$$

其中,$z = x - o, x \in [-100,100]^D, x^* = o, F4(x^*) = \text{f\_bias}_4 = -450$。

图 16.5 所示的函数 F5(Schwefel's Problem 2.6 with Global Optimum on Bounds)是一个全局最优值在边界上的 Schwefel's 问题:

$$F5(x) = \max\{\mid A_i x - B_i \mid\} + \text{f\_bias}_5 \qquad (16\text{-}20)$$

其中,A 是一个 $D \times D$ 的矩阵,a_{ij} 是 $-500 \sim 500$ 的随机整数,A_i 是 A 的第 i 行,$\det(A) \neq 0$,

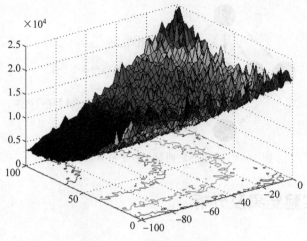

图 16.4　函数 F4 三维图

$B_i = A_i \boldsymbol{o}, \boldsymbol{o}$ 是一个 $D \times 1$ 的向量，o_i 是 $-100 \sim 100$ 的随机数。$i = 1, 2, \cdots, [D/4]$ 时，$o_i = -100$，$i = [3D/4], \cdots, D, o_i = 100, x \in [-100, 100]^D, \boldsymbol{x}^* = \boldsymbol{o}$，最小值 $F5(\boldsymbol{x}^*) = \text{f\_bias}_5 = -310$。

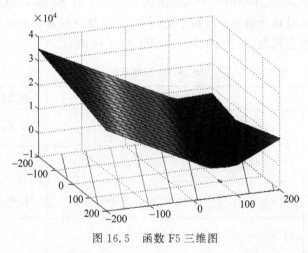

图 16.5　函数 F5 三维图

图 16.6 所示的函数 F7(Shifted Rotated Griewank's Function without Bounds)是一个无边界旋转函数：

$$F7(x) = \sum_{i=1}^{D} \frac{z_i^2}{4000} - \prod_{i=1}^{D} \cos\left(\frac{z_i}{\sqrt{i}}\right) + 1 + \text{f\_bias}_7 \qquad (16\text{-}21)$$

其中，$z = (\boldsymbol{x} - \boldsymbol{o}) \times \boldsymbol{M}, \boldsymbol{M}'$ 是线性转换矩阵，condition number $= 3, \boldsymbol{M} = \boldsymbol{M}'(1 + 0.3 | N(0,1) |), x \in [0, 600]^D, \boldsymbol{x}^* = \boldsymbol{o}$，最小值 $F7(\boldsymbol{x}^*) = \text{f\_bias}_7 = -180$。

图 16.7 所示的函数 F8(Shifted Rotated Ackley's Function with Global Optimum on Bounds)是一个全局最优值在边界上的旋转函数：

$$F8(\boldsymbol{x}) = -20\exp\left(-0.2\sqrt{\frac{1}{D}\sum_{i=1}^{D} z_i^2}\right) - \exp\left(\frac{1}{D}\sum_{i=1}^{D} \cos(2\pi z_i)\right) + 20 + e + \text{f\_bias}_8$$

$$(16\text{-}22)$$

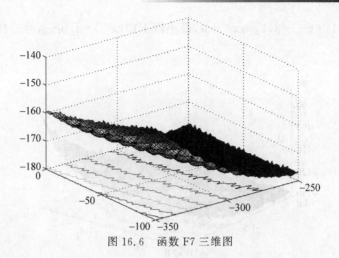

图 16.6 函数 F7 三维图

其中，$z=(x-o)\times M$，$o_{2j-1}=-32o_{2j}$ 是分布在搜索空间的随机数，$j=1,2,\cdots,\left[\dfrac{D}{2}\right]$，$x\in[-32,32]^D$，$x^*=o$，最小值 $F8(x^*)=$ f_bias$_8=-140$。

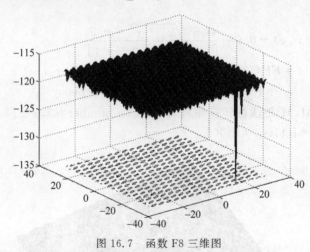

图 16.7 函数 F8 三维图

图 16.8 所示的函数 F13(Shifted Expanded Griewank's plus Rosenbrock's Function)是由函数 F2 和函数 F8 复合成的旋转函数：

$$
\begin{cases}
\text{F8(Griewank's Function)：}F8(x)=\displaystyle\sum_{i=1}^{D}\frac{x_i^2}{4000}-\prod_{i=1}^{D}\cos\left(\frac{x_i}{\sqrt{i}}\right)+1,\\[3mm]
\text{F2(Rosenbrock's Function)：}F2(x)=\displaystyle\sum_{i=1}^{D-1}\left(100\left(x_i^2-x_i+1\right)^2+(x_i-1)^2\right)\\[3mm]
F8F2(x_1,x_2,\cdots,x_D)=F8[F2(x_1,x_2)]+F8[F2(x_2,x_3)]+\cdots+F8[F2(x_{D-1},x_D)]\\
\qquad\qquad\qquad+F8[F2(x_D,x_1)]\\[2mm]
F13(x)=F8[F2(z_1,z_2)]+F8[F2(z_2,z_3)]+\cdots+F8[F2(z_{D-1},z_D)]+F8[F2(z_D,z_1)]\\
\qquad\quad+\text{f\_bias}_{13}
\end{cases}
$$

(16-23)

其中，$z = x - o + 1$，$x \in [-3,1]^D$，$x^* = o$，最小值 $F13(x^*) = \text{f\_bias}_{13} = -130$。

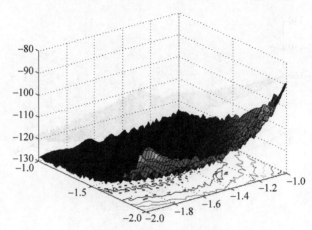

图 16.8 函数 F13 三维图

图 16.9 所示的函数 F14(Shifted Rotated Expanded Scaffer's F6 Function)是一个旋转函数：

$$
\begin{cases}
F(x,y) = 0.5 + \dfrac{(\sin^2 \sqrt{x^2 + y^2} - 0.5)}{[1 + 0.001(x^2 + y^2)]^2} \\
F14 = EF(z_1, z_2, \cdots, z_D) = F(z_1, z_2) + F(z_2, z_3) + \cdots \\
\qquad\qquad + F(z_{D-1}, z_D) + F(z_D, z_1) + \text{f\_bias}_{14}
\end{cases}
\tag{16-24}
$$

其中，$z = (x - o) \times M$，M 是线性转换矩阵，condition number $= 3$，$x \in [-100,100]^D$，$x^* = o$，最小值 $F14(x^*) = \text{f\_bias}_{14} = -300$。

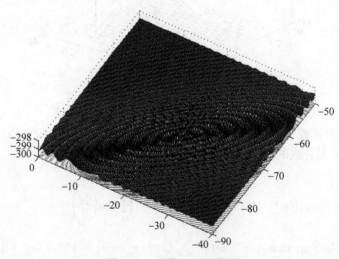

图 16.9 函数 F14 三维图

实验中，4 种算法种群数目都为 20，在 QPSO 算法和 WQPSO 算法中，α 从 1.0 线性递减到 0.5，并且 WQPSO 算法中的权重值 a 根据适应度从 1.5 线性递减到 0.5，CQPSO 算法参数和 QPSO 算法参数设置相同，在 ICQPSO 算法中，多次测量的次数设为 5，其他参数与 QPSO 算法相同。对于基准函数，分别独立运行 50 次，比较不同维度下不同迭代次数的平均最好适应度值和方差。对于复杂函数,分别独立运行 25 次,比较不同维度下不同迭代次数的平均最好适应度值和方差。

实验所用计算机的 CPU 为 Intel Core2 Duo 2.33GHz,内存为 2GB,编程平台为 MATLAB R2009a。

2. 实验结果及分析

为了确定观测次数不同造成的影响,对基准函数 f1 和复杂函数 F4 进行了测试,分别设定观测次数为 1、2、3、4 和 5,如图 16.10 和图 16.11 所示,图 16.12 为 f1 不同测量次数相同迭代次数下所花费的时间图。

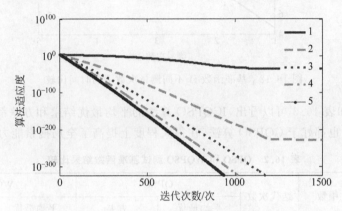

图 16.10 基准函数 f1 不同测量次数收敛速度比较

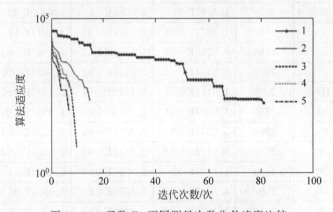

图 16.11 函数 F4 不同测量次数收敛速度比较

从图 16.10 和图 16.11 可以看出,迭代次数越多,收敛速度越快,图 16.11 中线段收敛结束表明已收敛到最优值 0,因为图中是用适应度值的对数来表示的,所以达到 0 线段即终止,同时由图 16.12 也可以看出,测量次数越多,时间代价也会呈线性增长,此处取测量次数为 5。

表 16.2 和表 16.3 为 QPSO 算法、WQPSO 算法、CQPSO 算法和 ICQPSO 算法测试基准函数的运行结果,每个测试函数运行 50 次,记录平均最优适应度值和方差。为了测试算法的稳定性和算法对于不同函数的性能,维数分别为 20、30 和 100,迭代次数为 1500 次、2000 次和 3000 次,种群数为 20。

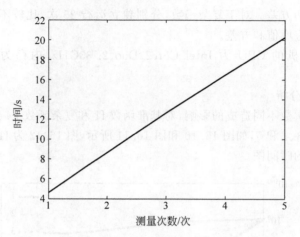

图 16.12 基准函数 f1 不同测量次数下的时间比较

从表 16.2 和表 16.3 可以看出,ICQPSO 算法的平均最优结果和方差都好于 QPSO 和 WQPSO,大部分也都好于 CQPSO 算法,在很大程度上提高了全局搜索能力。

表 16.2 QPSO 和 WQPSO 测试基准函数结果比较

函数	种群数	维数	迭代次数	QPSO		WQPSO	
				平均最优	方差	平均最优	方差
f1	20	20	1500	1.3208E-23	3.3218E-23	2.4267E-38	5.8824E-38
		30	2000	1.5767E-15	4.0566E-15	6.9402E-32	1.2879E-31
		100	3000	1.5077E+01	1.5926E+01	4.2014E-11	4.0006E-11
f2	20	20	1500	9.0260E+01	1.3274E+02	4.4948E+01	5.8837E+01
		30	2000	1.8484E+02	2.6972E+02	7.6625E+01	1.0193E+02
		100	3000	1.9117E+05	1.7949E+05	2.4832E+02	1.9868E+02
f3	20	20	1500	1.5697E+01	5.6303E+00	1.2945E+01	4.0725E+00
		30	2000	3.0375E+01	7.3978E+00	2.4259E+01	7.9174E+00
		100	3000	3.0458E+02	3.8518E+01	2.1121E+02	3.5535E+01
f4	20	20	1500	1.8823E-02	1.9380E-02	2.4863E-02	2.3981E-02
		30	2000	4.7967E-03	7.8878E-03	9.0994E-03	1.2641E-02
		100	3000	1.1076E+00	3.3209E-01	4.4359E-03	9.0706E-03
f5	20	20	1500	1.4444E-30	6.7034E-30	2.4224E-50	1.5425E-49
		30	2000	3.0627E-18	1.1664E-17	1.5686E-40	5.9721E-40
		100	3000	1.8609E+05	3.4648E+05	7.7518E-11	7.8925E-11

基准函数维数为 20 维、迭代次数为 1500,运行次数 50 时,画出各个方法的盒图比较图,如图 16.13～图 16.17 所示,可以看出,ICQPSO 算法不管是最小值还是稳定程度都取得了较好的结果,只有在 f3 函数稍差于 CQPSO 算法,但是也优于 QPSO 算法和 WQPSO 算法。

表 16.3 CQPSO 和 ICQPSO 测试基准函数结果比较

函数	种群数	维数	迭代次数	CQPSO		ICQPSO	
				平均最优	方差	平均最优	方差
f1	20	20	1500	4.946880e-317	0.0000E+00	**0.0000E+00**	**0.0000E+00**
		30	2000	0.0000E+00	0.0000E+00	4.4466E-323	0.0000E+00
		100	3000	2.4209E-218	0.0000E+00	3.6129E-98	2.5448E-97
f2	20	20	1500	3.7499E+01	4.8401E+01	**2.9140E+01**	**5.6023E+01**
		30	2000	5.5191E+01	6.4979E+01	**2.9660E+01**	**4.6534E+01**
		100	3000	**8.4586E+01**	**4.2951E+01**	1.4697E+02	9.3562E+01
f3	20	20	1500	**0.0000E+00**	**0.0000E+00**	1.2198E+01	6.4537E+00
		30	2000	**5.9698E-02**	**2.3869E-01**	1.8049E+00	6.3279E+00
		100	3000	**9.1352E+00**	**7.0400E+00**	1.1293E+02	1.7379E+01
f4	20	20	1500	4.2273E-02	4.3296E-02	**1.9176E-02**	**1.6191E-02**
		30	2000	6.1817E-02	6.9100E-02	**1.0279E-02**	**1.5108E-02**
		100	3000	**4.4409E-18**	**2.1977E-17**	2.6110E-03	5.1311E-03
f5	20	20	1500	0.0000E+00	0.0000E+00	**0.0000E+00**	**0.0000E+00**
		30	2000	0.0000E+00	0.0000E+00	**0.0000E+00**	**0.0000E+00**
		100	3000	**5.3694E-285**	**0.0000E+00**	3.7938E-104	1.4349E-103

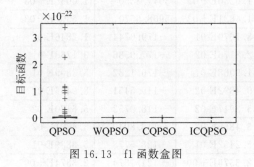

图 16.13 f1 函数盒图   图 16.14 f2 函数盒图

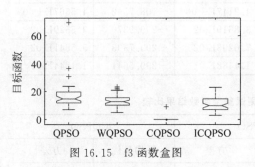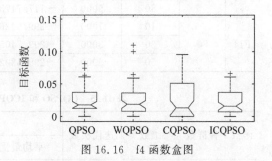

图 16.15 f3 函数盒图   图 16.16 f4 函数盒图

　　表 16.4 和表 16.5 为 QPSO 算法、WQPSO 算法、CQPSO 算法和 ICQPSO 算法测试复杂函数的运行结果,每个测试函数运行 25 次,记录平均最优适应度值和方差。维数分别为 10、30 和 50,迭代次数为 1000 次、3000 次和 5000 次,种群数为 20。从运行结果可以看出,ICQPSO 算法的性能远远优于 QPSO 算法和 WQPSO 算法。虽然在 F7 和 F8 函数中 CQPSO 算法取得了相对较好的结果,但是随着维数的增高,ICQPSO 算法在 F7 函数上取得了好的结果。由此说明,随着问题越来越复杂和维数越来越高,ICQPSO 算法的优势越来越明显。

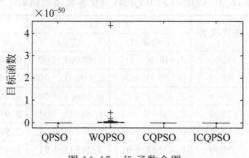

图 16.17   f5 函数盒图

表 16.4   QPSO 和 WQPSO 测试复杂函数结果比较

函数	种群数	维数	送代次数	QPSO		WQPSO	
				平均最优	方差	平均最优	方差
F4	20	10	1000	−449.9364	1.2208E−01	−448.0866	9.3343E−01
		30	3000	3816.7280	3.4424E+03	2712.2660	2.0903E+03
		50	5000	35606.9000	1.1361E+04	23635.2300	7.2601E+03
F5	20	10	1000	−309.9324	2.2213E−01	−305.4161	1.3473E+00
		30	3000	3193.7680	1.0230E+03	3041.3850	1.0065E+03
		50	5000	6630.8480	1.4831E+03	5908.6570	1.6307E+03
F7	20	10	1000	−179.5421	3.1670E−01	−179.0744	1.2846E−01
		30	3000	−179.9663	2.8176E−02	−177.9586	3.1768E−01
		50	5000	−179.8597	1.9968E−01	−176.1282	5.3809E−01
F8	20	10	1000	−119.5401	9.4892E−02	−119.5451	8.9466E−02
		30	3000	−118.9841	5.2917E−02	−118.9753	5.6180E−02
		50	5000	−118.8186	3.4865E−02	−118.8049	3.4791E−02
F13	20	10	1000	−128.7693	5.2452E−01	−128.5778	5.3839E−01
		30	3000	−125.4201	2.3376E+00	−121.1874	2.3874E+00
		50	5000	−117.7473	4.2147E+00	−108.7592	4.5567E+00
F14	20	10	1000	−299.9426	3.8619E−02	−299.9370	3.5529E−02
		30	3000	−299.7405	7.6293E−02	−299.7303	5.5841E−02
		50	5000	−299.5802	1.4488E−01	−299.5641	1.1844E−01

表 16.5   CQPSO 和 ICQPSO 测试复杂函数结果比较

函数	种群数	维数	送代次数	CQPSO		ICQPSO	
				平均最优	方差	平均最优	方差
F4	20	10	1000	−450.0000	2.5043E−06	**−450.0000**	**7.6966E−14**
		30	3000	−358.6935	6.5472E+01	**−450.0000**	**1.7589E−10**
		50	5000	10018.2800	5.3364E+03	**−449.9956**	**5.4487E−03**
F5	20	10	1000	294.0756	1.2651E+03	**−309.9992**	**3.2831E−03**
		30	3000	7562.1470	2.0838E+03	**2628.1310**	**6.5155E+02**
		50	5000	17936.7500	3.0209E+03	**4317.4460**	**1.1770E+03**

续表

函数	种群数	维数	迭代次数	CQPSO		ICQPSO	
				平均最优	方差	平均最优	方差
F7	20	10	1000	−179.0861	6.0709E−01	**−179.2787**	**3.3788E−01**
		30	3000	**−179.9779**	**2.6466E−02**	−179.9778	1.7880E−02
		50	5000	−178.1728	9.0499E+00	**−179.9955**	**9.1090E−03**
F8	20	10	1000	−119.6891	1.7260E−01	**−119.7683**	**4.4329E−02**
		30	3000	**−119.4285**	**1.6130E−01**	−119.1764	4.0630E−02
		50	5000	**−119.4007**	**2.0131E−01**	−118.9729	2.4966E−02
F13	20	10	1000	−129.3349	3.4762E−01	**−129.4101**	**1.6906E−01**
		30	3000	**−128.2843**	**4.8307E−01**	−127.2798	3.5150E−01
		50	5000	**−125.7872**	**1.6563E+00**	−125.5263	7.3139E−01
F14	20	10	1000	−299.9339	4.6257E−02	**−299.9967**	**8.8522E−03**
		30	3000	−299.7785	1.2705E−01	**−299.9952**	**5.0671E−03**
		50	5000	−299.3326	1.7327E+00	**−299.9963**	**3.5155E−03**

　　同样,本书对复杂函数设置维数为 10、迭代次数为 1000、运行次数为 25,画出各个方法的盒图比较图,如图 16.18～图 16.23 所示,可以看出,ICQPSO 不管是最小值还是稳定程度都取得了最好的结果。

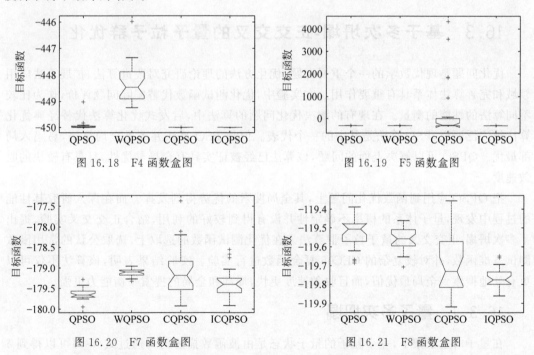

图 16.18　F4 函数盒图　　　　　　　　　图 16.19　F5 函数盒图

图 16.20　F7 函数盒图　　　　　　　　　图 16.21　F8 函数盒图

　　为了更进一步比较算法的性能,还进行了 t-test 实验,基准函数维数是 20,迭代次数 1500,复杂函数维数是 10,迭代次数是 1000。数据如表 16.6 所示,其中 s+表示前面算法明显好于后面算法,s−表示前面算法明显坏于后面算法,+表示前面算法好于后面算法,−表示前面算法坏于后面算法。

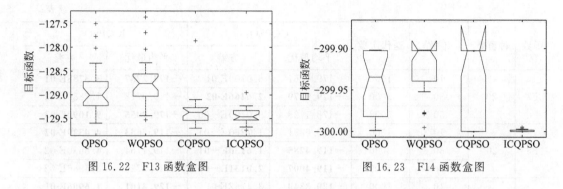

图 16.22 F13 函数盒图　　　　　　图 16.23 F14 函数盒图

从表 16.6 中同样可以看出,ICQPSO 在大部分情况下是明显好于其他量子粒子群算法的,更说明了该算法的良好搜索性能。

表 16.6 ICQPSO、QPSO、WQPSO 和 CQPSO 测试结果

算　法	f1	f2	f3	f4	f5	F4	F5	F7	F8	F13	F14
ICQPSO-QPSO	s+	s+	s−	+	s+	+	+	s−	s+	s+	s+
ICQPSO-WQPSO	+	s+	−	+	+	s+	s+	s+	s+	s+	s+
ICQPSO-CQPSO	s+	+	s−	+	s+	+	s+	s+	s+	+	s+

16.3　基于多次坍塌-正交交叉的量子粒子群优化

优化问题是现代数学的一个重要课题,优化方法的理论研究对改进算法、扩展算法应用领域和完善算法体系具有重要作用。在实验中,优化测试函数代替实际问题评价,作为比较不同算法的性能的衡量。在现有的解决优化问题的算法中,启发式优化算法代替经典优化算法被广泛研究,PSO 算法是其中的一个代表。但是 PSO 算法并不是全局算法,易陷入局部最优。QPSO 可以解决上面的问题,该算法已经被证实具有全局寻优性,且具有较快的收敛速度。

把 QPSO 应用到函数优化问题上,其全局搜索的优势得到发挥。而在深入研究其性能的过程中发现,量子体系的概率不确定性并没有得到较好的利用,结合正交交叉实验,提出了多次坍塌-正交交叉的量子粒子群算法。在优化测试函数的选取上,选取公认的常用函数测试基准函数,并对较复杂的 CEC05 复合函数进行实验。实验结果表明,该算法不仅可以更有效地搜索到全局最优值,而且收敛速度更快,局部和全局的搜索平衡能力更强。

16.3.1　量子多次坍塌

在量子时空框架下,一个粒子的量子状态是由波函数描述的。通过式(6-7)可以得到 δ 势阱下粒子的量子确定状态,但仍要得到粒子准确的位置信息以便计算其适应度值。因此,必须由量子概率状态到经典状态得到该粒子的确定值,这个过程被称为量子坍塌。采用蒙特卡洛反变换粒子的准确位置为:

$$Q[X_{i,j}(t+1)] = \frac{1}{L_{i,j}(t)} e^{-2|P_{i,j}(t)-X_{i,j}(t+1)|/L_{i,j}(t)}$$

$$(16\text{-}25)$$

$$x_{i,j}(t+1) = p_{i,j}(t) \pm \frac{L_{i,j}(t)}{2} \ln[1/u_{i,j}(t)] , \quad u_{i,j}(t) \sim U(0,1) \qquad (16-26)$$

一个粒子从量子不确定状态获得一个具体位置的过程被称为单次坍塌。每个 u 对应着一个位置 X,因此,多次坍塌就意味着需使用多个不同的 u 值以获得若干个不同的 X 值。这个过程就被称为多次坍塌:

$$x_{i,j}(t+1) = p_{i,j}(t) \pm \beta \cdot |m_j(t) - x_{i,j}(t)| \cdot \ln[1/u_{i,j}(t)] , \quad u_{i,j}(t) \sim U(0,1)$$

$$(16-27)$$

16.3.2　正交交叉实验简介

正交实验设计[12-13]能够均衡地在解空间进行采样,对实验结果进行量化分析和预测,这些优秀的特性也吸引了算法设计领域的众多专家对其进行研究和借鉴。中国香港学者 Leung 等,于 1999 年首次将正交实验设计应用于优化流媒体组播路由的遗传算法中,创新地提出了正交交叉算子,并提出了用于离散变量的正交遗传算法[13]。

1. 正交实验设计

正交实验设计是多因素的优化实验设计方法,也称正交设计,一般是从实验的全部样本点中挑选出部分有代表性的样本点进行实验,利用这些代表点所做的实验能够反映出每个因子各个水平对实验结果的影响。由于这些代表点具有正交性,因此称这组实验为正交实验,挑选正交的样本点,安排正交实验的过程,称为正交实验设计。

正交实验一般用正交表(orthogonal array)来安排实验,表 16.7 为 4 个因子(factor)、3 个水平(level)的正交表,记为 $L_M(Q^N) = L_9(3^4)$,其中 L 代表正交表,M 表示要做 M 次实验;Q^N 表示有 N 个因子,每个因子有 Q 个水平。表 16.7 中每一纵列代表同一因子的不同水平;每一横行代表要运行的一次实验,实验完成后,将实验结果 Ri 写在右侧。

表 16.7　正交矩阵 $L_9(3^4)$

实验数	因子				实验结果 R
	A	B	C	D	
1	1	1	1	1	R1
2	1	2	2	2	R2
3	1	3	3	3	R3
4	2	1	2	3	R4
5	2	2	3	1	R5
6	2	3	1	2	R6
7	3	1	3	2	R7
8	3	2	1	3	R8
9	3	3	2	1	R9

正交矩阵的正交性包含以下 3 种含义[14-15]:对于每一列的因子,每个水平作用的次数相等;对于任何两列的两个因子,两个水平的组合发生的次数相同;所选出的组合均匀地分布在所有可能组合的整个空间。

利用正交表来安排实验,其优点是明显的。

(1) 减少实验次数。对于上述实验,如果要进行全面实验共需要 34~81 次实验,而按照正交表的安排只需要 9 次实验,也就是说只需要部分实验即可。

(2) 样本点分布的均衡性。在正交表的每一列中,不同的数字出现的次数相等,且都为 M/Q 次;将任意两列中同一行的两个数字看成有序数对,则每种数对出现的次数相等,都为 M/Q^2 次。图 16.24 所示的 $L_4(2^3)$ 的空间模型可以进一步说明正交实验设计的均衡性。图中每个轴线代表一个因子,正方体的 8 个顶点代表了全面实验的 8 个实验点,用正交表确定的 4 个样本点(黑点所示)均衡散布其中。具体来说,正方体每个面 4 个顶点中恰有 2 个点是样本点;每条棱上 2 个顶点中恰有 1 个是样本点;分别沿轴线方向投射,在映射面上样本点恰好完全遍布其中。这些特点适用于一般情况。

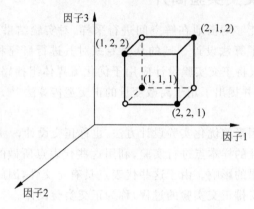

图 16.24 正交矩阵 $L_4(2^3)$ 的正交性示意图

利用正交表来安排实验的另一个显著优点是可以独立地量化评价同一个因子的各个水平,从而对未进行实验的因子组合进行预测。有如下定义:

$$S_{j,k} = \sum_{i=1}^{M} y_i \times F_i \tag{16-28}$$

其中,$S_{j,k}$ 表示因子 j 的 k 水平对实验的主要影响,y_i 表示输出结果。当第 i 个实验中因子 j 的水平等于 k 时,$F_i=1$;否则,$F_i=0$;例如,$S_{A,1}=y_1+y_2+y_3$,$S_{A,2}=y_4+y_5+y_6$,$S_{A,3}=y_7+y_8+y_9$。观察表 16.7 可以发现,当因子 A 中同一水平的输出结果相加时,因子 B 的水平在 3 个相加结果中恰好都存在,因此,由 $S_{A,1}$、$S_{A,2}$ 和 $S_{A,3}$ 就可以判断出因子 A 中 3 个水平对实验的不同影响,同理也可以忽略 C 和 D 的影响。分别计算 $S_{j,k}$ 就可以得到每个因子各个水平对于实验的影响,从而可以预测出最佳的因子水平组合搭配方式。通过计算同一因子各个水平主要影响的标准方差还可以判断出各个因子对实验结果影响的程度。

正交实验设计既保证了样本点分布的均衡性,也能在整个实验过程中独立地评价每个因子的各个水平,而且能够估计各个因子对实验结果影响的剧烈程度。这些特性对于增加算法的搜索效率、减少函数的评价次数、判断不同变量对函数优化的影响,必定大有裨益。文献[13]给出了一般正交表的构造方法。

2. 基于正交矩阵的正交交叉

将正交设计引入交叉操作并采用正交矩阵来进行一个合理的有代表性的交叉从而得到在整个空间均匀分布的子代,这个过程被称为正交交叉。

为了简要地说明正交交叉的主要思想,如图 16.25 所示,采用正交矩阵 $L_4(2^3)$ 来指导两个二进制父代交叉。$L_4(2^3)$ 有 3 个因子,于是父代被分为三部分,随之产生 4 个二进制子串。

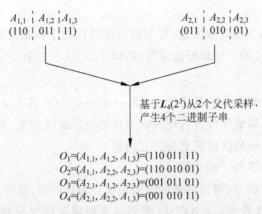

$$A_{1,1} \mid A_{1,2} \mid A_{1,3}$$
$$(110 \mid 011 \mid 11)$$

$$A_{2,1} \mid A_{2,2} \mid A_{2,3}$$
$$(011 \mid 010 \mid 01)$$

基于 $L_4(2^3)$ 从 2 个父代采样,
产生 4 个二进制串

$O_1 = (A_{1,1}, A_{1,2}, A_{1,3}) = (110\ 011\ 11)$
$O_2 = (A_{1,1}, A_{2,2}, A_{2,3}) = (110\ 010\ 01)$
$O_3 = (A_{2,1}, A_{1,2}, A_{2,3}) = (001\ 011\ 01)$
$O_4 = (A_{2,1}, A_{2,2}, A_{1,3}) = (001\ 010\ 11)$

图 16.25　基于 $L_4(2^3)$ 的正交交叉

一般地,通常选择正交矩阵 $L_M(Q^N)$ 来指导正交交叉,其中,用来交叉的父代的个数是 Q,通过正交交叉得到的组合的个数是 M,详细过程如下所示。

输入:Q 个父代 $X_i = (x_{i,1}, x_{i,2}, \cdots, x_{i,l})$,$1 \leqslant i \leqslant Q$;

输出:M 个子代 $O_i = (o_{i,1}, o_{i,2}, \cdots, o_{i,l})$,$1 \leqslant i \leqslant M$;

步骤 1:独立随机产生随机数 $r(i)$,$r(i) \in \{1, 2, \cdots, N\}$,$1 \leqslant i \leqslant l$;

步骤 2:基于正交矩阵 $L_M(Q^N)$ 中因子和水平的第 i 个组合 $[a_1(i), a_2(i), \cdots, a_N(i)]$ 产生新子串 $O_i = (x_{a_{r(1)}(i),1}, x_{a_{r(2)}(i),2}, \cdots, x_{a_{r(l)}(i),l})$,$1 \leqslant i \leqslant M$。

一般地,正交矩阵越大,产生的新组合数越多,多样性也越好,然而,所带来的计算复杂度也越高,因此需要在多样性和算法时间复杂度上进行平衡。在文献[14]中已被证实,一般情况下对于实际问题的规模 $L_9(3^4)$ 已是一个较好的选择。

16.3.3　多次坍塌-正交交叉的量子粒子群算法

量子粒子群算法将粒子群引入量子空间,利用量子测不准原理代替牛顿力学确定粒子在空间中的位置,通过采用概率波函数代替粒子群中固定的运动轨迹,保证了粒子可以在整个可行解区域的搜索,增强了算法的全局搜索能力,理论上保证以概率 1 收敛到全局最优解。然而,量子的不确定特性并没有得到很好的利用:通过一次坍塌粒子得到一个经典值,而实际上,它可能通过另外一次坍塌得到一个更好的值;通过 $g = \mathrm{agrmin}[f(P[i])]$,根据适应度值选出最好的粒子,而可能包含更有用信息的其余的粒子均被丢弃。在某种程度上,可以说这是信息的一种浪费。

基于上面存在的问题,提出了多次坍塌-正交交叉的量子粒子群算法(Multiple collapse then Orthogonal crossover QPSO,MOQPSO)。

假设函数 f 是最小化问题,MOQPSO 的算法流程如下所述。

步骤 1:根据函数自变量的取值范围,随机初始化种群中各粒子的位置 $x_i = (x_{i1}, x_{i2}, \cdots, x_{id})$。

步骤2：评价粒子群的平均最优位置 mbest。

步骤3：粒子坍塌 Q 次，得到粒子的 Q 个位置。

步骤4：Q 个粒子正交交叉得到 M 个新个体，并根据粒子的适应度值选出最优的作为该粒子的位置信息。

步骤5：评价粒子的当前适应度值，并与前一次迭代的个体最好适应度比较，如果当前适应度值小于前一次迭代的个体最好适应度值，即 $f[x_i(n+1)]<f[y_i(n)]$，则 $y_i(n+1)=x_i(n+1)$。

步骤6：计算群体当前的全局最优位置，即 $\hat{y}(n)=y_g(n)$，其中 $g=\arg\min[f(P[i])]$。

步骤7：比较当前全局最优位置与前一次迭代的全局最优位置，如果当前全局最优位置的位置较好，则群体的全局最优位置更新为它的值。

步骤8：更新种群中各粒子的位置。

步骤9：若终止条件满足，输出群体的全局最优位置；否则，返回步骤2。

从上述算法流程可以看出，MOQPSO采用多次坍塌可以充分利用量子系统的不确定性提高种群的多样性，正交交叉不仅保证了采样样本的均衡性，而且可以独立地评价每个组合的优劣以便选出最优者。这也是与 QPSO 的主要区别之处。这些特点可能改进的算法的性能，这可以通过实验得到验证。

MOQPSO 的结构图如图 16.26 所示。

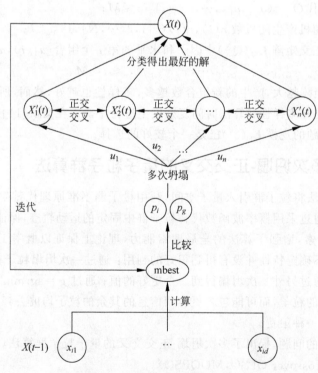

图 16.26　MOQPSO 的结构图

16.3.4 实验及分析

1. 实验设置

为了测试改进算法 MOQPSO 的性能,用 10 个基准测试函数和两个 CEC05 复合函数来进行测试,并与 QPSO 算法、PSO 算法进行比较。

所选函数都是最小化问题,为了较全面地测试 MOQPSO 的性能,所选的函数既包括最优值为零和非零的简单基准测试函数,又包括具有转换和旋转特性的复合函数。其中,f1 函数是单峰函数,其在原点最优值为零,可用于测试算法的局部搜索能力;f2 函数是一个多峰函数,它的最优值位于一个狭窄的区域内很难被搜索到,可用于测试算法的局部和全局搜索能力;f3 函数是多峰函数,可用于测试算法的全局搜索能力。复合函数 F1 和 F2 是从用来测试算法性能的 CEC05 函数集[11]中提取的。

为了测试算法的稳定性,首先,采用不同的种群规模、迭代次数和粒子维数。种群的规模分别是 20、40、80,最大迭代次数依次为 1000、1500 和 2000,对应的维数分别为 10、20、30。其次,在依次测试完 f1、f2 和 f3 函数后,为保证测试的效率,在研究测试结果之后将种群规模、迭代次数和维数分别选定为 40、1000 和 10 来测试其余的基准函数和两个复合函数。

为保证比较的合理性,测试算法中的所有参数设置均根据相关文献取值以保证各算法均取得最佳效果。在 PSO 算法中,系数 $C_1 = C_2 = 2$,初始权重 W 从 0.9 降到 0.4。在 QPSO 算法和 MOQPSO 算法中,收缩-扩张因子 β 的最大值是 1.0,最小值为 0.5。在 MOQPSO 算法中,所采用的正交矩阵为 $L_4(2^3)$,坍塌次数 $Q = 3$。3 个测试函数如表 16.8 所示,10 个基准函数如表 16.9 所示。

表 16.8　3 个测试函数

函　　数	变量区域	最优值
$f_1(x) = \sum\limits_{i=1}^{D} x_i^2$	$[-100,100]$	0
$f_2(x) = \sum\limits_{i=1}^{D} (100(x_{i+1} - x_i^2)^2 + (x_i - 1)^2)$	$[-100,100]$	0
$f_3(x) = \sum\limits_{i=1}^{D} (x_i^2 - 10\cos(2\pi x_i) + 10)$	$[-10,10]$	0

表 16.9　10 个基准函数(D 表示变量维数,$\Omega \subseteq \mathcal{R}^D$ 表示变量区域,Min 表示最优值)

函　　数	维度 D	变量区域 Ω	最优值 Min
$f_1(x) = \sum\limits_{i=1}^{D} x_i^2$	10	$[-100,100]$	0
$f_2(x) = \sum\limits_{i=1}^{D} (100(x_{i+1} - x_i^2)^2 + (x_i - 1)^2)$	10	$[-100,100]$	0
$f_3(x) = \sum\limits_{i=1}^{D} (x_i^2 - 10\cos(2\pi x_i) + 10)$	10	$[-10,10]$	0
$f_4(x) = \sum\limits_{i=1}^{D} |x_i| + \prod\limits_{i=1}^{D} |x_i|$	10	$[-10,10]$	0

函　　数	维度 D	变量区域 Ω	最优值 Min
$f_5(x) = \sum_{i=1}^{D} \left(\sum_{j=1}^{i} x_j \right)^2$	10	$[-100, 100]$	0
$f_6(x) = -\dfrac{1}{D} \sum_{i=1}^{D} (x_i^4 - 16x_i^2 + 5x_i)$	10	$[-5, 5]$	-78.33236
$f_7(x, y) = \left\{ \sum_{i=1}^{5} i\cos[(i+1)x + i] \right\} \times \left\{ \sum_{i=1}^{5} i\cos[(i+1)y + i] \right\}$	2	$[-10, 10]$	-186.73
$f_8(x, y) = 1 + x \times \sin(4\pi x) - y \times \sin(4\pi y + \pi)$	2	$[-1, 1]$	-2.26
$f_9(x, y) = x^2 + y^2 - 0.3 \times \cos(3\pi x) + 0.3 \times \cos(4\pi y) + 0.3$	2	$[-1, 1]$	-0.240035
$f_{10}(x, y) = \left(4 - 2.1x^2 + \dfrac{1}{3}x^4\right)x^2 + xy + (-4 + 4y^2)y^2$	2	$[-5.12, 5.12]$	-1.031628

2. 实验结果及分析

表 16.10～表 16.12 分别给出了 f1 函数、f2 函数、f3 函数在不同种群规模、空间维数、迭代次数条件下独立运行 50 代所取得的平均最优值和均方差。从 f1 函数的结果可以看出,MOQPSO 在最优值和方差上均为零,总能较好地搜索到最优值。这说明改进后的算法具有较好的局部搜索能力。f2 函数比较特殊,一般的算法都较难搜索到最优值,效果都不太理想。尽管如此,表 16.11 显示,MOQPSO 搜索到的结果相对来说比 PSO、QPSO 都要好很多,因此,改进后的算法在局部和全局的搜索能力和平衡能力上均有所提高。对于 f3 函数,表 16.12 结果表明改进后算法在全局搜索能力上明显提高。

表 16.10　f1 函数的平均值和方差

种群	维数	迭代次数	PSO		QPSO		MOQPSO	
			平均最优	方差	平均最优	方差	平均最优	方差
20	10	1000	0.5271	0.6138	1.9898e-27	9.4410e-27	0	0
	20	1500	3.5852	1.9344	5.8370e-14	2.2693e-13	0	0
	30	2000	6.8208	3.4232	5.0027e-09	1.3539e-08	0	0
40	10	1000	0.0910	0.1412	3.6428e-55	1.8209e-54	0	0
	20	1500	1.9994	1.3904	1.6300e-29	1.1451e-28	0	0
	30	2000	4.9579	2.5260	4.5547e-21	3.0213e-20	0	0
80	10	1000	0.0473	0.1662	9.9341e-78	6.5523e-77	0	0
	20	1500	0.8325	0.6833	6.9710e-54	4.8015e-53	0	0
	30	2000	4.1448	3.8201	8.3320e-41	4.9279e-40	0	0

从上述结果中还可以发现,在相同的种群规模下,随着维数和迭代次数的增加,函数的结果随之变坏;而在空间维数和迭代代数保持不变的情况下,随着种群规模的增大,函数的实验结果随之变好。这是因为随着种群规模的增大,种群的多样性得到提高,因此搜索到的结果也会有所改善。但种群规模越大,算法计算复杂度的代价也会越大,在综合考虑搜索复杂度和优化结果之后,将种群规模、空间维数和迭代代数分别设定为 40、10、1000,并测试后续的基准函数和复合函数。

表 16.11　f2 函数的平均值和方差

种群	维数	迭代次数	PSO		QPSO		MOQPSO	
			平均最优	方差	平均最优	方差	平均最优	方差
20	10	1000	84.1609	80.6305	47.8144	90.1204	6.3668	0.6404
	20	1500	170.9015	106.0103	102.5762	184.6737	16.5610	1.0230
	30	2000	342.0081	127.6591	121.7741	160.7488	26.2374	1.5560e-14
40	10	1000	7.3555	7.8757	34.8415	67.0409	6.2374	6.2944e-15
	20	1500	87.0365	44.4599	46.4619	44.3782	16.2374	1.4083e-14
	30	2000	210.0328	113.1281	67.3661	82.5517	26.3021	0.4575
80	10	1000	5.7371	4.0453	3.5027	3.7074	6.2374	4.2500e-15
	20	1500	57.8736	38.2006	34.0465	33.4273	16.2372	8.8926e-15
	30	2000	141.7614	61.3201	44.6308	42.8803	26.2374	1.9212e-14

表 16.12　f3 函数的平均值和方差

种群	维数	迭代次数	PSO		QPSO		MOQPSO	
			平均最优	方差	平均最优	方差	平均最优	方差
20	10	1000	26.1761	10.4005	5.3187	2.5855	0.5571	0.7826
	20	1500	99.5402	19.4578	18.3219	5.2339	0.5969	1.2585
	30	2000	180.6004	31.2772	36.5344	7.7663	0.9153	2.1634
40	10	1000	20.2449	8.7633	3.3678	1.7174	0.2984	0.7316
	20	1500	71.0007	21.0663	14.1602	5.1987	0.2188	0.4163
	30	2000	150.3564	36.1263	28.9834	7.3327	0.1989	0.4020
80	10	1000	22.7347	12.2346	2.3303	1.6143	0	0
	20	1500	61.7942	24.5982	11.4460	4.4767	0.0397	0.1969
	30	2000	123.2405	29.0180	23.0685	6.0998	0.0198	0.1407

表 16.13 给出了 PSO 算法、QPSO 算法和 MOQPSO 算法对 10 个基准测试函数的实验结果,包括平均值和方差。从结果可以看出,MOQPSO 算法的搜索结果均等于或非常接近函数的最优值,且具有较小的方差,尤其对于 f1 函数、f2 函数、f3 函数、f5 函数和 f7 函数。

表 16.13　10 个基准测试函数的平均值和方差

函数	PSO		QPSO		MOQPSO	
	平均最优	方差	平均最优	方差	平均最优	方差
f1	0.1544	0.4672	2.3904e-58	1.5590e-57	0	0
f2	44.9164	43.3196	28.7138	66.36	8.1004	8.9719e-15
f3	21.3071	10.6701	3.4926	1.8395	0	0
f4	2.5261e-3	4.3049e-3	3.8873e-04	1.9232e-3	1.9431e-4	1.3740e-3
f5	3.6481	2.7473	5.2673e-28	3.5928e-27	0	0
f6	−66.7313	7.8987	−76.0704	2.7394	−74.5436	2.3279
f7	−186.6938	0.0888	−183.9662	19.5478	−186.7309	7.2012e-7
f8	—	—	−2.2599	1.8080e-7	−2.2599	1.0917e-9
f9	−0.2399	2.8037e-17	−0.2399	8.7196e-12	−0.2234	0.0818
f10	−1.0316	6.7289e-16	−1.0316	1.5692e-9	−1.0316	5.8053e-11

为了证实算法的收敛速度,图 16.27 给出了 3 种算法对 10 个基准测试函数分别独立运行 50 次之后得到的收敛曲线图。可以发现,对于大多数函数,MOQPSO 算法的收敛速度均为最快。因为 QPSO 算法和 MOQPSO 算法的参数设置是一样的,因此可以说新算法中引入的多次坍塌和正交交叉起了积极作用。

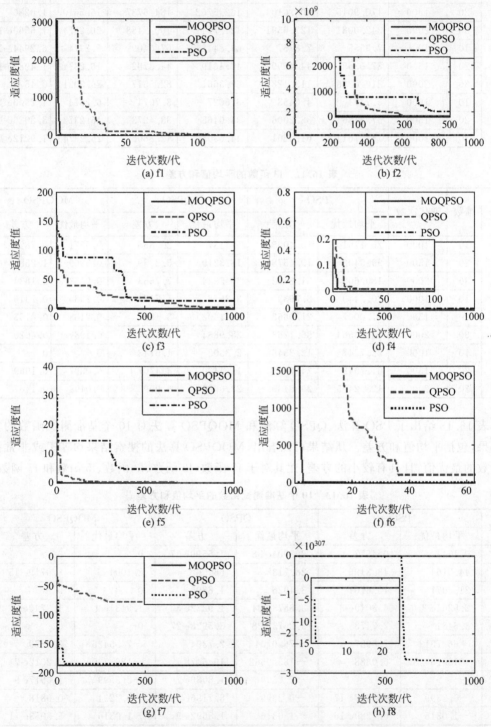

图 16.27　3 个算法在 10 个基准测试函数上独立运行 50 代的收敛曲线图比较

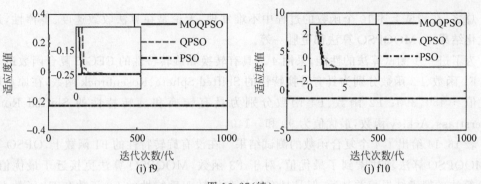

图 16.27(续)

每一个函数独立运行 50 次的结果的盒图描述如图 16.28 所示。其中，M 代表 MOQPSO 算法，Q 代表 QPSO 算法，P 代表 PSO 算法。盒图常用来测评算法的鲁棒性。图示结果显示，M 所获得的函数值较密集于最优值周围，也就是说，MOQPSO 算法的鲁棒性均要优于 QPSO 算法，除了 f9 函数；同时在大多数函数上也要优于 PSO 算法，除了 f9 函数和 f10 函数。总体来看，MOQPSO 的统计结果显示其性能是优于其他两种算法的，尤其在 f2 函数、f3 函数、f4 函数、f5 函数、f6 函数和 f8 函数上效果更加明显。

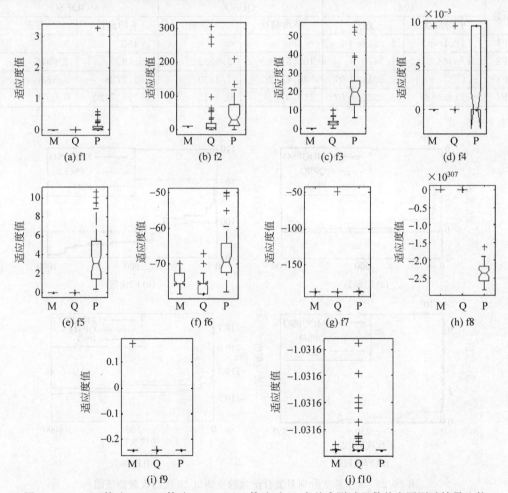

图 16.28　PSO 算法、QPSO 算法、MOQPSO 算法对 10 个基准测试函数的盒图测试结果比较

　　总之,在测试上述 10 个函数的过程中不难发现,无论是在算法收敛速度、鲁棒性,还是在优化结果上,MOQPSO 算法都更胜一筹。

　　为了进一步测试算法的性能,采用 4 个具有转换和旋转特性的 CEC05 复合函数进行测试。F1 函数、F3 函数分别为具有转换特性的 Shifted Sphere、Rosenbrock 函数,在原点取得最优值-450、390;F2 函数、F4 函数分别为具有转换和旋转特性的 Shifted Rotated Weierstrass、Ackley 函数,最优值为 90 和-140。

　　表 16.14 给出了 4 个复合函数的测试结果。在没有旋转特性的 F1 函数上,QPSO 算法和 MOQPSO 算法均搜索到了最优值,对于 F3 函数,MOQPSO 算法更接近于最优值,而 PSO 算法的搜索结果相差甚远,但是具有转换和旋转双重特性的 F2 函数和 F4 函数上,显然后者取得的结果更接近于函数的最优值。图 16.29 是对复合函数独立运行 50 次的结果绘成的收敛曲线图,可以看出,MOQPSO 算法具有更快的收敛速度,尤其是在 F2 函数和 F4 函数上。为测试算法的鲁棒性,图 16.30 给出了 3 种算法对 4 个复合函数测试结果的盒图,仍然可以看出,MOQPSO 能更容易接近或获得最优值,即其鲁棒性较其余两个算法更好一些。

表 16.14　CEC05 复合函数的测试结果

函数	PSO		QPSO		MOQPSO	
	平均最优	方差	平均最优	方差	平均最优	方差
F1	$2.1801e+3$	$2.2248e+3$	-450	0	-450	0
F2	97.9384	1.3479	101.5764	2.9522	95.4920	2.9946
F3	$9.6533e+06$	$2.2919e+07$	396.7612	7.2330	394.2728	3.5650
F4	-119.6638	$8.9924e-02$	119.57	0.0645	-119.7020	0.0578

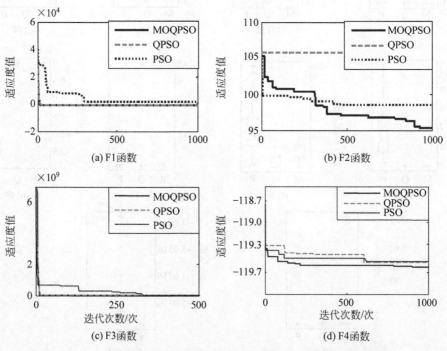

图 16.29　3 个算法分别对复合函数独立测试 50 次的收敛曲线图

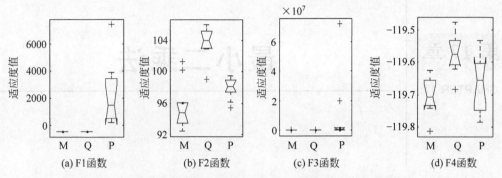

图16.30　3种算法对复合函数独立运行50次的测试结果的盒图

参考文献

[1] 孙俊. 量子行为粒子群优化：原理及其应用[M]. 北京：清华大学出版社,2011.

[2] Kennedy J, Eberhart R. Particle swarm optimization（PSO）[C]//Proc. IEEE International Conference on Neural Networks,Perth,Australia. 1995：1942-1948.

[3] Reynolds C W. Flocks, herds and schools：A distributed behavioral model[M]. ACM,1987.

[4] Heppner F,Grenander U. A stochastic Nonlinear Model for Coordinated Bird Flocks[M]：AAAS Publications. 1990.

[5] Shi Y,Eberhart R C. A modified particle swarm optimizer[C]. Proceedings of the IEEE International Conference on Evolutionary Computation,Piscataway,NJ：IEEE Press,1998：69-73.

[6] Frans V D B,Engelbrecht A P. A Cooperative approach to particle swarm optimization[J]. IEEE Transactions on Evolutionary Computation,2004,8(3)：225-239.

[7] Gao H,Xu W,Sun J,et al. Multilevel Thresholding for Image Segmentation Through an Improved Quantum-Behaved Particle Swarm Algorithm［J］. IEEE Transactions on Instrumentation & Measurement,2010,59(4)：934-946.

[8] 杨淑媛. 量子进化算法的研究及其应用[D]. 西安：西安电子科技大学,2003.

[9] Sun J,Feng B,Xu W B. Particle Swam Optimization with Particles Having Quantum Behavior[C]// Proceeding. of congress on evolutionary computation,Portland（OR）,USA,2004：325-331.

[10] Xi M,Sun J,Xu W. An improved quantum-behaved particle swarm optimization algorithm with weighted mean best position[J]. Applied Mathematics & Computation,2008,205(2)：751-759.

[11] Suganthan P N,Hansen N,Liang J J,et al. Problem Definitions and Evaluation Criteria for the CEC 2005 Special Session on Real-Parameter Optimization[J]. Natural Computing,2005：341-357.

[12] Li Y X,Jia Zhong,Li J Z. Nature-inspired computation based on orthogonal intelligence optimization[C]// IEEE International Conference,Natural Computation(ICNC),2010,1：402～406.

[13] Zhang Q,Leung Y W. An orthogonal genetic algorithm for multimedia multicast routing[J]. IEEE Transactions on Evolutionary Computation,1999,3(1)：53-62.

[14] Pu Y M. The design of test case based on combinatorial and orthogonal experiment[J]. IEEE Information Science and Engineering,2010(6)：2440-2443.

[15] Wu Q G. The optimality of orthogonal experimental designs[J]. Acta Math. appl. sinica,1978(4)：283-299.

[16] Li Y, Wang Y, Jiao L. MOQPSO：A new quantum-behaved particle swarm optimization for nearest neighborhood classification[C]//2016 IEEE Region 10 Conference（TENCON）. IEEE,2016：3165-3168.

第 17 章 最小二乘法

CHAPTER 17

17.1 最小二乘法数学基础

最小二乘法（又称最小平方法）是一种数学优化技术。它通过最小化误差的平方寻找数据的最佳函数匹配。利用最小二乘法可以简便地求得未知的数据，并使这些求得的数与实际数据之间误差的平方和最小。

以两个变量间的关系为例，除了确定性关系（函数关系）外，还有大量的相关关系：需求量与价格的关系，人口增长率与人口数量的关系，商品定价与销售额的关系等。这些关系的近似公式如何得到？

设由实际观察得到二变量 X、Y 之间的 n 组数据，如表 17.1 所示。

表 17.1 二变量 X、Y 之间的 n 组数据

X	X_1	X_2	X_3	…	X_n
Y	Y_1	Y_2	Y_3	…	Y_n

为确定两变量之间的关系，在平面上画出对应的 n 个点 (X_i, Y_i)，$i=1,2,\cdots,n$。若每个点都在同一直线上，则认为此二变量具有函数关系：$Y=aX+b$。

若这 n 个点在某直线的附近，则近似用关系式 $Y=aX+b$ 来表示这 n 个数据中二变量的关系。关键问题在于如何选定合适的 a 和 b 使该直线最逼近这 n 个点，即直线上对应于 $x=X_i$ 的点的纵坐标 aX_i+b 与实际观测的 Y_i 相差越小越好，如图 17.1 所示。

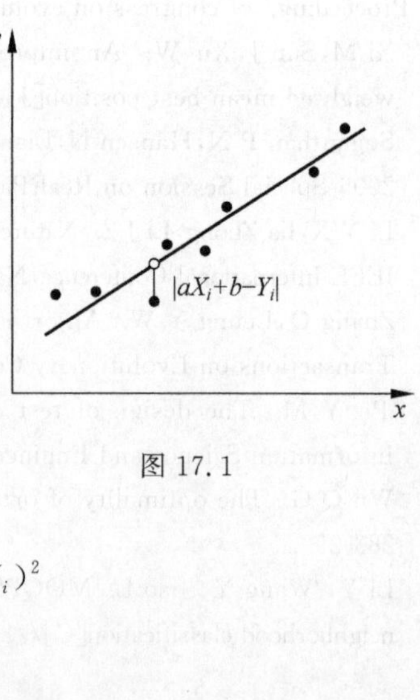

图 17.1

则总误差为：

$$T(a,b)=|aX_1+b-Y_1|^2+|aX_2+b-Y_2|^2+\cdots+|aX_n+b-Y_n|^2$$

记

$$T(a,b)=\sum_{1}^{n}(aX_i+b-Y_i)^2$$

接下来是选取 a、b 使得 $T(a,b)$ 最小。

令

$$\begin{cases} T'_a = \sum_{i=1}^{n} 2(aX_i + b - Y_i)X_i = 0 \\ T'_b = \sum_{i=1}^{n} 2(aX_i + b - Y_i) = 0 \end{cases}$$

即

$$\begin{cases} a\sum_{i=1}^{n} x_i^2 + b\sum_{i=1}^{n} x_i - \sum_{i=1}^{n} x_i y_i = 0 \\ a\sum_{i=1}^{n} x_i + nb - \sum_{i=1}^{n} y_i = 0 \end{cases} \tag{17-1}$$

由式(17-1)可解得 $a = \hat{a}, b = \hat{b}$，则回归直线方程即为

$$y = \hat{a}x + \hat{b} \tag{17-2}$$

以上为用最简单的一元线性模型来解释最小二乘法。

17.2　最小二乘法流程

推广到更一般的情况，假如有更多的模型变量 $x_1, x_2, \cdots, x_n$，可以用线性函数表示如下：

$$y = \beta_0 + \beta_1 x_1 + \beta_2 x_2 + \beta_3 x_3 + \cdots + \beta_n x_n \tag{17-3}$$

对于 m 个样本(每个样本具有 n 个特征)来说，可以用如下线性方程组表示：

$$\begin{cases} \beta_0 + \beta_1 x_{11} + \beta_2 x_{12} + \beta_3 x_{13} + \cdots + \beta_n x_{1n} = y_1 \\ \beta_0 + \beta_1 x_{21} + \beta_2 x_{22} + \beta_3 x_{23} + \cdots + \beta_n x_{2n} = y_2 \\ \cdots \\ \beta_0 + \beta_1 x_{m1} + \beta_2 x_{m2} + \beta_3 x_{m3} + \cdots + \beta_n x_{mn} = y_m \end{cases} \tag{17-4}$$

如果将样本矩阵记为矩阵 A，将参数矩阵记为向量 β，真实值记为向量 Y，上述线性方程组可以表示为：

$$\begin{bmatrix} 1 & x_{11} & x_{12} & x_{13} & \cdots & x_{1n} \\ 1 & x_{21} & x_{22} & x_{23} & \cdots & x_{21} \\ \cdots & \cdots & \cdots & \cdots & \cdots & \cdots \\ 1 & x_{m1} & x_{m2} & x_{m3} & \cdots & x_{mn} \end{bmatrix} \begin{bmatrix} \beta_0 \\ \beta_1 \\ \vdots \\ \beta_n \end{bmatrix} = \begin{bmatrix} y_1 \\ y_2 \\ \vdots \\ y_m \end{bmatrix} \tag{17-5}$$

即 $A\beta = Y$。对于最小二乘来说，最终的矩阵表达形式可以表示为：

$$\min \| A\beta - Y \|_2^2 \quad A \in \mathcal{R}^{m(n+1)}, \beta \in \mathcal{R}^{(n+1)1}, Y \in \mathcal{R}^{m1} \tag{17-6}$$

其中，$m \geqslant n$，由于考虑到了常数项，故属性值个数由 n 变为 $n+1$。该方程的解法如下：

$$\| A\beta - Y \|_2^2$$
$$= (A\beta - Y)^T (A\beta - Y)$$
$$= (\beta^T A^T - Y^T)(A\beta - Y)$$
$$= \beta^T A^T A\beta - \beta^T A^T Y - Y^T A\beta + Y^T Y$$

$$= \boldsymbol{\beta}^{\mathrm{T}} \boldsymbol{A}^{\mathrm{T}} \boldsymbol{A} \boldsymbol{\beta} - 2 \boldsymbol{\beta}^{\mathrm{T}} \boldsymbol{A}^{\mathrm{T}} \boldsymbol{Y} + \boldsymbol{Y}^{\mathrm{T}} \boldsymbol{Y} \tag{17-7}$$

其中倒数第二行中的中间两项为标量,所以二者相等。然后利用该式对向量 $\boldsymbol{\beta}$ 求导:

$$\frac{\partial(\boldsymbol{\beta}^{\mathrm{T}} \boldsymbol{A}^{\mathrm{T}} \boldsymbol{A} \boldsymbol{\beta} - 2 \boldsymbol{\beta}^{\mathrm{T}} \boldsymbol{A}^{\mathrm{T}} \boldsymbol{Y} + \boldsymbol{Y}^{\mathrm{T}} \boldsymbol{Y})}{\partial \boldsymbol{\beta}}$$

$$= \frac{\partial(\boldsymbol{\beta}^{\mathrm{T}} \boldsymbol{A}^{\mathrm{T}} \boldsymbol{A} \boldsymbol{\beta} - 2 \boldsymbol{\beta}^{\mathrm{T}} \boldsymbol{A}^{\mathrm{T}} \boldsymbol{Y})}{\partial \boldsymbol{\beta}} \tag{17-8}$$

$$= \frac{\partial(\boldsymbol{\beta}^{\mathrm{T}} \boldsymbol{A}^{\mathrm{T}} \boldsymbol{A} \boldsymbol{\beta})}{\partial \boldsymbol{\beta}} - 2 \boldsymbol{A}^{\mathrm{T}} \boldsymbol{Y}$$

由矩阵的求导法则可知式(17-8)的结果为:

$$\frac{\partial(\boldsymbol{\beta}^{\mathrm{T}} \boldsymbol{A}^{\mathrm{T}} \boldsymbol{A} \boldsymbol{\beta})}{\partial \boldsymbol{\beta}} - 2 \boldsymbol{A}^{\mathrm{T}} \boldsymbol{Y}$$

$$= (\boldsymbol{A}^{\mathrm{T}} \boldsymbol{A} + \boldsymbol{A}^{\mathrm{T}} \boldsymbol{A}) \boldsymbol{\beta} - 2 \boldsymbol{A}^{\mathrm{T}} \boldsymbol{Y}$$

$$= 2(\boldsymbol{A}^{\mathrm{T}} \boldsymbol{A} \boldsymbol{\beta} - \boldsymbol{A}^{\mathrm{T}} \boldsymbol{Y}) \tag{17-9}$$

令式(17-9)结果等于 0 可得:

$$\boldsymbol{A}^{\mathrm{T}} \boldsymbol{A} \boldsymbol{\beta} = \boldsymbol{A}^{\mathrm{T}} \boldsymbol{Y} \Leftrightarrow \boldsymbol{\beta} = (\boldsymbol{A}^{\mathrm{T}} \boldsymbol{A})^{-1} \boldsymbol{A}^{\mathrm{T}} \boldsymbol{Y} \tag{17-10}$$

式(17-10)就是最小二乘法的解析解,它是一个全局最优解[1]。

用方程的方法求解问题,就是最小二乘法的处理手段,值得注意的是,要保证最小二乘法有解,就得保证 $\boldsymbol{A}^{\mathrm{T}} \boldsymbol{A}$ 是一个可逆阵(非奇异矩阵)。在以下情况时, $\boldsymbol{A}^{\mathrm{T}} \boldsymbol{A}$ 不可逆。

(1) 当样本的数量小于参数向量(即 $\boldsymbol{\beta}$)的维度时,此时 $\boldsymbol{A}^{\mathrm{T}} \boldsymbol{A}$ 一定是不可逆的。例如:有 1000 个特征,但样本数目小于 1000,那么构造出的 $\boldsymbol{A}^{\mathrm{T}} \boldsymbol{A}$ 就是不可逆的。

(2) 在所有特征中若存在一个特征与另一个特征线性相关或一个特征与若干个特征线性相关时, $\boldsymbol{A}^{\mathrm{T}} \boldsymbol{A}$ 也是不可逆的。

解决方法一般有 3 种。

(1) 筛选出线性无关的特征,不保留相同的特征,保证不存在线性相关的特征。

(2) 增加样本量。

(3) 采用正则化的方法。对于正则化的方法,常见的是 L1 正则项和 L2 正则项,L1 正则项有助于从很多特征中筛选出重要的特征,使不重要的特征为 0(所以 L1 正则项是个不错的特征选择方法);如果采用 L2 正则项,实际上解析解就变成了如下形式:

$$\boldsymbol{\beta} = \left(\boldsymbol{A}^{\mathrm{T}} \boldsymbol{A} + \lambda \begin{pmatrix} 0 & \cdots & \cdots & 0 \\ \vdots & 1 & 0 & \vdots \\ \vdots & 0 & \ddots & \vdots \\ 0 & \cdots & \cdots & 1 \end{pmatrix} \right)^{-1} \boldsymbol{A}^{\mathrm{T}} \boldsymbol{Y} \tag{17-11}$$

λ 即正则参数(是一种超参数),后面的矩阵为 $(n+1) \times (n+1)$ 维,如果不考虑常数项,就是一个单位矩阵;此时括号中的矩阵一定是可逆的。

17.3 最小二乘法在机器学习中的应用

首先将最小二乘法与机器学习中经典的梯度下降法进行比较,二者都是计算问题最优解的优化方法,它们的不同点如表 17.2 所示。

表 17.2 两种求解方法比较

梯度下降法	最小二乘法
需要选择学习率	不需要选择学习率
需要多次迭代	一次得出结果
特征数量多于样本数量时也可适用	需计算 $(A^{\mathrm{T}}A)^{-1}$，特征数量多于样本数量时计算代价大
适用于各类模型	只适用于线性模型

需要注意的一点是最小二乘法只适用于线性模型（这里一般指线性回归），不适用于逻辑回归等其他模型，而梯度下降适用性极强，一般而言，只要是凸函数，都可以通过梯度下降法得到全局最优值（对于非凸函数，能够得到局部最优解）。梯度下降法只要保证目标函数存在一阶连续偏导，就可以使用。

最小二乘法采用暴力解方程组方式，直接、简单、粗暴，在条件允许下，求得最优解；而梯度下降法采用步进迭代的方式，一步一步地逼近最优解。实际应用中，大多问题是不能直接解方程求得最优解的，所以梯度下降法应用广泛，但如果条件允许，求解时更优先考虑最小二乘法[2]。

研究者们对最基础的最小二乘法进行了各种改进优化，使之能够处理更多复杂的任务。

早在 1979 年，Otsu 在研究灰度直方图时就使用了最小二乘估计[3]；1982 年，S. Lloyd 将之应用于脉冲编码调制中[4]；1994 年，M. T. Hagan 等提出了非线性最小二乘的 Marquardt 算法[5]，用于训练前馈神经网络的反向传播；2003 年，J. Portilla 等在小波域中使用高斯混合比例尺度进行图像去噪[6]，构建的模型中每个系数均计算了最小二乘估值，并据此使系数保持在合理范围内；2012 年，Guang-Bin Huang 等简化了最小二乘支持向量机和近端支持向量机[7]，结合其他极限学习机构建了正则化算法的统一学习框架。

此处介绍最小二乘法支持向量机（Least Squares Support Vector Machine，LSSVM）[8]。对于支持向量机（Support Vector Machine，SVM）问题，约束条件是不等式约束：

$$\min_{w,b,\xi} J(\boldsymbol{w},\boldsymbol{\xi}) = \frac{1}{2}\boldsymbol{w}^{\mathrm{T}}\boldsymbol{w} + c\sum_{k=1}^{N}\xi_k$$
$$\text{s.t. } y_k\left[\boldsymbol{w}^{\mathrm{T}}\varphi(x_k) + \boldsymbol{b}\right] \geqslant 1 - \xi_k, \quad k = 1,2,\cdots,N \tag{17-12}$$
$$\xi_k \geqslant 0, \ k = 1,2,\cdots,N$$

对于 LSSVM，原问题变为等式约束：

$$\min_{w,b,e} J(\boldsymbol{w},\boldsymbol{e}) = \frac{1}{2}\boldsymbol{w}^{\mathrm{T}}\boldsymbol{w} + \frac{1}{2}\gamma\sum_{k=1}^{N}e_k^2$$
$$\text{s.t. } y_k\left[\boldsymbol{w}^{\mathrm{T}}\varphi(x_k) + \boldsymbol{b}\right] = 1 - e_k, \quad k = 1,2,\cdots,N \tag{17-13}$$

原 SVM 问题中的 $\boldsymbol{\xi}$ 是一个松弛变量，它的意义在于在支持向量中引入离群点。而对于 LSSVM 的等式约束，等式右侧的 e 和 SVM 的 $\boldsymbol{\xi}$ 的意义是类似的，最后的优化目标中也包含了 e。可以这样理解，在 LSSVM 中，所有的训练点均为支持向量，而误差 e 是优化目标之一。另外，LSSVM 中 γ 和 SVM 中 c 的意义是一样的，都是表示权重，用于平衡寻找最优超平面和偏差量最小。

接下来，和 SVM 类似，采用拉格朗日乘数法把原问题转化为对单一参数，也就是 $\boldsymbol{\alpha}$ 的求极大值问题。新问题如下：

$$L(w,b,e;\alpha)=J(w,e)-\sum_{k=1}^{N}\alpha_k\{y_k[w^{\mathrm{T}}\varphi(x_k)+b]-1+e_k\} \tag{17-14}$$

分别对 w、b、e_k、α_k 求导令其为 0，有：

$$\begin{cases} \dfrac{\partial L}{\partial \boldsymbol{\omega}}=0 \rightarrow w=\sum_{k=1}^{N}\alpha_k y_k\varphi(x_k) \\[2mm] \dfrac{\partial L}{\partial \boldsymbol{b}}=0 \rightarrow \sum_{k=1}^{N}\alpha_k y_k=0 \\[2mm] \dfrac{\partial L}{\partial e_k}=0 \rightarrow \alpha_k=\gamma e_k, \ k=1,2,\cdots,N \\[2mm] \dfrac{\partial L}{\partial \alpha_k}=0 \rightarrow y_k[w^{\mathrm{T}}\varphi(x_k)+\boldsymbol{b}]-1+e_k=0, \quad k=1,2,\cdots,N \end{cases} \tag{17-15}$$

根据这 4 个条件可以列出一个关于 $\boldsymbol{\alpha}$ 和 $\boldsymbol{b}$ 的线性方程组：

$$\begin{bmatrix} 0 & \boldsymbol{y}^{\mathrm{T}} \\ \boldsymbol{y} & \boldsymbol{\Omega}+I/y \end{bmatrix}\begin{bmatrix} \boldsymbol{b} \\ \boldsymbol{\alpha} \end{bmatrix}=\begin{bmatrix} 0 \\ \boldsymbol{1}_v \end{bmatrix} \tag{17-16}$$

$\boldsymbol{\Omega}$ 为核矩阵：

$$\boldsymbol{\Omega}_{kl}=y_k y_l\varphi(x_k)^{\mathrm{T}}\varphi(x_l)=y_k y_l K(x_k,x_l), \quad k,l=1,2,\cdots,N \tag{17-17}$$

解上述方程组可以得到一组 $\boldsymbol{\alpha}$ 和 $\boldsymbol{b}$，最后得到 LSSVM 分类表达式：

$$y(x)=\mathrm{sign}\Big[\sum_{k=1}^{N}\alpha_k y_k K(x,x_k)+\boldsymbol{b}\Big] \tag{17-18}$$

在预测能力方面，由于是解线性方程组，LSSVM 的求解会更快，但标准基本形式的 LSSVM 的预测精准度比 SVM 稍差一些。

分类可以理解为用一个超平面将两组数据分开，而回归像是用一个超平面对已知数据进行拟合。回归问题表达形式如下：

$$\min_{w,b,e}J(w,e)=\frac{1}{2}w^{\mathrm{T}}w+\frac{1}{2}\gamma\sum_{k=1}^{N}e_k^2 \tag{17-19}$$

$$\mathrm{s.t.} \ \ y_k=w^{\mathrm{T}}\varphi(x_k)+\boldsymbol{b}+e_k, \quad k=1,2,\cdots,N$$

同样地，首先采用拉格朗日乘数法把原问题转化为对单一参数求极值：

$$L(w,b,e;\alpha)=J(w,e)-\sum_{k=1}^{N}\alpha_k\{w^{\mathrm{T}}\varphi(x_k)-\boldsymbol{b}+e_k-y_k\} \tag{17-20}$$

分别令导数为 0，可得

$$\begin{cases} \dfrac{\partial L}{\partial \boldsymbol{\omega}}=0 \rightarrow w=\sum_{k=1}^{N}\alpha_k\varphi(x_k) \\[2mm] \dfrac{\partial L}{\partial \boldsymbol{b}}=0 \rightarrow \sum_{k=1}^{N}\alpha_k=0 \\[2mm] \dfrac{\partial L}{\partial e_k}=0 \rightarrow \alpha_k=\gamma e_k, \ k=1,2,\cdots,N \\[2mm] \dfrac{\partial L}{\partial \alpha_k}=0 \rightarrow w^{\mathrm{T}}\varphi(x_k)+\boldsymbol{b}+e_k-y_k=0, \quad k=1,2,\cdots,N \end{cases} \tag{17-21}$$

最后化为解如下线性方程组

$$\begin{bmatrix} 0 & \boldsymbol{l}^{\mathrm{T}} \\ \boldsymbol{l} & \boldsymbol{\Omega} + I/y \end{bmatrix} \begin{bmatrix} \boldsymbol{b} \\ \boldsymbol{\alpha} \end{bmatrix} = \begin{bmatrix} 0 \\ y \end{bmatrix} \tag{17-22}$$

其中，$L = [1,1,\cdots,1]^{\mathrm{T}}$ 核矩阵 $\boldsymbol{\Omega}$ 为：

$$\Omega_{kl} = \varphi(x_k)^{\mathrm{T}} \varphi(x_l) = K(x_k, x_l), \quad k, l = 1, 2, \cdots, N \tag{17-23}$$

解上述方程组得到 LSSVM 回归函数：

$$y(x) = \sum_{k=1}^{N} \alpha_k K(x, x_k) + \boldsymbol{b} \tag{17-24}$$

参考文献

[1] 最小二乘支持向量机(LSSVM)简述[EB/OL](2015-06-29)[2020-10-07]. https://blog.csdn.net/u011542413/article/details/46682877.

[2] 最小二乘法支持向量机 LSSVM 的数学原理与 Python 实现[EB/OL](2015-06-29)[2020-10-07]. https://blog.csdn.net/Luqiang_Shi/article/details/84204636.

[3] Otsu N. A Threshold Selection Method from Gray-Level Histograms[J]. IEEE Transactions on Systems, Man, and Cybernetics, 1979, 9(1): 62-66.

[4] Lloyd S. Least squares quantization in PCM[J]. IEEE Transactions on Information Theory, 1982, 28(2): 129-137.

[5] Hagan M T, Menhaj M B. Training feedforward networks with the Marquardt algorithm[J]. IEEE Transactions on Neural Networks, 1994, 5(6): 989-993.

[6] Portilla J, Strela V, Wainwright M J, et al. Image denoising using scale mixtures of Gaussians in the wavelet domain[J]. IEEE Transactions on Image Processing, 2003, 12(11): 1338-1351.

[7] Huang G, Zhou H, Ding X. Extreme Learning Machine for Regression and Multiclass Classification [J]. IEEE Transactions on Systems, Man, and Cybernetics, Part B (Cybernetics), 2012, 42(2): 513-529.

[8] Wang H, Hu D. Comparison of SVM and LS-SVM for regression[C]//International Conference on Neural Networks and Brain. IEEE, 2005: 279-283.

CHAPTER 18

A* 算法

A* 算法常用于二维地图路径规划,算法所采用的启发式搜索可以利用实际问题所具备的启发式信息来指导搜索,从而减少搜索范围,控制搜索规模,降低实际问题的复杂度。

18.1　最短路径搜索

最短路径搜索问题是图论研究中一个非常经典的算法问题,旨在寻找图(由节点和路径组成的)中两节点之间的最短路径。该问题常见的形式包括:

(1) 已知起始节点,求最短路径。

(2) 已知终结节点,求最短路径。该问题与确定起点的问题在无向图的最短路径搜索中完全等同,而在有向图中该问题等同于把所有路径方向反转的确定起点问题。

(3) 确定起点和终点的最短路径问题,即求两点之间的最短路径。

(4) 全局最短路径问题,即求图中所有的最短路径。

最短路径搜索问题在计算机科学、交通工程、通信工程、系统工程、运筹学、信息论、控制理论等均有广泛的应用。解决该问题常见的方法有广度优先搜索(Breadth First Search,BFS)、Dijkstra 算法以及 A* 算法等。

18.2　A* 算法实现

18.2.1　A* 算法原理

A* 算法是一种启发式搜索算法,其原理是设计一个代价估计函数:

$$f(n) = g(n) + h(n) \tag{18-1}$$

其中,$g(n)$ 为从起点到任意节点 n 的实际距离,$h(n)$ 为任意节点 n 到目标节点的估计距离(根据采用的评估函数不同而变化),$f(n)$ 则为从起点通过节点 n 到达目标节点的最小代价路径的估计值。函数 $h(n)$ 表明了算法使用的启发信息,它来源于人们对路径规划问题的认识,依赖某种经验估计。根据 $f(n)$ 可以计算出当前节点的代价,并对下一次能够到达的节点进行评估,每次搜索都找到代价估计值最小的节点再继续进行搜索,如此一步步循环最终找到最优路径。

选择一个好的启发函数对于 A* 算法来说至关重要。如果 $h(n)$ 是 0,则只有 $g(n)$ 起作用,此时 A* 算法演变成 Dijkstra 算法。如果 $h(n)$ 总是比从 n 移动到目标的代价小(或相等),那么 A* 算法保证能找到一条最短路径。$h(n)$ 越小,A* 算法需要扩展的点越多,运行速度越慢。如果 $h(n)$ 正好等于从 n 移动到目标的代价,那么 A* 算法将只遵循最佳路径而不会扩展到其他任何节点,能够运行得很快。尽管这一点很难做到,但仍可以在某些特殊情况下让 $h(n)$ 正好等于实际代价值。如果 $h(n)$ 比从 n 移动到目标的代价高,则 A* 算法无法保证找到一条最短路径,但它可以运行得更快。如果 $h(n)$ 比 $g(n)$ 大很多,则只有 $h(n)$ 起作用,同时 A* 算法演变成贪心最佳优先搜索(Greedy Best First Search)算法。

常用的启发函数有曼哈顿距离、对角线距离、欧几里得距离等。

曼哈顿距离是一种标准的启发函数。考虑代价函数并找到从一个位置移动到邻近位置的最小代价 D。因此,地图中的启发函数应该是曼哈顿距离的 D 倍,常用于在地图上只能前后左右移动的情况:

$$h(n) = D \cdot [\mathrm{abs}(x_n - x_{\mathrm{goal}}) + \mathrm{abs}(y_n - y_{\mathrm{goal}})] \tag{18-2}$$

地图中若允许对角运动,则可以使用对角线距离作为启发函数。假设直线和对角线的代价都是 D,则对角线距离可以表示为:

$$h(n) = D \cdot \max[\mathrm{abs}(x_n - x_{\mathrm{goal}}), \mathrm{abs}(y_n - y_{\mathrm{goal}})] \tag{18-3}$$

地图中若允许任意角度的运动,则可以使用欧几里得距离:

$$h(n) = D \sqrt{(x_n - x_{\mathrm{goal}})^2 + (y_n - y_{\mathrm{goal}})^2} \tag{18-4}$$

欧氏距离是最短距离,在大部分情况下要小于 n 移动到目标的实际代价,因此欧几里得距离可以找到最优路径,但往往需要花费更多时间。

18.2.2 A* 算法简单案例

这里以一个简单的例子来对 A* 算法的具体过程进行介绍。

假如某人想从 A 点移动到 B 点,但中间有一堵墙。首先需要将搜索区域简化,这是寻路的第一步。如图 18.1 所示,可以将搜索区域简化为这样的方形网格,这样一来搜索区域便可以用一个二维数组来表示,数组的每一个元素表示网格的一个方块,方块标记为可通过的与不可通过的,路径则可描述为从 A 到 B 所经过的方块的集合。路径找到后就可以从一个方格的中心走向另一个,直至到达目的地。

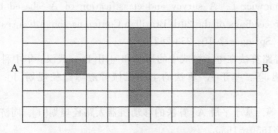

图 18.1 搜索区域简化

搜索区域简化为较为容易处理的形式后,就可以开始利用 A* 算法来搜索最短路径了。A* 算法的具体过程如下。

1. 创建 OPEN 列表

OPEN 列表储存待检查方格,将 A 点作为待处理点存入。同时创建一个 CLOSED 列表,用于保存所有不需要再次检查的方格。

2. 重复流程

(1) 遍历 OPEN 列表,找出 OPEN 列表中 f 最小的点,将其作为当前需要处理的点(在此例中 h 的计算可以采用曼哈顿距离)。

(2) 从 OPEN 列表中将该点删除,并将其放入 CLOSED 列表中。

(3) 根据当前点的 8 个相邻点的类别对相邻点分别执行如下操作:①若该点不可抵达或者该点在 CLOSED 列表中,则忽略之,否则进行下面的操作;②若该点不在 OPEN 列表中,则将其加入 OPEN 列表,并将当前点设置为其父节点,同时记录其 f、g、h 的值;③若该点已在 OPEN 列表中,则检查这条路径(即经由当前点到达该点处)是否更优,用 g 值作参考。g 值越小,则该路径越优。如果该路径更优,则将其父节点设置为当前点,并重新计算其 f 和 g 值。

(4) 当目标点 B 加入 OPEN 列表或者 OPEN 列表中没有任何点(即寻找路径失败)时,结束循环。

3. 保存路径

从目标点开始沿着父节点回到起点,这就是寻找到的路径。

18.3　A* 算法的优势与缺陷

A* 算法利用启发函数估计任意点到目标点的远近程度,省略了大量无用的搜索路径,从而减少了搜索空间,使得搜索方向更加趋向于目标点。因此,其搜索深度较小,搜索的节点数少,故其占用的存储空间较小,同时其计算复杂度相对来说也比较小,提高了搜索效率。

但是由于经验和实际问题的复杂性,引入启发信息的代价函数很难做到完全正确。由于 A* 算法在搜索的过程中删除了大量的节点,这些被删除的节点很有可能就是最优路径的节点之一,过早的删除有可能导致算法无法找到最优解,甚至有可能使得搜索过程形成环路而陷入死循环。

参考文献

[1]　Rios L H O, Chaimowicz L. A survey and classification of A* based best-first heuristic search algorithms [C]//Proceedings of the 20th Brazilian Conference on Advances in Artificial Intelligence, LNCS 6404. Berlin: Springer, 2010: 253-262.

[2]　詹海波. 人工智能寻路算法在电子游戏中的研究和应用[D]. 武汉: 华中科技大学, 2006.

[3]　贾庆轩, 陈钢, 孙汉旭, 等. 基于 A* 算法的空间机械臂避障路径规划[J]. 机械工程学报, 2010, 46(13): 109-115.

[4]　王红卫, 马勇, 谢勇, 等. 基于平滑 A* 算法的移动机器人路径规划[J]. 同济大学学报(自然科学版), 2010, 38(11): 1647-1650+1655.

[5]　史辉, 曹闻, 朱述龙, 等. A* 算法的改进及其在路径规划中的应用[J]. 测绘与空间地理信息, 2009, 32(06): 208-211.

[6]　张海涛, 程荫杭. 基于 A* 算法的全局路径搜索[J]. 微计算机信息, 2007(17): 238-239+308.

[7]　谭宝成, 王培. A* 路径规划算法的改进及实现[J]. 西安工业大学学报, 2012, 32(04): 325-329.

[8]　Burns E, Lemons S, Zhou R, et al. Best-first heuristic search for multi-core machines[J]. Journal of Artificial Intelligence Research, 2010, 39(1): 689-743.

第 19 章 神经网络算法

CHAPTER 19

19.1 神经网络算法起源

神经元是以生物系统的神经细胞为基础的生物模型。在对生物系统进行研究时,对神经元的生物机理进行建模,得到基于神经元的计算模型——人工神经网络(或称为神经网络)。在以人工智能为导向的时代,对神经元生物机理(特别是自学习功能)的研究成为神经网络能否在系统辨识、模式识别和智能控制等领域实现技术再次突破的核心。

19.1.1 脑神经元学说

1. 脑神经元与脑神经系统

神经网络算法是对人脑功能的一种模拟,它在一定程度上揭示了脑神经网络运行的基本规则。脑神经网络的基本单位是神经元细胞,其主要由三个部分组成:细胞体、轴突、树突。全体神经元细胞又通过突触连接成一个大型复杂的神经网络。

细胞体:由细胞核、细胞质与细胞膜等组成。它是神经元的新陈代谢中心,同时还用于接收并处理其他神经元传递过来的信息。

轴突:由细胞体向外伸出的最长的一条分支,每个神经元一个,其作用相当于神经元的信息传输电缆,它通过尾部分出的许多神经末梢以及突触向其他神经元输出神经冲动。

树突:是由细胞体向外伸出的除轴突外的其他分支,长度一般均较短,但数量很多。它相当于神经元的输入端,用于接收从四面八方传来的神经冲动。

突触:是神经元之间相互连接的接口部分。

2. 功能实现

传入的神经元冲动经整合使细胞膜的电位升高,当电位超过动作电位阈值时,神经元为兴奋状态,产生神经冲动由轴突经神经末梢传出;传入神经元的冲动经整合使细胞膜电位降低,当电位低于动作电位阈值时,神经元为抑制状态,不产生神经冲动。

3. 脑神经系统特点

(1) 脑神经元之间相互连接,其连接强度决定信号传递的强弱;

(2) 神经元之间的连接强度是可以随着训练改变的;

(3) 信号可以起刺激作用,也可以起抑制作用;

(4) 一个神经元接收信号的累积效果决定该神经元的状态;

（5）每个神经元有一个动作阈值。

4. 神经网络的功能模拟

目前，神经网络算法的研究不具备从信息处理的整体结构进行系统分析的能力，因此还很难反映出人脑认知的结构。由于忽视了对于整体结构和全局结构的研究，神经网络对于复杂模型结构和功能模块机理的认识还处于十分无知的状态。

大脑中的神经网络非常复杂，尽管解释神经元间线性连接的分子机制已经被描述了很多次，但是对于其神经元分支的工作机制（生物学功能），研究者却并不清楚。例如，抑制神经元（如何阻止其他神经元放电）如何执行赢家通吃的策略（这是一种简单的竞争机制，确保留下了使用频率较高、输入较强的环路连接，去除了频率低、输入较弱的连接，使系统资源得到最优化分配，神经环路的连接更加精确）？大脑网络中这种高度分叉的神经元之间是如何连接的？研究人员表明，包括兴奋神经元以及辅助神经元中的抑制神经元无法证明回路的效率。类似地，任何一种没有察觉收敛神经元和稳定神经元差异的抑制神经元的安排都要比可以察觉到这一区别的安排更低效。那么，假设进化趋于找到解决工程问题的有效解决方案，模型既告诉我们问题的答案就在大脑中，也提出了一个适于经验研究的问题：真实的抑制神经元能否展示出类似收敛神经元和稳定神经元之间的区别？

19.1.2　神经网络算法发展历程

1. 启蒙期

1943 年，美国神经生理学家 Warren Mcculloch 和数学家 Walter Pitts 合写了一篇关于神经元如何工作的开拓性文章：*A Logical Calculus of the Ideas Immanent in Nervous Activity*。作者认为单神经元的活动可以看作开关的通断，通过多个神经元的组合可以实现逻辑运算。他们用电路模拟了一个简单的神经网络模型，如图 19.1 所示，这个模型通过把神经元看作一个功能逻辑器件来实现算法功能。虽然研究成果只是停留在初级水平，但这给予人们极大的信心，大脑的活动是可以被解释清楚的。神经网络模型的理论研究从此展开。

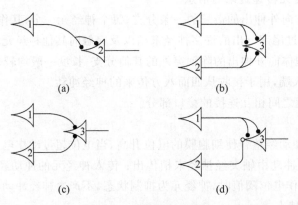

图 19.1　模拟神经元组合

2. 第一次高潮期

1957 年，计算机专家 Rosenblatt 提出了感知器模型，如图 19.2 所示。这是一种具有连续可调权值向量的神经网络模型，经过训练可以达到对一定的输入向量模式进行分类和识别的目的。它虽然比较简单,却是第一个真正意义上的神经网络。Rosenblatt 将此模型制成硬件,该模型通常被认为是最早的神经网络模型。Rosenblatt 的神经网络模型包含一些现代神经计算机的基本原理,从而带动了神经网络方法和技术的重大突破。

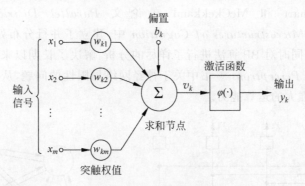

图 19.2 感知器模型

1959 年,美国著名工程师 B. Widrow 和 M. Hoff 等提出了自适应线性元件 ADALINE,如图 19.3 所示,并在他们的论文中描述了它的学习方法:Widrow-Hoff 算法。该网络通过训练,可以用于抵消通信中的回波和噪声,也可用于天气预报,成为第一个用于实际问题的神经网络。这一发现极大地促进了神经网络的研究应用和发展。人们乐观地认为

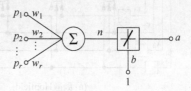

图 19.3 ADALINE 模型

已经找到了智能的关键,许多部门都开始大批地投入此项研究中。

3. 反思期——神经网络的低潮

1969 年,智能创始人之一 Marvin Minsky 和 Seymour Papert 合著了 *Perceptrons*。作者在这本书中指出简单的线性感知器的功能是有限的,它无法解决线性不可分的两类样本的分类问题,例如简单的"异或"问题。这一论断给当时神经元网络的研究带来沉重的打击,批评的声音高涨,这导致政府停止了对神经网络算法研究的大量投资。不少研究人员把注意力转向了智能,神经网络算法领域的研究开始了长达十年之久的低潮期。

4. 第二次高潮期

1982 年,美国物理学家 Hopfield 提出了一种离散神经网络,即离散 Hopfield 网络,有力地推动了神经网络的研究。1984 年,Hopfield 又提出了一种连续神经网络,将网络中神经元的激活函数由离散型改为连续型。Hopfield 的模型不仅对神经网络算法信息的存储和提取功能进行了非线性数学概括,提出了动力方程和学习方程,还为网络算法提供了重要的公式和参数,使神经网络算法的构造和学习有了理论指导,在 Hopfield 模型的影响下,大量学者又激发起研究神经网络的热情,积极投身于这一学术领域中。因为 Hopfield 神经网络在众多方面具有巨大潜力,所以人们对神经网络的研究十分重视,越来越多的人开始研究神经网络,极大地推动了这一时期神经网络的发展。离散 Hopfield 和连续 Hopfield 的网络结构如图 19.4 所示。

1986 年,Rumelhart 和 McCelland 及其研究小组在多层神经网络模型的基础上,提出了多层神经网络权值修正的反向传播(Back Propagation,BP)算法。BP 算法解决了多层前

向神经网络的学习问题,证明了多层神经网络具有极强的学习能力。该算法的提出对后面的神经网络算法有极大的指导意义,时至今日,BP 算法仍然是一种常用的神经网络学习算法。

同年,Rumelhart 和 McCkekkand 在 论文 *Parallel Distributed Processing*:*Exploration in the Microstructures of Cognition* 中,建立了并行分布处理理论,主要致力于认知的微观研究,同时对 BP 算法进行了详尽的分析,解决了长期以来没有权值调整有效算法的难题,解决了 *Perceptrons* 一书中关于神经网络局限性的问题,从实践上证实了神经网络算法确实拥有强大的运算能力。

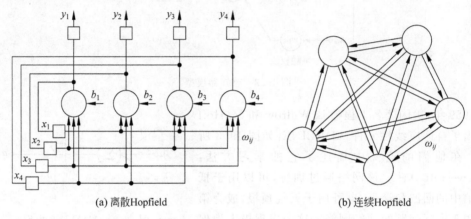

(a) 离散Hopfield (b) 连续Hopfield

图 19.4　离散 Hopfield 和连续 Hopfield 的网络结构

5. 第三次高潮期

Hinton 等于 2006 年提出了深度学习的概念,并在 2009 年将深层神经网络介绍给做语音的学者们。由于深层神经网络的引入,语音识别领域在 2010 年取得了重大突破。紧接着在 2011 年卷积神经网络 CNN 被用于图像识别领域,并在图像识别分类上取得举世瞩目的成就。2015 年 LeCun、Bengio 和 Hinton 联合在 *Nature* 上刊发了文章 *Deep Learning*,自此深度神经网络不仅在工业界获得了巨大成功,还真正被学术界所接受,神经网络的第三次高潮——深度学习就此展开。

2016 年,谷歌公司推出了当时深度学习最顶尖的成果 AlphaGo。在 2016 年 3 月举世瞩目的 AlphaGo 围棋机器人对战世界围棋冠军、职业九段棋手李世石,并最后以总分 4∶1 大获全胜。这一人机大战的结果再一次激发了全世界对智能研究的热情。

19.2　神经网络算法实现

19.2.1　神经网络构成要素

通常,神经网络模型由网络模型的神经元特性、网络的拓扑结构以及学习或训练规则三个要素构成。

1. 神经元特性

神经元是神经网络模型的最基本单元,其也同样具有三个基本要素。

(1) 突触或连接,一般用来表示神经元和神经元之间的连接强度,常称为权值。

（2）反映生物神经元时空整合功能的输入信号累加器。

（3）激活函数用于限制神经元输出，可以是阶梯函数、线性或者是指数形式函数（Sigmoid函数）等。

其基本结构如图19.5所示。

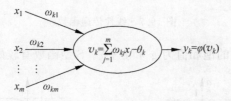

图19.5 神经元基本结构

其中，$x_j(j=1,2,\cdots,m)$为输入信号；$w_{kj}(j=1,2,\cdots,m)$为神经元j到神经元k的连接权值；$u_k=\sum\limits_{j=1}^{m}\omega_{kj}x_j$为线性组合结果；$\theta_k$为阈值；$\varphi$为神经元激活函数；$y_k$为神经元输出。

激活函数执行对该神经元所获得的信息的处理，决定是否有对应的输出以及输出幅度有多大，也可以称为激励函数、活化函数、传递函数等，表达式为：$y=\varphi(u+b)$。激活函数可以说是神经元处理的核心部分，引入激活函数增加了神经网络的非线性特性，从而使神经网络能够实现各种复杂功能。如果没有激活函数，无论叠加多少层神经网络，其结果无非就是个矩阵而已，激活函数在神经网络中的地位可见一斑。

以下是各种常见的激活函数的介绍。

（1）硬极限传递函数，如图19.6所示，其函数表达式为：

$$f(n)=\begin{cases}\beta, & n>\theta \\ -\gamma, & n\leqslant\theta\end{cases} \tag{19-1}$$

其中，β、γ、θ均为非负实数，θ为阈值。二值形式：$\beta=1$，$\gamma=0$；双极形式：$\beta=\gamma=1$。

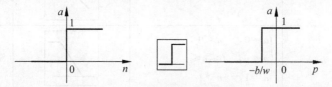

图19.6 硬极限传递函数

（2）线性传递函数，如图19.7所示，其函数表达式为：

$$f(n)=k\times n+c \tag{19-2}$$

（3）对数-S型函数，如图19.8所示，常见的S型函数包括逻辑斯谛函数（Logistic Function），函数的饱和值为0和1：

$$f(n)=\frac{1}{1+e^{-dn}} \tag{19-3}$$

以及压缩函数（Squashing Function）：

$$f(n)=\frac{g+h}{1+e^{-dn}} \tag{19-4}$$

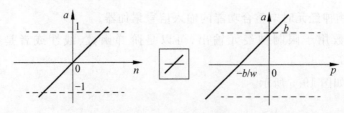

图 19.7　线性传递函数

其中，g、h、d 为常数，函数的饱和值为 g 和 $g+h$。S 型函数有较好的增益控制。

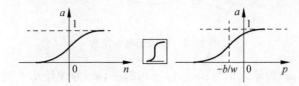

图 19.8　对数-S 型函数

传递函数总结如表 19.1 所示。

表 19.1　传递函数总结

名称	输入/输出关系	图标	MATLAB 函数
硬极限函数	$\begin{cases} a=0, & n<0 \\ a=1, & n\geqslant0 \end{cases}$		Hardlim
对称极限函数	$\begin{cases} a=-1, & n<0 \\ a=1, & n\geqslant0 \end{cases}$		Hardlims
线性函数	$a=n$		Pureline
饱和线性函数	$\begin{cases} a=0, & n<0 \\ a=n, & 0\leqslant n\leqslant1 \\ a=1, & n>1 \end{cases}$		Satlin
对称饱和线性函数	$\begin{cases} a=-1, & n<0 \\ a=n, & Q<n\leqslant1 \\ a=1, & n>1 \end{cases}$		Satlins
双曲正切 S 型函数	$a=\dfrac{e^n-e^{-n}}{e^n+e^{-n}}$		Tansig
修正线性函数	$\begin{cases} a=n, & n>0 \\ a=0, & n\leqslant0 \end{cases}$		Poslin

2．拓扑结构

基于神经元的数学模型，根据网络连接的拓扑结构，神经网络模型可以分为前向网络（有向无环）和反馈网络（无向完备图，也称循环网络），对于反馈网络，其所有节点都是计算单元，也可以接受输入并向外界输出。反馈网络的任意两个神经元之间都可能存在连接，信息在神经元之间反复传递至趋于某一稳定状态。反馈网络模型的稳定性与联想记忆有着密切的关系，Hopfield 网络、玻尔兹曼机网络都属于这种类型。

而对于前馈网络，其每个神经元只和前一层的神经元相连，输入层和输出层与外界相连，其他中间层称为隐层（hidden layer），隐层可为一层或者多层。前馈网络源于简单非线性函数的多次复合，网络结构简单，易于实现。以单隐层前馈神经网络为例，其网络结构如图 19.9 所示，对应的数学公式为：

$$\begin{cases} \boldsymbol{h}^{(1)} = \varphi^{(1)} \left(\sum_{i=1}^{m} \boldsymbol{x}_i \boldsymbol{w}_i^{(1)} + \boldsymbol{b}^{(1)} \right) \\ \boldsymbol{y} = \varphi^{(2)} \left(\sum_{j=1}^{n} \boldsymbol{h}_j^{(1)} \cdot \boldsymbol{w}_j^{(2)} + \boldsymbol{b}^{(2)} \right) \end{cases} \tag{19-5}$$

其中，输入层 $\boldsymbol{x} \in \mathcal{R}^m$，隐层输出 $\boldsymbol{h} \in \mathcal{R}^n$，输出 $\boldsymbol{y} \in \mathcal{R}^K$，$\boldsymbol{w}^{(1)} \in \mathcal{R}^{m \times n}$ 与 $\boldsymbol{b}^{(1)} \in \mathcal{R}^n$ 分别为输入到隐层的权值连接矩阵和偏置，$\boldsymbol{w}^{(2)} \in \mathcal{R}^{n \times K}$ 与 $\boldsymbol{b}^{(2)} \in \mathcal{R}^K$ 分别为隐层到输出层的权值连接矩阵和偏置，$\varphi^{(1)}$ 和 $\varphi^{(2)}$ 为对应的激活函数。

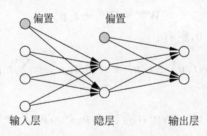

图 19.9　单隐层前馈神经网络

3．神经网络的学习规则

1）Hebb 规则

Hebb 学习规则由加拿大著名生理心理学家 D. O. Hebb 于 1949 年提出，是最早最著名的训练算法，至今仍在各种神经网络模型中起着重要的作用。由 Hebb 提出的 Hebb 学习规则为神经网络的学习算法奠定了基础，在此基础上，人们提出了各种学习规则和算法，以适应不同网络模型的需要。有效的学习算法，使得神经网络能够通过联结权重的调整，构造客观世界的内在表征。

Hebb 规则的提出受到巴甫洛夫条件反射实验的启发。每次给狗投食之前就先响铃，长此以往，狗会将铃声响和投食联系到一块儿，以后即使只是铃声响而没有投食，狗也会因为条件反射误以为要投食了而流口水。故 Hebb 也认为，如果两个神经元总是在同一时间被激发，那么它们之间的联系就会被强化；反之，两个神经元总是不能被同时激发，那么它们之间的联系就会被慢慢减弱，认为这两个神经元的相关性小。Hebb 认为神经网络的学习过程最终是发生在神经元之间的突触部位，突触的联结强度随着突触前后神经元的活动而变化，变化的量与两个神经元的活性之和成正比。

Hebb 假设：1949 年 Hebb 提出当细胞 A 的轴突到细胞 B 的距离近到足够刺激它,且反复地或持续地刺激细胞 B,那么在这两个细胞或一个细胞中将会发生某种增长过程或代谢反应,增加细胞 A 对细胞 B 的刺激效果。

Hebb 规则：若一条突触两侧的两个神经元同时被激活,那么,突触的强度将会增大。

在神经网络中,Hebb 规则可被简单描述为：如果一个正的输入产生一个正的输出那么应该增加权重的值,其数学模型为：

$$w_{ij}^{\text{new}} = w_{ij}^{\text{old}} + \alpha f_i(a_{iq}) g_j(p_{jq}) \tag{19-6}$$

其中,p_{jq} 为输入向量 p_q 的第 j 个元素；a_{iq} 为输出向量 a_q 的第 i 个元素；α 为一个正的常数,称为学习速度；w_{ij} 为输入向量的第 j 个元素与输出向量的第 i 个元素相连接的权值。

式(19-6)可以简化为：

$$w_{ij}^{\text{new}} = w_{ij}^{\text{old}} + \alpha a_{iq} p_{jq} \tag{19-7}$$

式(19-7)定义的 Hebb 规则是一种无监督的学习规则,它不需要目标输出的任何相关信息。对于有监督的 Hebb 规则而言,算法被告知的就是网络应该做什么,而不是网络当前正在做什么,将目标输出代替为实际输出,得到：

$$w_{ij}^{\text{new}} = w_{ij}^{\text{old}} + t_{iq} p_{jq} \tag{19-8}$$

其中,t_{iq} 是第 q 个目标输出向量 t_q 的第 i 个元素(简单设 α 的值为 1)。

Hebb 学习规则性能分析,将有监督的 Hebb 规则写为向量形式有：

$$\boldsymbol{W}^{\text{new}} = \boldsymbol{W}^{\text{old}} + \boldsymbol{t}_q \boldsymbol{p}_q^{\text{T}} \tag{19-9}$$

如果权值矩阵初始化为 0,则有：

$$\boldsymbol{W} = \boldsymbol{t}_1 \boldsymbol{p}_1^{\text{T}} + \boldsymbol{t}_2 \boldsymbol{p}_2^{\text{T}} + \cdots + \boldsymbol{t}_Q \boldsymbol{p}_Q^{\text{T}} = \sum_q^Q \boldsymbol{t}_q \boldsymbol{p}_q^{\text{T}} \tag{19-10}$$

用矩阵表示为：

$$\boldsymbol{W} = [\boldsymbol{t}_1, \boldsymbol{t}_2, \cdots, \boldsymbol{t}_Q][\boldsymbol{p}_1, \boldsymbol{p}_2, \cdots, \boldsymbol{p}_Q]^{\text{T}} = \boldsymbol{T}\boldsymbol{P}^{\text{T}} \tag{19-11}$$

其中,$\boldsymbol{T} = [\boldsymbol{t}_1, \boldsymbol{t}_2, \cdots, \boldsymbol{t}_Q]$；$\boldsymbol{P} = [\boldsymbol{p}_1, \boldsymbol{p}_2, \cdots, \boldsymbol{p}_Q]$。

设输入向量 p_q 为标准正交向量,即有：

$$\boldsymbol{p}_q^{\text{T}} \boldsymbol{p}_k = \begin{cases} 1, & q = k \\ 0, & q \neq k \end{cases} \tag{19-12}$$

若 p_k 输入到网络,输出为：

$$\boldsymbol{a} = \boldsymbol{w}_{pk} = \left[\sum_{q=1}^Q \boldsymbol{t}_q \boldsymbol{p}_q^{\text{T}} \right] \boldsymbol{p}_k = \sum_{q=1}^Q \boldsymbol{t}_q (\boldsymbol{p}_q^{\text{T}} \boldsymbol{p}_k) \tag{19-13}$$

如果输入原型向量是标准正交向量,网络的输出等于其相应的目标输出,得到正确的结果：

$$\boldsymbol{a} = \boldsymbol{w}_{pk} = \boldsymbol{t}_k \tag{19-14}$$

如果输入原型向量不是标准正交向量,假设为单位向量,则网络的输出与其相应的目标输出有误差：

$$\boldsymbol{a} = \boldsymbol{w}_{pk} = \left[\sum_{q=1}^Q \boldsymbol{t}_q \boldsymbol{p}_q^{\text{T}} \right] \boldsymbol{p}_k = \sum_{q=1}^Q \boldsymbol{t}_q (\boldsymbol{p}_q^{\text{T}} \boldsymbol{p}_k) = \boldsymbol{t}_k + \sum_{q \neq k} \boldsymbol{t}_q (\boldsymbol{p}_q^{\text{T}} \boldsymbol{p}_k) \tag{19-15}$$

误差的大小取决于原型输入向量之间的相关总和。

2) 梯度下降法

在机器学习中每个算法都会有一个目标函数,而算法的运行求解过程通常也就是这个算法的优化求解过程。在一些算法求解问题上,常会使用损失函数作为目标函数,损失函数代表的是预测值和真实值之间的差异程度,那么只要找到一个解使得二者之间的差异最小,那么该解就可以理解为此时的一个最优解。通常损失函数越好,则模型的性能也越好。常见的损失函数有如下几种。

0-1 损失函数(0-1 loss function):

$$L[Y, f(x)] = \begin{cases} 1, & Y \neq f(x) \\ 0, & Y = f(x) \end{cases} \tag{19-16}$$

平方损失函数(quadratic loss function):

$$L[Y, f(x)] = [Y - f(x)]^2 \tag{19-17}$$

绝对值损失函数(absolute loss function):

$$L[Y, f(x)] = | Y - f(x) | \tag{19-18}$$

对数损失函数(logarithmic loss function)或对数似然损失函数(log-likelihod loss function):

$$L[Y, P(Y \mid X)] = -\log P(Y \mid X) \tag{19-19}$$

从损失函数的上述说明易知,损失函数衡量了一个样本的预测值与实际值之间的差异。一般通过叠加方式衡量整个集合的预测能力:

$$R_{emp}(f) = \frac{1}{N} \sum_{i=1}^{N} L[y_i, f(x_i)] \tag{19-20}$$

其中,N 对应的是样本的数目;$R_{emp}(f)$ 又可以称为代价函数,或是经验风险。经验风险即对数据集中的所有训练样本进行平均最小化。经验风险越小则表明该模型对数据集训练样本的拟合程度越好,但对于未知的测试样本的预测能力如何则未知,故又引入了一个期望风险:

$$R_{exp}(f) = E[L(y, f(x))] = \int_{x \times y} L[y, f(x)] P(x, y) \mathrm{d}x \mathrm{d}y \tag{19-21}$$

经验风险是局部的,表示决策函数对训练样本的预测能力,期望风险表示的对全部包括训练样本和测试样本的整个数据集的预测能力。从原理上显然直接让期望风险最小化就能得到想要的解,但问题恰恰在于难以获得期望的风险函数。但只考虑经验风险,又容易出现过拟合现象,即模型对于训练集有非常好的预测能力,但是对测试集的预测能力却非常差,其原因在于模型学习了该集合应有的特征外,还学习了训练集中样本的多余特征。为了解决这一问题,引入了一种折中的方案,即在经验风险函数后再增加一个正则化项,构成结构风险,正则化项也就是惩罚项,结构风险表达如下:

$$R_{str}(f) = \frac{1}{N} \sum_{i=1}^{N} L[y_i, f(x_i)] + \lambda J(f) \tag{19-22}$$

其中,$J(f)$ 用于衡量模型的复杂程度;λ 是个大于 0 的系数,衡量 J 对整个公式的影响程度。

其解决思路是,由于使用经验风险容易出现过拟合,那么就设法去防止过拟合的出现。通常过拟合是学习了样本多余的特征,在其函数上表现出来的就是拥有复杂公式,那么就可以将这个作为惩罚项,从而避免公式过于复杂,也可避免过拟合现象。模型只学习样本集合中该学的特征,忽略个体之间的多余特征。

微积分中,在多元函数中对各个参数求偏导,最后把各个参数的偏导数用向量的方式表示出来即梯度。由二维以及三维函数的图像可知,梯度可以代表函数在这个参数上的变化速度快慢,梯度越大则变化越快。跟随着梯度变换的方向最终找到一个梯度为 0 的解,通常是一个局部的高点或者低点,即极大值或者极小值,在函数中这恰恰可以视为是函数最终解的体现。

在神经网络的训练中需要最小化损失函数时,可以通过梯度下降法来多次迭代求得最优解。在函数图像上最低点也就是最小化的损失函数结果。同理,如果要求解梯度的最大值,则可以用梯度上升的方式,得到一个梯度极大值,对应损失函数的最大值。两者之间是可以互相转化的,例如原本是求损失函数的极大值,经过取反可以变为求解损失函数的极小值。另外,这种求解方式求得的解是局部极大或极小值,但不一定是全局最大或最小值。如图 19.10 所示,一个局部极值点不一定是全局极值点,但全局极值点一定是局部极值点。

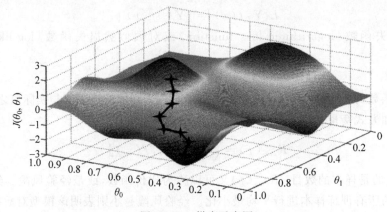

图 19.10　梯度示意图

在地理上学过等高线的概念,把地面上海拔高度相同的点连成闭合曲线,并垂直投影到一个水平面上,按比例绘制在图纸上,就得到等高线。如图 19.11 所示,等高线越密集的地方,表示梯度越大,地形越陡。从任意一个点出发,要找到一个最高点或者最低点,最快的方式就是沿着最陡的地方前进,最终到达斜率为 0 的地方,同时也就找到了一个局部极值点。

确定优化模型的假设函数和损失函数。以线性回归为例,假设函数如下:

$$h_\theta(x_1, x_2, \cdots, x_n) = \theta_0 + \theta_1 x_1 + \theta_2 x_2 + \cdots + \theta_n x_n \tag{19-23}$$

其中,$\theta_i(i=0,1,2,\cdots,n)$ 为模型参数;$x_i(i=0,1,2,\cdots,n)$ 为每个样本的 n 个特征值。θ_0 可以看作 $\theta_0 x_0(x_0=1)$,故有:

$$h_\theta(x_1, x_2, \cdots, x_n) = \sum_{i=0}^{n} \theta_i x_i \tag{19-24}$$

对应的损失函数为:

$$J(\theta_0, \theta_1, \cdots, \theta_n) = \frac{1}{2m} \sum_{j=0}^{m} \{h_\theta[x_0^{(j)}, x_1^{(j)}, \cdots, x_n^{(j)}] - y_j\}^2 \tag{19-25}$$

初始化参数为 $\theta_i(i=0,1,2,\cdots,n)$,算法终止误差 ε,梯度下降步长 α。θ 可以随机生成,步长初始化为 1,ε 根据自己想要的精确度设置,越小可能算法运行时间就越长。后续可以再根据运行结果调整设置参数。

算法过程如下所述。

求梯度:

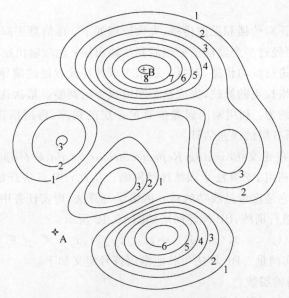

图 19.11 等高线示意图

$$\nabla_i = \alpha \frac{\partial}{\partial \theta} J(\theta_0, \theta_1, \cdots, \theta_n) \tag{19-26}$$

若 $|\nabla_i| < \varepsilon$，运行结束，输出 $\theta_i (i=0,1,2,\cdots,n)$。若 $|\nabla_i| \geqslant \varepsilon$，运行下一步更新所有的 θ：

$$\theta_i = \theta_i - \alpha \frac{\partial}{\partial \theta} J(\theta_0, \theta_1, \cdots, \theta_n) \tag{19-27}$$

更新完成后，继续求梯度，如此循环往复，直到满足终止条件 $|\nabla_i| < \varepsilon$，加快收敛的方法：特征缩放，在多特征问题中保证特征有相近的尺度将有利于梯度下降；通过调整学习率来更改收敛速度，学习率过小会导致梯度下降法收敛过慢，但过大也可能使得网络不能收敛。

目前已有多种梯度下降法，如下所述。

(1) 批量梯度下降法(batch gradient descent)是梯度下降法最原始的形式，其具体操作是在更新参数时，使用所有的样本进行更新。优点是能够找到全局最优解且易于并行实现；缺点在于由于训练的样本大，训练速度会很慢。

(2) 随机梯度下降法(stochastic gradient descent)和批量梯度下降法原理类似，其区别在于前者求梯度时没有采用所有的样本数据，而仅仅选取一个样本求解梯度。其优点在于只采用一个样本进行迭代，故训练速度极快；缺点在于迭代方向变化大，不能很快收敛到局部最优解。

(3) 小批量梯度下降法(mini-batch gradient descent)综合了上述两种方式的优点对二者性能进行了折中，即对于 m 个样本，就采用 x 个样本来迭代，$1 < x < m$，可以根据样本数据调整 x 的值。

3) 误差反向传播算法

误差反向传播算法，是一种适合多层神经网络的学习算法，其建立在梯度下降法的基础之上。主要由两个环节组成：激励传播和权重更新，经过反复迭代更新从而修正权值并输出预期的结果。

整体上可以分成正向传播和反向传播,大致原理如下:在信息正向传播过程中,信息经过输入层到达隐层,再经过多个隐层的处理后到达输出层;比较输出结果和正确结果,将误差作为一个目标函数进行反向传播,对每一层依次求神经元权值的偏导数,构成目标函数对权值的梯度并进行网络权重的修改,完成整个网络权重的调整。依次往复,直到输出达到目标完成训练。可以总结为:利用输出误差推算前一层的误差,再用推算误差算出更前一层的误差,直到计算出所有层的误差估计。

1986 年,Hinton 在论文 *Learning Representations by Back-propagating errors* 中首次系统地描述了如何利用 BP 算法来训练神经网络。从此,BP 算法开始占据有监督神经网络算法的核心地位。它是迄今最成功的神经网络学习算法,现实任务中使用神经网络时,大多是在使用 BP 算法进行训练,BP 神经网络如图 19.12 所示。

给定数据集 $D = \{(x_1, y_1), (x_2, y_2), \cdots, (x_m, y_m)\}$,$x_i \in \mathcal{R}^d$,$y_i \in \mathcal{R}^p$,输入样本有 d 个属性描述,输出 p 维实向量。BP 算法中其他常用符号定义如下:

(1) L:神经网络的层数;

(2) n^l:第 l 层神经元的个数;

(3) $f(\cdot)$:l 层神经元的激活函数;

(4) W^l:$l-1$ 层到第 l 层的权重矩阵;

(5) b^l:$l-1$ 层到第 l 层的偏置值;

(6) z^l:第 l 层神经元的加权输入;

(7) a^l:第 l 层神经元的输出。

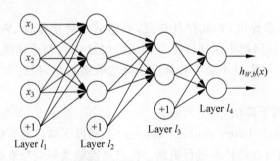

图 19.12 BP 神经网络

简而言之,前向传播就是从输入层开始,信号输入神经元,经过加权偏置激活函数的处理输出,成为下一级的输入参数,如此往复直到从输出层输出:

$$\begin{cases} z^l = W^l a^{l-1} + b^l \\ a^l = f(z^l) \end{cases} \tag{19-28}$$

$$a^l = f(W^l a^{l-1} + b^l) \tag{19-29}$$

$$z^l = W^l f(z^{l-1}) + b^l \tag{19-30}$$

按照如下顺序依次进行:

$$a^0 \to z^1 \to a^1 \cdots \to a^{L-1} \to z^{L-1} \to a^L$$

反向传播以正向传播为基础,从正向传播得到参数反向推导更新每一层的权重和偏置。假定以误差平方作为损失函数,将该目标函数作为优化目标:

$$J(\boldsymbol{W}, \boldsymbol{b}) = \frac{1}{2} \sum_{j=1}^{l} (\hat{y}_i - y_i)^2 \tag{19-31}$$

其中,$\hat{y}_i$ 和 y_i 分别表示神经网络的输出结果和数据集给出的真实结果。

根据梯度下降法原理,可以按照如下方式更新参数:

$$\boldsymbol{W}^l = \boldsymbol{W}^l - \alpha \frac{\partial J(\boldsymbol{W}, \boldsymbol{b})}{\partial \boldsymbol{W}^l} \tag{19-32}$$

$$\boldsymbol{b}^l = \boldsymbol{b}^l - \alpha \frac{\partial J(\boldsymbol{W}, \boldsymbol{b})}{\partial \boldsymbol{b}^l} \tag{19-33}$$

但问题在于 $\dfrac{\partial J(\boldsymbol{W}, \boldsymbol{b})}{\partial \boldsymbol{W}^l}$、$\dfrac{\partial J(\boldsymbol{W}, \boldsymbol{b})}{\partial \boldsymbol{b}^l}$ 无法直接获得,就要用到链式法则:

$$\frac{\partial J(\boldsymbol{W}, \boldsymbol{b})}{\partial \boldsymbol{W}^l} = \frac{\partial J(\boldsymbol{W}, \boldsymbol{b})}{\partial \boldsymbol{z}^l} \cdot \frac{\partial \boldsymbol{z}^l}{\partial \boldsymbol{W}^l} = \frac{\partial J(\boldsymbol{W}, \boldsymbol{b})}{\partial \boldsymbol{z}^l} \cdot \frac{\partial (\boldsymbol{W}^l \boldsymbol{a}^{l-1} + \boldsymbol{b}^l)}{\partial \boldsymbol{W}^l} \tag{19-34}$$

$$\frac{\partial J(\boldsymbol{W}, \boldsymbol{b})}{\partial \boldsymbol{b}^l} = \frac{\partial J(\boldsymbol{W}, \boldsymbol{b})}{\partial \boldsymbol{z}^l} \cdot \frac{\partial \boldsymbol{z}^l}{\partial \boldsymbol{b}^l} = \frac{\partial J(\boldsymbol{W}, \boldsymbol{b})}{\partial \boldsymbol{z}^l} \cdot \frac{\partial (\boldsymbol{W}^l \boldsymbol{a}^{l-1} + \boldsymbol{b}^l)}{\partial \boldsymbol{b}^l} \tag{19-35}$$

显然

$$\frac{\partial (\boldsymbol{W}^l \cdot \boldsymbol{a}^{l-1} + \boldsymbol{b}^l)}{\partial \boldsymbol{W}^l} = \boldsymbol{a}^{l-1} \tag{19-36}$$

$$\frac{\partial (\boldsymbol{W}^l \cdot \boldsymbol{a}^{l-1} + \boldsymbol{b}^l)}{\partial \boldsymbol{b}^l} = 1 \tag{19-37}$$

而 $\dfrac{\partial J(\boldsymbol{W}, \boldsymbol{b})}{\partial \boldsymbol{z}^l}$ 与激活函数有关,其正好是激活函数的求导,故式(19-31)可以转化为:

$$\frac{\partial J(\boldsymbol{W}, \boldsymbol{b})}{\partial \boldsymbol{z}^l} = \frac{\partial \frac{1}{2} \sum_{j=1}^{l} (\hat{y}_i - y_i)^2}{\partial \boldsymbol{z}^i} = (\hat{y}_i - y_i) f'(\boldsymbol{z}^l) \tag{19-38}$$

假设使用的是 Sigmoid 激活函数,有如下性质:

$$f(x) = \frac{1}{1 + \mathrm{e}^{-x}} \tag{19-39}$$

$$f'(x) = f(x)[1 - f(x)] \tag{19-40}$$

故

$$\frac{\partial J(\boldsymbol{W}, \boldsymbol{b})}{\partial \boldsymbol{z}^l} = (\hat{y}_i - y_i) f(\boldsymbol{z}^l)(1 - f(\boldsymbol{z}^l)) = (\hat{y}_i - y_i) \boldsymbol{a}^l (1 - \boldsymbol{a}^l) \tag{19-41}$$

综上所述:

$$\begin{cases} \Delta \boldsymbol{W}^l = \dfrac{\partial J(\boldsymbol{W}, \boldsymbol{b})}{\partial \boldsymbol{W}^l} = (\hat{y}_i - y_i) \boldsymbol{a}^l (1 - \boldsymbol{a}^l) \boldsymbol{a}^{l-1} \\[3mm] \Delta \boldsymbol{b}^l = \dfrac{\partial J(\boldsymbol{W}, \boldsymbol{b})}{\partial \boldsymbol{b}^l} = (\hat{y}_i - y_i) \boldsymbol{a}^l (1 - \boldsymbol{a}^l) \end{cases} \tag{19-42}$$

$$\boldsymbol{W}^l \leftarrow \boldsymbol{W}^l - \Delta \boldsymbol{W}^l$$

$$\boldsymbol{b}^l \leftarrow \boldsymbol{b}^l - \Delta \boldsymbol{b}^l$$

每层如此往复即可完成权值更新,实现反向传播算法。

BP 网络具有以下特点。

（1）BP 算法可以实现一个从输入到输出的映射功能，已有理论可以证明其有实现任何复杂非线性映射的能力。特别适合于内部机制复杂的问题。

（2）能够通过学习数据集特征和最终结果，自动提取求解规则，具有自学习能力以及极强的推广和概括能力。

BP 算法存在以下问题。

（1）容易造成局部极小值而得不到全局最优解。

（2）隐层节点的选取没有理论指导。

（3）训练中，稀疏向量多导致学习效率低，收敛速度慢。

（4）训练时学习新样本有逐渐遗忘旧样本的趋势。

4）其他学习方法

（1）Delta 规则。1986 年，心理学家 McClelland 和 Rumellhart 在神经网络训练中引入了 Delta 学习规则，该规则也叫连续感知器学习规则。Delta 规则可以解决感知器法则不能解决的非线性问题。当训练样本线性可分时，感知器法则可以成功找到一个权向量，但是样本非线性可分时训练结果将不能收敛。Delta 法则解决了这个问题。核心思想为根据神经元的实际输出与期望输出间的差别来调整连接权，其数学表示如下：

$$W_{ij}(t+1) = W_{ij}(t) + a \cdot (d_i - y_i)x_j(t) \tag{19-43}$$

其中，W_{ij} 表示神经元 j 到神经元 i 的连接权重，d_i 是神经元 i 的期望输出，a 为学习速率常数，y_i 是神经元 i 的实际输出，x_j 表示神经元 j 的状态，

$$x_j = \begin{cases} 1, & \text{神经激活} \\ 0, & \text{神经抑制} \end{cases} \tag{19-44}$$

Detla 规则简单来讲就是：若神经元实际输出比期望输出大，则减少输入为正的连接的权重，增大所有输入为负的连接的权重。反之，则增大所有输入为正的连接的权重，减少所有输入为负的连接的权重。

（2）Dropout 规则。通常神经网络在训练时先进行正向传播，计算每一层的输入与输出，再将误差进行反向传播，从而更新网络权值。Dropout 主要解决的问题是神经网络训练时发生的过拟合现象。如图 19.13 所示，其核心思想是随机删除隐层的部分单元，步骤可以描述如下。

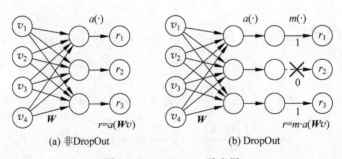

图 19.13　DropOut 示意图

步骤 1：随机让部分隐层的神经元不工作，即输出 0，输入层与输出层神经元保持不变；

步骤 2：照旧对修改后的神经网络进行前向传播，将误差进行反向传播；

步骤 3：换新的训练样本，重复步骤 1 与步骤 2。

表 19.2 列出了一些常见的学习规则的基本信息。

表 19.2 常见的学习规则

学习规则	权值调整	权值初始化	学习方式	转移函数
Hebbian	$\Delta \boldsymbol{W}_j = \eta f(\boldsymbol{W}_j^{\mathrm{T}} \boldsymbol{X}) \boldsymbol{X}$	0	无监督	任意
Perceptron	$\Delta \boldsymbol{W}_j = \eta [d_j - \mathrm{sgn}(\boldsymbol{W}_j^{\mathrm{T}} \boldsymbol{X})] \boldsymbol{X}$	任意	有监督	二进制
Delta	$\Delta \boldsymbol{W}_j = \eta (d_j - o_j) f(\mathrm{net}_j) \boldsymbol{X}$	任意	有监督	连续
Widrow-Hoff	$\Delta \boldsymbol{W}_j = \eta (d_j - \boldsymbol{W}_j^{\mathrm{T}} \boldsymbol{X}) \boldsymbol{X}$	任意	有监督	任意
Winner-take-all	$\Delta \boldsymbol{W}_j = \eta (\boldsymbol{X} - \boldsymbol{W}_j)$	随机、归一化	无监督	连续
Outstar	$\Delta \boldsymbol{W}_j = \eta (d_j - \boldsymbol{W}_j)$	0	有监督	连续

19.2.2 典型神经网络结构

1. 感知器模型

1957 年,计算机专家 Rosenblatt 提出了感知器模型,如图 19.14 所示。这是一种具有连续可调权值向量的神经网络模型,经过训练可以达到对一定的输入向量模式进行分类和识别的目的,它虽然比较简单,却是第一个真正意义上的神经网络。它可以被视为一种最简单形式的前馈式人工神经网络,是一种二元线性分类器。感知器的各个部分如下所述。

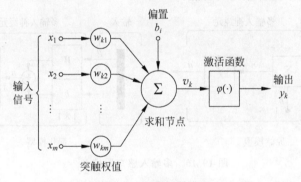

图 19.14 感知器模型

(1)一组输入 $x_1, x_2, \cdots, x_m$ 与对应的连接权值 $w_1, w_2, \cdots, w_m$,相当于神经元中的输入突触部分,参数信息的保存相当于神经元突触的存储。

(2)通过乘法器功能,计算每个突触输入后的结果,这一部分相当于神经元突触对各个信息的传导:

$$V_{ki} = w_{ki} x_{ki} + b_{ki} \tag{19-45}$$

(3)通过加法器功能,计算各乘积之和,相当于神经元细胞体对整体输入信息的第一步处理:

$$U = \sum V_{ki} \tag{19-46}$$

(4)激励函数限制神经元输出的幅度,相当于神经元细胞对整体输入信息的第二次处理,决定输出结果的大小:

$$y_k = \varphi(v_u) \tag{19-47}$$

单输入感知器仅有一个输入和一个输出,功能也比较简单,仅能对单输入信号进行一定变换后再次输出,其模型如图 19.15 所示。

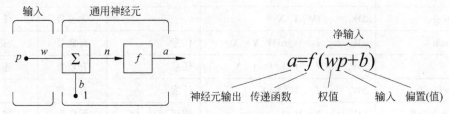

图 19.15　单输入感知器模型

多输入感知器模型如图 19.16 所示,可表示为:

$$\boldsymbol{W} = \begin{bmatrix} w_{1,1} & w_{1,2} & \cdots & w_{1,R} \\ w_{2,1} & w_{2,2} & \cdots & w_{2,R} \\ \vdots & \vdots & \ddots & \vdots \\ w_{S,1} & w_{S,2} & \cdots & w_{S,R} \end{bmatrix}, \quad \boldsymbol{p} = \begin{bmatrix} p_1 \\ p_2 \\ \vdots \\ p_R \end{bmatrix}, \quad \boldsymbol{b} = \begin{bmatrix} b_1 \\ b_2 \\ \vdots \\ b_s \end{bmatrix}, \quad \boldsymbol{a} = \begin{bmatrix} a_1 \\ a_2 \\ \vdots \\ a_s \end{bmatrix} \tag{19-48}$$

简化模型表达式 $\boldsymbol{a} = f(\boldsymbol{wp} + \boldsymbol{b})$。

日常使用的构成大型神经网络的基本都是多输入单输出的感知器,通过大量的感知器层叠组合能够实现复杂的神经网络功能。

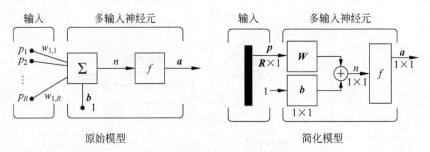

图 19.16　多输入感知器模型

2. 径向基函数网络

1985 年,Power 提出了多变插值的径向基函数(Radical Basis Function,RBF)方法,同年,Moody 和 Darken 提出了一种神经网络结构,即径向基函数神经网络(RBFNN)。

RBF 是一个取值仅仅依赖于到原点的距离或到任意一点 c 的距离的实值函数,即 $\phi(x) = \phi(\|x\|)$,或 $\phi(x,c) = \phi(\|x-c\|)$,$c$ 点为中心点。任意一个满足该特性的函数都叫径向基函数,所提到的距离一般就是欧几里得距离,也可以是其他的距离函数。

RBFNN 能够逼近任意非线性函数,可以处理系统内难以解析的规律性,具有良好的泛化能力,且训练及学习时的收敛速度很快,已成功应用于非线性函数逼近、时间序列分析、数据分类、模式识别、信息处理、图像处理、系统建模、控制和故障诊断等方面。

RBF 网络可以看作一个高维空间的曲线拟合(逼近问题),学习是为了在高维空间中寻找一个能够最佳匹配训练数据的曲面。对于后来的一批新数据,可以用刚才训练得到的曲面来处理问题(比如分类、回归)。RBF 里的基函数(basis function)就是为神经网络的隐含单元里提供了一个函数集,该函数集在输入向量扩展至隐层空间时,为其构建了一个任意的基。这个函数集中的函数称为径向基函数。

常用的 RBF 有以下几种。

(1) 高斯函数:

$$\phi_j(x) = \exp\left(-\frac{\|x - c_j\|}{\delta_j^2}\right) \tag{19-49}$$

(2) 多二次函数:

$$\phi_j(x) = (x^2 + c_j^2)^\alpha, \quad 0 < \alpha < 1 \tag{19-50}$$

(3) 反多二次函数:

$$\phi_j(x) = (x^2 + c_j^2)^{-\alpha}, \quad 0 < \alpha < 1 \tag{19-51}$$

(4) 线性函数:

$$\phi_j(x) = \|x + c_j\|_2 \tag{19-52}$$

RBF 网络属于多层前向网络,共 3 层,分别为输入层、隐层和输出层,其网络结构图如图 19.17 所示。其中,输入层与外界环境连接起来;隐层完成从输入空间到隐空间的非线性变换;输出层是线性的,为输入层的输入模式提供响应。

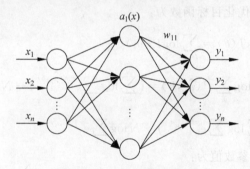

图 19.17 RBF 网络结构图

给定 n 维空间中的输入向量 $\boldsymbol{X} \in \mathscr{R}^n$ 可以得到输出:

$$y_i = \sum_{j=1}^{n} w_{ij}\phi_j(\|X - C\|), \quad i = 1, 2, \cdots, m \tag{19-53}$$

输入层无加权,直接作用于 ϕ_j,C 为中心,$C \in \mathscr{R}^n$,ϕ_j 为径向基函数。

两种常见的 RBF 模型为正则化网络(Regularization Network,RN)和广义网络(General Network,GN)。RN 一般用于通用逼近器,其基本思想是通过加入一个含有解的先验知识的约束控制映射函数的光滑性,若输入-输出映射函数是光滑的,则重建问题的解是连续的,意味着相似的输入对应着相似的输出。GN 一般用于模式分类,基本思想是用 RBF 作为隐单元的"基",构成隐层空间,隐层对输入向量进行变换,将低维空间的模式变换到高维空间,使得在低维空间内的线性不可分问题在高维空间内线性可分。

3. 玻尔兹曼机/受限玻尔兹曼机

玻尔兹曼机或者受限玻尔兹曼机是一种基于能量的模型,即能量最小化的时候网络模型达到理想状态。网络结构上分两层:显层 $\boldsymbol{v} \in <0,1>^N$ 用于数据的输入与输出,隐层 $\boldsymbol{h} \in <0,1>^M$ 则被理解为数据的内在表达。

受限玻尔兹曼机的数据集为$<v_i>_{i=1}^N$（本质上，玻尔兹曼机和受限玻尔兹曼机为自编码网络，是一种无监督学习方式），受限（同一层的单元互相不连接）玻尔兹曼机建立的能量函数为：

$$E(v,h) = -(a^T \cdot v + b^T \cdot h + v^T \cdot w \cdot h) \tag{19-54}$$

基于能量函数，可以建立v、h的联合分布函数：

$$\begin{cases} P(v,h) = \dfrac{1}{Z} e^{-E(v,h)} \\ Z = \sum\limits_{v,h} e^{-E(v,h)} \end{cases} \tag{19-55}$$

对于每一个样本v在参数$\theta=(a,b,w)$确定时，通过式（19-56）得到v的一个估计

$$v \xrightarrow{P(h|v,\theta)} h \xrightarrow{P(h|v,\theta)} \hat{v} \tag{19-56}$$

其中，两个条件概率分布计算如下：

$$\begin{cases} P(h|v,\theta) = \dfrac{1}{\tilde{Z}_v} e^{(b^T \cdot h + v^T \cdot w \cdot h)} \\ \tilde{Z}_v = P(v) \cdot Z \end{cases} \quad \begin{cases} P(h|v,\theta) = \dfrac{1}{\tilde{Z}_h} e^{(a^T \cdot v + v^T \cdot w \cdot h)} \\ \tilde{Z}_h = P(h) \cdot Z \end{cases} \tag{19-57}$$

进一步，在数据集上构建优化目标函数为：

$$\max_\theta J(\theta) = \sum_{i=1}^N \log P(\hat{v}_i)$$

$$= \sum_{i=1}^N \log \sum_h P(\hat{v}_i,h) = \left(\sum_{i=1}^N \log \sum_h e^{-E(\hat{v}_i,h)} \right) - N\log Z$$

$$= \left(\sum_{i=1}^N \log \sum_h e^{-E(\hat{v}_i,h)} \right) - N\log \sum_{v,h} e^{-E(\hat{v},h)} \tag{19-58}$$

根据链式法则，估计参数值为：

$$\begin{cases} \dfrac{\partial J}{\partial w_{i,j}} \approx \dfrac{1}{N} \sum\limits_{n=1}^N v_n(i) h_n(j) - \dfrac{1}{N} \sum\limits_{n=1}^N \hat{v}_n(i) \hat{h}_n(j) \\ \dfrac{\partial J}{\partial a_i} \approx \dfrac{1}{N} \sum\limits_{n=1}^N v_n(i) - \dfrac{1}{N} \sum\limits_{n=1}^N \hat{v}_n(i) \\ \dfrac{\partial J}{\partial b_j} \approx \dfrac{1}{N} \sum\limits_{n=1}^N h_n(j) - \dfrac{1}{N} \sum\limits_{n=1}^N \hat{h}_n(j) \end{cases} \tag{19-59}$$

其中$\hat{v}$，$\hat{h}$为估计值，即：

$$v \to h \to \hat{v}_1 \to \hat{h}_1 \to \hat{v}_2 \to \hat{h}_2 \to \cdots \tag{19-60}$$

若将$(\hat{v},\hat{h})=(\hat{v}_1,\hat{h}_1)$代入估算式中，则称为一阶对比散度算法；若使用$(\hat{v},\hat{h})=(\hat{v}_2,\hat{h}_2)$，则称为二阶对比散度算法，以此类推，得到$k$阶对比散度算法。

与受限玻尔兹曼机的区别在于，玻尔兹曼机不限制同一层的单元是相互独立的，即可以相互连接，其推导公式与受限玻尔兹曼机类似，记$x=(x_v,x_h) \in \mathcal{R}^{N+M}$且$x_v=v$，$x_h=h$，其能量函数为：

$$E(x) = -(b^T \cdot x + x^T \cdot w \cdot x) \tag{19-61}$$

进一步，概率密度函数为：

$$P(\boldsymbol{x}) = \frac{1}{Z}\mathrm{e}^{-\boldsymbol{E}(\boldsymbol{x})} \tag{19-62}$$

其中，$Z = \sum\limits_{x} \mathrm{e}^{-\boldsymbol{E}(\boldsymbol{x})}$，假设给定的数据集服从独立同分布，则优化目标函数为：

$$\max_{\theta} J(\theta) = \frac{1}{N}\sum_{n}\log P(\boldsymbol{x}_v^n) \tag{19-63}$$

其中，$\boldsymbol{x}_v^n$ 是第 n 个样本 $\boldsymbol{v}^n$，求解与之前的对比散度算法类似。

19.3 基于神经网络算法的图像处理

图像处理是一门包含丰富内容且具有广阔应用领域的研究学科。随着技术的进步，传统的图像处理方法已经逐渐无法满足需求，而神经网络的高度并行性、自适应功能、非线性映射功能、泛化功能等使得其相较于传统方法而言显示出了更大的优越性。

19.3.1 基于神经网络算法的图像分割

图像分割就是把图像分成若干个特定的、具有独特性质的区域并提取出感兴趣目标的技术和过程。在神经网络应用于图像分割之前，传统的机器学习算法如随机决策森林等方法广泛应用于图像分割。2015 年，Long J 等提出了全卷积网络（Fully Convolutional Networks，FCN），将神经网络应用于图像分割中，得到了远超过传统方法的准确率。之后用神经网络来处理图像分割的方法大多是基于 FCN 的改进版。

与经典的卷积神经网络在若干卷积流后使用全连接层得到固定长度的特征向量进行分类（本质上，是一种图像级别的语义理解，分类器设计常用 Softmax 函数）不同，FCN 可以接受任意尺寸的输入图像，引入反卷积操作对最后一个卷积层上的特征图进行上采样（需将卷积神经网络中的全连接层也改成卷积层，顾名思义网络结构中没有全连接层，都为卷积流架构），使特征图恢复到与输入图像相同的尺寸，从而可以对每个像素产生一个预测，同时保留原始输入图像中的空间信息，最后在上采样的特征图上进行像素分类。

FCN 的优点包括：一是训练一个端到端的全卷积神经网络模型，利用卷积神经网络很强的学习能力，能够得到较准确的结果，与以前的基于卷积神经网络的方法相比不用再对输入或者输出做处理；二是直接使用现有的卷积神经网络模型，如 AlexNet、VGG16、GoogleNet，只需将其中的全连接层改为卷积层并采用上采样和裁剪操作，即可实现网络的架构；三是不限制输入图片的尺寸，不要求图片集的所有图片都是同样尺寸。

而其缺点是和期望输出相比，容易丢失较小的目标。后续改进版中便引入了多尺度精细化策略来克服这个缺点。

19.3.2 基于神经网络算法的图像修复

图像修复即为根据图像中已有的信息去还原图像中缺失的信息。这个过程在基于神经网络算法的图像修复中就是需要设计一个网络，基于已知的信息生成未知的信息。近些年来提出了很多基于深度神经网络的图像修复方法，这些方法的网络结构大致可以分为三类：基于卷积自编码网络结构的图像修复方法、基于 GAN 结构的图像修复方法、基于 RNN 结构的图像修复方法。

自编码网络是无监督学习领域的一种方法,可以自动从无标注的数据中学习特征,是一种以重构输入信息为目标的神经网络。自编码网络的训练目的是让网络的输入内容与输出内容尽可能相似。自编码网络首先将输入内容转变到低维空间(编码),再将该低维特征展开到高维空间重现原输入内容(解码)。卷积自编码网络的核心是在自编码网络的层级连接之间引入卷积操作,改变普通自编码网络中的全连接模式。卷积自编码网络应用到图像修复中时,输入和输出的内容有所不同,输入的是图像中的已知部分,输出的是图像的未知部分,在网络训练过程中,可以通过选定图像中已知的一部分假定为未知部分,通过图像的其余部分学习生成假定的未知部分。该方法在图像修复领域应用十分广泛,对高分辨率图像依然适用,且其参数较为简单,网络结构的可拓展性较强。

GAN 是一种生成模型,核心思想是从训练样本中学习所对应的概率分布,以期根据概率分布函数获取更多的"生成"样本来实现数据的扩张。另外,它包括两个子网络模型:一个是生成模型(使得生成的"伪"图像尽可能与"自然"图像的分布一致);另一个是判别模型(在生成的"伪"图像与"自然"图像之间作出正确判断,即二分类器),实现整个网络训练的方法便是让这两个子网络相互竞争,最终生成模型通过学习"自然"数据的本质特性,从而刻画出"自然"样本的分布模型,生成与"自然"样本相似的新数据。基于 GAN 的图像修复方法与基于自编码网络的图像修复方法的不同之处在于:基于 GAN 的图像修复方法是通过生成器直接生成缺失的图像部分,输入可以是随机噪声,而后者是根据整个输入图像的信息来进行缺失图像的生成。GAN 在低分辨率图像的修复中可以得到清晰良好的生成效果,但在高分辨率图像的修复中则变得极为难以训练,在图像内容不相似的情况下更加难以收敛。

不同于传统的神经网络模型,RNN 通过引入(某隐层)定向循环,能够更好地表征高维度信息的整体逻辑特性。RNN 可以表示输出与之前输入内容的相关性,即当前的输出结果是当前的输入内容与所有历史参数共同作用的结果。而把这种时间序列对应到空间图像中,即可建立起空间尺度上像素分布的关系,这便是基于 RNN 的图像修复方法所采用的策略。针对基于 RNN 的图像修复的研究目前较少,其修复得到的图像结构连贯性较好,但对于高分辨率、大样本的数据集的修复仍不够理想。

19.3.3　基于神经网络算法的目标检测与识别

目标检测与识别是指从一幅场景(图片)中找出目标,包括检测(主要回答场景有无目标及其所在的位置,即 Where)与识别(识别检测的区域或目标是什么,即 What)两个过程。任务的难点在于待检测区域/候选框的提取与候选框的识别,所以该任务的大框架为:首先建立场景提取候选框的模型;然后建立识别候选框的分类模型;最后精调分类模型的参数和有效候选框的位置。

该任务中,训练数据的形式为:输入为场景(图片),输出为场景中的目标位置与类别。经典的模型为基于区域的卷积神经网络,即 R-CNN。在候选框提取阶段,采用选择搜索的策略,对场景输入得到 1000~2000 个不同种类的候选框区域,由于区域大小不一,所以在识别阶段之前,需要缩放处理为一致的尺寸。其中,识别网络采用的是卷积神经网络(如 AlexNet 或 VGG16);对应的优化目标函数分为识别阶段的损失函数和候选框位置评估的损失函数,即建立真实框位置与有效候选框位置(根据二者的交叠面积是否大于某个设定的阈值来判别有效性)的回归器,主要用于有效候选框的位置精修。需要注意的是,R-CNN 模型中候选框提取、识别阶段的特征提取、分类器设计以及有效候选框的位置精修是分阶段依次进行的,并不是一个统一的框架。

R-CNN 的缺点在于使用更多的候选窗并不能提升性能,且造成大量的重叠;设计较为松散,存在着大量的操作冗余,使得时间和存储复杂度过高。为了对 R-CNN 进行改进,先后提出了 fast R-CNN 和 faster R-CNN,其仍沿用 R-CNN 的框架,但不同的是 fast R-CNN 将识别阶段的特征提取、分类器设计以及候选框精修整合为一个深度网络(分类器使用 Softmax 函数),同时在该深度神经网络的全连接层使用了提速策略——权值矩阵的奇异值分解。注意,在 fast R-CNN 中候选框的提取与识别阶段,深度网络是分阶段进行计算的。而 faster R-CNN 则首次提出使用候选区域生成网络(注意不再是之前 R-CNN 和 fast R-CNN 中的选择搜索方法),通过将候选区域生成网络和 fast R-CNN 中识别阶段的深度网络融合形成一个统一的基于深度神经网络的目标检测与识别框架(其中,这两个网络训练时采用共享卷积层流的方式),注意候选区域生成网络的核心思想是通过卷积神经网络直接生成候选区域。此后,全卷积神经网络和显著性检测也都用于目标检测与识别中的候选区域提取,形成的仍是一个统一的网络模型。

19.4 基于神经网络算法的预测控制

预测控制(predictive control)是一类特定的控制方法。它利用预测模型和系统的历史数据、未来输入预测系统未来输出的控制,通过某一性能指标在滚动的有限时间区间内进行优化得到反馈校正控制。状态方程、传递函数及稳定系统的阶跃响应、脉冲响应函数等都可以作为预测模型。神经网络能够以任意精度逼近复杂的非线性关系,具有学习和适应不确定系统的动态特性、较强的鲁棒性、较高的容错率等特点,是预测控制领域强而有力的工具。神经网络用于预测控制就能形成各种神经网络预测控制(Neural Network Predict Control,NNPC)方法。

19.4.1 基于神经网络算法的预测模型

神经网络在 NNPC 中最为广泛的应用是建立预测模型。神经网络建模属于实验建模法,需要对控制对象进行大量的输入输出测试,收集到的测试数据用于训练神经网络,确定网络模型参数,最终得到预测模型。建立预测模型时常用的神经网络有 BP 神经网络、RBF 神经网络、Elman 神经网络等。

BP 神经网络为训练时采用了 BP 算法的多层前馈神经网络。理论上可以证明,即便是只有一个隐层的多层前馈神经网络,使用 Sigmoid 作为激活函数时,也能以任意精度逼近任何连续非线性函数。BP 神经网络建立非线性系统预测模型的关键是确定网络结构,以及训练能否收敛到全局最优,这与网络初始权值的设置有很大关系。若初始权值选择不当,则极易陷入局部最优,这一特点限制了 BP 神经网络的应用。

RBF 神经网络采用径向基函数作为隐层激活函数,不仅能加快收敛,也能够避免训练陷入局部最优,这一特性克服了 BP 神经网络的缺点,受到了 NNPC 研究者的注意,并提出了一些基于 RBF 的神经网络预测控制算法。由于径向基函数的求导过程要比 Sigmoid 函数复杂得多,所以 RBF 神经网络预测中的滚动优化过程要比 BP 神经网络复杂很多。

BP 和 RBF 神经网络都是前馈网络,不包含反馈部分,属于静态网络,进行非线性系统建模时需要先辨别模型的阶次。对于高阶次模型,其建模网络增大,学习过程的收敛速度下降。Elman 网络是由 J. L. Elman 提出的,总体上是前馈连接,包含输入层、隐层、输出层,但同时也具有局部反馈部分。这种网络结构使得其不仅有一般前馈网络的非线性逼近能力,同时收敛速度较快,有些研究者用其作为非线性系统的预测模型。

除了上述 3 种网络外,循环神经网络、基于状态空间的递归神经网络、Bayesian-Gaussian 神经网络模型,以及一些其他的混合型神经网络模型也可用于建立预测模型。

19.4.2 神经网络预测控制中的滚动优化

预测控制最主要的特征表现在滚动优化。预测控制中的优化不是一次离线进行的,而是随着采样时刻的前进反复在线进行,所以被称为滚动优化。滚动优化每一时刻的优化性能指标只涉及从该时刻起到未来有限时间的时间段,到了下一时刻则该优化时间同时前移,不断进行在线优化。目前神经网络预测控制中的滚动优化方法主要可以分为 4 类。

(1) 对神经网络模型进行线性化处理,然后按照线性优化技术来进行处理。线性优化问题的解决方法已经较为成熟,此类方法能够极大地简化优化过程,避免复杂的非线性优化问题,但是不适用于非线性较强的系统。

(2) 采用非线性数值优化方法。神经网络预测控制构造的目标函数中包含神经网络的非线性表达式,在需要一个精确解析解时需要求解复杂的非线性方程,这在很多情况下几乎不可能实现,因此很多研究者采用了数值优化的方法。

(3) 构造另外的神经网络来实现优化。由于神经网络本身具有非线性映射能力,因此可以使用附加的神经网络来完成滚动优化任务。此类方法可以避免较多的迭代优化过程,但附加网络会随着精度的提高而增大网络规模。

(4) 现代智能优化方法,如遗传算法、粒子群算法等。智能优化方法能够有效地避免局部最优,但是需要大量迭代过程,并且此类算法大多不是确定性算法。

参考文献

[1] Bengio Y,Goodfellow I J,Courville A. Deep learning[J]. Nature,2015,521(7553):436-444.

[2] 焦李成,赵进,杨淑媛,等. 深度学习、优化与识别[M]. 北京:清华大学出版社,2017.

[3] 吴岸城. 神经网络与深度学习[M]. 北京:电子工业出版社,2016.

[4] 雷静江,李朝义. 猫视皮层神经元时间特性与空间特性的关系[J]. 科学通报,1996(10):931-934.

[5] 余凯,贾磊,陈雨强,等. 深度学习的昨天,今天和明天[J]. 计算机研究与发展,2013,50(9):1799-1804.

[6] 李彦冬,郝宗波,雷航. 卷积神经网络研究综述[J]. 计算机应用,2016,36(9):2508-2515.

[7] 周飞燕,金林鹏,董军. 卷积神经网络研究综述[J]. 计算机学报,2017,40(6):1229-1251.

[8] 张代远. 神经网络新理论与方法[M]. 北京:清华大学出版社,2006.

[9] 常亮,邓小明,周明全,等. 图像理解中的卷积神经网络[J]. 自动化学报,2016,42(9):1300-1312.

[10] 孙志军,薛磊,许阳明,等. 深度学习研究综述[J]. 计算机应用研究,2012,29(8):2806-2810.

[11] 赵冬斌,邵坤,朱圆恒,等. 深度强化学习综述:兼论计算机围棋的发展[J]. 控制理论与应用,2016,33(6):701-717.

[12] Felleman D J,Van D C E. Distributed hierarchical processing in the primate cerebral cortex[M].

New York：Cerebral Cortex，1991，1(1)：1-47.

[13] 焦李成，杨淑媛，刘芳，等. 神经网络七十年：回顾与展望[J]. 计算机学报，2016，39(08)：1697-1716.

[14] 刘曙光，郑崇勋，刘明远. 前馈神经网络中的反向传播算法及其改进：进展与展望[J]. 计算机科学，1996，23(1)：76-79.

[15] 王忠勇，陈恩庆，葛强，等. 误差反向传播算法与信噪分离[J]. 河南科学，2002，20(1)：7-10.

[16] Goodfellow I，Bengio Y，Courville A，et al. Deep learning[M]. Cambridge：MIT Press，2016.

[17] 周志华. 机器学习[M]. 北京：清华大学出版社，2016.

[18] Vallet F. The Hebb rule for learning linearly separable Boolean functions：learning and generalization[J]. EPL (Europhysics Letters)，1989，8(8)：747.

[19] Rumelhart D E，Hinton G E，Williams R J. Learning representations by back-propagating errors[J]. Nature，1986，323(6088)：533.

[20] Chang E S，Yang H，Bos S. Adaptive orthogonal least squares learning algorithm for the radial basis function network. Neural Networks for Signal Processing VI[C]//Proceedings of IEEE Signal Processing Society Workshop，IEEE，1996：3-12.

[21] Chen S. Regularized orthogonal least squares algorithm for constructing radial basis function networks[J]. IEEE Trans Neural Netw，1991，2(2)：302.

[22] Shi D，Gao J，Yeung D S，et al. Radial Basis Function Network Pruning by Sensitivity Analysis[C]//Conference of the Canadian Society for Computational Studies of Intelligence，Berlin Heidelberg：Springer，2004：380-390.

[23] Wu Y，Wang H，Zhang B，et al. Using Radial Basis Function Networks for Function Approximation and Classification[J]. Isrn Applied Mathematics，2015，20(12)：1089-1122.

[24] Hartigan J A，Wong M A. Algorithm AS 136：A K-Means Clustering Algorithm[J]. Journal of the Royal Statistical Society，1979，28(1)：100-108.

[25] Kanungo T，Mount D M，Netanyahu N S，et al. An Efficient k-Means Clustering Algorithm：Analysis and Implementation[J]. IEEE Transactions on Pattern Analysis & Machine Intelligence，2002，24(7)：881-892.

[26] Laszlo M，Mukherjee S. A genetic algorithm using hyper-quadtrees for low-dimensional K-means clustering[J]. IEEE Transactions on Pattern Analysis & Machine Intelligence，2006，28(4)：533.

[27] Lecun Y，Bottou L，Bengio Y，et al. Gradient-based learning applied to document recognition[J]. Proceedings of the IEEE，1998，86(11)：2278-2324.

[28] LeCun Y，Bengio Y. Convolutional networks for images，speech，and time series[J]. The handbook of brain theory and neural networks，1995，3361(10)：1995.

[29] Krizhevsky A，Sutskever I，Hinton G E. Imagenet classification with deep convolutional neural networks[C]//Advances in Neural Information Processing Systems，2012：1097-1105.

[30] Arora S，Bhaskara A，Ge R，et al. Provable bounds for learning some deep representations[C]//International Conference on Machine Learning，2014：584-592.

[31] Lee T S，Mumford D，Romero R，et al. The role of the primary visual cortex in higher level vision[J]. Vision Research，1998，38(15-16)：2429.

[32] Hebb D O. The organization of behavior[J]. Journal of Applied Behavior Analysis，1949，25(3)：575-577.

[33] Eccles J C，Fatt P，Koketsu K. Cholinergic and inhibitory synapses in a pathway from motor-axon collaterals to motoneurones[J]. Journal of Physiology，1954，126(3)：524.

[34] Stoerig P. Blindsight，conscious vision，and the role of primary visual cortex[J]. Progress in Brain Research，2006，155：217-234.

[35]　Malik J,Perona P. Preattentive texture discrimination with early vision mechanisms[J]. Journal of the Optical Society of America A Optics & Image Science,1990,7(5): 923-932.

[36]　Krüger N,Janssen P,Kalkan S,et al. Deep hierarchies in the primate visual cortex: what can we learn for computer vision? [J]. IEEE Transactions on Pattern Analysis & Machine Intelligence, 2013,35(8): 1847-1871.

[37]　Fukushima K. Artificial vision by multi-layered neural networks: neocognitron and its advances[J]. Neural Networks the Official Journal of the International Neural Network Society,2013,37(1): 103.

[38]　Hubel D H,Wiesel T N. Receptive fields,binocular interaction and functional architecture in the cat's visual cortex[J]. Journal of Physiology,1962,160(1): 106.

[39]　Riesenhuber M, Poggio T. Hierarchical models of object recognition in cortex [J]. Nature Neuroscience,1999,2(11): 1019-1025.

[40]　Bruce C,Desimone R,Gross C G. Visual properties of neurons in a polysensory area in superior temporal sulcus of the macaque[J]. Journal of Neurophysiology,1981,46(2): 369-384.

[41]　Fujita I,Tanaka K,Ito M,et al. Columns for visual features of objects in monkey inferotemporal cortex[J]. Nature,1992,360(6402): 343-346.

[42]　Hinton G E. How neural networks learn from experience [J]. Scientific American, 1992, 267 (3): 144.

[43]　樊兆峰.神经网络预测控制中的滚动优化方法研究[D]. 北京: 中国矿业大学,2015.

[44]　李少远,刘浩,袁著社.基于神经网络误差修正的广义预测控制[J]. 控制理论与应用,1996,13(5): 677-680.

[45]　樊宇红,任长明,李建峰,等.基于 BP 神经网络的非线性系统预测控制的研究,[J].天津大学学报, 1999,32(6): 720-723.

[46]　Cybenkot G. Approximation by superpositions of a sigmoidal function [J]. Mathematics of Control, Signals,and Systems,1989(2): 303-314.

[47]　Rajeev K D, Kailash S,Rajesh K,et al. Simulation-Based Artificial Neural Network Predictive Control of BTX Dividing Wall Column[J]. Arabian Journal for Science and Engineering,2015(9): 1-15.

[48]　Syu M J,Hou C L. Backpropagation neural network predictive control and control scheme comparison of 2,3-butanediol fermentation by Klebsiella oxytoca[J]. Bioprocess Engineering,1999 (20): 271-278.

[49]　Sergej J,Mirosla V,Arunas A,et al. Application of predictive control methods for Radio telescope disk rotation control[J]. Soft Computing,2014,18(4): 707-716.

[50]　Li S,Li,Y Y. Neural network based nonlinear model predictive control for an intensified continuous reactor[J]. Chemical Engineering and Processing: Process Intensification,2015(96): 14-27.

[51]　Neshat N,Mahlooji H,Kazemi A. An enhanced neural network model for predictive control of granule quality characteristics[J]. Scientia Iranica,2011,18(3): 722-730.

[52]　Gang W J,Wang J B,Wang S W. A Performance analysis of hybrid ground source heat pump systems based on ANN predictive control[J]. Applied Energy,2014,136(31): 1138-1144.

[53]　程森林,师超超. BP 神经网络模型预测控制算法的仿真研究[J]. 计算机系统应用,2011,20(8): 100-103.

第 20 章

CHAPTER 20

深度学习算法

20.1　深度学习算法与神经网络

神经网络曾是机器学习领域中一个特别热的研究方向,但由于其容易过拟合且参数训练速度慢,后来慢慢淡出了人们的视线。传统的人工神经网络相比生物神经网络是一个浅层的结构,这也是为什么人工神经网络不能像人脑一样智能的原因之一。随着计算机处理速度和存储能力的提高,深层神经网络的设计和实现已逐渐成为可能。2006 年,一篇题为 *Reducing the Dimensionality of Data with Neural Networks* 的文章在 Nature 上发表,掀起了深度学习在学术界和工业界的研究热潮,作者是来自加拿大多伦多大学的教授 Hinton 和他的学生 Salakhutdinov。他们在文中独辟蹊径阐述了两个重要观点:一是多隐层的神经网络可以学习到能刻画数据本质属性的特征,对数据可视化和分类等任务有很大帮助;二是可以借助于无监督的"逐层初始化"策略来有效克服深层神经网络在训练上存在的难度。正如之前提到的,神经网络的训练算法一直是制约其发展的一个瓶颈,网络层数的增加对参数学习算法提出了更严峻的挑战。传统的 BP 算法实际上对几层的网络而言,其训练效果就已经很不理想,更不可能完成对深层网络的学习任务。基于此,Hinton 等提出了基于"逐层预训练"和"微调"的两阶段策略,解决了深度学习中网络参数训练的难题。继 Hinton 之后,纽约大学的 LeCun、蒙特利尔大学的 Bengio 和斯坦福大学的 Ng 等分别在深度学习领域展开了研究,并提出了自编码器、深度置信网络、卷积神经网络等深度模型,在多个领域得到了应用。2015 年 CVPR 收录的论文中与深度学习有关的就有近百篇,应用遍及计算机视觉的各个方向。

20.2　深度学习算法实现

20.2.1　深度概念

前馈神经网络通常可以用许多不同的函数复合在一起来进行表示。例如,有 3 个函数 $f^{(1)}$、$f^{(2)}$、$f^{(3)}$,它们可以连接在一个链上形成 $f(x) = f^{(3)}\{f^{(2)}[f^{(1)}(x)]\}$ 这样的链式结构。这种链式结构便是神经网络中最为常见的结构。在这种表示形式下,$f^{(1)}$ 被称为网络的第一层,$f^{(2)}$ 被称为网络的第二层,后面的层数以此类推。链的全长被称为模型的深度

(depth),"深度学习"这个名字便由此而来。在第 19 章介绍过,在前馈神经网络中,除了输出层和输入层之外的中间层被称为隐层。典型的深度学习模型就是隐层很多的深层神经网络。

20.2.2 深度学习算法基本思想

人类的视觉系统的信息是分级处理的,高层特征是低层特征的组合,从低层到高层的特征表示越来越抽象,越来越能表现语义或者意图。抽象层面越高,存在的可能猜测就越少,就越利于分类。深度学习中无论是深度置信网络还是深度卷积网络,都是利用多隐层堆叠、每一层对上一层的输出进行处理的机制,来对输入进行逐层处理,从而把低层的特征组合形成更加抽象的高层表示属性(类别或者特征)。因此,可以将深度学习理解为特征学习(feature learning)或者表征学习(representation learning)。

理论上来说,参数越多的模型,其复杂度越高,"容量(capacity)"越大,这意味着该模型能够完成更为复杂的学习任务。对于神经网络来说,提升复杂度和容量的显而易见的方法便是增加隐层的数目,即采用更"深"的网络来处理问题。但是过深的网络也同样带来了问题:一是有用数据少,训练不充分,易出现过拟合现象;二是构建的优化目标函数为高度非凸的,参数初始化影响网络模型的性能(因为可行域内出现大量鞍点和局部最小值点),极易陷入局部最优;三是利用 BP 算法,当隐层较多时,由于误差反馈,靠近输出端的权值调整较大,但靠近输入端的权值调整较小,出现所谓的梯度弥散现象。针对这 3 个问题,提出的改进策略有:

(1) 增加数据量,改进统计方法(如裁剪,取块等);减少层与层之间的权值连接,间接增加数据量;利用生成式对抗网络学习少量数据的内在分布特性,然后根据采样来扩充数据等;

(2) 逐层学习加微调策略,利用自编码或传统的机器学习方法和稀疏表示/编码方法在无监督学习方式下实现逐层的权值预训练(逐层权值初始化),通过保持层与层之间的拓扑结构特性来避免过早地陷入局部最优;

(3) 为了弱化梯度弥散现象,在初始化的参数上,引入随机梯度下降实现微调来克服输入端的权值未充分训练的问题。

目前,深度学习的学习方式包括监督、半监督和无监督,其中,半监督方式下的逐层学习(大量无类标数据)加微调(少量有类标数据)的模式最为成熟,无监督方式下的深度学习最为新颖,如基于生成式对抗网络的深度神经网络(该网络的性能取决于数据量,以及迭代更新判别网络和生成网络的策略),或特征学习加机器学习中的无监督方法(如 K-means 聚类算法)形成的层级聚类特性的深度网络等。深度学习未普及以前,研究人员普遍认为,学习有用的、多级层次结构的、使用较少先验知识进行特征提取的方法都不可靠,确切地说是因为简单的梯度下降会让整个优化陷入不好的局部最小解,或者误差在多隐层内反向传播时,往往会发散而不能收敛到稳定状态;目前,深度学习的核心不再是找到全局最优解,而是近似最优解,随着自编码网络、稀疏编码、生成式对抗网络、小波分析等方法应用于参数的初始化,可以在保持输入拓扑结构的同时避免过早地陷入局部最优,通常,近似最优解也是实际的可行解。

20.2.3　深度模型优化

传统的机器学习通常会谨慎地设计目标函数和约束来确保优化问题是凸的,从而避免一般优化问题的复杂度。然而在深度学习的训练过程中,一般的非凸情况很难避免,并且即使是凸优化也会存在着各种各样的问题,这对优化算法也提出更严苛的考验。下面将对深度学习中常用的一些优化方法进行介绍。

1. 随机梯度下降

随机梯度下降(Stochastic Gradient Descent,SGD)算法是深度学习中应用最多的优化算法。第19章已对梯度下降算法进行了介绍,随机梯度下降是该方法的改进版本。随机梯度下降的最基本思想是:在随机、小批量的子集上计算出的梯度可以近似为整个数据集上计算出的真实的梯度,很大程度上可以加速梯度下降的过程。算法20-1展示了随机梯度下降的过程。

算法20-1　随机梯度下降在第 k 个训练迭代的更新

Require:学习率 ε_k

Require:初始参数 θ

while 停止准则未满足 **do**

　　从训练集中选择包含 m 个样本 $\{x^{(1)}、x^{(2)},\cdots,x^{(m)}\}$ 的小批量子集其中 $x^{(i)}$ 对应目标为 $y^{(i)}$

　　计算梯度估计:$\hat{\boldsymbol{g}} \leftarrow + \dfrac{1}{m} \nabla_\theta \sum_i L\big[f(x^{(i)},\theta),y^{(i)}\big]$

　　应用更新:$\theta \leftarrow \theta - \varepsilon_k \hat{\boldsymbol{g}}$

end while

学习率 ε 是 SGD 的一个关键参数,只有在保证

$$\sum_{k=1}^{\infty}\varepsilon = \infty \qquad (20\text{-}1)$$

且

$$\sum_{k=1}^{\infty}\varepsilon^2 < \infty \qquad (20\text{-}2)$$

时,SGD 才能收敛。实践中通常使用线性衰减学习率直到第 τ 次迭代:

$$\varepsilon_k = (1-\alpha)\varepsilon_0 + \alpha\varepsilon_\tau \qquad (20\text{-}3)$$

其中 ε_k 与 ε_τ 分别表示第 k 次与第 τ 次迭代的学习率,衰减因子 $\alpha = \dfrac{k}{\tau}$。在第 τ 次迭代之后通常使 ε 保持常数。

SGD 的学习率选取是很重要又很困难的一点,学习率太小可能会导致收敛速度非常缓慢,而学习率太大会阻碍收敛,容易引起权重在最优解附近震荡,甚至可能引起发散。学习率的选取并没有一个标准的方法,需要针对不同的问题通过实验和误差来进行选取。

SGD 的一大优点是其更新的速度不依赖于训练样本数目的大小,即使在非常庞大的训练样本集上,它也能收敛。

2. 牛顿法

牛顿法是一种二阶梯度方法,与一阶梯度算法相比,二阶梯度方法使用了二阶导数进行

了优化,收敛速度更快,能高度逼近最优值,几何上下降路径也更符合真实的最优下降路径。其基本思想是利用二阶泰勒级数展开在某点附近来近似目标函数,忽略其高阶导数。假设任务是优化一个目标函数,我们可以在 θ_0 点进行二阶泰勒级数展开来近似:

$$J(\theta) \approx J(\theta_0) + (\theta - \theta_0)^{\mathrm{T}} \nabla_\theta J(\theta_0) + \frac{1}{2}(\theta - \theta_0)^{\mathrm{T}} H(\theta - \theta_0) \tag{20-4}$$

其中,H 为 J 相对于 θ 的 Hessian 矩阵在 θ_0 处的估计。求解该函数的临界点,得到牛顿参数更新规则:

$$\theta^* = \theta_0 - H^{-1} \nabla_\theta J(\theta_0) \tag{20-5}$$

对于目标函数为凸函数且非二次,在 Hessian 矩阵保持正定的情况下,牛顿法能够迭代更新直至求得满足精度的近似极小值。迭代的过程大致上可以分为两步,首先通过更新二阶近似来计算 Hessian 矩阵的逆,然后根据式(20-5)来更新参数。

之前提到过,在深度学习里目标函数表面一般的非凸情况很常见,而在 Hessian 矩阵非正定时,使用牛顿法往往会使得更新往错误的方向进行。这个问题可以通过正则化 Hessian 矩阵来解决,常用的策略有在 Hessian 矩阵对角线上增加常数 α,使得正则化更新变成:

$$\theta^* = \theta_0 - [H(f(\theta_0)) + \alpha I]^{-1} \nabla_\theta f(\theta_0) \tag{20-6}$$

在 Hessian 矩阵的负特征值仍相对接近于 0 的情况下,该方法取得的效果会比较好,在负曲率方向更强的时候,需要加大 α 的值来抵消负特征值。在极端情况下,α 的取值非常大,将使得牛顿法比适当学习率下的梯度下降的步长更小。

除了目标函数的特征带来的问题之外,计算 Hessian 矩阵的逆的时间复杂度近似 $O(n^3)$,在对大型神经网络进行训练时,需要的计算资源较大。因此,牛顿法只适用于参数较少的网络。

3. 自适应学习率

学习率对于模型的性能有着非常显著的影响,并且是一个难以设置的超参数。学习率如果全局统一,在某些参数通过算法已经优化到了极小值附近但是仍然有着很大的梯度的情况下,学习率太小则会导致梯度很大的参数会有一个很慢的收敛速度,太大则会导致已经优化得差不多的参数可能会出现不稳定的情况。因此,可以对每个参数设置不同的学习率,通过一些算法来在训练过程中自动适应调整这些学习率。Delta-bar-delta 算法是一种早期在训练时适应模型参数的各自学习率的启发式算法。该算法的思想很简单:如果损失和某个给定的模型参数的偏导的正负相同,则增大学习率;若正负相反,则减小学习率。该算法只能用于全批量训练数据的优化。

AdaGrad 算法是基于小批量训练数据的自适应学习率算法。该算法独立地适应模型所有参数的学习率,当参数损失偏导值比较大时,取较大的学习率;当参数的损失偏导值较小时,取较小的学习率。该算法的过程如算法 20-2 所示。

算法 20-2　AdaGrad 算法

Require:学习率 ε

Require:初始参数 θ

Require:小常数 δ,为了数值稳定大约设为 10^{-7}

初始化梯度积累变量 $r = 0$

while 停止准则未满足 **do**

续表

从训练集中选择包含 m 个样本 $\{x^{(1)}, x^{(2)}, \cdots, x^{(m)}\}$ 的小批量子集其中 $x^{(i)}$ 对应目标为 $y^{(i)}$

计算梯度：$\hat{g} \leftarrow +\dfrac{1}{m}\nabla_{\theta}\sum_i L[f(x)^{(i)}, \theta), y^{(i)}]$

累积平方梯度：$r \leftarrow r + g \odot g$

计算更新：$\Delta\theta \leftarrow -\dfrac{\varepsilon}{\delta+\sqrt{r}}\odot\hat{g}$（逐元素地应用除和求平方根）

应用更新：$\theta \leftarrow \theta + \Delta\theta$

end while

AdaGrad 算法在某些深度学习模型上能获得很不错的效果，但并不能适用于全部模型。因为该算法在训练开始时就对梯度平方进行累积，在部分实验中容易导致学习率过早和过量地减小。

RMSProp 算法则是在 AdaGrad 基础上的一种改进，改变梯度积累为指数加权的移动平均，在非凸的情况下取得了更好的效果。AdaGrad 在应用于凸问题时可以快速收敛，而在面对非凸函数时，其学习轨迹需要穿过很多不同的结构，最终到达一个局部为凸的区域，但由于每个参数的 $\Delta\theta$ 都反比于其所有梯度历史平方值总和的平方根，使得学习率很有可能在到达最终的凸区域之前就已经变得太小。针对此种情况，RMSProp 算法采用了指数衰减平均的方式来减小历史梯度值对当前步骤参数更新量 $\Delta\theta$ 的影响，使得其能够在找到最终的凸区域后快速收敛。RMSProp 引入了一个新的参数 ρ，用于控制历史梯度值的衰减速率，其具体过程如算法 20-3 所示。

算法 20-3　RMSProp 算法

Require：学习率 ε

Require：衰减速率 ρ

Require：初始参数 θ

Require：小常数 δ，为了数值稳定大约设为 10^{-6}

初始化梯度积累变量 $r = 0$

while 停止准则未满足 **do**

从训练集中选择包含 m 个样本 $\{x^{(1)}, x^{(2)}, \cdots, x^{(m)}\}$ 的小批量子集其中 $x^{(i)}$ 对应目标为 $y^{(i)}$

计算梯度：$\hat{g} \leftarrow \dfrac{1}{m}\nabla_{\theta}\sum_i L[f(x^{(i)}, \theta), y^{(i)}]$

累积平方梯度：$r \leftarrow \rho r + (1-\rho)\hat{g}\odot\hat{g}$

计算更新：$\Delta\theta \leftarrow -\dfrac{\varepsilon}{\delta+\sqrt{r}}$（逐元素地应用除和求平方根）

应用更新：$\theta \leftarrow \theta + \Delta\theta$

end while

在深度学习的大量实践中已经证明 RMSProp 算法在优化深度神经网络（Deep Neural Network，DNN）时有效且实用，是深度学习常用的优化方法之一。

本节介绍了一系列的优化算法，但在具体的实践中应该选择哪种优化算法目前并没有共识，并没有哪个算法特别脱颖而出。在实践中，需要根据实际情况以及使用者自身对算法的熟悉程度来决定。

20.3　基于深度学习算法的计算机视觉

计算机视觉(computer vision)又称为机器视觉(machine vision),顾名思义是一门"教"会计算机如何去"看"世界的学科。基于深度学习的计算机视觉是目前人工智能最活跃的领域之一,应用非常广泛,数字图像检索管理、医学影像分析、智能安检、人机交互等领域都有涉及。该领域的发展日新月异,网络模型和算法层出不穷。本节将会对基于深度学习算法的计算机视觉领域的一些任务和方法进行一个简要的介绍。

20.3.1　基于深度学习算法的人脸识别

人脸识别是基于人的脸部特征信息进行身份识别的一种生物识别技术。人脸识别技术的研究是一个跨越多个学科的研究工作,包含如图像处理、生理学、心理学、模式识别等多个学科的专业知识。传统的人脸识别方法依赖于人工设计的特征(如边和纹理描述量)和机器学习(如主成分分析、线性判别或支持向量机)的组合。然而在无约束的环境中,人脸图像在现实世界中具有高度可变性,头部姿势、年龄、遮挡、光照和表情等均会对人脸图像有很大影响。在这种高度可变性下,针对不同的变化情况,人工设计出稳健的特征是非常困难的,因此传统的研究也大多侧重于针对每种变化类型的专用方法。

深度学习的出现给人脸识别技术的发展带来了质的飞跃。传统的识别方法已经被基于CNN 的深度学习方法所替代。深度学习可以使用非常庞大的数据集进行训练,从中学习到表征人脸图像数据的最佳特征。深度学习得到的人脸特征表达具有手工特征表达所不具备的重要特性,如中度稀疏、对人脸身份和人脸属性具有很强的选择性、对局部遮挡具有良好的鲁棒性。

DeepFace 于 2014 年被提出,是最早期的深度学习人脸识别框架。它首先对输入人脸图像经过 3D 对齐,然后使用数据集训练人脸分类器得到人脸特征提取网络,最后使用 Siamese 网络训练人脸验证网络。DeepFace 在户外标记人脸库(LFW)中取得了 97.25% 的准确率,接近人类的认知水平。DeepFace 的工作后来被进一步拓展成了 DeepID 系列,取得了更高的准确率。

FaceNet 是谷歌研发的人脸识别系统,是一个基于百万级人脸数据训练的深度 CNN 的通用系统,可以用于人脸验证(是否是同一人)、识别(这个人是谁)和聚类(寻找类似的人)。FaceNet 可以直接将人脸图像映射到欧几里得空间,空间的距离代表了人脸图像的相似性。只要该映射空间生成,人脸识别、验证和聚类等任务就可以轻松完成。FaceNet 在 LFW 数据集上的准确率为 99.63%,在 YouTube Faces DB 数据集上的准确率为 95.12%。其核心是百万级的训练数据以及 triplet loss(一种损失函数)。

2016 年,Zhang 等提出一种多任务级联卷积神经网络(Multi-task Cascaded Convolutional Networks,MTCNN)用以同时处理人脸检测和人脸关键点定位问题。MTCNN 充分利用了人脸检测和人脸关键点定位两个问题之间的潜在联系,使用多任务级联的框架将两个任务同时进行。MTCNN 包含了 3 个级联的多任务 CNN,分别为 Proposal Network(P-Net)、Refine Network(R-Net)、Output Network(O-Net)。MTCNN 可以分为 3 个阶段:首先,由 P-Net 获得人脸区域的候选窗口和边界框的回归向量,并用该边界框做回归,对候选窗口进行校准;然后通过非极大值抑制(Non-Maximum Suppression,NMS)来合并高度重叠的候选框。其次,将 P-Net 得出的候选框输入到 R-Net,R-Net 同样通过边界框回归和 NMS 去掉那些误报(false-positive)区域,得到更为准确的候选框。最后,利用 O-Net 输出 5 个关键点的位置。

基于深度学习的人脸识别方法在比较理想的条件下已经能够取得超越人类的表现,近些年来也已经在现实生活中开始了广泛的应用。在受光照、角度、表情等多方面因素影响的复杂环境中,人脸识别的效果仍然有待提高。

20.3.2 基于深度学习算法的目标跟踪

目标跟踪任务是在给定某视频序列初始帧的目标大小与具体位置时,预测后续帧中该目标的大小与具体位置。目标跟踪研究在智能视频监控、人机交互、机器人等领域有广泛应用,具有很强的实用价值。目标跟踪可以划分为 5 项主要的研究内容。

(1) 运动模型:按照何种规则产生候选样本。

(2) 特征提取:利用何种特征表示目标。

(3) 外观模型:如何为众多候选样本进行评分。

(4) 模型更新:如何更新观测模型使其适应目标的变化。

(5) 集成方法:如何融合多个决策获得一个更优的决策结果。

严格意义上来讲,由于在目标跟踪任务中,只有起始的第一帧才有标注数据,其后的跟踪过程中正负样本的量级仅有几百个,因此目标跟踪是典型的小样本在线学习问题,需要大量训练数据的深度学习难以发挥优势。除此以外,目标跟踪的实时性要求较高,对算法的速度提出了挑战,因此很难使用规模庞大的深度神经网络来实现追踪。

尽管有着种种困难,但深度学习在特征提取、外观模型等方法上仍具有极大的优势,研究者通过各种手段设计出了很多基于深度学习的目标追踪算法,使得目标跟踪算法的性能和鲁棒性得到大幅提升。

基于多层卷积特征的跟踪器(Hierarchical Convolutional Features for visual tracking,HCF)结合了深度特征与相关滤波算法,在目标跟踪任务中取得很好的效果。深度神经网络不同层的特征具有不同的特点,浅层特征保留了更多细粒度的空间特性,对目标位置的精确定位比较有效,但语义信息不明显。深层特征包含更多的语义信息,鲁棒性较强,但位置信息弱化。因此该方法将深度学习不同层的特征结合起来,实现了跟踪效果的提升,其结构如图 20.1 所示。使用 VGG-16 分别提取出 Conv3-4、Conv4-4、Conv5-4 层的特征,训练各自的相关滤波器。在进行目标跟踪任务时,先将卷积得到的各层特征输入到对应的相关滤波器中,得到相应图像,按照权重相加得到最终图像,根据最终图像上的最大值位置来确定目标。该算法的诸多实验表明,相比传统特征,深度特征具有更好的鲁棒性。

除了基于卷积神经网络的方法以外,自编码器、循环神经网络、孪生网络等都被应用到了目标跟踪领域,并取得了不错的效果。但由于深度学习固有的模型复杂、计算量大、更新繁琐等特点,目前大多数基于深度学习的目标跟踪算法的速度仍然较慢,有着不小的提升空间。

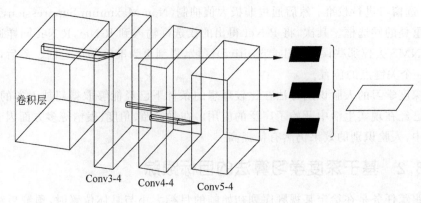

卷积层

Conv3-4   Conv4-4   Conv5-4

图 20.1   HCF 结构图

20.4   基于深度学习算法的语音识别

语音识别通常也被称为自动语音识别(Automatic Speech Recognition,ASR),主要是指给定一段声波的声音信号,预测该声波对应的某种指定源语言的语句以及该语句的概率值的过程,是一项融合多学科知识的前沿技术,同时也是人机交互技术中的一个关键环节。语音识别诞生已有半个多世纪,但发展一直较为迟缓,技术难以达到应用的要求。在传统的GMM-HMM 框架确立后,很长的一段时间里语音识别都停留在 GMM-HMM 时代。直到2009 年,Hinton 首次将深度神经网络应用于语音的声学建模,深度学习开始应用于语音识别领域并极大地促进了语音识别技术的发展。2015 年以后,由于"端到端"技术的兴起,语音识别进入了百花齐放的时代,更加深层、更加复杂的网络被应用于语音识别,并进一步大幅提升了语音识别的性能。

主流的语音识别框架由 3 部分组成:声学模型、语言模型(language model)和解码器。解码器的理论相对成熟,涉及更多的是工程优化的问题,并不是关注热点,因此接下来会主要介绍深度学习算法在前两者的应用。

20.4.1   基于深度学习算法的声学模型

2009 年 Hinton 首先将深度神经网络用于声学建模进行语音识别,性能得到了极大的提升,自此进入 DNN-HMM 时代。DNN 不再需要对语音数据分布进行假设,将相邻的语音帧拼接产生包含了语音的时序结构信息,对于状态的分类概率有了明显提升,同时 DNN还具有强大的环境学习能力,可以提升对噪声和口音的鲁棒性。

由于语音信号具有连续性,各个音素、音节、单词之间并没有具体的界限,各个发音单位还受到上下文的影响,因此可以将拥有更多历史信息的 RNN 应用于声学建模。但由于简单的 RNN 存在梯度爆炸和梯度消散等问题,难以训练,很难直接应用于声学建模中。经过诸多学者的不断研究,开发出了许多能够适用于声学建模的 RNN 结构,其中最为著名的便是长短时记忆(Long Short-Term Memory,LSTM)。LSTM 与通常的 RNN 的区别如图 20.2 所示。

从图中可以看到,通常的 RNN 只有一个传递状态 h^t,而 LSTM 则具有 c^t 和 h^t 两个传

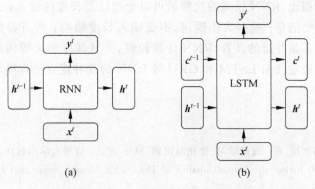

图 20.2 LSTM 与 RNN 的区别

递状态。在 LSTM 中，c^t 在传递过程中变化较慢，通常是上一个状态 c^{t-1} 加上一些数值，代表网络的长期记忆。而 h^t 在不同节点下往往会有很大区别，代表网络的短期记忆。LSTM 通过遗忘门来控制上一个状态 c^{t-1}，选择性地遗忘掉一部分不需要的内容；通过输入门来对输入的内容进行选择性记忆；通过输出门来选择哪些作为当前状态的输出。LSTM 通过遗忘门、输入门和输出门可以更好地控制信息的流动和传递，具有长短时记忆能力，其整体性能同样有了大幅提升。但同时由于引入了很多内容，参数增多，因此训练难度加大了很多。

CNN 是图像处理中的主流模型，而语音信号的时频图同样可以看作一幅图像，因此CNN 同样也被应用于语音识别的声学建模中。CNN 在时域和频域上能够实现卷积运算的平移不变性，很大程度上可以克服语音信号的多样性。CNN 本在声学建模中的应用质上可以看作从语音信号中不断抽取特征的一个过程。

CNN、DNN 和 LSTM 在建模能力上具有互补性：DNN 适合将特征映射到更加可分离的空间，LSTM 则擅长于时间建模，而 CNN 擅长减少语音信号的多样性。通常将多种网络组合在一起，这样可以得到比单类型的深度学习声学模型更加优异的效果。

20.4.2 基于深度学习算法的语言模型

语言模型简单来说就是一串词序列的概率分布。具体来说，其作用是给出一个单词序列，根据前面的单词预测其后每一个单词出现的可能性。语言模型能够预测一个正确语句的可能性。基于传统的 N-Gram 方法一度成为研究语言模型的主流。然而随着深度学习的不断发展，神经网络相关研究越来越深入，基于神经网络的语言模型越来越受到学术界和工业界的关注。

用神经网络来训练语言模型的思想最早由百度深度学习研究院的徐伟提出，这方面的一个经典模型是 NNLM(Nerual Network Language Model)。与传统的估算不同，NNLM模型直接通过一个神经网络结构对 n 元条件概率进行评估。由于 NNLM 模型使用了低维紧凑的词向量对上下文进行表示，因此解决了词袋模型带来的数据稀疏、语义鸿沟等问题。另外，在相似的上下文语境中，NNLM 模型可以预测出相似的目标词，而传统模型无法做到这一点。但是该模型要求输入的数据具有固定的长度，且从另一个角度来看它就是一个使用神经网络编码的 N-Gram 模型，无法解决 N-Gram 方法的长期依赖问题。

与之前的模型相比,RNN 模型的优势是可以处理任意长度的输入;理论上 t 时刻可以利用之前很早的历史信息;模型大小固定,不受输入长度影响;所有参数共享,训练高效。但由于需要顺序而不是并行的计算,RNN 计算较慢,并且梯度消失等问题仍难以解决。因此在实际的使用中通常使用 LSTM 和 GRU 等 RNN 的变种建立语言模型。

参考文献

[1] 焦李成,赵进,杨淑媛,等. 深度学习、优化与识别[M]. 北京:清华大学出版社,2017.

[2] Hinton G E. Reducing the Dimensionality of Data with Neural Networks[J]. Science,2006,313(5786):504-507.

[3] Lecun Y,Bengio Y,Hinton G. Deep learning[J]. Nature,2015,521(7553):436.

[4] 焦李成,杨淑媛,刘芳,等. 神经网络七十年:回顾与展望[J]. 计算机学报,2016,39(08):1697-1716.

[5] 周志华. 机器学习[M]. 北京:清华大学出版社,2016.

[6] Mukkamala M C,Hein M. Variants of RMSProp and Adagrad with Logarithmic Regret Bounds[J]. 2017.

[7] 陈超. 基于深度学习的人脸识别系统的设计与实现[D]. 南京:南京邮电大学,2018.

[8] Taigman Y,Yang M,Marc,et al. DeepFace:Closing the Gap to Human-Level Performance in Face Verification[C]//IEEE Conference on Computer Vision and Pattern Recognition. IEEE Computer Society,2014:1701-1708.

[9] Sun Y,Wang X,Tang X. Deep Learning Face Representation from Predicting 10,000 Classes[C]//IEEE Conference on Computer Vision and Pattern Recognition. IEEE Computer Society,2014:1891-1898.

[10] Schroff F,Kalenichenko D,Philbin J. FaceNet:A Unified Embedding for Face Recognition and Clustering[C]//CVPR,2015:815-823.

[11] Parkhi O M,Vedaldi A,Zisserman A. Deep face recognition[C]//Proceeding of the British Machine Vision Conference,2015.

[12] Zhang K,Zhang Z,Li Z,et al. Joint Face Detection and Alignment Using Multitask Cascaded Convolutional Networks[J]. IEEE Signal Processing Letters,2016,23(10):1499-1503.

[13] 卢湖川,李佩霞,王栋. 目标跟踪算法综述[J]. 模式识别与人工智能,2018,31(1):61-76.

[14] Vincent P,Larochelle H,Bengio Y,et al. Extracting and composing robust features with denoising autoencoders[C]//Proceedings of the 25th International Conference on Machine Learning,ACM,2008:1096-1103.

[15] LeCun Y,Bottou L,Bengio Y,et al. Gradient-based learning applied to document recognition[J]. Proceedings of the IEEE,1998,86(11):2278-2324.

[16] Zaremba W. An empirical exploration of recurrent network architecture[C]//Processding of the 32nd International Conference on Machine Learning(ICML),2015:2342-2350.

[17] Bromley J,Bentz J W,Bottou L,et al. Signature verification using a "Siamese" time delay neural network[J]. International Journal of Pattern Recognition and Artificial Intelligence,1993,7(4):669-688.

[18] Ma C,Huang J B,Yang X,et al. Hierarchical convolutional features for visual tracking[C]//IEEE International Conference on Computer Vision,2015:3074-3082.

[19] Hannun A,Case C,Casper J,et al. Deep Speech:Scaling up end-to-end speech recognition[J]. Computer Science,2014.

[20] Skowronski M D,Harris J G. Automatic speech recognition using a predictive echo state network

classifier[J]. Neural Networks,2007,20(3)：414-423.

[21]　Li X,Wu X. Constructing long short-term memory based deep recurrent neural networks for large vocabulary speech recognition[C]//IEEE International Conference on Acoustics,Speech and Signal Processing. IEEE,2014：4520-4524.

[22]　Fan B,Wang L,Soong F,et al. Photo-Real Talking Head with Deep Bidirectional LSTM[C]//IEEE International Coference on Acoustic. 2015.

[23]　Zen H,Sak H. Unidirectional long short-term memory recurrent neural network with recurrent output layer for low-latency speech synthesis[C]//IEEE International Conference on Acoustics, Speech and Signal Processing. IEEE,2015：4470-4474.

[24]　Gers F A,Schmidhuber E. LSTM recurrent networks learn simple context-free and context-sensitive languages[J]. IEEE Transactions on Neural Networks,2001,12(6)：1333-1340.

[25]　Kandola E J,Hofmann T,Poggio T,et al. A Neural Probabilistic Language Model[J]. Studies in Fuzziness and Soft Computing,2006,194：137-186.

[26]　Graves A,Schmidhuber J, et al. 2005 Special Issue：Framewise phoneme classification with bidirectional LSTM and other neural network architectures[J]. Neural Networks,2005,18(5-6)：602-610.

[27]　Brown P F. Class-based n-gram models of natural language[J]. Computational Linguistics,1992,18(4)：467-479.

[28]　Minhua W,Kumatani K,Sundaram S,et al. Frequency Domain Multi-channel Acoustic Modeling for Distant Speech Recognition[C]//IEEE International Conference on Acoustics,Speech and Signal Processing,Brighton,United Kingdom,2019：6640-6644.

[29]　Li J,Deng L,Gong Y,et al. An overview of noise-robust automatic speech recognition[J]. IEEE/ACM Transactions on Audio,Speech,and Language Processing,2014,22(4)：745-777.

第 21 章

强 化 学 习

强化学习(Reinforcement Learning,RL),又称再励学习、评价学习或增强学习,是机器学习的范式和方法论之一,用于描述和解决智能体(Agent)在与环境的交互过程中通过学习策略达成回报最大化或实现特定目标的问题[1]。自 20 世纪 80 年代末,随着控制理论和自动化水平的逐渐提高,人们开始使用强化学习的方式去实现自动控制和自主化行为。作为机器学习的一个强大分支,强化学习不仅能适应无监督条件,也能在有监督的条件下快速学习。目前已取得瞩目成就的是谷歌 DeepMind 团队研发的 AlphaGo 以及随后改进的AlphaZero,它们在围棋界崭露头角,击败了人类顶尖对手[2]。可见,依赖于越来越强的处理器等硬件设备,强化学习在对于策略解空间的求解问题上展现出了较强的优势。按给定条件,强化学习可分为基于模式的强化学习(model-based RL)和无模式强化学习(model-free RL),以及主动强化学习(active RL)和被动强化学习(passive RL)[3]。强化学习的变体包括逆向强化学习、阶层强化学习和部分可观测系统的强化学习。求解强化学习问题所使用的算法可分为策略搜索算法和值函数(value function)算法两类。

21.1 强化学习模型

21.1.1 强化学习思路

强化学习主要包含 4 个元素:Agent、环境状态、动作和奖励。强化学习的目标就是获得最多的累积奖励。如果 Agent 的某个行为策略可以获得环境正的奖赏(强化信号),那么Agent 以后产生这个行为策略的趋势便会加强。Agent 的目标是在每个离散状态下发现最优策略以使期望的折扣奖赏和达到最大。强化学习是把学习作为一个试探评价的过程,Agent 选择一个动作来操纵环境,环境接受该动作之后状态发生变化,同时产生一个强化信号(奖或惩)反馈给 Agent,Agent 根据强化信号和环境当前的状态再选择下一个动作。Agent 选择动作的原则是受到正强化(奖)的动作被选择的概率增大。选择的动作不仅影响当前的强化值,还影响环境下一时刻的状态及最终的强化值。强化学习不同于监督学习,主要表现在"导师信号"上,强化学习会在没有任何标签的情况下,通过先尝试做出一些行为得到一个结果,通过这个结果是对还是错的反馈,不断地调整之前的行为,而不是告诉 Agent如何去产生正确的动作。由于外部环境提供了很少的信息,Agent 必须靠自身的经历进行学习。通过这种方式,Agent 在行动评价的环境中获得知识,改进行动方案以适应环境。通过强化学习,一个 Agent 可以在探索和开发(exploration and exploitation)之间做权衡,并且选择一个最大的回报。

基于以上思路,强化学习中的主要构成要素有:

(1) 环境的状态 S,t 时刻环境的状态为 S_t。

(2) 个体的动作 A,t 时刻个体选择的动作为 A_t。

(3) 环境的奖励 R,t 时刻个体在状态 S_t 采取的动作 A_t 对应的奖励 R_{t+1} 会在 $t+1$ 时刻得到。

(4) 个体的策略 π,代表个体选择动作的依据。个体会依据策略 π 来选择动作。最常见的策略表达方式是一个条件概率分布 $\pi(a|s)$,即在状态 s 时采取动作 a 的概率,即 $\pi(a|s)=P(A_t=a|S_t=s)$。此时动作概率越大越容易被个体选择。

(5) 个体状态 s 时,依据策略 π 采取行动后的价值为 $v_{\pi(s)}$:

$$v_\pi(s)=E_\pi(R_{t+1}+\gamma R_{t+2}+\gamma^2 R_{t+3}+\cdots \mid S_t=s) \tag{21-1}$$

(6) 采取行动后的价值中的 γ 即第 6 个构成要素奖励衰减因子,它在 $[0,1]$ 之间取值。$\gamma=0$ 为贪心算法,即价值只由当前延时奖励决定。$\gamma=1$,则价值由所有的后续状态奖励和当前延时奖励同时决定。一般情况下取当前延时奖励的权重比后续奖励的权重大。

(7) 环境的状态转化模型 $P_{s\hat{s}}^a$,它可以理解为一个概率模型,即在状态 s 下采取动作 a,转到下一个状态 $\hat{s}$ 的概率。

(8) 探索率 ε,探索率主要用在强化学习训练的迭代过程中。一般情况下当前轮迭代中价值最大的动作被选择的概率高,这一操作会导致错过一些较好的但没有执行过的动作。因此在训练选择最优动作时,设置存在一定的概率 ε 不选择当前轮迭代中价值最大的动作,而选择其他的动作。

21.1.2 基于马尔可夫决策过程的强化学习

强化学习的常见模型是标准的马尔可夫决策过程(Markov Decision Process,MDP)[4-5]。通过使用动态规划、随机采样等方法,MDP 可以求解使回报最大化的智能体策略,并在自动控制、推荐系统等主题中得到应用。

与 21.1.1 节中给出的强化学习构成要素类似,马尔科夫决策过程也可以用一个元组 (S,A,P,R,γ) 来表示。S 是决策过程中的状态集合;A 是决策过程中的动作集合;P 是状态之间的转移概率;R 是采取某一动作到达下一状态后的回报(也可看作奖励值);γ 是折扣因子。转移概率公式如下:

$$p_{s\hat{s}}^a=p(\hat{s} \mid s,a)=p(S_{t+1}=\hat{s} \mid S_t=s,A_t=a) \tag{21-2}$$

马尔可夫决策过程中,策略用 $\pi(a|s)=P(A_t=a|S_t=s)$ 表示,由动作 a 确定,状态-动作函数 $q_\pi(s,a)$ 如下:

$$q_\pi(s,a)=E_\pi\left[\sum_{k=0}^\infty \gamma^k R_{t+k+1} \mid S_t=s,A_t=a\right] \tag{21-3}$$

为了衡量中间状态 S_t 的好坏,计算累计回报函数 G_t:

$$G_t=R_{t+1}+\gamma R_{t+2}+\cdots=\sum_{k=0}^\infty \gamma^k R_{t+k+1} \tag{21-4}$$

G_t 并不是一个确定的值,因此要采用期望来计算累计回报,即状态值函数 $v_\pi(s)$

$$v_\pi(s) = E_\pi[G_t \mid S_t = s] = E_\pi\left[\sum_{k=0}^{\infty} \gamma^k R_{t+k+1} \mid S_t = s\right] \tag{21-5}$$

其中,状态值函数 $v_\pi(s)$ 由策略 π 唯一确定。

对比 $v_\pi(s)$ 和状态-动作函数 $q_\pi(s,a)$ 可以发现如下关系:

$$
\begin{aligned}
v_\pi(s) &= E_\pi[G_t \mid S_t = s] = E[R_{t+1} + \gamma R_{t+2} + \cdots \mid S_t = s] \\
&= E_\pi[R_{t+1} + \gamma(R_{t+2} + \gamma R_{t+3} + \cdots) \mid S_t = s] \\
&= E_\pi[R_{t+1} + \gamma G_{t+1} \mid S_t = s] \\
&= E_\pi[R_{t+1} + \gamma v_\pi(S_{t+1}) \mid S_t = s]
\end{aligned}
\tag{21-6}
$$

式(21-6)称为状态值函数的贝尔曼方程,状态-行为函数的贝尔曼方程:

$$q_\pi(s,a) = E_\pi[R_{t+1} + \gamma q_\pi(S_{t+1}, A_{t+1}) \mid S_t = s, A_t = a] \tag{21-7}$$

状态值函数 $v_\pi(s)$ 可以改写为:

$$v_\pi(s) = \sum_{a \in A} \pi(a \mid s) q_\pi(s,a) \tag{21-8}$$

再将 $q_\pi(s,a)$ 改写成:

$$q_\pi(s,a) = R_s^a + \gamma \sum_{\hat{s} \in S} P_{s\hat{s}}^a v_\pi(\hat{s}) \tag{21-9}$$

定义最优的状态值函数 $v^*(s) = \max_\pi v_\pi(s)$。同理,最优的状态-动作函数 $q^*(s,a) = \max_\pi q(s,a)$。根据以上介绍,可以得到:

$$v^*(s) = \max R_s^a + \gamma \sum_{\hat{s} \in S} P_{s\hat{s}}^a v_\pi^*(\hat{s}) \tag{21-10}$$

$$q^*(s,a) = R_s^a + \gamma \sum_{\hat{s} \in S} P_{s\hat{s}}^a \max_{\hat{a}} q_\pi^*(\hat{s}, \hat{a}) \tag{21-11}$$

21.2 逆向强化学习

为了找到一种更可靠的回报函数,Ng 等研究了马尔可夫决策过程中的逆强化学习问题,即在给定的观测最优行为下,提取一个报酬函数[6]。当需要基于最优序列样本学习策略时,可以结合逆向强化学习和强化学习共同提高回报函数的精确度和策略的效果。

逆向强化学习主要可以分为两类:基于最大边际的逆向强化学习和基于最大熵的逆向强化学习[7]。基于最大边际的逆向强化学习又可以分为学徒学习[8]、最大边际规划(Maximum Margin Planning,MMP)[9]、基于结构化分类的方法[10]和神经逆向强化学习[11]。基于最大熵的逆向强化学习又可以分为基于最大信息熵的逆向强化学习、基于相对熵的逆向强化学习[12]和深度逆向强化学习[13]。本节中将对最大边际规划和基于最大信息熵的逆向强化学习进行简要介绍。

21.2.1 最大边际规划

本节中将介绍最大边际规划方法的基本理论。

最大边际规划将逆向强化学习建模为:

$$D = \{(\mathcal{X}_i, \mathcal{A}_i, \boldsymbol{p}_i, \boldsymbol{F}_i, \boldsymbol{y}_i, \mathcal{L}_i)\}_{i=1}^n \tag{21-12}$$

其中,$\mathcal{X}_i$ 为状态空间,$\mathcal{A}_i$ 为动作空间,$\boldsymbol{p}_i$ 为状态转移概率,$\boldsymbol{F}_i$ 为回报函数的特征向量,$\boldsymbol{y}_i$ 为

专家轨迹,$\mathcal{L}_i$ 为策略损失函数。在最大边际规划框架下,找到一个特征到回报的线性映射,即参数 $\boldsymbol{\omega}$。在这个线性映射下最好的策略在专家示例策略附近。该问题可表示为:

$$\min_{\boldsymbol{\omega},\zeta_i} \frac{1}{2} \parallel \boldsymbol{\omega} \parallel^2 + \frac{\gamma}{n}\sum_i \beta_i \zeta_i^q \tag{21-13}$$
$$\text{s.t. } \forall i \quad \boldsymbol{\omega}^{\mathrm{T}}\boldsymbol{F}_i \mu_i + \zeta_i \geqslant \max_{\mu \in g_i} \boldsymbol{\omega}^{\mathrm{T}}\boldsymbol{F}_i\mu + l_i^{\mathrm{T}}\mu$$

约束只允许专家示例得到最好的回报的权值存在。专家示例的值函数与其他策略的值函数的差值,即回报的边际差,与策略损失函数成正比。损失函数可以利用轨迹中两种策略选择不同动作的综合来衡量,此处策略 μ 指的是每个状态被访问的频次。

21.2.2 基于最大信息熵的逆向强化学习

在学习概率模型时,在所有满足约束的概率模型(分布)中,熵最大的模型是最好的模型。将熵最大问题转化为标准型:

$$\max(-p\log p)$$
$$\text{s.t. } \sum_{\zeta_i} p(\zeta_i)f_{\zeta_i} = \widetilde{f} \tag{21-14}$$
$$\sum p = 1$$

用拉格朗日乘子法求解该问题:

$$\min L = \sum_{\zeta_i} p\log p - \sum_{j=1}^n \lambda_j(pf_i - \widetilde{f}) - \lambda_0\left(\sum p - 1\right) \tag{21-15}$$

对概率 p 进行微分并令导数为 0 之后,得到最大熵的概率:

$$p = \frac{\exp\left(\sum_{j=1}^n \lambda_j f_j\right)}{\exp(1-\lambda_0)} = \frac{1}{Z}\exp\left(\sum_{j=1}^n \lambda_j f_j\right) \tag{21-16}$$

其中,λ_j 与回报函数中的参数对应。

利用最大似然法求解式(21-16)中的参数时,往往会出现未知的配分函数项 Z。一种可行的方法是利用次梯度的方法:

$$\nabla L(\lambda) = \widetilde{f} - \sum_\zeta P(\zeta \mid \lambda, T)f_\zeta \tag{21-17}$$

其中,轨迹概率 $P(\zeta)$ 可表示为:

$$Pr(\tau \mid \theta, T) \propto d_0(s_1)\exp\left(\sum_{i=1}^k \theta_i f_i\right)\prod_{t=1}^H T(s_{t+1} \mid s_t, a_t) \tag{21-18}$$

21.3 基于多尺度 FCN-CRF 网络和强化学习的高分辨 SAR 图像语义分割

21.3.1 深度强化学习

深度强化学习(Deep Reinforcement Learning,DRL)将深度学习与强化学习理论相结合,利用深度学习来感知复杂的环境,为强化学习部分提供经过感知后的特征,使其在不同的场景下执行不同的操作。强化学习具有延迟反馈的能力,即当前的操作在若干步后才能知道是否是更优的操作,因此强化学习具备一定的"远见"能力。将深度神经网络与强化学习相结合,能够使这种"远见"能力得到极大提升。随着网络层数的增加,通过神经网络建立的非线性映射关系,能够适应更多复杂的场景,最终作出更准确的决策。

深度强化学习以强化学习为基础,在加入深度学习后使其具有对更复杂场景解译、分析与决策的能力。通过深度强化学习,Agent 不再依赖于人工特征的提取,而能通过识别图像自主进行状态特征提取,并应用于强化学习的过程。在深度强化学习中,Agent 通过对环境直接感知得到在 Agent 视角下的"环境状态",后续操作与强化学习基本框架类似,通过判断当前状态与过往经验进行相应的决策。当动作被施加到环境中,引起环境改变从而促使状态更新到一个新的状态,此时,环境可能会给予当前 Agent 一个反馈,Agent 通过该反馈来学习或调整网络参数,如此不断迭代学习,使得网络逐渐收敛。其中,DNN 不仅实现了感知环境的功能,同样也发挥了为不同环境状态以及动作之间建立映射关系的作用。由于强化学习本身具有延时奖赏的特点,因此在训练深度强化学习的神经网络时,其修正网络的方式也会因网络或强化学习种类的不同而不同。无论通过哪种方式学习得到的 Agent,都需要能够学会预测在未来一个长远的时间段内,针对当下的环境,哪种决策会在未来的累积奖赏中得到更高的收益。

总体来说,深度强化学习是人工智能领域的一个新的研究热点,它的通用性和普适性使其在诸多电脑游戏和基于规则的各种益智类游戏等方面的表现大大超过专业人员,并实现在复杂场景下对环境进行感知并做出相应行动施加影响。依据这一自动化控制理论的思想,基于深度强化学习的神经网络后处理方法能够最大化地利用已经训练好的神经网络对 SAR 图像的语义分割结果进行迭代式的优化,一方面这种自动控制的决策方式可以缓解传统固定滑窗式分割存在的前后语义信息不连贯问题,另一方面也能够使得用于分割的网络能够根据不同的环境特点进行适当微调,从而不断优化网络分类效果。

21.3.2　SAR 图像语义分割动态调优策略

由于高分辨率 SAR 图像的长宽目前已达上千甚至上万像素级,对其进行处理的时候不可避免地需要对图像进行切割后送入网络进行训练和预测。传统语义分割采用的是固定步长窗口滑动的方式对整图进行分类。对于高分辨率 SAR 图像来说,由于噪声以及图像本身纹理的影响,相邻两块之间重叠部分的预测会有明显的差异,为了消除传统固定滑窗引起的问题,引入一套调优策略,用于对网络得到的结果进行修正,并对小的孤立点进行填补。首先介绍现存的问题以及解决方案,再详细介绍每种调优策略。

1. 深度 Q 网络

深度 Q 网络(Deep Q Network,DQN)是一种基于价值函数的深度强化学习框架[14],该框架已经被证实在诸多 Atari 电子游戏中达到了接近人甚至超越人的表现能力。其中,神经网络能够直接读取当前的游戏画面来预测接下来应该执行的操作。传统的基于值函数的 Q 网络的状态转换表被视为神经网络中的权值,通过这种形式对 Q-Learning 的算法进行了扩充,使其能够解读更加复杂的场景,也能够对未知的状态进行提取,从而保证强化学习能够自适应地学习不同状态下的行为,并作出相应决策。深度 Q 网络直接感知环境,并根据训练的权值输出每种动作对应的 Q 值,与基础版的 Q-Learning 相同,按照贪心选择策略,选择当前 Q 值最高的动作。

DQN 在训练的过程中,采用的是一种基于经验回放的机制。当前 t 时刻经过网络处理后,得到的状态转移样本记为 $e_t = (s_t, a_t, r_t, s_{t+1})$,该样本随后被存储在回放记忆单元 $D = \{e_1, e_2, \cdots, e_t\}$ 中。回放记忆单元通常是一个队列结构,当达到记忆最大值时,就会丢弃一些过早的样本。这些存放在回放记忆单元中的样本组成了一个样本池。DQN 网络在训练过程中,采取随机批量采样的方式从 D 中抽取一小批样本进行学习,同时采取随机梯度下降的方式更新网络参数 θ。其中,随机采样是为了减少样本之间的关联性,从而提高算法的鲁棒性和稳定性。

DQN 除了使用深度卷积网络近似表示当前的函数值以外,还单独使用了另一个网络来产生目标 Q 值。$Q(s, a | \theta_i)$ 和 $Q(s, a | \theta_i^-)$ 分别表示当前值网络输出和目标值网络的输出。值函数的优化目标采用 $Y_i = r + \gamma \max_a Q(s', a' | \theta_i^-)$ 近似表示。每当当前值网络经过 N 轮迭代,就将其参数复制给目标值网络,通过最小化当前 Q 值和目标 Q 值之间的均方误差来更新网络参数,误差函数为:

$$L(\theta_i) = E_{s,a,r,s'}\{[Y - Q(s, a | \theta_i)]^2\} \tag{21-19}$$

对参数 θ 求偏导,得到梯度:

$$\nabla_{\theta_i} L(\theta_i) = E_{s,a,r,s'}\{[Y - Q(s, a | \theta_i)] \nabla_{\theta_i} Q(s, a | \theta_i)]\} \tag{21-20}$$

引入目标值网络后,在一段时间内目标 Q 值是保持不变的,一定程度上降低了当前 Q 值和目标 Q 值之间的相关性,提升了算法的稳定性。

2. 权重系数优化策略

在网络分类结果的每一类分数前加上权重,能够影响结果中的类别分布,根据此原理,对网络的每个分类输出 P_i 乘以对应权重因子 $c_i (c_i > 0)$,可以得到每一类新的分数 P_i',其中 $i \in [1, N]$,N 代表种类数。

在强化学习中,定义了 $N \times 3$ 个操作,即为每个类别定义了 3 个步长的变化:0.3、0.1 和 0.05,这样能够自适应地调整学习率,使得强化学习在距离最优状态较远的时候变化快一些,从而更快地接近最优状态。由于在进行变换的时候,增加其中的一个权重,将会相应按比例减少另外两种的权重,所以只需定义某种增量操作即可。

3. 阈值优化策略

与权重优化相同的是,阈值[15]也被作为强化学习的一个可操作的参数,参与到整个优化问题的训练中。阈值指对于某次测试,当第 i 次经过分割网络得到的分数矩阵 $\boldsymbol{P}_i$ 中第 j 类的得分值 $P_{i,j} < \theta$ 的部分将被直接判定为未知,通过这种方式能够降低网络的错误率,同时也会丢失一些召回率。尽管如此,后续的填补措施能够使错分得到一定程度的缓解。对于强化学习可操作的 Action,设置了 4 个变化量,与权值优化不同的是,阈值的变化不会影响其他权值,它是一个独立的参数,因此不仅要定义增量,同时也要定义减少量。例如,最终设定阈值变化量为:-1、-0.5、1、3。

某次经过权值乘法计算后的分数矩阵 $\boldsymbol{P}_i$,在进行极大化分类的时候,按照式(21-21)选取某像素点 $P_{i,j}$ 的类标:

$$I_i = \text{argmax}(\theta_i, p_{i,1}, p_{i,2}, \cdots, p_{i,N}) \tag{21-21}$$

因此当阈值高于所有像素得分值时,该像素点就会被判为第 0 类,即未知类。

4. 区域填补策略

经过权值和阈值优化后的结果,常常会出现因为类别变化引起的杂点,通过区域填补的方式对这些杂点进行填补,可以某种程度上提高分类召回率和准确率。区域填补的方式是在整张高分辨率 SAR 图像经过滑动窗口的方式分类完毕后,对全图所有区域进行搜索并按照面积进行排序,最后选取面积小于或等于设定值的区域合并到邻接范围最大的区域中。这种方式能够消除大部分的孤立点,对图像进行这样的操作是基于分割本身的特点而定的,在消除了这些孤立点后,分割准确率确实有了提升。总之,区域填补策略就是利用了人工标注的直观经验信息,较好地屏蔽了孤立点。

21.3.3 算法实现

算法框架的核心是 DQN,输入来自多尺度 FCN-CRF 网络的语义分割结果,输出为经过权重系数优化、阈值优化以及区域填补后的语义分割结果图。强化学习算法通过多次调用分割网络,首先迭代百次到千次进行训练,而后对全图进行无反馈的自主调整,最后经过区域填补策略完善原分割图像结果。

一个典型的基于记忆回放的 DQN 基本算法流程见算法 21-1。

算法 21-1 基于记忆回放的 DQN 网络

---
1 初始化网络及参数: $D, N, Q, \theta, \hat{Q}, \theta^-$;
2 进行 M 代的 Episode 迭代;
3 进行 T 次的循环训练优化操作;
4 通过结合概率系数 ε 选取下一个动作源;
5 执行动作 a_t,并从环境中得到反馈 r_t 和图片 X_{t+1};
6 从 D 中随机选取一组变换 $\Phi_j, a_j, r_j, \Phi_{j+1}$,训练更新当前网络;
7 每过 p 步对 Q 进行存储;
8 保存网络,释放空间,程序终止。

权重系数与阈值的优化操作都是在同一个 DQN 深度强化学习框架下进行的,DQN 一次迭代只能从两种操作中选择其中一个操作。具体训练过程的算法流程见算法 21-2。

算法 21-2 基于 DQN 的权重与阈值优化训练过程

---
1 初始化权重与阈值参数;
2 随机选择训练样本;
3 将区域 U 送入 FCN-CRF 网络中进行预测,得到各类分数矩阵 Q;
4 将 Q 乘以对应权重向量 ω,得到结果 Q';
5 对结果 Q' 的第一维度和阈值 θ 取极大值,并输出预测结果 E;
6 获取分类准确率;
7 通过准确率比较获得奖励;
8 通过 DQN 获得动作;
9 每 100 代更换图片进入下一张图片训练;
10 保存指定代数的网络参数到硬盘,并结束训练。

区域填补算法主要应用在生成大图后,产生最后结果图之前的一步修整操作,该方法利用了人为设定区域大小的经验,消除对结果影响较大的小块区域,修补算法在优化算法之后网络的前向测试中使用,将区域填补算法与前面所述的算法相结合,流程见算法 21-3。

算法 21-3 区域填补算法

1 初始化 DQN，多尺度 FCN-CRF 模型；

2 将滑窗内容送入分割网络，得到结果 Q；

3 将 Q 通过与 θ 极大化得到对应类标 E；

4 获取图上所有区域 $R = \{r_1, r_2, \cdots, r_m\}$；

5 对 R 按面积排序；

6 获得待合并集合 R_0；

7 将 R_0 遍历合并入邻接弧长最大的区域；

8 只要 R_0 不空，则继续上述合并循环；

9 对区域填补后的分割结果按照预定的颜色上色后输出并保存结果图。

21.3.4 实验结果

深度强化学习在低于整图 5% 的区域利用 groundtruth 进行评分训练。每经过一定次数的迭代就更换一次区域，尽可能设置多种不同的迭代次数。在训练不同代数后，对全图进行测试，得到最终的实验结果。

图 21.1 和图 21.2 分别为 Traustein 数据集和 Napoli1 数据集的实验结果图。

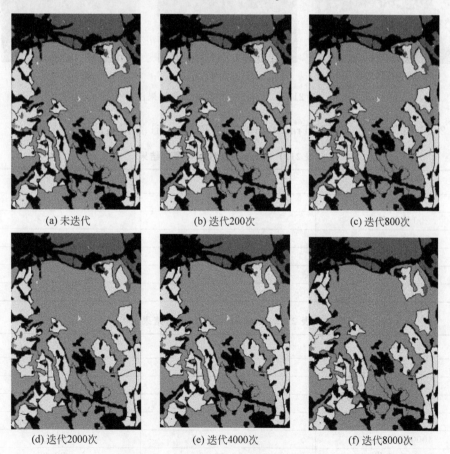

(a) 未迭代 　　　 (b) 迭代200次 　　　 (c) 迭代800次

(d) 迭代2000次 　　　 (e) 迭代4000次 　　　 (f) 迭代8000次

图 21.1 Traustein 数据集实验结果图

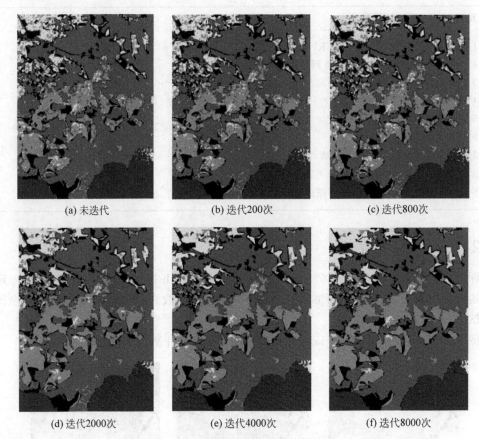

(a) 未迭代   (b) 迭代200次   (c) 迭代800次

(d) 迭代2000次   (e) 迭代4000次   (f) 迭代8000次

图 21.2　Napoli1 数据集实验结果图

表 21.1 和表 21.2 分别为 Traustein 数据集和 Napoli1 数据集的实验结果。

表 21.1　Traustein 数据集评价结果

评价参数	OA/%	AA/%
末迭代	97.34	96.24
200 次迭代	98.05	97.52
800 次迭代	98.26	97.79
2000 次迭代	98.54	98.16
4000 次迭代	99.31	99.18
8000 次迭代	99.57	99.48

表 21.2　Napoli1 数据集评价结果

评价参数	OA/%	AA/%
末迭代	85.99	80.46
200 次迭代	86.93	81.60
800 次迭代	87.59	82.29
2000 次迭代	88.39	83.19
4000 次迭代	91.61	87.04
8000 次迭代	93.52	89.22

从图 21.1 和表 21.1 中可以看出。对于 Traustein 数据集,原始 SAR 图像的边界清晰,不同类别之间区分度较为明显,3 个类别样本比例差别不大,因此原先深度神经网络对此的拟合结果较好,导致该 SAR 图像原本的语义分割准确率非常高。但是仍然因为一些区域出现了小范围错分的情况,而导致准确率没能再提高。通过强化学习的方式,明显提升了训练较好的神经网络的分割结果准确率也很明显,整体准确率从 97% 提升到 99%,且每一类的准确率也较之前有所提升,均在 8000 次迭代的时候达到了接近 100% 的准确率。由此可见,基于深度强化学习的神经网络后处理方法减少了网络训练与人为标注之间的差异,同时最大发挥了已训练网络的性能。

对于 Napoli1 数据集,该地区农田和森林所占的比例较小,大部分是建筑群,因此原本网络按照统一 5% 的样本取样训练会导致农田、森林和水域的样本占比较少。由图 21.2(a) 可见,农田和植被互相之间掺杂严重。经过强化学习的多次迭代优化,整体准确率从 86% 提升到 93%,同时每一类的准确率都随之缓慢提高,尤其是农田的准确率,从原本的 61% 提升到 72%。在分类结果图上体现得尤为明显,原本属于植被被误分为农田的区域被进一步纠正。在第 8000 代,大部分农田已经恢复其原本的类标。本次实验中,右下角水域错分为农田的区域无法纠正,一方面是因为迭代次数的限制,另一方面是因为原 SAR 图像中该部分纹理与农田相似,因此即使迭代很多次,也无法将这一部分正确分类。因此,强化学习后处理算法还是受制于前端训练好的神经网络,强化学习的优化算法的主要作用在于尽可能发挥网络的语义分割性能,弥补滑块造成的补丁效应。

参考文献

[1] 邱锡鹏. 神经网络与深度学习[M]. 北京:机械工业出版社,2020.

[2] Lapan M. Deep Reinforcement Learning Hands-On:Apply modern RL methods,with deep Q-networks,value iteration,policy gradients,TRPO,AlphaGo Zero and more[M]. USA:Packt Publishing Ltd,2018.

[3] Mehta N,Natarajan S,Tadepalli P,et al. Transfer in variable-reward hierarchical reinforcement learning[J]. Machine Learning,2008,73(3):289.

[4] Howard R A. Dynamic programming and Markov processes[M]. USA:MIT Press,1960.

[5] Puterman M L. Markov Decision Processes:Discrete Stochastic Dynamic Programming[M].USA:John Wiley & Sons,2014.

[6] Ng A Y,Russell S J. Algorithms for inverse reinforcement learning[C]//International Conference on Machine Learning,2000.

[7] Ziebart B D,Maas A,Bagnell J A,et al. Maximum entropy inverse reinforcement learning[C]//Proceedings of the Twenty-Third AAAI Conference on Artificial Intelligence,AAAI,2008.

[8] Abbeel P,Ng A Y. Apprenticeship learning via inverse reinforcement learning[C]//Proceedings of the twenty-first international conference on Machine learning. ACM,2004:1.

[9] Ratliff N D,Bagnell J A,Zinkevich M A. Maximum margin planning[C]//Proceedings of the 23rd international conference on Machine learning. ACM,2006:729-736.

[10] Klein E,Geist M,Piot B,et al. Inverse reinforcement learning through structured classification[C]//Advances in Neural Information Processing Systems. 2012:1007-1015.

[11] Xia C,El Kamel A. Neural inverse reinforcement learning in autonomous navigation[J]. Robotics and Autonomous Systems,2016,84:1-14.

[12] Boularias A,Kober J,Peters J. Relative entropy inverse reinforcement learning[C]//Proceedings of the Fourteenth International Conference on Artificial Intelligence and Statistics. 2011：182-189.

[13] Wulfmeier M,Ondruska P,Posner I. Maximum entropy deep inverse reinforcement learning[J/OL]. (2016-03-11)[2020-07-20]. https：//arxiv. org/abs/1507. 04888v3.

[14] Van Hasselt H,Guez A,Silver D. Deep reinforcement learning with double q-learning[C]//Thirtieth AAAI conference on artificial intelligence. 2016.

[15] Criminisi A,Pérez P, Toyama K. Region filling and object removal by exemplar-based image inpainting[J]. IEEE Transactions on image processing,2004,13(9)：1200-1212.

第 22 章

CHAPTER 22

混合智能算法

22.1 粒子群深度网络模型及学习算法

从第 4 章的介绍中可以发现,PSO 算法是模仿鸟群等群集行为的优化算法[1],具有全局优化特性。该算法对于被优化函数没有过高的要求,且收敛速度较慢,是一种普遍性较强的算法。因此,在深度网络的学习算法中引入粒子群搜索的思想,将可行解在全局范围内搜索[2],有助于实现深度网络的快速学习。

22.1.1 PSO 自编码网络

PSO 自编码网络模型是以基本自编码器为基础构建的。网络设置为 5 层深度,其中第 1 层为输入层,用来输入原始的数据。第 2、3、4 层为隐层,逐层使用 SAE 网络对输入数据提取高级特征。第 5 层为输出层,依照数据类别划分设置,用来输出最终的分类结果。在构建了基本深度网络后,需要用学习算法对网络的权值进行学习和训练。本节中采用 PSO 粒子协作和信息共享的方式,对深度网络进行学习,寻找权值优化过程中的最优解。基于 PSO 的学习算法主要包括个体寻优和群体寻优两部分,因此,在算法设计中,针对这两部分的信息共享与深度网络结合的方式,对网络的学习算法进行改良。该学习算法的详细流程如下。

步骤 1:首先产生一定数目的种群随机位置,寻找当前状态下的个体极值和种群极值。设定网络损失函数作为判定系统是否稳定的标志,其表达式如下:

$$L = \frac{1}{2} \| y - h_{w,b}(x) \|^2 \tag{22-1}$$

其中,y 为有标签数据的类别标签,$h_{w,b}(x)$ 为输入 x 通过自编码网络后的输出。式(22-1)代表的是预测标签和真实类别标签的差别。

步骤 2:判断当前损失函数值是否达到要求,在损失函数值还没有小于最小值 T_{min} 的情况下,向下运行,迭代进行粒子速度与位置的更新和计算。

步骤 3:对于种群中的每一个粒子,对它们的速度和位置按照如下公式进行更新计算:

$$v_{i,t+1}^d = \omega v_{i,t}^d + c_1 \times \text{Rand} \times (p_{i,t}^d - x_{i,t}^d) + c_2 \times \text{Rand} \times (p_{g,t}^d - x_{i,t}^d)$$
$$x_{i,t+1}^d = x_{i,t}^d + v_{i,t+1}^d \tag{22-2}$$

步骤 4：依据更新得到的粒子，计算网络当前的适应度值。根据适应度值的大小，更新个体最优和种群最优。

步骤 5：若未达到损失函数阈值要求，则转向步骤 2 继续进行。

22.1.2　自适应 PSO 自编码网络

在基本 PSO 算法中，允许的最大速度作为间接控制 PSO 算法具备的最大全局搜寻能力的约束，惯性权重作为直接影响全局搜索能力的束缚，因此，粒子通过惯性权重来平衡粒子在全局搜索与局部搜索之间的能力，必须对这个惯性权重进行调节，找到一个好的权重值，不同于基本 PSO 算法，在自适应 PSO 算法[3]中，给出一种线性递减策略，设定随着算法迭代次数的不断增加惯性权重线性下降的自适应方法，更新如下：

$$\omega = \omega_{max} - \frac{\omega_{max} - \omega_{min}}{k_{max}} \times k_n \tag{22-3}$$

其中，ω_{max} 是设定的权重可以取值的最大值；ω_{min} 是设定的权重可以取值的最小值；k_{max} 为最大迭代次数；k_n 为当前迭代次数。

自适应 PSO 算法具有平衡全局搜索与局部搜索的能力，将它引入自编码网络的学习中能够增加网络学习的鲁棒性[4]。网络模型构建如图 22.1 所示。

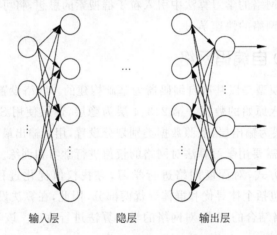

输入层　　　　　隐层　　　　　输出层

图 22.1　自适应 PSO 自编码网络

构建具有 3 层深度的自编码网络，即该网络的基本结构设置为 5 层。其中第 1 层为输入层，用来输入原始的数据。第 2、3、4 层为隐层，分别代表着原始特征的 3 级不同的表达方式。第 5 层为输出层，依照数据类别划分设置，用来输出最终的分类结果。该自编码网络的第 1 层深度是对原始输入数据的简单表达，可以认为是输入数据的基础特征。该部分通过一个 3 层自编码器的学习，对原始数据获取基础特征 f_1。将第 1 层深度提取的基础特征 f_1 输入该自编码网络的第 2 层深度，同样经过一个 3 层自编码器的学习，获取基础特征 f_1 的中层特征 f_2。同样地，将第 2 层深度提取的中层特征 f_2 输入该自编码网络的第 3 层深度，通过 3 层自编码器的学习，获得中层特征 f_2 的抽象高级特征 f_3。经过 3 层深度对原始数据的表达，将获取的高级特征 f_3 通过网络判别输出，得到相应的类别标签。

自适应 PSO 自编码网络学习算法步骤如下。

步骤 1：对实验数据进行处理。由于本章用的是极化 SAR 数据的相干矩阵 T 的基本数据，因此把 T 矩阵中的每一个散射体的表达用相干矩阵系数构成输入向量，输出向量即为各散射体所属的类别标签。测试数据为有标签的所有数据，训练数据占有标签数据的 3%。

步骤 2：根据上面讲述的自适应 PSO 自编码网络的构建方法，构建一个具有 3 层深度的自编码网络模型。输入层的节点数依照输入数据的维数进行设置，输出层节点数目按照类别数进行设定，中间 3 个隐层的节点数目根据实际需要和对数据的分析进行确定。

步骤 3：通过对分层自编码器的主动学习，以贪心算法为思想基础，获得每个自编码器的当前最优参数，并将它们对应赋给自编码网络，这样，我们就得到了一个具有一定含义的初始自编码网络。

步骤 4：在对自编码器进行学习的过程中，训练方法使用自适应 PSO 算法：

（1）首先产生一定数目的种群粒子随机位置，寻找当前状态下的个体极值和种群极值。设定网络损失函数如式（22-1）所示。

（2）判断当前损失函数值是否达到要求，在损失函数值还没有小于最小值 T_{min} 的情况下，迭代进行粒子速度和位置的更新和计算；对于种群中的每一个粒子，对其速度和位置按照式（22-2）进行更新计算。

（3）依据更新得到的粒子，计算网络当前的适应度值。根据适应度值的大小，更新个体最优和种群最优。

（4）若未达到损失函数阈值要求，则转向（2）继续进行。

步骤 5：通过以上步骤可以得到一个初始化的基本网络，再用有标签数据对整个网络进行学习和调整。学习算法同样用自适应 PSO 算法。通过这一步的学习和调整，就得到了一个可以用于分类的自适应 PSO 自编码网络。

步骤 6：将测试样本输入该网络，计算得出对该网络的评价标准数据：全局正确率及各类正确率和训练时间，作为对网络评价的定量标准。

步骤 7：将全幅图像的极化 SAR 数据输入自适应 PSO 自编码网络，得到对该幅图像的预测结果，并绘出伪彩图，作为对网络评价的定性分析标准。

22.1.3　模拟退火 PSO 自编码网络

PSO 算法作为一种优秀的进化算法，同样具有容易陷入局部最优的问题，模拟退火正是处理这一问题的良好工具。因此，将模拟退火思想引入 PSO 算法深度网络的学习算法中，可以实现更好寻优[5]。模拟退火 PSO 自编码网络学习算法步骤如下。

步骤 1：对实验数据进行处理。由于本章用的是极化 SAR 数据的相干矩阵 T 的基本数据，因此把 T 矩阵中的每一个散射体的表达用相干矩阵系数构成输入向量，输出向量即为各散射体所属的类别标签。测试数据为有标签的所有数据，训练数据占有标签数据的 3%。

步骤 2：根据上面讲述的自适应 PSO 自编码网络的构建方法，构建一个具有 3 层深度的自编码网络模型。输入层的节点数依照输入数据的维数进行设置，输出层节点数目按照类别数进行设定，中间 3 个隐层的节点数目根据实际需要和对数据的分析进行确定。

步骤 3：通过对各层自编码器的主动学习，以贪心算法为思想基础，获得每个自编码器的当前最优参数，并将它们对应赋给自编码网络，这样就得到了一个具有一定含义的初始自编码网络。

步骤 4：在对自编码器进行学习的过程中，训练使用模拟退火 PSO 算法进行学习。

(1) 首先产生一定数目的种群粒子随机位置，寻找当前状态下的个体极值和种群极值。设定网络损失函数如式(22-1)所示。

(2) 判断当前损失函数值是否达到要求，在损失函数值还没有小于最小值 T_{min} 的情况下，迭代进行粒子速度和位置的更新和计算。

(3) 对于种群中的每一个粒子，对其速度和位置按照式(22-2)进行更新计算。

(4) 依据更新得到的粒子，计算网络当前的适应度值。根据适应度值的大小，更新个体最优和种群最优。

(5) 根据模拟退火算法思想，对系统当前的能量值 $E(j)$ 进行计算。

(6) 按以下条件为标准，判定当前系统的能量改变能否被接受，若 $E(j) \leqslant E(i)$，则接受该状态的改变；若 $E(j) > E(i)$，则状态改变以概率 $p = \mathrm{e}^{\frac{E(i)-E(j)}{KT}}$ 被接受，其中 K 是玻尔兹曼常数，T 是系统当前的温度。

(7) 判断损失函数是否达到标准。若未达到损失函数阈值要求，则转向(2)继续进行。

步骤 5：通过以上步骤可以得到一个初始化的基本网络，再用有标签数据对整个网络进行学习和调整。学习算法同样用模拟退火 PSO 算法。通过这一步的学习和调整，就得到了一个可以用于分类的模拟退火 PSO 自编码网络。

步骤 6：将测试样本输入该网络，计算得出对该网络的评价标准数据：全局正确率及各类正确率和训练时间，作为对网络评价的定量标准。

步骤 7：将全幅图像的极化 SAR 数据输入模拟退火 PSO 自编码网络，得到对该幅图像的预测结果，并绘出伪彩图，作为对网络评价的定性分析标准。

22.1.4　实验与分析

本章以 PSO 算法为基础，分别介绍了 PSO 自编码网络、自适应 PSO 自编码网络、模拟退火 PSO 自编码网络等 3 种深度网络模型，并且将这些网络分别用于极化 SAR 分类的应用上。本节将从定量分析和定性分析两个角度，分析构建的网络的性能。

数据 1：1989 年 NASA/JPL 实验室 AIRSAR 系统获取的荷兰中部 Flevoland 地区真实农田区域的 L 波段全极化数据，大小为 270300，主要包括 6 种地物类别，分别为裸土、土豆、甜菜、豌豆、小麦和大麦。选择有标签数据的 3% 作为训练数据对网络进行训练。

数据 2：1991 年 NASA/JPL 实验室 AIRSAR 系统获取的荷兰中部 Flevoland 地区真实农田区域的 L 波段全极化数据，大小为 280430，主要包括 7 种地物类别，分别为裸土、土豆、甜菜、豌豆、小麦、大麦和苜蓿。选择有标签数据的 3% 作为训练数据对网络进行训练。

3 种深度网络模型在 Flevoland(1989)数据上的分类性能如表 22.1 所示。

表 22.1 PSO 深度网络分类性能统计 Flevoland(1989)

分类性能	PSO 自编码网络	自适应 PSO 自编码网络	模拟退火 PSO 自编码网络
训练时间/s	2167.40	1796.60	2023.40
测试时间/s	0.8753	1.6232	1.1168
C1：裸土/%	62.05	20.75	49.20
C2：土豆/%	89.81	87.83	89.94
C3：甜菜/%	84.01	27.11	83.52
C4：豌豆/%	97.04	97.36	97.19
C5：小麦/%	76.56	79.73	82.04
C6：大麦/%	95.42	93.54	95.85
总体正确率/%	86.82	77.99	86.63

表 22.1 展示了基于标准 PSO 算法及它的变体自适应 PSO 算法、模拟退火 PSO 算法构建的自编码网络在极化 SAR 影像 Flevoland(1989)的分类问题中所展现出来的性能。从训练时间上看，自适应 PSO 自编码网络远远领先于其他几个网络，这是因为随着网络的运行，自适应 PSO 自编码网络将搜索步长由大到小变化，先粗搜索再细搜索，其思想方面类似于混沌模拟退火方法，是一种可靠的网络学习算法。从测试时间上来看，几种方法相差无几，对于数据量高达 33530 的数据集来说，分类时间仅在 1s 左右，基本达到实时。分类精度上，三组基于 PSO 算法的自编码网络在不同类别的学习性能上有一定的差别。

图 22.2 为三种基于 PSO 算法的自编码网络的分类结果。

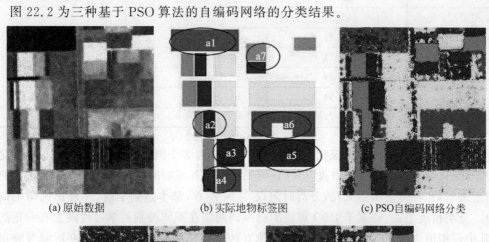

(a) 原始数据　　　　　(b) 实际地物标签图　　　　　(c) PSO自编码网络分类

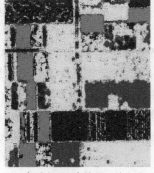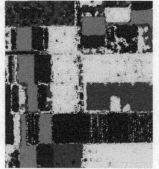

(d) 自适应PSO自编码网络分类　　　　(e) 模拟退火PSO自编码网络

图 22.2　Flevoland(1989)地物分类结果

可以看出,对于第 5 行的小麦区块 a5,其于 PSO 算法的自编码网络有错分为裸土的部分。对于第 4 行的大麦区块 a6,PSO 自编码网络、自适应 PSO 自编码网络、模拟退火 PSO 自编码网络对其的划分效果都非常好。对于第 6 行的甜菜小块 a4 的划分,PSO 自编码网络和模拟退火 PSO 自编码网络效果最好。对于右上角的复杂地物区块 a7,PSO 自编码网络、模拟退火 PSO 自编码网络的分类效果更好。

由此得到,PSO 自编码网络的各项分类性能基本处于平均水平,对边缘的保持度较好。自适应 PSO 自编码网络对于大区块的同质区域分类效果较明显,但是对于复杂区域的划分性能有待提高。模拟退火 PSO 自编码网络对于复杂地物的分类效果明显优于其他几种网络。分析可得,之所以会得到如此多的差异,是由于三种基于 PSO 算法的自编码网络的寻优方式的不同得到的,因此,合理设计网络学习时的寻优方式,对于网络的性能有重要的作用。

3 种深度网络模型在 Flevoland(1991)数据上的分类性能如表 22.2 所示。

表 22.2　PSO 深度网络分类性能统计 Flevoland(1991)

分类性能	PSO 自编码网络	自适应 PSO 自编码网络	模拟退火 PSO 自编码网络
训练时间/s	997.50	415.9575	722.0494
测试时间/s	0.8493	1.1173	1.1168
C1:裸土/%	97.58	99.23	99.33
C2:土豆/%	83.87	87.66	87.31
C3:甜菜/%	95.31	96.50	96.93
C4:豌豆/%	98.41	98.81	97.17
C5:小麦/%	87.74	77.32	78.13
C6:大麦/%	98.91	99.07	99.07
C7:苜蓿/%	92.94	93.30	93.15
总体正确率/%	95.77	95.99	95.79

从训练时间上来看,对于极化 SAR 分类问题来说,3 个网络所用时间都很短,尤其是自适应 PSO 自编码网络和模拟退火 PSO 自编码网络在训练时间性能上有很大的突破。测试时间上来看,几种方法相差无几,分类时间仅在 1s 左右,基本达到实时,体现出网络的高效性能。分类精度上,三种基于 PSO 算法的自编码网络在不同类别的学习性能上有一定的差别,其中模拟退火 PSO 自编码网络对于其他方法分类精度不高的 C2 类小麦区域有突出的识别率,对于实验总体来说都有较良好的效果。

图 22.3 为三种基于 PSO 算法的自编码网络的分类结果。对于土豆区块 a1 右边分类信息不明显的豌豆和裸土部分,模拟退火 PSO 自编码网络效果优于其他网络。对于右下角的长条复杂区域 a5,PSO 自编码网络、自适应 PSO 自编码网络和模拟退火 PSO 自编码网络的分类效果均较好。总的来说,对于左上角的复杂区块 a1 和同质区块,3 种网络的分类效果都较好。从边界的保持效果来看,自适应 PSO 自编码网络和模拟退火 PSO 自编码网络有良好的效果。

 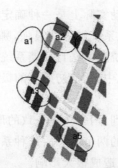 

(a) 原始数据　　　　(b) 实际地物标签图　　　(c) PSO自编码网络分类

(d) 自适应PSO自编码网络分类　　　(e) 模拟退火PSO自编码网络

图 22.3　Flevoland(1991)地物分类结果

22.2　混沌模拟退火深度网络模型及学习算法

深度网络近年的研究,产生了许多优秀的学习算法。其中,前向网络的学习多以反向传播算法为主。但是反向传播算法容易使网络的学习陷入局部最优,因此,本节的方法将模拟退火的思想引入深度网络的学习中,解决网络学习时遇到的局部最优问题。同时,在上述思想的基础上引入混沌模型,通过混沌全局快速遍历的方法解决了模拟退火算法收敛速度过慢的问题,实现了快速全局搜索。

22.2.1　混沌模拟退火深度网络学习算法

第 11 章中已经对模拟退火方法进行了详细的介绍,本节将不再赘述。在介绍混沌模拟退火深度网络学习算法之前,首先介绍一下混沌优化搜索。混沌优化搜索(Chaos Optimization Algorithm)是一种全局性优化算法[6],其理论基础为混沌对于空间的遍历性,能够帮助很多易于陷入局部最优的算法跳出局部最优,得到全局最优。混沌是一种存在广泛的非线性现象,它的行为是复杂的,看似随机的,但并不是混乱,而是具有精致且细腻的内在规律。混沌系统的这种具有规律的看似随机性,使得它能够在寻优空间中按照一定的规则不重复地遍历所有状态,进而实现全局遍历。这种具有规律的全局遍历性,使得混沌优化搜索相比于其他盲目搜索具有更强的竞争力。混沌现象,从非线性科学的角度来讲,是一种本质确定但运动形态无法预测的状态。在外在表现上,混沌现象往往会和纯粹的随机运动混为一谈,因为它们的外在表现都是不可预测的。然而,混沌运动和随机运动有着本质的不同。从动力学的角度来解释，混沌运动实际上是一种确定的状态，其形态的无法预测性其实是由于运动的不稳定性造成的。混沌系统敏感性很强，哪怕关于无限小的初值变化和极小的扰动，系统也是相当敏感。混沌系统通常是自反馈系统，传出的东西会回去通过变化再出来，周而复始，终无止境。在混沌系统中，任何初始值的极小差异都会按指数级别放大，因而导致系统内在的无法长期预测。

在一些动力系统中，常常能够看到，两个几乎一致的形态通过较长时间后会变得完全不同，几乎就像是从长序列中随机挑选的两个状态。这种系统对初始条件非常敏感，初始条件一个小小的差异便会对系统最终结果造成很大影响。

混沌具有的独特的性质可以概括为以下几个方面。

（1）随机性。混沌现象表现为杂乱的、随机的形式。

（2）遍历性。混沌能够在寻优空间中按照一定的规则不重复地遍历所有状态。

（3）规律性。引发产生混沌现象的函数是确定的。

（4）敏感性。初始条件一个小小的差异便会对系统最终结果造成很大影响。

由于混沌的这种具有规律的全局遍历性，使得混沌优化搜索相比于其他盲目搜索来说具有更强的竞争力。因此，我们采用混沌优化算法实现搜索初期的全局搜索。混沌遍历的第一步，通过初始设置混沌的初值，根据所设的混沌映射条件，得到多个轨迹不同的混沌变量。接下来，用混沌变量进行遍历搜索，循环迭代，每一次运行之后对混沌变量进行适应度值计算，得到对混沌变量性能的一个评价，进而进行下一步的迭代。

在深度网络众多优秀的学习算法中，前向网络的学习，多以反向传播算法为主。但是反向传播算法容易使网络的学习陷入局部最优，因此，将模拟退火的思想引入深度网络的学习中是非常必要的，能够处理网络学习时遇到的局部最优难题。同时，由于模拟退火算法收敛速度过慢，所以在上述思想的基础上引入混沌模型，通过混沌全局快速遍历的方法解决了搜索速度过慢的问题，实现了全局较好解的快速寻找。学习算法流程主要包括两个部分：混沌搜寻全局较好解的邻近区间和在此区间内进行进一步寻优。

在网络学习过程中，算法的具体流程如下。

步骤 1：首先设定混沌搜索步长 C、混沌终止条件 $C_{\min}$、退火的初始高温 T，迭代停止条件设为温度达到最小值 $T_{\min}$，计算系统的当前能量 $E(i)$。设定网络损失函数见式（22-1），作为判定系统是否稳定的标志。

步骤 2：在温度 T 没有达到最小值 $T_{\min}$ 的情况下，对系统进行迭代。前向运行当前网络，计算当前网络的损失函数 L 和当前系统的能量 $E(j)$。

步骤 3：根据以下条件准则判定当前系统的能量改变是否被接受，若 $E(j) \leqslant E(i)$，则接受该状态的改变；若 $E(j) > E(i)$，则状态改变以概率 $p = \mathrm{e}^{\frac{E(i)-E(j)}{KT}}$ 被接受。

步骤 4：判断当前系统是否满足混沌终止条件 $C_{\min}$。若满足，则将搜索步长更新为较小的步长，若不满足，则根据 Logistic 映射对搜索空间进行进一步的搜索。

步骤 5：更新网络的学习率，重复进行步骤 2、步骤 3、步骤 4，直到网络稳定为止。

22.2.2 混沌模拟退火自编码网络

构建具有 3 层深度的自编码网络，即该网络的基本结构设置为 5 层。其中第 1 层为输入层,用来输入原始的数据。第 2、3、4 层为隐层,分别代表原始特征的 3 级不同的表达方式。第 5 层为输出层,依照数据类别划分设置,用来输出最终的分类结果。对于该自编码网络的第 1 层深度,认为是对原始输入数据的简单表达,即获取输入数据的基础特征。该部分通过一个 3 层自编码器的学习,对原始数据获取基础特征 f_1。将第 1 层深度提取的基础特征 f_1 输入该自编码网络的第 2 层深度,同样通过一个 3 层自编码器的学习,获取基础特征 f_1 的中层特征 f_2。同样地,将第 2 层深度提取的中层特征 f_2,输入该自编码网络的第 3 层深度,通过 3 层自编码器的学习,取得中层特征 f_2 的抽象高级特征 f_3。经过 3 层深度对原始数据的表达,将获取的高级特征 f_3 通过网络判别输出,得到相应的类别标签。混沌模拟退火自编码网络学习算法具体步骤如下。

步骤 1:对实验数据进行处理。由于采用了极化 SAR 数据的相干矩阵 $\boldsymbol{T}$ 的基本数据,因此把 $\boldsymbol{T}$ 矩阵中的每一个散射体的表达用相干矩阵系数构成输入向量,输出向量即为各散射体所属的类别标签。测试数据用有标签的一切数据,训练数据占有标签数据的 3%。

步骤 2:根据前面讲述的混沌模拟退火自编码网络的构建方法,构建一个具有 3 层深度的自编码网络模型。输入层的节点数依照输入数据的维数设置,输出层节点数目根据类别数进行设定,中间 3 个隐层的节点数目根据实际需要和对数据的分析进行确定。

步骤 3:通过对各层自编码器的主动学习,以贪心算法为思想基础,获得每个自编码器的当前最优参数,并将它们对应赋给自编码网络,得到一个具有一定含义的初始自编码网络。

步骤 4:在对自编码器进行学习的过程中,用混沌模拟退火算法对网络进行寻优,具体步骤如下。

(1) 设定混沌搜索步长 C、混沌终止条件 $C_{\min}$、退火的初始高温 T、寻优迭代停止条件设为温度达到最小值 $T_{\min}$,计算系统的当前能量 $E(i)$。

(2) 设定网络评价标准,即损失函数,见式(22-1),作为判定系统是否达到稳定的标志。

(3) 判断当前温度 T 是否达到温度的最小值 $T_{\min}$,若已达到,则退出循环;若没有达到,则转入(4)。

(4) 前向运行当前网络,计算损失函数 L 和当前系统的能量 $E(j)$。

(5) 采用以下条件为标准,判定当前系统的能量改变能否被接受,若 $E(j) \leqslant E(i)$,则接受该状态的改变;若 $E(j) > E(i)$,则状态改变以概率 $p = e^{\frac{E(i)-E(j)}{KT}}$ 被接受。

(6) 判断当前系统是否满足混沌终止条件 $C_{\min}$。若满足,则将搜索步长更新为较小的步长,若不满足,则根据 Logistic 映射对搜索空间进行进一步的搜索。

(7) 更新网络的学习率,转入(3)进行迭代运算,直到网络稳定为止。

步骤 5:通过以上步骤可以得到一个初始化的基本网络,用有标签数据对整个网络进行学习和调整。学习算法同样用混沌模拟退火算法。通过这一步的学习和调整,就得到了一个可以用于分类的混沌模拟退火自编码网络。

步骤 6:将测试样本输入该网络,计算得出对该网络的评价标准数据:全局正确率及各类正确率和训练时间,作为对网络评价的定量标准。

步骤 7：将全幅图像的极化 SAR 数据输入混沌模拟退火自编码网络，得到对该幅图像的预测结果，并绘出伪彩图，作为对网络评价的定性分析标准。

22.2.3　混沌模拟退火深度小波网络

如图 22.4 所示，构建一个深度为 3 层的小波网络。

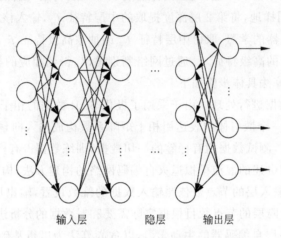

输入层　　　　隐层　　　　输出层

图 22.4　深度小波网络

第一层为小波能量提取层，选取 Morlet 小波提取输入数据在小波域的能量值：

$$h\left(\frac{x-b}{a}\right) = \cos\left(1.75\,\frac{x-b}{a}\right)\exp\left[-0.5\left(\frac{x-b}{a}\right)^2\right] \tag{22-4}$$

其中，a 和 b 分别代表尺度和平移系数。

构建深度小波网络之后，将空域的数据转入小波域进行分析，并且利用混沌模拟退火算法对网络权值进行学习和训练。对于该深度网络的第 1 层深度，设置为小波能量提取层，选用 Morlet 小波提取输入数据在小波域的能量值 f_1。小波能量提取层之后的自编码特征抽象层 a 用来提取小波能量 f_1 的中层特征 f_2；自编码特征抽象层 A 的输入为小波能量值 f_1，通过学习实现中层特征的提取。紧接着，将自编码特征抽象层 A 中提取的中层特征 f_2，输入自编码特征抽象层 B，对其提取特征 f_3。经过 1 层小波能量提取和 2 层高级特征提取，就可以将代表原始数据的 f_3 特征向量通过网络做判断，进而输出类别标签。

混沌模拟退火深度小波网络学习算法具体如下。

步骤 1：对实验数据进行处理。由于采用极化 SAR 数据的相干矩阵 $\boldsymbol{T}$ 的基本数据，因此把 $\boldsymbol{T}$ 矩阵中的每一个散射体的表达用相干矩阵系数构成输入向量，输出向量即为各散射体所属的类别标签。测试数据用有标签的一切数据，训练数据占有标签数据的 3%。

步骤 2：根据混沌模拟退火学习算法和深度小波网络的构建方法，构建一个具有 3 层深度的深度小波网络模型。输入层的节点数依照输入数据的维数设置，输出层节点数目根据类别数进行设定，中间设置 1 层小波能量提取层和 2 层自编码特征抽象层，其节点数目根据实际需要和对数据的分析进行确定。小波能量提取层，选用 Morlet 小波提取输入数据的小波域能量值，见式(22-4)。

步骤 3：通过对各层自编码器的主动学习，以贪心算法为思想基础，获得小波能量提取层和自编码特征抽象层的当前最优参数,并将它们对应赋给深度小波网络,这样,我们就得到了一个具有一定含义的初始深度小波网络。

步骤 4:在对小波能量提取层和自编码特征抽象层学习和训练过程中,用混沌模拟退火算法对网络参数学习寻优,具体步骤如下。

(1)设定混沌搜索步长 C、混沌终止条件 $C_{\min}$、退火的初始高温 T、寻优迭代停止条件设为温度达到最小值 $T_{\min}$,计算系统的当前能量 $E(i)$。

(2)设定网络评价标准,即损失函数,见式(22-1),作为判定系统是否达到稳定的标志。

(3)判断当前温度 T 是否达到温度的最小值 $T_{\min}$,若已达到,则退出循环;若没有达到,则转入(4)。

(4)前向运行当前网络,计算损失函数 L 和当前系统的能量 $E(j)$。

(5)采用以下条件为标准,判定当前系统的能量改变能否被接受,若 $E(j) \leqslant E(i)$,则接受该状态的改变;若 $E(j) > E(i)$,则状态改变以概率 $p = \mathrm{e}^{\frac{E(i)-E(j)}{KT}}$ 被接受。

(6)判断当前系统是否满足混沌终止条件 $C_{\min}$。若满足,则将搜索步长更新为较小的步长,若不满足,则根据 Logistic 映射对搜索空间进行进一步的搜索。

(7)更新网络的学习率,转入(3)进行迭代运算,直到网络稳定为止。

步骤 5:通过以上步骤可以得到一个初始化的基本网络,用有标签数据对整个网络进行学习和调整。学习算法同样用混沌模拟退火算法。通过这一步的学习和调整,就得到了一个可以用于分类的混沌模拟退火深度小波网络。

步骤 6:将测试样本输入该网络,计算得出对该网络的评价标准数据:全局正确率及各类正确率和训练时间,作为对网络评价的定量标准。

步骤 7:将全幅图像的极化 SAR 数据输入混沌模拟退火深度小波网络,得到对该幅图像的预测结果,并绘出伪彩图,作为对网络评价的定性分析标准。

22.2.4 实验与分析

本章结合混沌思想以及模拟退火算法,介绍了两个深度网络模型:混沌模拟退火自编码网络和混沌模拟退火深度小波网络。将两个网络分别用于极化 SAR 分类和 UCI 数据库的 3 个数据集分类。本节将从定量分析和定性分析两个角度,分析构建的网络的性能。

1. 极化 SAR 分类

将方法 1(混沌模拟退火自编码网络)和方法 2(混沌模拟退火深度小波网络)作用于极化 SAR 数据的结果与传统方法作用于极化 SAR 的结果进行比较。实验所选数据为:

1989 年 NASA/JPL 实验室 AIRSAR 系统获取的荷兰中部 Flevoland 地区真实农田区域的 L 波段全极化数据,主要包括 6 种地物类别,分别为裸土、土豆、甜菜、豌豆、小麦和大麦。该幅极化 SAR 数据大小为 270300,总数据量为 81000,其中有标签数据个数 41659,实验中我们选择有标签数据的 3%(即 1200 个)作为训练样本对网络进行训练[7]。

将两个网络作用于数据 1,将其训练时间、测试时间以及正确率等统计如下,并与传统用于极化 SAR 影像地物分类的方法,如 H/a-wishart、Freeman 分解方法等相比较,如表 22.3 所示。

表 22.3   混沌模拟退火深度网络分类性能统计（极化 SAR）

分类性能	H/a-wishart 方法	Freeman 方法	混沌模拟退火自编码网络	混沌模拟退火深度小波网络
训练时间/s	—	—	3185.1	1101.5
测试时间/s	—	—	0.8313	0.9514
C1：裸土/%	—	—	15.99	64.91
C2：土豆/%	98.13	97.65	90.07	88.97
C3：甜菜/%	95.45	—	83.20	80.99
C4：豌豆/%	78.26	88.21	95.65	96.32
C5：小麦/%	85.13	83.69	85.16	76.52
C6：大麦/%	51.20	97.23	94.32	96.05
总体正确率/%	68.71	61.11	82.98	86.51

从训练时间上看，两个网络能够在较短的时间内通过对数据集的学习，形成一个专业的分类网络。尤其是混沌模拟退火深度小波网络，训练时间仅为 1101.5s，在极化 SAR 分类问题中是一个很有优势的解决时间。从测试时间上看，构建的两个网络测试时间相差无几，对于数据量高达 33530 的数据集来说，分类时间仅在 1s 左右，基本达到实时。分类精度上，构建的混沌退火模拟自编码网络和混沌退火模拟深度小波网络，相较于传统极化 SAR 分类方法具有很大的进步，将精确度提升近 20%，大大丰富了极化 SAR 数据的分类方法。从每一类的分类精度结果看，对于区分度高的类别，4 种方法的分类精度不相上下。对于 H/a-wishart 区分效果好，而 Freeman 区分效果差的第三类甜菜，以及对于 Freeman 区分效果好而 H/a-wishart 区分效果差的第六类大麦，构建的两种方法均能达到良好的效果。特别地，在传统分类方法无法区分出的第一类裸土，深度小波网络的分类效果尤佳。

将表 22.3 所示的分类结果用伪彩图的形式标示出来，结果如图 22.5 所示。

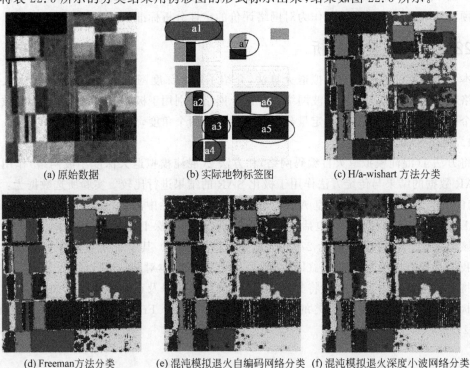

(a) 原始数据   (b) 实际地物标签图   (c) H/a-wishart 方法分类

(d) Freeman方法分类   (e) 混沌模拟退火自编码网络分类   (f) 混沌模拟退火深度小波网络分类

图 22.5   Flevoland(1989)地物分类结果

对照实验所用的原始数据以及实际地物标签图可以看出,对于左上角的裸土区域 a1,基于小波能量提取的混沌模拟退火深度小波网络对数据的分类较混沌模拟退火自编码网络的分类好。对于边界数据的分类效果,混沌模拟退火深度小波网络也比自编码网络的效果明显。对于第四行中间小块的小麦区域 a2,以及第五行最右边的小麦区域 a5,混沌模拟退火自编码网络基本分对,而深度小波网络对它的识别率就相对来说弱一些。

2. UCI 数据库分类

将方法 1(混沌模拟退火自编码网络)和方法 2(混沌模拟退火深度小波网络)作用于 UCI 数据库数据集的分类。选取了 3 个 UCI 的不同样本集,并与 LibSVM 的分类结果作对比。

(1) Image Segmentation Data Set 由美国 Massachusetts 大学于 1990 年采集于 7 幅户外图像。数据集中每个数据的特征表达为维数 19 的向量,所有数据共分为 7 个类别,分别是砖面、天空、树枝、水泥、窗户、路径和草地。实验所用训练集数据个数为 210,其中每个类别选用 30 个样本;测试集数据个数为 2100,其中每个类别 300 个样本。

(2) Waveform Database Generator Data Set 由美国加州 Wadsworth 国际小组于 1988 年采集于波形数据库产生器。数据集中每个数据的特征表达为维数 21 的向量,所有数据共分为 3 个类别,分别代表三种不同的波形数据。实验所用训练集数据个数为 1500,测试集数据个数为 5000。

(3) Page Blocks Classification Data Set 是由意大利 Bari 大学于 1995 年采集的包含文件页面的所有区域的数据。数据集中每个数据的特征表达为维数 10 的向量,所有数据共分为 5 个类别,分别是文本、水平线、图表、垂直线和图片。实验所用训练集数据个数为 1060,测试集数据个数为 5473。

3 个数据集的分类结果统计分别见表 22.4～表 22.6。

表 22.4　混沌模拟退火深度网络分类性能统计(一)

分类性能	LibSVM 方法	混沌模拟退火自编码网络	混沌模拟退火深度小波网络
训练时间/s	0.0235	262.5042	308.4627
测试时间/s	0.2709	0.0811	0.0995
C1:Brickface/%	86.00	95.67	96.67
C2:Sky/%	100.00	100.00	100.00
C3:Foliage/%	76.00	89.33	89.00
C4:Cement/%	89.67	86.33	79.33
C5:Window/%	63.67	80.33	83.00
C6:Path/%	100.00	100.00	100.00
C7:Grass/%	99.00	99.33	99.00
总体正确率/%	87.76	93.00	92.43

表 22.5　混沌模拟退火深度网络分类性能统计(二)

分类性能	LibSVM 方法	混沌模拟退火自编码网络	混沌模拟退火深度小波网络
训练时间/s	0.1011	263.8628	72.5027
测试时间/s	0.6509	0.2361	0.2889
Category 1/%	87.74	85.79	86.10

分类性能	LibSVM 方法	混沌模拟退火自编码网络	混沌模拟退火深度小波网络
Category 2/%	91.69	92.69	89.50
Category 3/%	81.96	81.65	82.80
总体正确率/%	87.16	86.76	86.16

表 22.6 混沌模拟退火深度网络分类性能统计（三）

分类性能	LibSVM 方法	混沌模拟退火自编码网络	混沌模拟退火深度小波网络
训练时间/s	0.0783	198.0393	144.7378
测试时间/s	0.7946	0.2254	0.2791
C1：Text/%	92.86	91.08	92.88
C2：Horiz. line/%	78.42	94.83	93.92
C3：Graphic/%	46.43	100.00	100.00
C4：Vert. line/%	3.41	93.18	93.18
C5：Picture/%	74.78	77.39	80.87
总体正确率/%	89.93	91.10	92.73

从表 22.4～表 22.6 可以看出,混沌模拟退火自编码网络和混沌模拟退火深度小波网络的分类精度都比 LibSVM 方法的分类精度高,尤其是混沌模拟退火深度小波网络,由于小波能量层的引入,使得分类精度较 LibSVM 的结果能提高 3～5 个百分点。

参考文献

[1] Fogel D B. Applying evolutionary programming to selected traveling sales man problems [J]. Cybernetics and System,1993,24(1)：27-36.

[2] Storn R,Price K. Differential Evolution: A Simple and Efficient Adaptive Scheme for GlobalOptimization over Continuous Spaces[R]. ICSI,Tech. Rep. TR-95-012,1995.

[3] Shi Y,Eberhart R C. Fuzzy adaptive particle swarm optimizer[C]//Proceedings of IEEE Congress on Evolutionary Computation. Korea. IEEE Service Center. 2001,1：101-106.

[4] Clerc M. Stagnation Analysis in Particle Swarm Optimisation or What Happens when Nothing Happens[R]. Technical Report CSM-460,Department of Computer Science,University of Essex. August,2006.

[5] Eberhar R C,Shi Y. Tracking and Optimizing Dynamic Systems with Particle Swarms [C]// Proceedings of IEEE Congress on Evolutionary Computation,Seoul,Korea,2001：94-97.

[6] Aihara K,Takabe T,Toyada M. Chaotic Neural Networks[J]. Phys. Letters A,1990,144(6/7)：333-340.

[7] Saich P,Borgeaud M. Interpreting ERS SAR signatures of agricultural crops in Flevoland,1993-1996 [J]. IEEE Transactions on Geoscience and Remote Sensing,2000,38(2)：651-657.